溫伯格^的
Quality Software Management

軟體管理學

第 **4** 卷 | Volume 4
Anticipating Change

擁抱變革

傑拉爾德‧溫伯格
Gerald M. Weinberg◎著

何霖◎譯

Quality Software Management, Volume 4: Anticipating Change

by Gerald M. Weinberg (ISBN: 0-932633-32-3)

Original edition copyright © 1997 by Gerald M. Weinberg

Complex Chinese translation copyright © 2012 by EcoTrend Publications,

a division of Cité Publishing Ltd.

Published by arrangement with Dorset House Publishing Co., Inc. (www.dorsethouse.com) through the

Chinese Connection Agency, a division of the Yao Enterprises, LLC.

ALL RIGHTS RESERVED

經營管理 91

溫伯格的軟體管理學：
擁抱變革（第4卷）

作　　　者　傑拉爾德‧溫伯格（Gerald M. Weinberg）
譯　　　者　何霖
企畫選書人　林博華
責任編輯　林博華

發　行　人　涂玉雲
出　　　版　經濟新潮社
　　　　　　104台北市中山區民生東路二段141號5樓
　　　　　　電話：（02）2500-7696　傳真：（02）2500-1955
　　　　　　經濟新潮社部落格：http://ecocite.pixnet.net
發　　　行　英屬蓋曼群島商家庭傳媒股份有限公司城邦分公司
　　　　　　104台北市中山區民生東路二段141號11樓
　　　　　　客服服務專線：02-25007718；25007719
　　　　　　24小時傳真專線：02-25001990；25001991
　　　　　　服務時間：週一至週五上午09:30~12:00；下午13:30~17:00
　　　　　　劃撥帳號：19863813　戶名：書虫股份有限公司
　　　　　　讀者服務信箱：service@readingclub.com.tw
香港發行所　城邦（香港）出版集團有限公司
　　　　　　香港灣仔駱克道193號東超商業中心1樓
　　　　　　電話：852-25086231　傳真：852-25789337
　　　　　　E-mail: hkcite@biznetvigator.com
馬新發行所　城邦（馬新）出版集團 Cite (M) Sdn Bhd
　　　　　　41, Jalan Radin Anum, Bandar Baru Sri Petaling,
　　　　　　57000 Kuala Lumpur, Malaysia.
　　　　　　電話：603-90578822　傳真：603-90576622
　　　　　　E-mail: cite@cite.com.my
印　　　刷　一展彩色製版有限公司
初版一刷　2012年5月17日
初版二刷　2021年10月29日

城邦讀書花園
www.cite.com.tw

ISBN：978-986-6031-13-7

售價：980元

Printed in Taiwan

作者簡介

傑拉爾德・溫伯格（Gerald M. Weinberg）

　　溫伯格主要的貢獻集中於軟體界，他是從個人心理、組織行為和企業文化的角度研究軟體管理和軟體工程的權威。在40多年的軟體事業中，他曾任職於IBM、Ethnotech、水星計畫（美國第一個載人太空計畫），並曾任教於多所大學；他主要從事軟體開發，軟體專案管理、軟體顧問等工作。他更是傑出的軟體專業作家和軟體系統思想家，因其對技術與人性問題所提出的創新思考法，而為世人所推崇。1997年，溫伯格因其在軟體領域的傑出貢獻，入選為美國計算機博物館的「計算機名人堂」（Computer Hall of Fame）成員（有名的比爾・蓋茲和邁克・戴爾也是在溫伯格之後才入選）。他也榮獲J.-D. Warnier 獎項中的「資訊科學類卓越獎」，此獎每年一度頒發給在資訊科學領域對理論與實際應用有傑出貢獻的人士。

溫伯格共寫了30幾本書，早在1971年即以《程式設計的心理學》一書名震天下，另著有《顧問成功的祕密》、《真正的問題是什麼？你想通了嗎？》、《領導者，該想什麼？》、《從需求到設計》、一共四冊的《溫伯格的軟體管理學》、《溫伯格談寫作》、《完美的軟體》等等，這些著作主要涵蓋兩個主題：人與技術的結合；人的思維模式與解決問題的方法。在西方國家，溫伯格擁有大量忠實的讀者群，其著作已有12種語言的版本風行全世界。溫伯格現為 Weinberg and Weinberg 顧問公司的負責人，他的網站是 http://www.geraldmweinberg.com

譯者簡介

何霖

　　美國賓州州立大學MBA，兼職從事財經企管類書籍翻譯工作，譯有《PMP專案管理認證指南》（三版）、《比率管理全書》、《軟體專案管理》、《公司裡最難說的4種話》、《管理工具黑皮書》等書。

〔出版緣起〕

千載難逢的軟體管理大師——溫伯格

經濟新潮社編輯部

在陸續出版了《人月神話》、《最後期限》、《與熊共舞》、《真正的問題是什麼？你想通了嗎？》等等軟體業必讀的經典之後，我們感覺，這些書已透徹分析了時間不夠、需求膨脹、人員流失、管理不當，每每導致軟體專案的失敗。這些也都是軟體產業永遠的課題。

究竟，這些問題有沒有解答？如何做得更好？

專案管理的問題千絲萬縷，面對的偏偏又是最（自以為）聰明的程式設計師（知識工作者），以及難纏（實際上也不確定自己要什麼）的客戶，做為一個專案經理，究竟該怎麼做才好？

軟體能力，於今已是國力的指標；縱然印度、中國的軟體能力逐漸凌駕台灣……我們依然認為，這表示還有努力的空間，還有需要補強的地方。如果台灣以往的科技業太「硬」（著重硬體），那麼就讓它「軟一點」，正如同軟體業界的達文西——Martin Fowler所說的：Keeping Software Soft（把軟體做軟），也就是說，搞軟體，要「思維柔軟」。

因此，我們決定出版軟體工程界的天王巨星——溫伯格（Gerald M. Weinberg）集40年的軟體開發與顧問經驗所寫成的一套四冊《溫

伯格的軟體管理學》（*Quality Software Management*），正由於軟體專案的牽涉廣泛，從技術面到管理面，得要面面俱到，而最重要的關鍵在於：你如何思考、如何觀察發生了什麼事、據以採取行動、也預期到未來的變化。

前微軟亞洲研究院院長、現任微軟中國研究開發集團總裁的張亞勤先生，為本書的簡體版作序時提到：「溫伯格認為：軟體的任務是為了解決某一個特定的問題，而軟體開發者的任務卻需要解決一連串的問題。……我們不能要求每個人都聰明異常，能夠解決所有難題；但是我們必須持續思考，因為只有如此，我們才能明白自己在做什麼。」

這四冊書的主題分別是：

1. 系統化思考（Systems Thinking）

2. 第一級評量（First-Order Measurement）

3. 關照全局的管理作為（Congruent Action）

4. 擁抱變革（Anticipating Change）

都將陸續由經濟新潮社出版。四冊書雖成一系列，亦可單獨閱讀。希望藉由這套書，能夠彌補從「技術」到「管理」之間的落差，協助您思考，並實際對您的工作、你所在的機構有幫助。

致台灣讀者

傑拉爾德·溫伯格

2006年8月14日

最近，我很榮幸地得知，台灣的經濟新潮社要引進出版拙著的一系列中譯本。身為作者，知道自己的作品將要結識成千上萬的軟體工程師、經理人、測試人員、諮詢顧問，以及其他相信技術能為我們帶來更美好的新世界的人們，我感到非常驚喜。我特別高興我的書能在台灣出版，因為我有個外甥是一位中文學者，他曾旅居台灣，並告訴過我他的許多台灣經驗。

在我早期的職業生涯中，我寫過許多電腦和軟體方面的技術性書籍；但是，隨著經驗的增長，我發現，如果我們在技術應用和建構之時對於其人文面向沒有給予足夠的重視，技術就會變得毫無價值——甚至是危險的。於是，我決定在我的作品中加入人文領域的內容，並希望讀者能注意到這個領域。

在這之後，我出版的第一本書是《程式設計的心理學》（*The Psychology of Computer Programming*）。這是一本研究軟體開發、測試和維護當中關於人的過程。該書現在已經是25週年紀念版了，這充分說明了人們對於理解其工作中人文部分的渴求。

各國引進翻譯我的一系列作品，讓我有機會將這些選集當作是一

個整體來思考，並發現其中一些共通的主題。自我有記憶開始，我就對於「人們如何思考」產生了濃厚的興趣；當我還很年輕時，全世界僅有的幾台電腦常常被人稱為「巨型大腦」（giant brains）。我當時就想，如果我搞清楚這些巨型大腦的「思考方式」，我或許就可以更深入地了解人們是如何思考的。這就是我為什麼一開始就成為一個電腦程式設計師，而後又與電腦共處了 50 年；我學到了許多關於人們如何思考的知識，但是目前所知的還遠遠不夠。

　　我對於思考的興趣都呈現在我的書裏，而在以下三本特別明顯：《系統化思考入門》（*An Introduction to General Systems Thinking*，這本書已是 25 週年紀念版了）；它的姊妹作《系統設計的一般原理》（*General Principles of Systems Design*，這本書是與我太太 Dani 合著的，她是一位人類學家）；還有一本就是《真正的問題是什麼？你想通了嗎？》（*Are Your Lights On? : How to Figure Out What the Problem Really Is*，這本書是與 Donald Gause 合著的）。

　　我對於思考的興趣，很自然地延伸到如何去幫助別人清晰思考的方法上，於是我又寫了其他三本書：《顧問成功的祕密》（*The Secrets of Consulting: A Guide to Giving and Getting Advice Successfully*）；《*More Secrets of Consulting: The Consultant's Tool Kit*》；《*The Handbook of Walkthroughs, Inspections, and Technical Reviews: Evaluating Programs, Projects, and Products*》（這本書已是第三版了）。就在不久前，我寫了《溫伯格談寫作》（*Weinberg on Writing: The Fieldstone Method*）一書，幫助人們如何更清楚地傳達想法給別人。

　　隨著年齡的增長，我逐漸意識到清晰的思考並不是獲得技術成功的唯一要件。就算是思維最清楚的人，也還是需要一些道德和情感方

面的領導能力，因此我寫了《領導者，該想什麼？》（*Becoming a Technical Leader: An Organic Problem-Solving Approach*）；隨後我又出版了四卷《溫伯格的軟體管理學》（*Quality Software Management*），其內容涵蓋了系統化思考（Systems Thinking）、第一級評量（First-Order Measurement）、關照全局的管理作為（Congruent Action）和擁抱變革（Anticipating Change），所有這些都是技術性專案獲得成功的關鍵。還有，我開始寫作一系列小說（第一本是《*The Aremac Project*》），都是關於專案及其成員如何處理他們碰到的問題——根據我半個世紀的專案實務經驗所衍生出來的虛構故事。

在與各譯者的合作過程中，透過他們不同的文化視野來審視我的作品，我的思考和寫作功力都提升不少。我最希望的就是這些譯作同樣也能幫助你們——我的讀者朋友——在你的專案、甚至你的整個人生更成功。最後，感謝你們的閱讀。

Preface to the Chinese Editions

Gerald M. Weinberg

14 August 2006

Recently, I was honored to learn that EcoTrend Publications from Taiwan intended to publish a series of my books in Chinese translations. As an author, I'm thrilled to know that my work will now be within reach of thousands more software engineers, managers, testers, consultants, and other people concerned with using technology to build a new and better world. I was especially pleased to know my books would now be available in Taiwan because my sister's son is a Chinese scholar who has spent much time in Taiwan and told me many stories about his experiences there.

Early in my career, I wrote numerous highly technical books on computers and software, but as I gained experience, I learned that technology is worthless—even dangerous—if we don't pay attention to the human aspects of both its use and its construction. I decided to add the human dimension to my work, and bring that dimension to the attention of my readers.

After making that decision, the first book I published was *The Psychology of Computer Programming*, a study of the human processes that enter into the development, testing, and maintenance of software. That book is now in its Silver Anniversary Edition (more than 25 years in print), testifying to the desire of people to understand that human dimension to their work.

Having my books translated gives me an opportunity to reflect on them as a collection, and to perceive what themes they have in common. As long as I can recall, I was interested in how people think, and when I was a young boy, the few computers in the world were often referred to as "giant brains." I thought that I might learn more about how people think by studying how these giant brains "thought." That's how I first became a computer programmer, and after fifty years of working with computers, I've learned a lot about how people think—but I still have far more to learn than I already know.

My interest in thinking shows in all of these books, but is especially clear in *An Introduction to General Systems Thinking* (now also in a Silver Anniversary edition); in its companion volume, *General Principles of Systems Design* (written with my wife, Dani, who is an anthropologist); and in *Are Your Lights On?: How to Figure Out What the Problem Really Is* (written with Don Gause).

My interest naturally extended to methods of helping other people to think more clearly, which led me to write three other books in the series— *The Secrets of Consulting: A Guide to Giving and Getting Advice Successfully; More Secrets of Consulting: The Consultant's Tool Kit;* and *The Handbook of Walkthroughs, Inspections, and Technical Reviews: Evaluating Programs, Projects, and Products* (which is now in its third edition). More recently, I wrote *Weinberg on Writing: The Fieldstone Method*, to help people communicate their thoughts more clearly.

But as I grew older, I learned that clear thinking is not the only requirement for success in technology. Even the clearest thinkers require moral and emotional leadership, so I wrote *Becoming a Technical Leader: An Organic Problem-Solving Approach*, followed by my series of four *Quality Software Management* volumes. This series covers *Systems Thinking, First-Order Measurement, Congruent Action*, and *Anticipating Change*—all of which are essential for success in technical projects. And, now, I have begun a series of novels (the first novel is *The Aremac Project*) that contain stories about projects and how the people in them cope with the problems they encounter—fictional stories based on a half-century of experiences with real projects.

I have already begun to improve my own thinking and writing by working with the translators and seeing my work through different cultural eyes and brains. My fondest hope is that these translations will also help you, the reader, become more successful in your projects—and in your entire life. Thank you for reading them.

從技術到管理，失落的環節

曾昭屏

「軟體專案經理」可說是所有軟體工程師夢寐以求的職務，能夠從「技術的梯子」換到「管理的梯子」，可滿足所有人「鯉魚躍龍門」的虛榮感。不過，就像有人諷刺結婚就像在攻城，「城外的人拼命想要往裏攻，城裏的人卻拼命想要往外逃」，這也是對做軟體專案經理這件事的最佳寫照。何以至此，我們來看看其中的一些問題。

據不可靠的消息說，麥當勞為維持其一貫的品質，成立了一所麥當勞大學。當有人要從炸薯條的工作換到煎漢堡的工作，必須先送到該所大學接受完整的養成訓練後，才能去煎漢堡。軟體管理的工作比起煎漢堡來，絕對不會更簡單，但是有哪位軟體經理或明日的軟體經理，有幸在你就任之前，被送到這麼一所「軟體管理大學」去接受完整的「軟體經理養成教育」呢？

幾乎沒有例外，軟體經理都是由技術能力最強的工程師所升任。若說在軟體工程師階段所培養的技能有相當的比例可為軟體管理工作之所需就罷了，但事實是，兩種技能大相逕庭。

軟體工程師的工作對象是機器。他們的專長在程式設計、撰寫程式、除錯、將程式最佳化。他們大部分的時間花在跟電腦打交道，而

電腦是最合乎邏輯的，不像人類偶爾會有些不理性的情緒反應。程式設計時最好的做法是將之模組化，也就是說所設計出來的模組要有黑箱的特性，至於模組的內部是如何運作，使用者可不予理會，只要能掌握標準界面即可。同樣的思維用到與人有關的事物上，反而會成為最壞的做法。

軟體經理的工作對象是「人」。在化學反應中的催化劑，其本身並不會產生變化，而只是促成其他的物質轉變成為最終產品。經理人員就猶如專案中的催化劑，他最大的責任在於營造出一個有利的環境，讓專案成員有高昂的士氣，能充分發揮所長，並獲得工作的成就感。這是軟體工程師的技能中付之闕如的一環，當他們成為經理之後，慣常以管理模組的方式來管理專案成員。以致，出現1997年Windows Tech Journal的調查結果，[1] 其讀者對管理階層的觀感是：他們痛恨管理階層、對無能上司所形成的企業文化與辦公室政治深惡痛絕、管理階層不是助力而是阻力（獨斷、無能、又愚蠢）。

你還記得，或想像，你剛上任專案經理的第一天，自己是抱著怎樣的心情？狄馬克有一篇名為〈Standing Naked in the Snow〉的文章最讓我印象深刻。[2] 他描述自己第一天上任的感覺猶如「裸身站在雪地中」，中文最貼近的形容詞是「沐猴而冠」，那種孤立無援、茫然不知所措的心境，也正是我上任第一天的寫照。想要彌補軟體工程師與軟體經理之間的這段差距，方法不外找到這類的課程或書籍。但軟體

---

1 M. Weisz, "Dilbert University," *IEEE Software* (September 1998), pp. 18-22.

2 Tom DeMarco, "Standing Naked in the Snow" (Variation On A Theme By Yamaura), *American Programmer*, Vol. 7, No. 12 (December 1994), pp. 28-30.

專案管理的課程在大學裏不開課，坊間的顧問公司也無人提供。至於書籍，在美國，軟體技術類書籍與軟體管理類書籍的比率是200比1，在台灣的情況則更糟，或許是我見識淺陋，我至今都未能找到一本談軟體專案管理的中文書。

幸好，溫伯格為我們補上了這個失落的環節。在這一套四冊的書中，他教導我們要如何來培養軟體經理所必備的四種能力：

1. 專案進行中遇到問題時，有能力對問題的來龍去脈做通盤的思考，找出造成問題的癥結原因，以便能對症下藥，採取適切的行動，讓專案不但在執行前有妥善的規畫，在執行的過程中也能因應狀況適時修正專案計畫。避免以管窺豹，見樹不見林，而未能窺得問題的全貌，或是，頭痛醫頭，腳痛醫腳，找不到真正的病因，而使問題益形惡化。

2. 有能力對專案的執行過程進行觀察，並且有能力對你的觀察結果所代表的意義加以解讀。猶如在駕駛一輛汽車時，若想要安全達到正確的目的地，儀表板是駕駛最重要的依據。此能力可讓專案經理在專案的儀表板上要安裝上必不可缺的各式碼表，並做出正確解讀，從而使專案順利完成。

3. 專案的執行都是靠人來完成，包括專案經理和專案小組的成員。每個人都會有性格缺陷和情緒反應，這使得他們經常會做出不利於專案的決定。在這種不理性又不完美的情況下，即使你會感到迷惘、憤怒、或是非常害怕，甚至害怕到想要當場逃離並找個地方躲起來，你仍然有能力採取關照全局的行動。

4. 為因應這不斷改變的世界，你有能力引領組織的變革，改變企業文化，走向學習型的組織。

　　李斯特（Timothy Lister）在《*Peopleware*》中談組織學習[3]時說了個小故事：我有一位客戶，他們的公司在軟體開發工作上有超過三十年的悠久歷史。在這段期間，一直都養了上千名的軟體開發人員，總計有超過三萬個「人年」的軟體經驗。對此我深感嘆服，你能想像，若是能把所有這些學習到的經驗都用到每一個新的專案上，會是怎樣的結果。因此，趁一次機會，我就向該公司的一群經理人請教，如果他們要派一位新的經理去負責一個新的專案，他們會在他耳邊叮嚀的「智慧的話語」是什麼？他們不假思索，幾乎異口同聲地回答我說：「祝你好運！」

　　希望下次當你上任軟體經理時，不會再有沐猴而冠的感覺，也不會僅帶著他人「祝你好運」的空話，而是有《溫伯格的軟體管理學》這套書做為你堅強的後盾。

（本文作者曾昭屏，交大計算機科學系畢，美國休士頓大學計算機科學系碩士。譯作有《顧問成功的祕密》、《溫伯格的軟體管理學》（第1, 2卷）。專長領域：軟體工程、軟體專案管理、軟體顧問。最喜歡的作者：Tom DeMarco, Gerald Weinberg, Steve McConnell.

Email: marktsen@hotmail.com）

---

3 T. DeMarco and T. Lister, *Peopleware: Productive Projects and Teams* (New York: Dorset House Publishing, 1999), p. 210.

期望改變又不想受傷害的軟工思維

王克明

《溫伯格的軟體管理學》這一系列共出版了四冊，每一冊看來都很厚，好像閱讀起來也吃力，但其實如果能抓出作者的假設點，就能掌握出閱讀的目標與方向。若是問我這四冊各用一個字詞來表達主題，那就是：整體、觀察、溝通、實踐。這四項因子，也正是軟體專案開發成功與否的主要關鍵。

我們並無法完全移植其他成熟產業（如建築、硬體製造業）的成功經驗到軟體這個領域來，原因就在於「變動（Change）」這個最根本的因素。因為變，所以無法事前規劃精密的藍圖再據此施工；也更因為善變，軟體專案無法採用代工業的IPO（Input-Process-Output）亦即瀑布式（waterfall）的管理模式。

不是要抑制變動，而是要能順應變化；對軟體專案唯一需要保持的信念，就是要不斷做出改變。

當面對軟體專案多變複雜的特質，第一步就是要能掌握住整體，

這也是溫伯格在第一冊《系統化思考》開宗明義所提及，我們所需要的正是「正確的思考」，也就是系統化的思考，因為唯有如此，我們才能「明白自己在做什麼」。系統化思考就是一種架構觀（architecture view），而架構並非單指IT系統如三層式（3-tier），我寧願稱呼這為實作面的分層結構框架。

　　誰需要對軟體專案有全貌認知的系統化思考？個人以為兩種角色是必要的：專案經理（project manager, PM）與架構師（architect）。這兩種角色都是在做調和的工作，專案經理調和的是人，架構師調和的是技術。

　　人包括了客戶、利益關係人（stakeholder）、團隊開發人員等各類角色。PM講究的是領導統御的能力，而非去精通某種管理工具、技術、方法論等，那些都是次要的。「人」才是PM首要解決的課題，如此才有機會在成本、時程、系統開發規模等找出適切的平衡點。至於品質，那則是架構師的責任了。架構師也是在做調和，只是他調和的是技術，而技術不單是指實作面，也涵蓋了需求分析、結構設計等其他兩個面向，個人擔任軟體顧問多年來的經驗，最常碰到的問題就是這三種面向的不一致與衝突。

　　這邊就舉我擔任軟體架構顧問多年來的實務經驗談，簡述關於調和需求、結構、實作三個構面的觀念。

　　實作技術人員常指望需求不要頻繁變動，但請記得，需求必然就是會變動，所以我常指導技術人員要具備的心態就是預期所交付的需求都是錯的──但這樣也能開發下去。似乎很神奇？其實需求分析就是抓住參與者（actor）使用系統背後所隱含的意圖，每一個意圖可以

視為是一個功能性的目標框架，而後所有相關該功能的細節，包括欄位明細、企業邏輯等，就可以在該目標框架內透過循環（iteration）、漸進（increment）的開發模式，逐步琢磨出精確的細節。

一開始建立功能目標框架，並可順暢地轉移到實作階段，同樣也是建立程式碼的骨架（skeleton），而細節就是被封裝（encapsulate）在框架之內。請記得，封裝可是軟體設計的第一原則，但普遍軟體開發人員均不自知，幾乎都以資料導向的思維開發系統，如此過早揭露出太多雜質不確定的細節，當然就難以開發維護了。

再則，共用性的結構設計反而可以延遲開發，待個別功能逐一的實現，再來才去挖掘出這些功能的共用性需求。所以，應付短線時程的專案首重是需求的實現，而當爾後上線系統能提升其再利用性價值，再來才去談及結構面的重整，也就是重構（re-factoring）的功夫了。當然，即使是短線重視個別功能實現的專案，也必須要事先規劃並建立可被延展的框架才能應付重構，例如MVC（mode-view-control）樣式的設計，這些就是較深入技術面的議題了。

（PS：為何不一開始就專注在共用性的結構設計上？因為那會耗費相當多的開發成本與時程，而這往往都是短線專案最缺乏的。再則，事前的結構設計需要有相當的軟實力功夫，這類人才其實鳳毛鱗角。）

系統化思考就是在做調和的工作，包括人與技術面等議題。調和的過程中，必然會衍生出諸多的問題——包括技能、技術與溝通（甚至還有政治）等風險，而風險當然及早揭露、及早解決才好。第二冊《第一級評量》談及的就是如何觀察、發現問題的本質，並進而找出

解決方案；而第三冊《關照全局的管理作為》則單對溝通議題，進而討論性格分析並找出因應的管理措施（很有意思，軟體工程也需涉獵到心理學這個領域）。

專案管理者經常喜好找尋工具、方法論來抑制或預防開發過程中所發生的上述問題，但往往導入這些高度儀式化的工具與方法並沒有實際解決問題，反而衍生了更多的問題。問題是不斷在過程當中發生的，所以並沒有固定的方法或工具可以事先預防解決，反而應該要懂得從過程當中觀察再觀察，發現問題的核心，思索應對的策略，動態找出方法來實際解決。

溫伯格就曾在書中一針見血地提到：專案經理經常對發生的狀況視而不見，甚至已經是麻木不仁了。為何如此？人們總害怕揭露問題反而會損及自己的權益，甚至會造成更多的問題發生。如何解決？整體性的系統思考、學習型的組織、密切的溝通互動，盡量拋開成見與政治面（這點最難）利害關係，才能有機會鼓勵專案開發過程中懂得觀察與發現問題，並進而協同找出應對的解決方案。

相較於技術衍生的問題，開發過程有更多更需克服的問題是源自於溝通的議題上，所以溫伯格在第三冊專書介紹以「人」為本的職場管理學，甚而還探究性格分析的心理層面。專案管理者需要了解團隊成員的人格類型與心理狀況，甚至更需要的是如何自我覺察，了解自己與他人，改善人際關係，才能轉化為「關照全局」的學習型組織。

個人是覺得，軟體人員最好真的要先認清自己適合擔任何種角色。這也可以透過PDP統計學的動物性格分析來了解自己與他人的性格傾向。共分為五種：有魄力威權的老虎、活潑愛表現的孔雀、注重

細節的貓頭鷹、任勞任怨的無尾熊，以及具多重性格、視環境而轉換的變色龍。舉例來說，就個人多年來的觀察心得，與客戶往來溝通或做需求訪談等需要人際關係的工作，由孔雀性格的人來擔任最適合；寫程式碼，喜愛與技術為伍者由貓頭鷹或無尾熊性格的人來做，產能會最高；領導統御如專案經理的工作，當然就是老虎性格最適切了；至於變色龍性格，嗯，最適合擔任顧問或者軟體架構師了。（這裏僅是簡單的列舉，當然現實上多數人的性格更是複雜錯綜。）

了解管理者應具備的素養，包括系統性的思考、敏銳的觀察力、關照全局的溝通能力，當然就要在現實的環境中來實踐之，而這也是最後這一本《擁抱變革》所論及的主題——預期軟體專案變動的常態，並進而建構能因應變革的組織，確實有效改善軟體工程的環境。

沒有絕對的方法可以有效應付變動，但卻有一致性的原則：將變動侷限在可控制的範圍之內。所以溫伯格特別強調了其中的要訣：「動作要早，動作要小，是保持軟體過程都在控制之中的關鍵。」。另外在《顧問成功的祕密》一書中，他也強調了變革應該是：「既可以改變，又不用受傷害。」

這很有意思，管理者想要改善環境，提升軟體工程的品質，可能有兩種方式：一為革命（revolution），一為革新（evolution）。革命是要抱著不成功便成仁的決心，成效雖快，但也很容易失敗更會受傷害；而革新是採漸進的做法，一次只改一點點，有了一些成效後再往前推進，雖然緩慢但也比較不會受傷害。

綜合許多軟體大家的成功實務經驗，包括溫伯格本人，建議的做法會比較傾向是革新的漸進式做法。

所以，現今主流的開發方法論，包括UP（unified process）、Agile、Scrum等，雖然各自實踐的方法不一樣，但對應變動的核心本質卻都是一致的——採用快速循環漸進（iteration & increment, I&I）的開發模式。

I&I的做法對一個功能單位的實現，至少會切分兩個以上的循環（iteration），第一個循環先建立出包括程式碼的骨架，並確實打通技術關節；第二個循環則著重在於對精細度的要求，包括如資料欄位、企業邏輯（business logic）的正確性，以及對於例外事件的處理（exception handling）。每一次的循環係以「週」為開發單位，在1~2個星期內涵蓋了需求分析、結構設計、程式碼實作（乃至於測試）。如此循環漸增，早一些取得回饋（feedback），早一點揭露風險，如此才有機會應付軟體專案的變動，並且比較不容易受傷害。

組織要能順應I&I的做法，必然需要經過某種程度的變革，才能讓軟體團隊可以忍受模糊與不確定性。透過本書提供的實踐方法，讓傑出的管理者可以帶領組織預期改變，並進而擁抱改變。「兵無常勢，水無常形，能因敵之變化而致勝者，謂之神。」期待管理者可以成為本書所稱謂的「變革能手（change artist）」。

本文作者王克明（Kenming Wang）：

- 現職：HSDc軟體架構師（Software Architect）、資深講師、顧問。
- 曾任：系統工程師、Oracle DBA、IT部門副理、講師、顧問、軟體架構師。《iThome》、《北京程序員》等平面雜誌專欄作者。

- 精通軟體設計本質、物件導向觀念、UML、RUP/XP、軟體架構規劃與設計等。

- 多年來極為豐富之教學經驗，擅長傳授軟體設計本質給學員。

- Novell CNI/CNI, Microsoft MCSE, Oracle DBA, Java SCJP, UML OCUP等多張專業認證執照。

- 熱愛閱讀，享受學習，擅長觀察與思考，同時亦為圍棋業餘五段棋癡。

編輯說明：

本書附有原文書頁碼，置於內文的外側。書末的「法則、定律、與原理一覽表」與「索引」之索碼皆依據原文書頁碼。

目錄

致台灣讀者　　傑拉爾德・溫伯格　　7

Preface to the Chinese Editions　　10

〔導讀〕從技術到管理，失落的環節　　曾昭屏　　13

〔推薦序〕期望改變又不想受傷害的軟工思維　　王克明　　17

編輯說明　　24

謝詞　　35

前言　　39

第一部　讓變革真正能夠發生的模型

1 一些常見的變革模型 45

1.1 擴散模型　　46

1.2 地板有洞模型　　48

1.3 牛頓模型　　53

1.4 學習曲線模型　　57

1.5 心得與建議　　59

1.6 摘要　　60

1.7 練習　　62

2 薩提爾變革模型 65

2.1 模型綜述　65

2.2 第1階段：近期現狀階段　67

2.3 第2階段：混亂階段　72

2.4 第3階段：整合與實踐階段　74

2.5 第4階段：「新現狀」階段　77

2.6 心得與建議　79

2.7 摘要　82

2.8 練習　84

3 對變革的反應 87

3.1 抉擇點　88

3.2 運用麥理曼的時區理論來決定變革介入時機　94

3.3 資訊流動的方式　97

3.4 統合變革　100

3.5 防範未然型組織中的變革　102

3.6 心得與建議　104

3.7 摘要　106

3.8 練習　109

第二部　防範未然型組織中的變革才能

4 變革才能 115

4.1 個人對變革的反應　116

4.2 個案研究：變更座位安排　121

4.3 個案研究：程式碼修補　123

4.4 個案研究：知道什麼事該丟下不管　125

4.5 心得與建議　　127

4.6 摘要　　128

4.7 練習　　131

5　大部分事情維持不變 133

5.1 你在維持什麼？　　134

5.2 揭露使用中的理論　　138

5.3 變質　　140

5.4 設計維護債務　　141

5.5 變革才能債務　　144

5.6 破壞變革才能　　145

5.7 經理人的簡單規則　　148

5.8 心得與建議　　149

5.9 摘要　　150

5.10 練習　　153

6　練習成為變革能手 155

6.1 去上班　　155

6.2 做一項小改變　　157

6.3 什麼都不改變　　160

6.4 改變關係　　162

6.5 成為觸媒　　165

6.6 完全在場　　167

6.7 完全不在場　　170

6.8 應用加法原則　　172

6.9 安排「大旅行」（Grand Tour）　　174

6.10 以史為鑑　　176

6.11 將理論化為實務　　178

6.12 自我發展　　180

第三部　替未來的組織做規畫

7 統合規畫第一部分：資訊.............................. 183

7.1 從統合規畫開始　184

7.2 資訊蒐集　188

7.3 技巧　201

7.4 心得與建議　203

7.5 摘要　205

7.6 練習　207

8 統合規畫第二部分：系統思考 211

8.1 解決問題　212

8.2 成長與規模　215

8.3 風險與報酬　222

8.4 信賴　227

8.5 移除掉完全靜止不動　230

8.6 心得與建議　234

8.7 摘要　236

8.8 練習　240

9 戰術性變革規畫 243

9.1 何謂戰術性變革規畫？　244

9.2 開放式的變革規畫　245

9.3 以倒推方式做規畫　247

9.4 挑選實際可行的新目標　250

9.5 從頭到尾言行一致　253

9.6 挑選與測試目標　255

9.7 什麼會妨礙達成目標？　260

9.8 面臨不可預測性時的規畫模型　261

9.9 回饋計畫　268

9.10 心得與建議　270

9.11 摘要　271

9.12 練習　273

10 以軟體工程師的思維做規畫 275

10.1 工程控制的含意　276

10.2 工程管理行動的基本圖　285

10.3 控制的層級　286

10.4 心得與建議　292

10.5 摘要　295

10.6 練習　296

第四部　應該改變什麼

11 穩定軟體工程的構成要件 301

11.1 為什麼軟體沒什麼不同　302

11.2 為什麼軟體成本如此高昂　304

11.3 何處可找到改進空間　307

11.4 為什麼軟體專案會失敗　309

11.5 資訊失敗　310

11.6 找出資訊失敗的解決方案　314

11.7 行動失敗　317

11.8 心得與建議　319

11.9 摘要　320

11.10 練習　321

12 流程原則 323

12.1 百萬富翁測驗　324

12.2 穩定性原則　326

12.3 明顯性原則　330

12.4 可評量性原則　334

12.5 產品原則　337

12.6 心得與建議　340

12.7 摘要　341

12.8 練習　343

13 文化與流程 345

13.1 文化／流程原則　346

13.2 文化與流程互動的例子　347

13.3 流程的三種含義　353

13.4 是什麼創造了文化？　358

13.5 心得與建議　360

13.6 摘要　362

13.7 練習　364

14 改善流程 369

14.1 三種流程改善層次　370

14.2 一個流程改善案例　371

14.3 讓看不見的變成可見　376

14.4 預防未來再發生　377

14.5 學到的教訓　378

14.6 但是我們公司不一樣　379

14.7 但是那代價太高　382

14.8 心得與建議　385

14.9 摘要 386

14.10 練習 388

15 需求原則與流程 389

15.1 固定需求的假設 390

15.2 軟體品質第零法則 392

15.3 需求的流程模型 395

15.4 學生流程 397

15.5 需求的向上流動 399

15.6 管理階層對需求流程的態度 401

15.7 心得與建議 403

15.8 摘要 404

15.9 練習 407

16 改善需求流程 409

16.1 衡量需求的真正成本與價值 410

16.2 獲得對需求投入的控制 414

16.3 獲得對需求產出的控制 421

16.4 獲得對需求流程本身的控制 425

16.5 心得與建議 429

16.6 摘要 431

16.7 練習 434

17 正確地啟動專案 437

17.1 專案的先決條件 438

17.2 想要的結果 442

17.3 指導方針 444

17.4 資源 446

17.5 責任歸屬 448

17.6 後果 451

17.7 心得與建議 455

17.8 摘要 458

17.9 練習 462

18 正確地維持專案 463

18.1 瀑布模型 464

18.2 級聯模型 466

18.3 疊代強化 468

18.4 可再利用的程式碼 469

18.5 原型設計 471

18.6 重新規畫 474

18.7 心得與建議 479

18.8 摘要 482

18.9 練習 486

19 適當地終止專案 487

19.1 測試 488

19.2 測試 vs. 竄改程式 492

19.3 如何知道專案何時步入失敗 499

19.4 使專案重生 504

19.5 心得與建議 506

19.6 摘要 509

19.7 練習 512

20 以更小規模更快速建造 515

20.1 更小的意思是什麼? 516

20.2 縮減規格的範圍 519

20.3 消除最糟糕的部分 520

20.4 盡早拿掉　　525

20.5 管理遲來的需求　　528

20.6 心得與建議　　533

20.7 摘要　　535

20.8 練習　　538

21 保護資訊資產 539

21.1 程式碼庫　　542

21.2 資料字典　　543

21.3 標準　　546

21.4 設計　　547

21.5 測試庫及其歷史　　549

21.6 其他文件　　551

21.7 增進資產保護　　551

21.8 心得與建議　　555

21.9 摘要　　557

21.10 練習　　560

22 管理設計 561

22.1 設計創新的生命週期　　562

22.2 設計的動態學　　564

22.3 艾德蒙‧希拉瑞學派　　570

22.4 法蘭克‧洛伊‧萊特症候群　　571

22.5 泰德‧威廉斯理論　　573

22.6 太多廚師　　577

22.7 哎呀！　　577

22.8 心得與建議　　579

22.9 摘要　　579

22.10 練習　　583

23 引進技術 585

23.1 調查工具文化　　586

23.2 技術與文化　　588

23.3 技術移轉定律　　593

23.4 從危機到鎮靜的型態管制　　596

23.5 技術移轉十誡　　600

23.6 第十一條戒律　　606

23.7 心得與建議　　607

23.8 摘要　　609

23.9 練習　　612

第五部　結語

附錄 A　效應圖　　619

附錄 B　薩提爾人際互動模型　　623

附錄 C　軟體工程文化模式　　625

附錄 D　控制模型　　633

附錄 E　觀察者的三種立場　　641

附錄 F　MBTI 與氣質　　643

註解　　651

法則、定律、與原理一覽表　　673

人名索引　　679

名詞索引　　683

謝詞

在此我要感謝數十位人士，透過審查、討論、論證、實驗與範例讓本書更臻完善，所做出的貢獻。雖然我已隱瞞提供機密資訊的人士與客戶的姓名，但是對於具特殊貢獻者，仍具名表示感謝。為了讓你對誰做出貢獻有些概念，我提供以下這些簡短的描述。vii

Wayne Bailey 以生活為師，他有時候自己也忘了這一點。他也是一位流程專家，而且他的雇主將他視為「重要資源」。

Richard Cohen 是一位個體經營的顧問，他對於協助讓軟體開發團隊運作得更好十分感興趣。在經常討論這類議題的 CompuServe® CASE 論壇中，他是一位系統操作員。

Michael Dedolph 在軟體工程協會（Software Engineering Institute, SEI）擔任技術人員。他設計組織評估方法，並在軟體風險管理與軟體流程改善領域擔任許多組織的顧問。在 SEI 任職之前，Michael 在美國空軍講授軟體工程，並替空軍從事大型庫存管理與即時衛星通訊系統的開發。

Dale Emery 住在緬因州，他是人性與人性化軟體流程方面的顧問。

Phil Fuhrer是一位著名的通訊系統設計師與審查人員。

Payson Hall是住在加州的一位顧問系統工程師，他將時間花在主從式軟體系統設計與結構的技術諮詢，以及與客戶合作實施更有效的技術專案管理方法。他也玩撲克牌遊戲，但總是不贏不輸。

吉姆・海史密斯（Jim Highsmith）是Knowledge Structures, Inc. 的一位負責人。當他不去猶他州偏遠地區探勘峽谷、上山滑雪或攀岩時，他在軟體品質流程改善、專案管理與加速開發技巧等領域從事教學、擔任顧問或進行學習。

John Horne是來自亞利桑納州坦佩（Tempe）的一位著名的組織顧問。

《Managing Expectations》❶一書作者Naomi Karten，在如何提供更優質服務與建立雙贏關係方面，已在美國與國外對超過100,000人進行專題演講和主持專題討論會。

Norm Kerth是一位顧問，數十年來他一直協助許多公司改變他們的軟體工程實務。他協助他們應用本書中的內容去從事一些困難的部分，包括導入他們將使用的方法論、確認目標、重視品質保證、以及使他們變得有人性又有成效的管理實務。

木村泉（Izumi Kimura）是東京工業大學（Tokyo Institute of Technology）電腦科學系教授，也是我的一些書籍的翻譯者。

Fredric Laurentine已歷時十年在昇陽微系統公司（Sun Microsystems）從事變革，也在過程中改變了自己。

Leonard Medal是地區性健康照護機構的工程師與軟體開發人員，以及專案需求與團隊有效性方面的專家。

Lynne Nix是Knowledge Structures, Inc.總裁兼創辦人，這家公司專門與組織合作，以提高競爭力、品質與軟體開發流程的及時性，並縮短整體的產品交付週期。

Judy Noe與商業人士合作，以協助他們打造符合商業需要，並促進組織中所有層級健全關係的周延的商業解決方案。

Sue Petersen是一位人類學家，兼職做程式設計師，她與丈夫和兩個兒子住在奧勒岡州，並飼養很多貓、狗、馬與其他各種野生動物。雖然她常打趣說自己是個「有女牛仔作風的程式撰寫員」，不過她已從痛苦的經驗中學會必須把牛仔的那一套留在穀倉裏比較好。她認為能在晚宴中與人就資料庫的相關議題做討論，或是跟別人就管理、軟體分析、軟體設計方面有激烈的言詞交鋒，可以使這場聚會機鋒處處。

Barbara Purchia有超過二十年開發高品質軟體系統的經驗。她也在軟體開發和軟體開發管理方面有紮實背景，並擁有四年多實施企業軟體流程改善計畫的成功經驗。她目前是Kronos, Inc.軟體工程營運主管。

James Robertson是一位顧問、訓練師、以及傑出著作《*Complete Systems Analysis*》❷一書的共同作者。

David Robinson是一位系統設計師、專案經理、以及很棒的徒步旅行搭檔（不光因為他是山難救援的專家）。

Dan Starr是一位摩托車騎士，他習慣騎著他的哈雷機車到處閒逛，有時還學習一些電信的架構、設計與人的議題等等。

Eileen Strider是一位全心全意的傑出顧問，也是我所認識的技能最棒的一位高級主管。她總是尋找讓組織更加人性化的方法。

Wayne Strider是一位有影響力的顧問，以及技巧高超的活動引導員（facilitator）。他非常擅長教導人們如何改變自己，並創造更充滿人性的團隊和組織。

丹妮・溫伯格（Dani Weinberg）是Weinberg & Weinberg合夥人，她是一位人類學家，以及狗與狗管理員的世界權威。

直到最近，Janice Wormington都還是Dorset House出版社出色的編輯，如果我的書能讓一般人了解，都要歸功於她。

Gus Zimmerman是一位傑出的經理人，也是改善工程產品品質與成本之流程的創造者。

其他有貢獻者（有些人必須匿名）來自變革能手和我的客戶組織中的其他人，以及Problem-Solving Leadership專題研討會、Organizational Change Shop、Quality Software Management專題研討會、Software Engineering Management Development Group、和各個CompuServe論壇的眾多參與者。

前言

xxi

此刻我們並不知道,這些「軟體流程改善」的結果是否為典型的
結果。我們認為詮釋這些結果最好的方式,就是將這些結果當作
是指標,看看它在受到支持的環境下,會有什麼事情發生。❶

—— *J. Herbsleb* 等人

這本書要談的是,如何創造一個有利於軟體工程進行的環境。在
這樣的環境裏,你的組織將可實現軟體工程協會(SEI)和其
他流程改善機構的一些客戶所宣稱的,在品質與生產力方面獲得令人
印象深刻的進展。

本書是《溫伯格的軟體管理學》系列的第四本。前三本書告訴我
們必須做些什麼,而這本書是說明如何創造出實踐必要的變革所需之
環境。如果你尚未讀過其他三本,閱讀這本書應該會促使你回去讀那
三本。你可以用任何順序來閱讀,但這本書應該留到最後才讀,即使
那可能是你第二次讀它了。❷

由於沒有從一開始就創造出一個有利於軟體工程的環境,結果軟
體工程的歷史在實現品質與生產力的進展上,大多數是以失敗收場。
為了改善糟糕的情況,很多經理人將錢花在CASE工具、CAST(電腦
輔助軟體測試)工具、CAD工具、方法論、外包、訓練、應用套裝軟

39

體等方面，但是他們極少一開始就把力氣花在改善、或換掉那些造成這種後果的經理人。

　　我們這一行一直是個「尚未成功」的產業，而且除非我們能破除對於「特效藥」的迷思，真正去處理關於經理人的問題，不然我們將永遠是個未成功的產業。這種迷思有一部分是來自於只是將每項工作當作更高階工作之踏腳石的那些經理人。海軍上將瑞克瓦（Hyman Rickover）在談到這類經理人或工作者所犯的錯誤時說：

> 「當一個人從事某項工作時（任何工作都一樣），他必須認為他『擁有』那項工作，而他的所做所為，就好像他會永遠一直從事那項工作一樣。他必須負責盡職地關照他的工作，就好像看待自己的事業或自己的錢一樣……有太多人將整個的工作生涯花在尋找下一份工作上。當一個人覺得他擁有現在的工作，也依照這樣的態度來做事，那他根本不需要擔心他的下一份工作。」❸

身為經理人，我們承認有成長的需要，無論是人或組織都需要成長。請不要沮喪，因為我已經看過數百位經理人成功地成長，我知道我們辦得到。一旦經理人開始成長，我看過他們能成功地進行本書所介紹的許多美妙的軟體工程活動，相信你也做得到。

　　這些活動是什麼？《溫伯格的軟體管理學》系列的前三卷談到，想要在軟體工程的管理工作上獲致高品質的成果，你需要具備以下三種基本能力：

1.　具有了解複雜情況的能力，以便你能為專案做好事前的規畫，從而進行觀察並採取行動，使專案能依計畫進行，或適時修正原計

畫。

2. 具有觀察事態如何發展的能力，並且有能力從你所採取的因應行動是否有效，來判斷你觀察的方向是否正確。

3. 在複雜的人際關係中，即使你會感到迷惘、憤怒、或是非常害怕，甚至害怕到想要一走了之並躲起來，但你仍然有能力採取合宜的行動。

第四卷要處理組織變革的問題，並告訴我們如何運用前三卷所提到的工具來進行管理，將原本的組織改造成不僅現在能了解和實踐優良的軟體工程觀念，而且未來也能了解和實踐這些觀念。我們將這種組織稱作「防範未然型」（Anticipating）的組織。

所有的組織都會改變，但是「防範未然型」組織讓組織變革成為一種明確的、普遍性的功能。與前一階段的「把穩方向型」（模式3）的文化相比，「防範未然型」的文化具有四個特性：

1. 「防範未然型」文化具有有效的模型，以協助人們在理智與情感上了解組織與個人的改變。

2. 組織裏的員工（不僅是經理人）有相當高的比例是擁有技能的變革能手（change artist），他們獲得組織實務上的支持，而能夠使變革之輪平順運轉。

3. 「防範未然型」文化習慣前瞻未來，並為組織變革做好規畫。在 xxiii
變革能手的協助下，這種文化知道如何堅持到底地執行計畫。

4. 「防範未然型」文化讓有計畫的變革立足於健全軟體工程實務的穩定基礎上，使評量和預測得以進行。

本書的內容分成四部，分別涵蓋「防範未然型」組織的這四個特性，

並說明如何讓組織具備這些特性。

軟體作家與研究者Capers Jones告訴我們，專案越大，失敗的機率也越高。❹他的觀察適用於軟體專案，但是，要改變你所在的組織的品質文化，其工作份量比起您的組織曾做過的任何軟體專案都要大得多。那正是為什麼我將「組織變革」這個主題單獨寫一本書的原因，也是為什麼它是系列中最後一冊的原因。因為若要獲得成功，你必須從前三冊開始所有的練習。

為了帶領組織文化的變革，你必須變成一位傑出的軟體工程經理人，而光是閱讀這四卷書是不夠的。這四卷書中大多數的章節都有建議延伸閱讀，而你應該遵循這些建議進行。此外，大多數章節的結尾都有「練習」這一節，讓你在學習的最高潮時檢驗學習的效果。

談完所有這些之後，你可能發現至少要閱讀四十本書（不是要你立刻讀完！），而這四本書僅僅是個導引，你還需要花幾千個小時練習你所學到的。然而，相較於你為了要成為傑出的軟體工程師，已讀過多少書練習了多少小時，這個負擔似乎還算合理。如果你能這樣努力下去，你必定能達成你的新目標，也就是至少成為一位傑出的軟體工程經理人，能帶領整個組織進行轉型。

祝你一路順風！

第一部
讓變革真正能夠
發生的模型

讓我們陷入困境的不是我們所知道的事情,而是看似正確的論斷。　1

—— *Will Rogers*

將豬趕出小溪之前,你絕對無法讓溪水變得清澈。

—— *山裏的諺語*

提到將豬趕出小溪時,我並不是指壞人,而是指壞的構想。如同我的家庭治療師朋友多爾(Bunny Duhl),對於有些客戶抱怨他們父母的教養方式,他說:「你的父母並不壞,他們只是教養方式錯誤。」

抱持錯誤的觀念養育小孩,是一段可怕的時光,但是開發軟體的觀念錯誤可能更糟糕。小孩在撫養的過程中,天生就有從(一些)錯誤當中復原的能力,但是軟體就不太能容許失誤。可能那正是為何有些組織將超過百分之九十的預算花費在復原方法(測試、修正錯誤與

補救性維護）上的原因。

　　軟體經理人不僅要管理軟體的設計開發，而且也要好好地把他們的軟體組織拉拔長大。當你將軟體組織培養起來時，通常會使得設計、開發軟體變得輕而易舉。

　　我們對於軟體所抱持的觀念經常不正確，而對於進行組織變革的觀念，通常是完全錯誤，甚至更糟糕的情形是造成誤解。因此，我們要讓水變清澈的第一步，就是要趕走對變革本身抱持錯誤推論的那些「豬」。

1
一些常見的變革模型

未來的事情充滿危險……文明的主要進步在於一旦發生就幾乎會   3
將社會破壞的過程。

——懷海德（Alfred North Whitehead）

正如懷海德所暗示，變革天生就具有危險性。再者，當我們不知道自己在做什麼時，變革甚至變得更危險。因為沒有充分了解變革的動態學，嘗試對軟體組織進行變革通常會失敗，這個理由和組織一開始就會陷入危機的理由相同。本章將討論一些常用的變革模型，以及這些模型如何影響到我們的組織成功變革的機會：

- 擴散模型（Diffusion Model），這個模型說變革或多或少會發生

- 地板有洞模型（Hole-in-the-Floor Model），這個模型說變革會從樓上的規畫者掉落在受改變者身上

- 牛頓模型（Newtonian Model），這個模型引進外部的激勵因素（motivation）的觀念

- 學習曲線模型（Learning Curve Model），這個模型考慮到適
  應新事物所需要的時間

4　1.1　擴散模型

擴散模型是所有變革模型中最簡單的模型，並以「變革就是會發生」
的信念為基礎。變革在組織中的擴散，就像染料在溶液中擴散一樣
（圖1-1）。照章行事型（模式2）經理人經常採用這種模型，不管發生
什麼事，他們並不了解或不接受他們的責任。❶

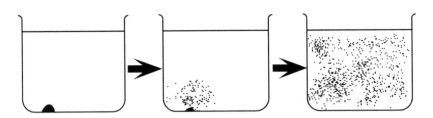

圖1-1　變革的擴散模型以化學隱喻為基礎，如同一塊染料在一大杯水中溶解
　　　時的情形。經過一段時間，自然力量或多或少會將染料平均擴散到一
　　　整杯水中。

正如所有的變革模型，擴散模型也包含一些事實。在很多實例中，沒
有任何特定的管理行動，變革似乎就會出現在整個組織中。在軟體工
程組織裏，也許這種效應最顯著的實例是遊戲與益智猜謎的散播。今
天每個人都在玩最新的單人紙牌遊戲，然後就好像變魔術一般，一個
月後大家都在玩最新的冒險遊戲。很多經理人都羨慕遊戲這種自行散
播變革的效力，而且希望知道如何將這種特質加到（比方說）軟體工
具或流程中。

　　然而，若更詳細研究擴散，我們發現擴散的確有其結構。由組織圖可看出，擴散會沿著社交接觸路線進行（圖1-2），不僅循著正式組織圖擴散，而且也循著誰與誰交談而擴散。舉例來說，檢視哪些項目會擴散、哪些項目不會擴散顯示出，人類介面的設計與軟體產品擴散的成功有很大的關係。大家認定價值高的事物，將會提供擴散到整個組織的壓力，就像在一大杯溶液中所產生的流動那樣。這種壓力可能在某個方向上增加擴散速度。例如，檢視管理政策就可以知道，為何有些變革的擴散比其他變革更受到支持。一個好例子是軟體開發工作的計費系統。

　　假定計費系統說明，建造軟體工具可向顧客收錢，但是從事軟體流程開發的工作無法計費。在此個案中，經理人將會支持經過改良的軟體工具的散播，而忽略經過改良的流程的散播。若他們知道計費系統的規則，並在乎公司的財務結果，他們就會這樣做。經理人常常會知道這些事情，但是程式設計師並不知道，這會產生暗藏的衝突。若

5

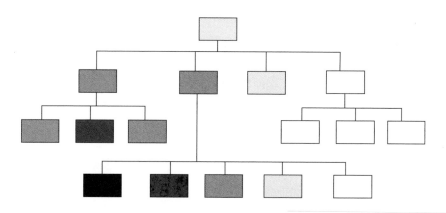

圖1-2　應用於組織時，擴散模型顯示謠言、構想、工具或流程，從一處來源逐漸散布出去。然而在實務上，散布並非任意發生，而且也未必到達組織的每一處。

經理人察覺到，他們有處理這種衝突的各種機制（例如，解釋計費系統，或將紅利與計費功能相結合），就可藉此來巧妙地影響散播。

　　同一類的支持也內建於基礎設施中。擴散更可能發生在地理位置極為靠近的人與人之間、同一班輪值或從事同一專案的人與人之間、通勤車共乘小組成員之間、或在使用同樣電子郵件系統的人與人之間。因此，我們可經由控制這類變數來管理擴散。

　　此外，對於擴散過程，我們所能運用的控制在實際上有其限制。首先，擴散中的物體（或流程）在擴散時，其變化方式經常無法預測，就像玩電話遊戲時訊息變差，或透過調整適應來進行改善的情形。另一方面，對於組織的某些部分，擴散速度可能太慢；而對於其他部分，擴散速度可能太快。甚至組織中某些更孤立的部分，可能根本接觸不到擴散。

　　總之，擴散模型的長處是注意到將變革當作是一個過程。而此模型的缺點是將擴散過程的控制，訴諸於被動又神祕的「自然力量」。

1.2 地板有洞模型

地板有洞模型又被稱作工程模型（Engineering Model），有三個步驟，如圖1-3所示。

6　　　　藉由在變革過程加入控制，「地板有洞模型」試圖矯正「擴散模型」的弱點。所有計畫性的變革模型當中，「地板有洞模型」這個最簡單的模型以「變革就是會發生」的信念（或期待）為基礎，這點類似於「擴散模型」。但是在此模型中，只有當所有的準備都正確無誤時，變革才會發生。工程師經常認同這種模型，他們相信系統在行為上合乎邏輯，無疑地每個人都會認可他們所提提案的優點，並在極為

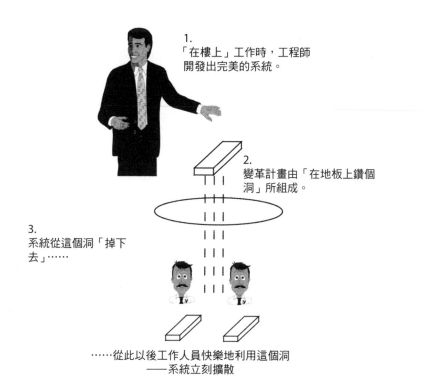

1.
「在樓上」工作時，工程師
開發出完美的系統。

2.
變革計畫由「在地板上鑽個
洞」所組成。

3.
系統從這個洞「掉下
去」……

……從此以後工作人員快樂地利用這個洞
——系統立刻擴散

圖 1-3　地板有洞模型：在複雜的版本中，這個洞含有教導變革相關「標的」
　　　　的課程，就好像唯一可能阻礙變革計畫的只是缺乏了解而已。

讚賞他們的才能的情況下，立刻接受這個變革。因此，變革將會立刻
擴散。通常認同這種模型的人從來沒有真正考慮過變革模型，更不用
說去觀察很多實際的變革。

　　「地板有洞模型」暗中以幾項具關鍵性但不是非常吸引人的假設
為基礎：

1.　人有較優秀與較次等的差別。　　　　　　　　　　　　　　　　7

2.　所有設計都來自位在上層的人，也就是說來自較優秀的人。

3.　較次等的人不可能會提供有用的回饋。

4. 只有完美的變革才會從地板的洞掉落下來。

5. 開發人員與使用者之間不需要有人與人的接觸。

6. 變革中的複雜度，意指「細心鑽好的洞」，例如意見書（position paper）、授課簡報說明、使用說明、課程教材、輔助系統與方法論。

若直接詢問，運用這種模型的人可能不知道自己抱持這些假設。然而，當嘗試進行變革時，他們的行為舉止就好像這些錯誤的假設是事實。難怪他們的計畫很少能成功。

不過，如果很多人堅持採用一種模型，更仔細探討在他們的心中有什麼定見，永遠是個不錯的點子。例如，若你從夠高的樓層來看，並在不常取樣的區間取樣，「地板有洞」模型套用於資料上可能恰好

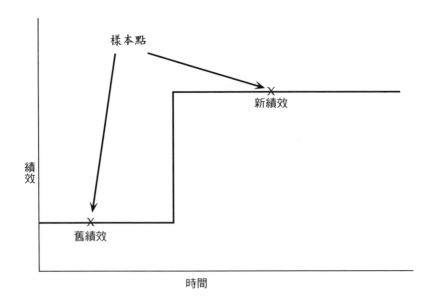

圖1-4　若你從夠高的樓層來看，並在不常取樣的區間取樣，則「地板有洞」模型套用於資料上相當合適。

非常合適。例如，圖1-4顯示事前與事後，此模型如何恰好適用於兩個資料點。

　　誰有這種罕見的高層觀點？其中一群人是高階管理人員。另一群人是不同部門的人。第三群人是顧問。湯姆・畢德士（Tom Peters）順道來訪，並對軍隊進行一場耗資五萬美元的激勵士氣的演說。兩年後，湯姆・畢德士又順道來訪，並檢視軍隊表現如何。足以確定的是績效已提升，而且模型完全適用（在這兩個資料點）。

　　對於抱持這種模型觀點的人來說，湯姆・畢德士、詹姆斯・馬汀（James Martin）、湯姆・狄馬克（Tom DeMarco）、傑瑞・溫伯格（Jerry Weinberg）或不論什麼人的來訪，都是變革的介入。若顧問有足夠的技術，這種行為稱為技術移轉。聽演講內容的人稱為標的。若這項介入正中標的，則變革就會立刻發生。想像以下的情形：九百個人起立、離開禮堂、回到他們的辦公桌、而且開始產生新的績效水準（圖1-5）。

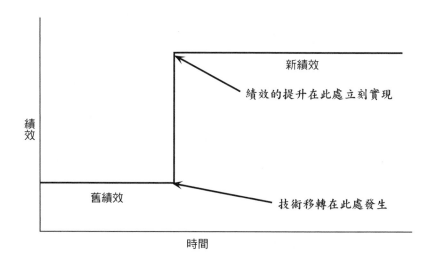

圖1-5　地板有洞模型暗示變革是立刻發生，而且立即達到最終的績效水準。
　　　　績效可以指任何方面，例如品質、速度或成本。

顧客服務專家Naomi Karten提供給我運作中的「地板有洞模型」的一些好例子，例如：

> 那讓我想起我任職過的某家公司，購買第一套系統開發方法論的時候。我們都快步走到教室，而那正是變革管理的範圍。從此以後，他們在解釋為什麼他們的專案是例外，而且他們可略過某些流程或跳過某些關鍵步驟方面，每個人都極富創意。

> 另外，有趣的是，……即使顧客（內部使用者）是受到新方法論影響最大的一群人，他們未被告知這種新方法論的目的與影響。有一天，我們只是帶著需要填寫的額外表格出現。對顧客來說，那似乎像是另一個輕率的資訊系統方案，其設計用意是要讓他們的日子更不好過。誰能責備他們呢？

> 可悲的事是，管理人員真的認為他們以這種方式管理變革沒問題。那甚至比一無所知還更糟糕。

雖然一再告知人們這類的例子，為什麼他們還繼續相信這麼令人無法忍受的模型？事實上曾經有很長一段時間，若每件事都事先做好準備，變革的確會以那種方式發生。也有些情形是，變革的發生必須盡可能接近這種模型。例如，若干年前，瑞典人將道路駕駛的靠邊，從靠左側變成靠右側。開玩笑的講法是他們應該經過幾星期的時間逐步進行這項變更。即使經過最小心的規畫，仍有一些駕駛人無法在一夜之間適應變更，因而造成悲劇性的後果。

儘管變革次數遠不及一些經理人希望我們相信的那麼多，在軟體工程領域中，也會有我們必須更改「駕駛時所靠的道路側邊」的時候。一個例子是變更大型主機上的作業系統。顯然，若能夠在一夜之間將舊系統的插頭拔掉，就能完成變更，那會是最理想的狀況，但是

即便如此，變更的實際運作情形絕對不會正好像那樣。對於不知道是什麼原因，在新系統上行不通的工作，舊系統總是要繼續服役。久而久之——有時候經過很久的時間——舊系統會逐步被淘汰，這與「地板有洞模型」確實不一致。

即使當這個模型失敗，模型的假設傾向於將模型真正的信徒，排除在可能告訴他們事實真相的回饋之外。而且，若有些回饋碰巧滲透過去讓那些信徒知道，顯然那些回饋是來自「較次等的人」（標的）。因此，若變革沒有很成功，那不是設計師的緣故，而是選定的標的不恰當。當然，若變革真的運作順利，那是因為有傑出的設計師。

總而言之，「地板有洞模型」的優點是強調規畫。然而，此模型的弱點是規畫時遺漏掉太多應考慮的必要因素，最明顯最重要的因素就是「人的因素」。

1.3 牛頓模型

將人的因素導入「地板有洞」模型的一種簡單方式，是運用「激勵模型」（Motivational Model）。我們也可將激勵模型稱作牛頓模型。牛頓模型是以牛頓（Isaac Newton）著名的運動定律（laws of motion）而命名。牛頓第一運動定律說

力＝質量×加速度

運用一些代數觀念，我們可得出

$$加速度 = \frac{力}{質量}$$

10

加速度是物體改變位置的速度，而質量是量測物體的大小。因此，我

們可將公式重寫成：

$$改變的速度 = \frac{力}{物體大小}$$

因為「力」現在被定義成「嘗試做某一項改變有多困難」，這個公式可用如圖1-6的圖形來描繪，或完全以語言文字寫成：

你想改變的系統越大，就必須更費力地去推動。

你想改變的速度越快，就必須更費力地去推動。

此外，力與加速度都是向量，這表示兩者都有方向與強度。因此，此模型暗示：

為了朝某個方向做改變，你必須朝那個方向施力。

例如，若想要人們更快速完成專案，我們經由支付他們超時工作的錢來督促他們。這樣做也許行得通，但也可能徒勞無功。人們可能變得疲倦，因而生產力降低。他們可能犯更多錯誤，這要花更多時間將錯誤移除。因此，想要督促人們在更短時間內做完更多工作，可能產生和所希望的變革正好相反的結果。❷

總之，牛頓主義者相信，「地板有洞模型」所遺漏掉的東西就是「推力」（push）。從這方面來看，牛頓模型的確承認，人們可以選擇他們要做什麼，而且對他們施加「推力」，就能影響他們的選擇，使之成為變革過程的一部分。典型的「推力」包括提供額外津貼、威脅失去工作、或以具挑戰性的任務指派來獎勵他們。

擁護這種模型的人經常忽略掉來自牛頓的另一項啟示：

推力會在兩個方向上產生作用。

在牛頓的方程式中，力是指「不平衡力的總和」。很多變革最後之所以失敗，是因為推動變革的力量，會因為推動反對變革的其他力量而被抵銷掉。

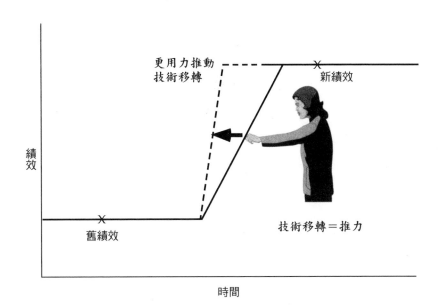

圖1-6　牛頓模型預測，當你更用力推，變革就會發生得更快。就如同地板有洞模型，牛頓模型適用於管理者與顧問可利用的少數資料點。

藉著考慮不平衡的力，我們可以改良簡單的牛頓模型，或產生如社會心理學家所說的力場分析（force field analysis）。力場分析是由社會心理學家勒溫（Kurt Lewin）所發明，是一種廣泛被使用的變革規畫方法。基本上勒溫的方法是將所有變革的力量擺在圖的某一邊，並將反對變革的力量擺在另一邊，然後尋找改變平衡的方法。圖1-7是一張力場分析圖，以說明試圖轉換至更自動化的測試系統的情形。圖左邊的力量傾向於贊成變革，圖右邊的力量傾向於維持現狀。

11

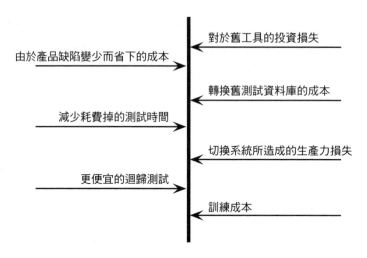

由於產品缺陷變少而省下的成本

減少耗費掉的測試時間

更便宜的迴歸測試

對於舊工具的投資損失

轉換舊測試資料庫的成本

切換系統所造成的生產力損失

訓練成本

圖1-7 這是一幅力場分析圖,說明嘗試更換測試系統的力量平衡。

力場分析建議改變力量平衡的幾種策略:

- 轉換資料庫時召集服務台人員加入,因為他們將獲得變革的很多好處。
- 用額外的預算資助新工具,而不至於對先前投資於工具的人有所不利。
- 稍微放寬變革轉換期間所進行之專案的時程。
- 增加測試人員的訓練預算。

12 不幸地,對牛頓主義者而言,人們並不像牛頓模型所暗示的那樣簡單。若觀察真正的人對各種「推力」所做出的反應,你將會見到各式各樣的反應:

- 當你在一個方向施加推力,人們可能朝相反方向移動。
- 當你更用力推,人們可能更不容易移動。

- 當你在一個方向施加推力，人們可能朝完全未預料到的方向
  移動。

- 當你施加較少的推力，人們可能更容易移動。

- 當你推得太快，他們可能會粉身碎骨，就像玻璃受到撞擊而
  不是受到推力的情形。

嘗試運用牛頓模型控制變革的經理人，經常會得到「背後有迴力棒」
（意指反效果）的回報，這點並不令人意外。

　　總而言之，牛頓模型的長處是採用激勵的形式，明確地將人性成
分納入。其弱點是牛頓模型所運用的人性模型（人們可以像撞球那樣
任意受擺布）完全不恰當。

1.4 學習曲線模型　　　　　　　　　　　　　　　　　　13

由於觀察到第一次引進變革時，人們通常無法像撞球那麼有效率地立
刻做出反應，於是心理學家又進一步修正了牛頓模型。此外，一旦人
們真的做出反應，他們需要花時間學習，反應速度才能像規畫人員所
希望的那樣快，並進而了解變革預期的效益。因此，對變革的反應沿
著圖1-8所顯示的一條特性曲線而發生。

　　這種形狀的曲線通常稱作學習曲線（learning curve），並且這個
模型說，所有的變革都遵循某種學習曲線。此外，曲線實際的值受到
一些心理因素所影響，例如相關的技能、動機與習性。這表示透過人
員的挑選與訓練，可以影響變革的路徑。無疑地這種想法比牛頓模型　14
更接近現實情況。

　　對於預測大規模變革的時間標度（time scale），學習曲線模型十

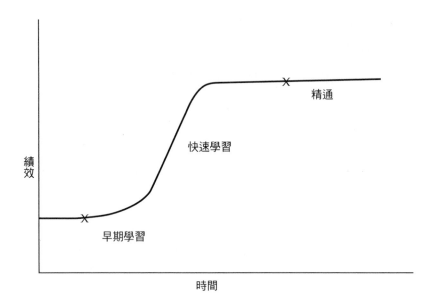

圖1-8 學習曲線模型預測，變革會沿著「以人們做出的改變為特性」的一條
　　　曲線而發生。此曲線由平均很多人的績效而獲得，因此可消除顯著的
　　　個別變異，使曲線變得平滑。

分有用，但此模型不足以勝任在真實的組織中，管理每個人的改變之
實用工具。此模型的缺點可能源自於其起源。事實上，典型的學習曲
線不是個人如何學習的圖形，也不是組織如何學習的範例，而是很多
「個人」其學習成效之平均數的圖形。這些人通常是選修心理學課程
的大學新鮮人。

　　即便如此，在牽涉到很多人的組織性工作中，這種平均數圖形難
道沒有用嗎？不能用在規畫上嗎？若所有人都從事同一件簡單工作，
平均數可能有用處。不幸的是，當要改變整個軟體文化的運作方式
時，會有很多工作、並非所有工作都相同、而且所有工作必定不會都
是簡單的工作。

簡而言之，學習曲線模型的長處是在變革中納入可調整的人性成分。此模型的缺點是將每個人的細節求取平均數。為了更有效控制變革，我們所需要的模型是更了解真實的個人對於可能的變革如何做出回應的一種模型。這是第2章的主題。

1.5　心得與建議

1.　你可以運用效應圖（diagrams of effects）❸來執行力場分析更複雜的版本。運用這種技巧，你可以突破力場分析所暗示的簡單線性，並同時注意到正向與負向反饋迴路（feedback loop）。這些迴路經常對改變系統的嘗試，產生違反直覺的系統性回應。

2.　Wayne Bailey 指出：系統思考（systems thinking）未必是處理變革問題最有效率的方式。通常，在適當的簡單情況下，可以選用簡單的模型來描述。例如，若

　　a.　時間範圍短，而且
　　b.　牽涉到的步驟少，

則線性思考可能很適合。然而，若你以線性模型開始規畫變革，然後注意到

　　a.　時間範圍日益擴大，超出你所規畫的時間長度，或
　　b.　牽涉到的步驟數量逐漸增加，超過你所規畫的步驟數量，

則你最好重新審視你的假設。

3.　Michael Dedolph 指出，這些模型有很多不同版本存在。以下是在軟體工程協會（SEI）「管理技術變革」課程中所講授的一些模型

15

的不同版本：

1. 將一種期望的狀態加入「牛頓模型」或「地板有洞模型」中，在圖上以一條線表示。例如，程式撰寫期間，你每天能寫出10行程式碼，假定新工具可讓你寫出20行程式碼（目標）。運用新工具後，你只寫出14行程式碼。期望狀態線顯示，改善經常無法達到原先預期的目標（或可能超出目標）。

2. 在「牛頓模型」中導入變革後，加入生產力立刻下降的一個狀態。這個狀態說明在有進展之前，倒退一步是正常情形。

3. 在「學習曲線模型」中加入對人員的描述，例如先驅者、早期適應者、晚期適應者。這顯示變革與技術生命週期一致，並且也指出在適應新事物時，不同人也許會處在不同位置，所以策略必須考慮到這些差異。

這些不同版本，都會納入我將在第2章討論的薩提爾變革模型（Satir Change Model）中。這麼多不同版本存在（通常做為基本模型的補充說明）的事實顯示，模型受到來自情況真相的一些壓力，但也顯示人們多麼努力地想要了解變革。

1.6 摘要

✓ 因為所使用的變革動態學的模型不恰當，改變軟體組織的嘗試經常會失敗。

✓ 所有變革模型中最簡單的模型是「擴散模型」，擴散模型所依據的信念是藉由類似染料擴散到溶液中的方式而擴散到組織中，變革就是會發生。

✓ 「擴散模型」更複雜一些的觀點承認，變革的擴散的確有其結構。
若我們控制結構中的變數，就可以將擴散控制在有限的程度。

✓ 「擴散模型」的長處是將變革當作是一個過程來注意，而其缺點
是放棄對於過程的控制權，而認為過程是由自然力量所控制。

✓ 「地板有洞模型」或「工程模型」藉由加入對變革過程的控制，　16
來嘗試修正「擴散模型」的缺點。這項控制牽涉到三個步驟：

1.　工程師在樓上工作，發展出完美的系統。

2.　變革計畫由「在地板上鑽個洞」所組成。

3.　系統經由地板的洞掉落，從此以後工作人員快樂地運用此系
統：因為新系統會立即擴散。

✓ 「地板有洞模型」以人性的一些錯誤假設為基礎，但是若從夠高
的層級來看，此模型經常適用於和變革有關的資料。少數時候當
我們必須變更「在道路上駕駛的靠邊」時，我們必須讓變革盡可
能趨近於「地板有洞模型」。

✓ 「地板有洞模型」的長處是強調規畫，而弱點是規畫遺漏掉太多
必要考慮的因素，最明顯的是「人性因素」。

✓ 「牛頓模型」（或激勵模型）引進變革之外部激勵的觀念，並且說

•　你想要改變的系統越大，就必須更費力地去推動。

•　你想要讓變革越快，就必須更費力地去推動。

•　為了在某個方向上產生變革，你必須在那個方向上施力。

✓ 「牛頓模型」的確承認，人們可以選擇他們要做什麼，而且藉由督
促他們成為變革過程的一部分，就可以影響他們的選擇。但是此
模型沒有看到的是，人們並非如同牛頓模型所暗示的那樣簡單，

　　使得督促他們經常會產生「迴力棒效應」（boomerang effect）。

✓　簡單「牛頓模型」的一項有用的改良是社會心理學家所謂的力場
　　分析。這種方法的基礎是將變革所有的力量擺在圖的某一邊，並
　　將反對變革的力量擺在另一邊，然後尋找改變平衡的方法。

✓　「牛頓模型」的長處是以激勵的形式，明確將人性的成分納入。
　　它的缺點是模型所使用的人性模型（人們可像撞球那樣任意受擺
　　布）完全不恰當。

17　✓　「學習曲線模型」承認，人們不是撞球，而且通常人們無法像撞
　　球那樣立刻有效率地對變革做出回應。此外，人們需要花時間學
　　習，反應速度才能如同規畫人員所希望的那麼快。

✓　「學習曲線模型」說明經由人員的挑選與訓練，可以影響變革的
　　路徑，而且此模型對於大規模的規畫相當有用處。然而，在真實
　　的組織中管理每個人的文化改變時，此模型不是一項實用的工
　　具。

✓　「學習曲線模型」的長處是在變革中納入可調整的人性成分。缺
　　點是此模型將每個人的細節求取平均數。

1.7 練習

1.　依你的經驗，就以下各點至少提出一個例子：

- 管理人員朝一個方向施加推力，工作人員朝相反方向行動。

- 管理人員推得更用力，工作人員更不容易行動。

- 管理人員在一個方向上用力推，工作人員朝著完全未預料到
　的方向採取行動。

- 管理人員施加較少推力，工作人員更容易採取行動。
- 管理人員推得太快，工作人員「粉身碎骨」。

2. Norm Kerth 建議：想想你所見過的一項成功變革。實際的變革與這些模型所描述的過程有何不同？提示：想想特定的人士對變革做出何種反應。

3. Sue Petersen 提出：想想你在規畫中或實施中的實際變革。什麼模型最接近你所遵循的模型？為什麼？你自己能做些什麼改變，以協助變革更快、更容易或更成功？

4. 如同 Janice Wormington 與 Gus Zimmerman 所建議：想想你親身經歷過或聽同事提起過的一項不成功的變革。嘗試進行這項變革時，所採用的基本變革模型是什麼？借用懷海德的話，當破壞「社會」的現象一旦發生時，該如何處理？做為後見之明，可能有什麼不同的做法？

5. Eileen Strider 問道：高階主管能做什麼，才可使自己不會對實際的變革過程抱持太過遙遠又奇怪的觀點？　18

6. Phil Fuhrer 建議：在力場分析中，應該一併思考各力量背後的觀點。在本章所提供的範例中，力場支持「人們重視更少犯錯，因此只需要做更少工作」的觀點嗎？還有哪些其他的觀點呢？

2
薩提爾變革模型

若你的心是座火山，你如何期待花朵在你的手中綻放？

——紀伯倫（*Kahlil Gibran*）

學習曲線模型是一種求平均數的模型。若你要求別人描述他們經歷過的重大改變，他們會告訴你必定不會出現在學習曲線模型中的很多事情。他們可畫出像圖1-8的一條學習曲線，但是大多數時候他們的注意力與精力，都與他們對變革的情緒反應有關。一次又一次，就是這些情緒反應，使得變革規畫人員困惑不已，因為在第1章所討論的所有模型中，他們缺乏屬於他們的一處地方。為了有效管理變革，你必須確實了解其他變革模型所排除掉的那些情緒反應，因為除非一次一個人地做改變，否則人類的制度不會改變。

2.1 模型綜述

家族治療大師維琴尼亞・薩提爾（Virginia Satir）的著作中，其中一項基礎就是她的「變革如何發生」模型。❶「薩提爾變革模型」是一

20　種非常一般性的模型，可應用於個人，或是由個人所組成的系統。此
模型描述變革的四個主要階段之間的轉變，以及「統合變革（meta-
change）」（改變變革發生的方式）。此模型也描述每個變革階段的感
覺如何，以及模型如何影響思考過程與身體機能。此模型也建議在每
個階段中何種介入是恰當的。從第 3 章開始，這個主題在整本書中都
會提到。

　　我已經從這個模型得到深刻的領悟，為了成功轉型成能更快、更
便宜產出高品質軟體的文化，這些是軟體組織必要的領悟。我從所有
其他模型中取出有用的素材，但是對我來說，「薩提爾變革模型」是
到目前為止最有用的模型。我發現我的客戶很能夠適應此模型，而且
他們能運用此模型來分析他們深思熟慮過的行動方針。

　　「薩提爾變革模型」說，變革在四個主要階段發生，分別稱作

1.　近期現狀（Late Status Quo）階段（或稱「舊有現狀」階段，如
　　其名稱所示，這是非常晚近的現狀）
2.　混亂（Chaos）階段
3.　整合與實踐（Integration and Practice）階段（有時簡稱作「整合」
　　階段）
4.　新現狀（New Status Quo）階段

此模型也描述更高層次的變革或統合變革，這種變革牽涉到改變我們
進行變革的方式。統合變革將說明每個階段中何種介入有幫助，以及
哪些介入會造成傷害。此模型也會描述不同個性或氣質的人如何對各
個階段做出回應，以及一般來說如何對變革做出回應。它也說明變革
過程期間不同種類的資訊回饋，以及不同的績效水準（圖2-1）。

21　　　讓我們從概略描述這四個階段，來開始檢視「薩提爾變革模

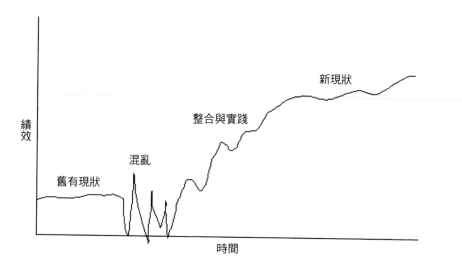

圖2-1　薩提爾變革模型顯示四個不同變革階段的績效如何變化。

型」。因為這個模型說，變革是一種無止盡的週期反覆，我們可從任何一處開始。我們將從每件事似乎都沒問題的「近期現狀」階段開始。

2.2 第1階段：近期現狀階段

在此階段中，系統（一個人或一群人）已經發展出一組預測與期望。「近期現狀」的確代表一種成功；它是一連串嘗試的邏輯結果，以得出在控制之下系統的所有產出。

在「近期現狀」階段，每件事都令人感到熟悉，而且處於平衡狀態，但是如同圖2-2所示，在「近期現狀」階段要問的問題是：「每個部分需要付出什麼代價，才能維持目前這種情況？」

在「近期現狀」階段，每個部分所付出的代價，可以從該部分由

圖2-2 「薩提爾變革模型」的「近期現狀」階段以平衡為特徵，但是這種平
　　　衡是由各個部分付出不同的代價才得以維持。

於其不健全而顯示的徵候看到。在軟體品質的動態學中，找出「近期
現狀」階段是重要的，因為此階段總是出現在所謂的危機之前。「薩
提爾變革模型」認定危機不是突發事件，而只是突然了解到，事情已
經好長一段時間一直非常不健全。

　　有很多令人熟悉的「近期現狀」範例，在日常生活中和軟體專案
中都有。以下是其中一些範例：

22　❑　有個人心臟不好，而且一天抽兩包菸，但是他每星期密集玩一次
　　　　短柄牆球（racquetball）以做為補償。

　　❑　某個家庭有一位好酗酒的父親，他會虐待妻子和小孩，但是當沒
　　　　有喝醉時，他變得超級愛家，而且會買給家人昂貴的禮物。

　　❑　一家軟體公司的人數已膨脹到公司的老舊建築物容納不下。儘管
　　　　現有環境使生產力逐漸下降，而搬遷到另一處的代價昂貴。

　　❑　一個軟體開發團隊派三位績效差的成員出去支援別人，其他每個
　　　　人都額外多做一點工作，但沒有人對這件事多說什麼。

❏　一個使用了12年的庫存系統處於需要大量維護的狀態，而且維護成本日益增加，但是沒有人在思考這件事。

❏　一個軟體產品開發團隊已歷經8年的演變，而且再也無法產生任何有創意的東西。

你可以經由個人與組織的徵候，辨認出「近期現狀」階段。人們可能經歷焦慮、全身性的神經質和胃腸問題。便秘是過度控制的一種很貼切的隱喻，而過度控制正是近期現狀階段的特徵。

在便秘型的組織中，完成任何新事物幾乎不可能。大家沒有創造力，也沒有創新觀念。沒有明顯的理由，缺勤怠工就逐步攀升。大家感覺不舒服，但是要找出任何導致他們的疾病的特定原因卻有困難。系統處於「近期現狀」階段最重要的跡象是否認，也就是沒有能力或不願意承認所有其他徵狀，也無法賦予徵狀足夠的意義，以保證有所作為。

2.2.1 打翻平衡：外來成分

直到系統中的人再也無法否認的某件事發生之前，系統都會維持在「近期現狀」階段。薩提爾將這個「某件事」稱作外來成分（foreign element）。一個新成分可能來自組織的內部或外部，但是「某件事」就某種意義上來說總是來自外部，它是隨機性的一部分，而且總是在系統控制者的控制範圍之外，而且會打翻平衡（圖2-3）。我從未忘記一位處在令人絕望的麻煩專案中的經理人，他得到消息說一位關鍵員工離職、結婚並離開了那個國家。他懷疑地凝視了好長一陣子，然後喃喃自語說：「她不能那樣做，那不是我的計畫的一部分。」那是個外來成分。

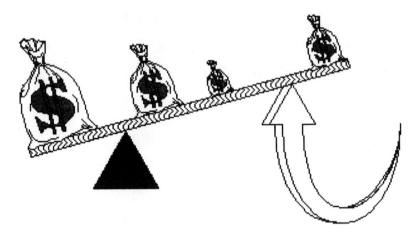

圖 2-3　外來成分來自外部，而且打翻「近期現狀」階段的平衡。

　　系統不可能只忽略掉外來成分，雖然它可能會嘗試這麼做。系統通常試圖趕走外來成分，並回歸「近期現狀」，因為正如薩提爾所說的

熟悉總是比舒適更有力量。

系統時常會成功回歸原有的不舒適的階段，而且直到另一個外來成分抵達之前，都依舊處在「近期現狀」階段。❷

23　　以下是一些外來成分的範例：

❏ 玩短柄牆球時，這個人胸部疼痛。

❏ 酗酒的父親撞壞汽車，並撞死兩位路人。

❏ 野鼠跑進軟體公司老舊的建築物中，咬壞儲存整個程式庫文件的可攜式光碟片。

❏ 軟體開發團隊其中一位關鍵成員辭職或獲得晉升，留下一個能力不足的團隊執行所有工作。

❏ 一位稽核人員透露，總價2,300萬美元的零件在使用了12年的庫

存系統中找不到。

☐　一個競爭對手發布一項創新的軟體產品，而軟體產品開發團隊想不出要如何因應。

你可以從人們變得自我保護與抱持防衛心態的方式，來辨認出外來成分。他們給人的觀感是精神緊繃，這可從他們急促又微弱的呼吸看出來。他們的感覺有變得遲鈍的傾向，所以他們看不見或聽不到通常應該注意到的事情。

　　在組織的層級，外來成分可能是唯一能引發任何新活動的東西。然而，若你檢視活動的內容，你將會看到活動大半都只是企圖驅逐外來成分。其中一種方法是緊縮內部控制：發出很多將門鎖住或正確填寫表格的聯絡便條；舉行壓制性的會議，要求準時上班或減少開支；要求更經常、更詳細的狀態報告。

　　驅逐外來成分的另一種方法是浪費很多時間與情緒精力進行研 24 究，以理解「我們怎麼會走到現在這個地步？」而不是去理解「我們現在在哪裏？下一步該做什麼？」還有另一種方法是去攻擊外面的世界，並將外面世界視為是麻煩的來源：不是懇求政府協助，就是對某個人提起訴訟。你絕對不會聽到的一件事是「噢，我的天啊！那是個清楚的指示，表示在從事日常事務的方式上，我們必須改變作為。」

　　組織各個部分所經歷過的很多外來成分，都是由受到誤導的管理階層所引進，例如

- 開發經理將另一個專案加到已經工作負荷過重的一個小組身上。
- 上層管理人員拿走一項關鍵資源，但是拒絕延長時程。
- 為了協助一個筋疲力竭的團隊趕上進度，經理人延長必要的

工作週數。

使難解決的管理問題更加複雜的是，甚至當經理人做出合情理的嘗試以改變「近期現狀」組織時，工作人員經常將他們的介入視為外來成分。這些工作人員真心覺得，這種管理措施對於組織的持續存在是一種威脅。為了保證組織的安全，他們必須拒絕、推遲這些措施、或使這些措施改變方向。這些人相信，這類從天而降的介入顯示，如同管理人員一向的管理方式那樣，他們沒有真正了解要成功管理這個組織的必要條件。不過有時候，管理人員想做的是管理一個不同的組織，所以自然而然地對「近期現狀」而言，這些介入會被視為一種威脅。

2.3　第2階段：混亂階段

有時候，經歷這些拒絕、推遲或改變方向後，管理人員完全放棄嘗試去介入。不過最終某個外來成分會無法被拒絕、推遲或改變方向，而且有人承認「組織赤裸裸的真實面貌」。承認這個事實後，系統（個人或團體）變得失序，並且進入第2階段：混亂階段（圖2-4）。

在混亂階段時，舊有的預測不再有效。舊有的期望無法實現。害怕的事情終於發生了，「近期現狀」系統已遭到瓦解。人們嘗試任意的行為，或嘗試回歸甚至更早期的行為模式，這些行為模式可能來自他們的幼年時期。因為處於感受能力與思考能力變差的狀態，他們拼命尋找神奇的徹底解決方案。

混亂階段當然不是做長期決策的時機。

25　要處於「混亂」階段的人承認「混亂」在他們身上發生，也許並不容

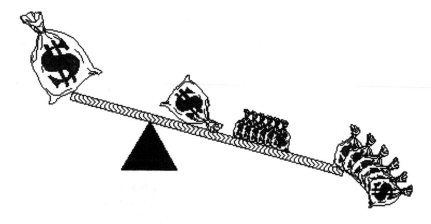

圖2-4　在「混亂」階段，舊有的平衡不復存在，舊有的做事方式沒有一樣行
　　　　得通。

易，但是要在其他人身上看到「混亂」的範例相當容易（圖2-5）：

☐　這個人開始用左手玩短柄牆球，而且只和某些對手玩。

☐　母親精神崩潰陷入突然的啜泣。9歲的幼子開始吮他的拇指，而
　　且弄濕他的床。

☐　人們開始遺失辦公室鑰匙、不停跑自動販賣機買東西、濺出影印
　　機碳粉、而且通常一事無成。

☐　軟體團隊猛然引發激烈衝突，隨後又突然完全退縮。

☐　每個人都跳過庫存系統，直接到零件箱拿走他們需要的零件。

☐　可靠的舊有軟體產品開始當掉，並在少量的維護後產生古怪反
　　應。人們不出席會議或回答訊息。

處於「混亂」階段的人可能會緊張不安、頭暈目眩或失去平衡感，而
且他們一般會遭遇中樞神經系統的問題，例如痙攣、咬指甲並出現詭
異的疹子。背部、頭部和頸部的問題相當常見。

　　（如果你想體驗非常溫和但非常清楚的「混亂」形式，請將你的手指交錯並扣緊你的手。無論是右手或左手的拇指在下面，注意到你覺得有多麼舒服。然後翻轉拇指並重新扣緊你的手。你所體驗到的這種略微奇怪的感覺，就是處於「混亂」的一個範例。現在想像將這種感覺放大一千倍或一百萬倍，例如當有人聽到他或她的工作被取消時，你就會對那是什麼感覺有些概念。）

26

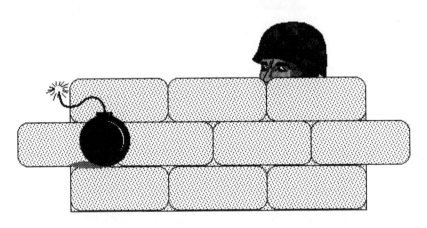

圖 2-5　系統中處於「混亂」階段的人覺得抓狂。他們既害怕又容易受傷害。
　　　　他們舊有的生存恐懼被喚醒，而且變得極度自我防衛和與人疏離。

處於混亂狀態的組織中，覺察與成效可能在相當高與幾乎零之間搖擺不定。人們會遇到以前從未見過的人，而且發現有他們從來都不知道的部門存在。有些令人吃驚的新構想可能會出現，但是若構想真的行得通，也只會在一小段時間內行得通。

2.4　第 3 階段：整合與實踐階段

終於，這些新構想其中一個構想似乎克服了「混亂」階段的紛擾，人

們看到新的可能性。這是一個改造的構想（transforming idea），也是
那種可改變一切事物的最終構想；經由足夠的實踐，這個構想可帶領
大家朝向新的整合前進。正如同外來成分明白表示「混亂」階段的開
始，改造的構想明白表示「混亂」階段結束的開始。

　　改造的構想出現時，大家經常有聖經中的詞句「看清真相」（the
scales fell from my eyes）所描述的感覺，或是脊椎按摩師整好你的脊
椎所帶來的痛苦解除感。這種感覺經常被視為是一種新生或蜜月。混
亂的感覺消失，而且在明顯清楚看見事物的時刻，每件事看起來都像
快要解決，而且可能將舊有的做法完全推翻掉（圖2-6）。

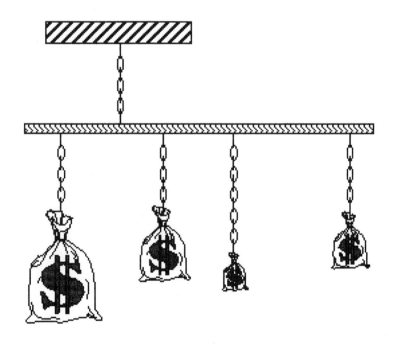

圖 2-6　在「整合」階段，每件事都感覺像是快要解決，而且經常是將舊有的
　　　　做法完全推翻掉（如同這張圖所顯示，將平衡的秤桿，從落在一個支
　　　　點上變成從天花板上倒懸下來）。

27　然而，思慮清楚的時刻經常被舊有的懷疑感所取代，雖然這種感覺上的搖擺不定，比起「混亂」階段來得更慢也更平穩。例如：

❏　心臟不好的這個人戒菸與放棄打短柄牆球，並開始一天走路四英哩。

❏　酗酒的父親在治療中心完成一週戒酒。

❏　公司宣布要建造一棟新建築物，並開始召開規畫會議。

❏　一位受歡迎的新領導人接管軟體開發團隊。

❏　一個設計團隊想出截然不同的庫存系統設計方法，並由重新安排存貨的陳列開始。

❏　公司購買一套新軟體工具協助軟體開發，這是第一套從公司外面購買的這類工具。公司也一併購買訓練課程，並實際上挪出時間讓大家去上課。

28　有些人將「整合」階段描述成他們「覺得自己好像是學童」的階段。他們覺得年輕、因期待而感到眼花撩亂，但是他們也經歷些許暗自焦慮的感覺，就好像良好感覺來得快去得也快那樣。

雖然無法控制那種良好的感覺，但人們感覺良好。為了重新獲得控制感，他們經常嘗試創造固定的中心思想，使他們的感覺能有所依憑，就像在固定的團隊班底中成立一個委員會。當事情沒有第一次就完美運作時，他們容易感到失望，而且雖然他們可能不會明確地尋求支持，但他們需要很多支持。怠工曠職消失無蹤，沒有人想錯過任何一天，因為某件新事情可能會發生。

良好感覺的一個主要構成要素是「猛然醒悟的衝動」，這種衝動通常伴隨改造的構想而來。這種感覺實在太棒了，難怪很多人相信這就是變革──你只要擁抱正確的構想，變革就會自動發生。但是這種

「地板有洞模型」的信念不可能正確，因為衝動經常伴隨著其他構想，而且是行不通的構想。若構想行不通，你就會直接回到「混亂」階段，那可能比以前更令人沮喪。

　　不過，由於我們對這種衝動的記憶太過強烈，使得整合那些改造構想的工作經常被遺忘。然而，只有在整合階段我們才能對變革過程的成敗擁有最大的控制權。整合階段是我們可以創造鼓勵實踐的環境之處，這是讓好構想變得完美，或是丟棄結果不佳之構想的機會，而不是像「地板有洞模型」那樣要求立即變得完美。或者，如果我們堅持某種形式的「牛頓模型」，這是我們將會施加推力之處，而不是加以支撐之處。另一方面，「學習曲線模型」在這個階段會支持適當的活動，也就是適當的訓練加上時間與安全設施，以加強學習的效果。

2.5 第4階段：「新現狀」階段

成功的「整合與實踐」最後會進入「新現狀」階段。不熟悉的事情變熟悉，而且新的一組期望與預測逐步形成（圖2-7）。

　　一般來說，每天事情都變得更好一些，如同我們從這些範例所見到的：

❑　心臟不好的這個人發現走路帶給他極大的快樂，也發現在他走遍附近地區後，連工作上的問題也得到很多有創意的構想。

❑　酗酒的父親找到新工作回到職場上，而母親加入一個志工團體，每週有四天出門工作。

❑　新建築物順利進入試用期，人們在辦公室裏張貼新標語和圖片。　29

❑　軟體開發團隊所有成員已找到做出貢獻的方法，而且感謝彼此的

努力。

❑ 新庫存系統已找出大多數遺漏掉的部分，而且也解決掉一些以前
的人沒發現的問題。

❑ 每個人都在使用新設計工具。幾乎每星期都有人發現使用某項功
能的新方法，並將此方法與其他設計人員分享。

隨著轉型的整合與「新現狀」階段的發展，人們保持鎮定，心情與呼
吸都有改善，而且他們的感覺變得靈敏，可以注意到小事情。他們覺
得安定和諧，而且有成就感。他們可能覺得有點尷尬，但是相當喜愛
這種感覺，因為那是他們的新意識的一部分，也是對他們自己和周遭
環境的深切體認。

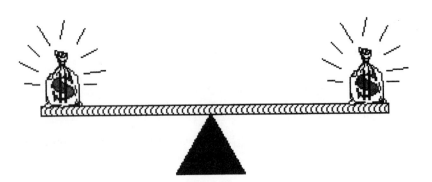

圖2-7 當整合進行時，一種新平衡（「新現狀」）開始出現，這個階段比
「舊有現狀」階段更有效率，而且更加充滿活力。

組織本身則不被視為是障礙，而比較是機會。人們甚至可能覺得，管
理階層並非完全愚蠢。但是除非我們能夠掌控變革過程，否則對現狀
的新奇感會逐漸消失，而且我們會漂移到另一個「舊有現狀」階段。

2.6 心得與建議

1. 我的同事們提到,「薩提爾變革模型」的四個階段,與四種能力
   或熟練度之間的關係。表2-1顯示一種可能性。感謝我的同事
   Norm Kerth、Fredric Laurentine、Lynne Nix與Gus Zimmerman的　30
   協助,雖然他們不是每個人都同意這兩種模型之間的完全對應:

表2-1　適用於「薩提爾變革模型」的一種一般化的「意識與能力模型」

「變革模型」中的階段	意識/能力	描述	範例
近期現狀	無意識地無能力	你不知道自己正在犯錯,但是認為自己知道自己在做什麼。	問五歲小孩他們是否會開車。他們會說「會」。
混亂	有意識地無能力	你非常清楚你不知道自己在做什麼,而且你為此而感到不安。	當你第一次學開車,你的教練告訴你要輕踩煞車時所發生的事。
實踐與整合	無意識地有能力	你知道自己在做什麼事,但是依舊認為你無能力,因為你非常在意小錯誤。	駕駛你的第一輛車感覺沒什麼問題。但是要花多久時間才會讓開車變成輕而易舉?
新現狀	有意識地有能力	你知道並意識到你所知道的事。	你知道自己是一位好駕駛,而且注意到自己在做些什麼事,以預防事故發生。
從新現狀過渡到舊有現狀	無意識地有能力	你依舊有能力,但是不再有意識地做事情。因此萬一環境有變化,你變得容易受到無能力因應變化的傷害,因為你注意不到這項變化。	你沒有注意到自己年紀越來越大,而且你的反應時間開始變慢。雖然你已經有了防鎖死煞車系統,但你在踩煞車時還是習慣性地做踩放踩放的動作。

這個模型暗示,照章行事型(模式2)文化有不穩定的傾向。❸
當事情變成例行公事,人們開始失去警覺性:「那只是我們在這
裏的做事方式。」他們正邁向「舊有現狀」階段,在此階段他們
容易受到環境變化的傷害。防範未然型(模式4)文化可以避開

這個陷阱；把穩方向型（模式3）文化可能避開或可能無法避開
這個陷阱。

31　2.　Fredric Laurentine說明他如何運用這個模型協助他管理新進員工：

> 我向他們解釋，運用此模型判定才能，可讓他們更快歷經各個步
> 驟。例如，我不僅意識到自己是個不能勝任的軟體開發人員這個
> 事實，而且我已學會推斷我犯了沒察覺到的錯誤。學習軟體程式
> 時，我透過這四個步驟有快速的進步。
>
> 我也向他們解釋，我會提供回饋，這將可快速將他們帶離無意
> 識地無能力狀態，並且對他們的學習過程有幫助。例如，我的一
> 位新經理人因為不熟悉當地規範（何時留下語音郵件、何時應該
> 直接找對方談），而生另一位經理人的氣。我向他解釋，他正在
> 製造問題，但是他並不知道；但這是新經理人會發生的事。無論
> 如何，現在他需要學習。

3.　Dale Emery提到「薩提爾變革模型」如何與幾乎每部好萊塢電影
都會出現的標準情節模型相關聯：

> 首先介紹主角與背景。在歷時兩小時的電影中，這會持續大約30
> 分鐘。這段介紹包括對主角缺點的描述。接著「情節轉折點1」
> 發生。某件事的發生使主角的世界突然陷入「混亂」。大約1小
> 時的時間，主角一試再試想要克服缺點，但是無法解決問題。主
> 角幾乎放棄了。然後「情節轉折點2」發生（影片放映90分鐘
> 時）。這是當主角改正缺點或找出方法將缺點轉變成長處的時
> 候。主角嘗試某項新事物，而且行得通。從此以後每個人都幸福
> 快樂地過日子，並且影片獲得奧斯卡獎。

現在我注意到，這項描述適用於維琴尼亞·薩提爾的「變革模型」，但有一項非常重要的差異。「情節轉折點1」是外來成分。外來成分出現之前是「舊有現狀」階段，下一個階段是「混亂」階段。「情節轉折點2」是改造的構想。電影最後三分鐘（以及我們離開戲院之後所發生的事）是屬於「新現狀」階段。

差異在於，電影遺漏掉變革模型的「整合與實踐」階段。在電影中，主角獲得改造的構想，將構想嘗試一次，構想就成功了！那是騙人的，不是嗎？

或許，人們常常疏於注意實踐的問題，是因為我們看太多電影了？

4. Sue Petersen 提到：「或許不可能在你的生活的每個部分，都保持有意識的能力，但這點依舊提醒了我這個完美主義者，那是我應該努力去做到的事情。當我在一個領域（工作、家庭或嗜好）遇上麻煩時，我集中注意力於那個容易出問題之處，但是卻會在生活的其餘部分變得無意識地有能力（或更糟糕）。根本沒有『完美的平衡』這種事情存在。系統總是搖擺不定。當我更擅長維持平衡時，搖擺不定的程度變得更小，但是從來不會消失。搖擺不定讓我有所緩衝，以對抗來自環境的真正無法預期的事件。」

5. 如同 Payson Hall 所指出：改變文化如此困難的一個原因是，每件事都與其他事情有關連。因此，一個領域中改造的構想可能會變成另一個領域的外來成分。例如，若設計師介紹一種新設計法，專案經理們發現，他們先前的估計參數再也無法正確預測專案在不同階段將持續多久，而且軟體測試小組驚訝地發現缺陷有不同的分布。

2.7 摘要

✓　為了有效管理變革，你必須了解情緒反應。維琴尼亞・薩提爾的
　　「變革如何發生」模型適用於個人以及個人所構成的系統，而且
　　必定一併考慮情緒因素。

✓　「薩提爾變革模型」說，變革發生於四個主要階段：

1.　近期現狀階段（或舊有現狀階段，如名稱所指出，這是非常
　　　晚近的現狀）
2.　混亂階段
3.　整合與實踐階段（有時僅簡稱為整合階段）
4.　新現狀階段

此模型也描述一種更高層級的變革，稱為統合變革，此種變革牽
涉到改變我們進行變革的方式。

✓　「近期現狀」階段的發生，是一連串嘗試的邏輯結果，讓系統所
　　有的產出都在控制中。每件事都讓人感到熟悉並處於平衡狀態，
　　但是在維持那種平衡時，系統的各個部分都有不均等的角色。

33　✓　「近期現狀」階段是一種不健全的狀態，這種狀態總是出現在所
　　謂的危機之前。「薩提爾變革模型」認為危機不是突發事件，而
　　只是突然了解到，已好長一段時間事情一直非常不健全。

✓　在「近期現狀」階段，人們可能經歷到焦慮、全身性的神經質和
　　胃腸問題。便秘是過度控制的一種完美隱喻，而過度控制是「近
　　期現狀」階段的特徵。在此階段沒有創造力或創新可言。系統處
　　於「近期現狀」階段最重要的跡象是否認，也就是沒有能力或不
　　願意承認所有其他徵狀，也無法賦予徵狀足夠的意義，保證能有

所作為。

✓ 直到系統中的人再也無法否認的「某件事」發生之前，系統都會維持在「近期現狀」階段。薩提爾將這個「某件事」稱為外來成分。系統通常會嘗試驅走外來成分（經常會成功），並回復到「近期現狀」，因為熟悉總是比舒適更有力量。

✓ 當外來成分到來，人們會變得自我保護並抱持防衛心態。然而，外來成分可能是唯一能引發任何新活動的東西，但是新活動大部分只是企圖驅走外來成分。

✓ 最後，人們無法拒絕、推遲某種外來成分，或改變該外來成分的方向，此時系統進入「混亂」狀態，使預測再也行不通。「舊有現狀」系統已經分崩離析。

✓ 人們嘗試任意的行為，而且為了回歸「舊有現狀」，他們絕望地尋找神奇的徹底解決方案。要處於「混亂」階段的人承認「混亂」在他們身上發生，也許並不容易。他們覺得瘋狂、害怕又容易受傷害，而且變得極度自我防衛和與人疏離。

✓ 處於「混亂」階段時，人們會遇到以前他們從未見過的人，而且發現有他們從來不知道的部門存在。一些令人吃驚的新構想可能會出現，但是這些構想若行得通，也只能維持短暫時間。

✓ 最後，這些新構想其中之一似乎真正可行。這是改造的構想，也是開始「整合與實踐」階段的構想。混亂的感覺消失了，而且在思想明顯清晰的時刻，每件事看起來都似乎能解決。然而，當感覺搖擺不定時，思想清晰的時刻經常被舊有的懷疑感所取代。

✓ 「整合與實踐」期間，人們感覺良好，但是覺得無法控制這種良好的感覺。當事情沒有第一次就完美運作時，他們容易感到失望，而且雖然可能不會明確地尋求支持，但其實他們需要很多支持。

34

✓ 良好感覺的一項主要構成要素是「猛然醒悟的衝動」，這種衝動通常伴隨改造的構想而來。然而，這種衝動的記憶實在太鮮明，人們經常忘記整合改造的構想所需要的實踐。

✓ 成功的實踐最後進展到「新現狀」階段。不熟悉的事情變得熟悉，而且新的一組期望與預測逐步形成。人們感覺平靜，覺得身心平衡，而且有成就感。但是除非他們能掌控變革過程，否則對新現狀的新奇感會逐漸消失，而且他們會漂移到另一個「舊有現狀」階段。

2.8 練習

1. Norm Kerth建議，想想你學習騎自行車（或學習類似技能）的經驗。你能辨認出四個階段中的每個階段、外來成分與改造的構想嗎？請記住，你可能會經歷變革模型好幾次。

2. 有位電腦輔助軟體工程（CASE）工具的買主建議可以進行一項練習，就是按照「薩提爾變革模型」來評論一般實施CASE的連續過程：

- 確認系統開發的最佳方法論。
- 確認在此方法論中，完成所有步驟所需要的技巧。
- 確認支援這些技巧的整合式CASE工具。
- 選定一個領航專案（pilot project）。
- 教育你的經理人，使他們了解要得到你所規畫的結果，要付出什麼代價。
- 訓練你的領航專案的團隊成員。

- 執行領航專案，並量測適當的變數。
- 進行領航專案的檢討，使CASE流程更加完善。
- 解散專案團隊，讓每位成員分別加入新的CASE專案中。
- 後續的CASE專案都重複這些步驟。

3. 請證明「薩提爾變革模型」實際上可涵蓋第1章的所有模型，它　35
   們都只是特殊個案。請舉例，在哪些特定條件之下，「薩提爾變
   革模型」看起來像是「擴散模型」、「地板有洞模型」、「牛頓模
   型」或是「學習曲線模型」。討論每個階段中人們的情緒反應，
   以及在每個模型的各個階段中，這些情緒如何表露出來。

4. Michael Dedolph指出，有很多獨特的跡象告訴我們，我們正在經
   歷哪個變革階段。例如，他說：

   對我而言，由於外來成分而使我處於「混亂」階段的指標，是我
   對例行性事務的反應。當有時程壓力時，我可能會對噪音與嘈雜
   聲特別敏感，但是比較不會注意到時間——而那是我應該注意的
   事情。我也會花時間在細節上，例如會議記錄或是旅行證件，而
   不是花時間在已經落後的工作上。

   請和你的同事合作，討論每個人可能知道其他人處在什麼階段的
   跡象。討論你們如何運用這些資訊互相幫助。

5. 如同吉姆・海史密斯（Jim Highsmith）所說的，如果「混亂」階
   段不是做長期決策的最佳時機，那麼什麼時候才是呢？請看「薩
   提爾變革模型」的四個階段，並討論何時可能是做長期決策的最
   佳時機。

6. Lynne Nix等人建議，回想你自己的職業生涯中的一次典範轉移

（paradigm shift），例如，

- 更換至新作業系統
- 將磁帶儲存系統更換成磁碟儲存系統
- 將大型主機更換成分散式個人電腦
- 更換成新的程式語言
- 將程序語言更換成物件導向語言
- 將無文件的系統更換成有文件的系統
- 將階層式資料庫更換成關聯式資料庫
- 從開發人員轉為擔任測試人員（或反過來）
- 從團隊成員轉為擔任團隊領導者
- 從團隊領導者轉為擔任經理人
- 從無文件記載的需求轉變為有文件記載的需求
- 從每件事都說「好」轉變為說「但是你將會付出××代價」

請就「薩提爾變革模型」的每個階段你曾有過的經驗提出報告。

36　　請包括你自己、你的同事，以及你視為變革外來成分的人，例如顧客、文件編製者或品質保證人員。

7. Gus Zimmerman 建議，請自行做出「薩提爾變革模型」與「能力／意識模型」（請參考表2-1）之間的對應。你的對應和書上所做的對應，有多相似？請自行做出「薩提爾變革模型」與你所知道的某種其他模型之間的對應，例如關於死亡與臨終的 Kübler-Ross 模型，或童年發展的皮亞傑模型（Piaget Model）。

3
對變革的反應

所以在任何特定時刻，你只是擁有到那時為止的你人生的總和。　37
除非你有很多較短暫的時刻可駐足，否則你碰不到重大時刻。那
個重大的決策時刻、你人生的轉捩點、你仰賴有一天能突然抹去
過去所犯的錯誤、從事你從未做過的工作、以你從未想過的方式
思考、擁有你從未擁有過的東西——這些都不會突然出現。在等
待的時刻，你要先行自我訓練，否則你會讓重大時刻擦身而過，
白白浪費掉大好機會。❶

　　　　——莉蓮·海爾曼（Lillian Hellman），《秋園》（The Autumn Garden）

變革以一次一人的方式發生。❷

　　　　　　　　　　　　　　　　——維琴尼亞·薩提爾

依據「薩提爾變革模型」，變革是以一次一人的方式發生，而且
每個人或組織都會有一些抉擇點——在這些抉擇點上可能會有
多種不同的反應。是這些抉擇點的累積效應產生了變革。但是，無論
表面上看起來如何，變革不會突然到來。這些抉擇點是會引起重大關

注的時點，因為我們可以在這些時點上管理變革過程。本章將檢視會影響抉擇的一些因素。

3.1 抉擇點

圖3-1是「薩提爾變革模型」的完整圖示，並強調抉擇點（以圓角長方形表示）：

38

- 可抵制或無法抵制外來成分。
- 可將外來成分納入舊有的現實模型中。
- 可改造舊模型以接受外來成分。
- 可將改造整合或無法整合到模型中。
- 改造後的模型可透過實踐而加以掌握或無法掌握。
- 此外，我們可選擇要經過多久時間才確實引進外來成分，雖然有些外來成分可能不給我們時間等待。

讓我們逐一探討每個情況，並以嘗試引進物件導向技術，當作案例中的外來成分。

3.1.1 抵制外來成分

當管理階層宣布，某個專案將使用物件導向方法論時，主管們想確保大家能接受這種方法。然而，開發人員可能認為此方法論是外來成分，而且他們有很多人可能藉由以下這些行為加以抵制：

- 不看電子郵件中的通知備忘錄。
- 證明物件導向方法無法用在他們的模組。
- 證明物件導向系統將會非常無效率。

- 證明這個變革方案會花太長時間。

- 忘記參加必修課程。

- 不認真練習，然後當嘗試行不通時就變得沮喪，並說：「反正這是個愚蠢的構想。」

- 產生舊有方式的一個可用版本，然後合理化地說：「我們不妨採用這個版本。」

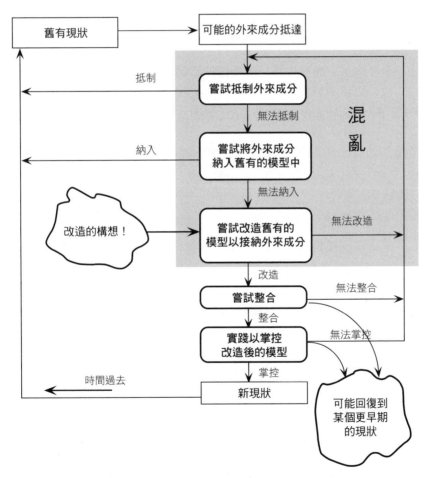

圖3-1　依據「薩提爾變革模型」，有很多抉擇點可暗中破壞或支持變革過程。

這些行為有些只是被動攻擊（passive-aggressive），而有些則可能包含一些可行的論點。儘管用以抵制外來成分的論點未必有效，但是論點有效的可能性使這些論點更難以遂行抵制。幸好管理階層的職責不是去反擊論點，而是要讓工作完成，所以邁向成功的第一步是停止爭辯，並了解到反對外來成分完全是自然反應，而不是人身攻擊。

一旦主管們了解那不是個人因素，他們就能傾聽每個論點的意義，更重要的是能傾聽論點背後情緒的「弦外之音」。藉由對情緒做出回應，主管們一般來說會比嘗試反擊論點更加成功。當然，如果「物件導向」的爭議背後真正的爭議其實是「由誰當家作主」，則情況就完全不同了，而且攻擊可能變得非常個人化。

3.1.2 將外來成分納入舊有的模型中

若抵制新方法論的這些嘗試不成功，開發人員可能透過以下這些行為，訴求將外來成分納入舊有的模型中：

* 主張 COBOL 程式碼「實際上或多或少是物件導向的」。
* 以同樣舊有的方式做每一件事，但是在最後加入一個步驟，將程式碼轉變成可由物件導向編譯器編譯的東西。

因為外來成分被納入舊有的模型中，開發人員真的相信他們正在從事物件導向開發，所以指控他們被動攻擊並不妥當。相反地，一個好策略是讓有經驗又圓滑的人與他們合作，「以改良他們對物件導向開發的使用」。

3.1.3 改造舊有的模型以接納外來成分

開發人員可能會實際去抵制或接納外來成分至舊有模型中，也可能他

們只是在腦海中想像。無論是何種情形，若他們無法去除掉外來成分並回到「舊有現狀」，接著開發人員可能會嘗試改造他們舊有的模型。

　　在這個階段，變革提供者會犯下最常見又最具毀滅性的一項錯誤。他們沒有協助開發人員看到物件導向方法和他們已知的開發方法有多相似，而是去強調每件事有多麼嶄新與不同。有位開發人員告訴我她參加物件導向程式設計入門課程的經驗：

> 第一天第一個早上，教師穿西裝打領帶（在我們公司沒有開發人員那樣穿），看起來大約17歲左右，他站在班上學員前面公開宣稱說：「你們必須做的第一件事是，忘掉你已知的跟程式設計有關的東西。因為物件導向程式設計跟其他東西都不像，我不會回答它如何像其他東西的相關問題，所以請別浪費我的時間。」然後他告訴我們他的名字。
>
> 　　我完全不聽課程內容，唯一清楚記得的另一件事是他提到關於轉換成物件導向程式設計，他是我們公司的主要顧問，所以未來幾週他會與我們共同合作，讓這項轉換實現。我記得當時自己笑起來，並想說：「機會非常渺茫！」我不知道其他人是否和我有同樣的反應，因為沒有人談到課程、這位教師或物件導向程式設計。我的確想起來有一兩次在走廊看見他，但是之後他就不見了，而我直到剛才才再度想起他。

隔著一段距離看，相當容易確認這位自以為是的年輕教師，可能完全不知道其他程式設計方法，所以必須以禁止問問題來保護自己。新的救星應該有知識與意願告訴大家，如今大家已經有大量的程式設計相關知識，而對於那個知識庫，物件導向只是合邏輯地再增添一點點知識上去而已。例如，讓開發人員了解物件導向觀念的一個好辦法，就

41

是鼓勵開發人員重新思考他們先前解決過的一些棘手問題，但是運用
物件導向這個新典範當作附加的一種工具。

3.1.4 將改造整合

導入物件導向的方法時，經常會在將新方法整合到實務中的這個階段
失敗。有些人是因為一直搞不懂這種新方法到底是怎麼回事，而那些
在課堂上搞懂了的人，當他們嘗試做個範例出來時又被搞迷糊了。因
此，在專題研討的課堂上如果能夠使用真實的範例，效果會更好。

　　只有少數的專題研討的教師會花心思去產生真實範例，這種範例
有別於只是花時間去格式化與潤飾的簡單人工範例。時常，問題是出
在一種「牛頓式」的衝動，那是一種不僅要正確，而且要快的壓力。
那是典型的課堂教學的陋習，如果學生沒有在規定的30分鐘內完成
作業，就會遭到嘲笑，如果那是教師已講解過的教科書範例的話又更
糟。相反地，有成效的教師會打造一個無嘲笑的環境，而且願意私底
下教導每位學生，直到他們對於開始邁向「整合」之路，都有個人成
功的體驗為止。

　　即使當教師教得不錯時，那種要求速度的壓力，也可以從新手上
完課後被期待在進行中的專案裏立刻運用新方法的情形中看到——要
能增加生產力，而且不會卡住，但是這違反了「薩提爾變革模型」所
預測的會有暫時性的生產力損失。更好的管理方法是讓新手坐在有經
驗的人旁邊，注視真實範例的開展，然後在有經驗者的觀察下嘗試範
例的不同部分。若缺乏有經驗的人，則你必須規畫很多額外的時間，
並容忍學習的不穩定性，所以最好是找一位有經驗的人。

　　無論何種情形，在不安全的環境中要快速進步的壓力，經常使得
真心奉獻的人無法整合新構想，並使他們退回到「混亂」階段，中斷

掉變革的努力。當變革所造成的震幅大到這種程度時，我們需要大刀闊斧的做法，遠比送人去上一兩堂課要多得多。反之，如果我們採取的是半吊子的做法，人們會無法將新方法整合起來。更糟糕的是，為引進物件導向方法所採取的下一步半吊子做法將會遭到抵制：「我們已經試過那種方法了，那種方法行不通。」

3.1.5 掌握改造後的模型

42

一旦變革整合到一些實務範例中，而且系統進入「新現狀」階段，回到「混亂」階段的可能性就變得低很多，但是如果情況夠糟糕，則還是有可能發生。儘管改造的構想可能非常棒，但仍有必要進行很多次調整，使構想在實務上行得通。若經理人對細節缺乏耐心，或者更糟糕的是，去詆毀那些執行細節的人，則很棒的構想就可能會垮掉。

　　「新現狀」階段第二個常見的缺點是未考慮到從小範例逐步擴大規模。物件導向技術是這種疏忽的典型範例。處理這麼大規模的變革時，在從事為期一個月或更久的重大領航專案之前，我喜歡讓我的客戶逐漸從半小時的教室範例，轉移到兩小時的應用，再接著為期一天的應用，然後是為期一週的應用。這種時間的耗費可能使「地板有洞模型」的支持者感到沮喪，但是如果變革無法證明花費的正當性，你可能一開始就不應該進行變革。

3.1.6 時機選擇

可能最常見的變革失敗原因是時機選擇問題，如同在其他變革中所見到的。變革不會單獨發生。通常，遠在到達第一個變革的「新現狀」階段之前，第二個變革就會降臨在我們身上。或者變革可能相當小，而且時間相隔很久，有相當長的「灰色」時期停留在「舊有現狀」階

段。無論如何，希望引進變革的經理人會想知道，他們可以多頻繁地
引進外來成分。他們可以運用時區理論（Zone Theory）當作指南。

3.2　運用麥理曼的時區理論來決定變革介入時機

為了處理變革的時機選擇，Progress Associates 公司的琳達‧麥理曼
（Lynda McLyman）在「薩提爾變革模型」中標示出四個時區，如圖
3-2所示。依據這個模型，根據我們處在哪個時區，我們接受變革的
態度也會有所不同。❸

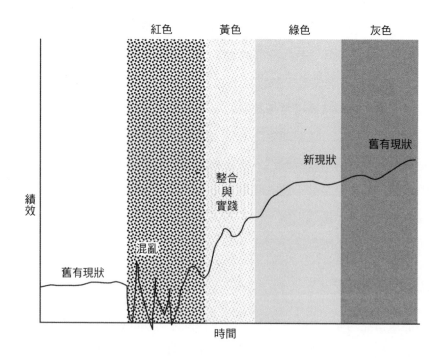

圖3-2　麥理曼的時區理論預測，依照系統或個人處在目前變革週期的位置不
　　　　同，對於新外來成分的反應將會不同。

3.2.1 紅色時區

紅色時區（Red Zone）是指前一個外來成分被改造、納入或抵制之前的時間。當一個新的外來成分到來，而系統位在紅色時區時，兩個外來成分所造成的混亂程度會增加。而且，改造任何一個外來成分的機會將減少，而抵制或接納的可能性增加。

　　總之，外來成分可能帶來的變革，佔主導地位的機會將少很多。若一些紅色時區的週期快速連續發生，系統可能會陷在「混亂」階段當中而變得完全無生產力。當改造的構想能接納多個同時發生的變革時，紅色時區中的多個外來成分也可能導致同時發生變革與綜效（synergy）。這是種「聖杯」（holy grail）般的構想，讓人們圍坐在一起不動，等待蘭斯洛爵士（Sir Lancelot）騎著一匹白馬前來。那不值得等待啊！經過一段時間之後，他們將開始覺得頭暈目眩並看到幻影，使受雇進行不受歡迎變革的人（Hatchet Man）看起來像是蘭斯洛爵士。

43

3.2.2 黃色時區

黃色時區（Yellow Zone）是指前一次的改造依舊在整合中的時間。當一個新的外來成分到來，而系統位在黃色時區時，成功變革的機會減少，但不像紅色時區的時候那麼嚴重。系統可能失去對原本改造構想的掌握，並且被扔回到「混亂」階段。

　　更重要的是，隨著時間過去所產生的影響。隨著黃色時區的外來成分接連出現，系統會產生能量債務（energy debt），使成功變革變得越來越不可能，而且生產力受到拖累。當四、五次黃色時區的外來成分出現後，系統會失去所有成功變革的機會，並退回「混亂」狀態。

44

從那時以後，進一步的變革嘗試將會產生紅色時區效應，而且系統極
有可能停擺。

3.2.3 綠色時區

綠色時區（Green Zone）是「整合」階段晚期與「新現狀」階段早期
之間的時間。當一個外來成分抵達綠色時區時，系統成功變革的機會
最高。系統不僅沒有能量債務，而且每次綠色時區的成功變革，會增
加下一次變革成功的機會。此時已經有足夠的時間品嘗成功的變革，
並且讓情緒重新充電。

3.2.4 灰色時區

灰色時區（Gray Zone）是系統進入「近期現狀」階段不久之後的所
有時間。當一個外來成分抵達灰色時區時，人們已經失去一些統合變
革的技能，因為變革相關的舊有知識已經沒有用處。沒有這些統合變
革的技能，變革再度變得既緩慢又困難，而且成功變革的機會下降。

3.2.5 對經理人的啟示

對於要管理變革的人，麥理曼的「時區理論」含有幾個啟示。急著太
快以太多變革對組織施加壓力的經理人，只會讓他們想加速的那些變
革放慢下來。同樣地，若經理人採用「要求他們進行很多變革，有些
變革將會成功留下」的策略，他們將發現到最後沒有一項變革能成功
留下。或者更糟糕的是，錯誤的變革將會成功留下。

　　對於嘗試這些策略的經理人，要特別小心黃色時區。黃色時區中
有些變革可能碰巧能成功，因此鼓勵經理人持續堆高外來成分，很像
是賭徒碰巧贏得頭幾次賭局的情形。

　　多數經理人都知道灰色時區，而且想要用頻繁的變革來刺激組織。然而，他們可能沒注意到，這些變革將碰觸不到組織的某些部分，例如在一個綠色時區組織裏的灰色時區深處。

3.2.6　一次一人

可能「時區理論」最重要的啟示是：並非系統所有的部分都會同時處在同一時區。這在組織的每個層級（從最高層級一直往下到個人）都是事實。外來成分不會按照我們生活的各個部分加以分離。無論外來成分起源於何處，它們都會彙整在一起。因此，在一個經常處於綠色時區的部門中，可能有某個人一直經歷大量的個人外來成分的衝擊，因而可能處於紅色時區深處。

　　在同樣這個綠色時區部門中，有些人可能極少觸及到全面性的變革。這些人可能處於他們個人的灰色時區，並且當輪到他們進行變革時，他們完全不知道如何應付變革。

　　大多數談論變革管理的書籍與課程，都強調策略規畫的重要性。「時區理論」提醒我們，雖然變革必須從高層級來管理，我們絕對不能忽略變革對個人的影響。如同薩提爾所說：「變革以一次一人的方式發生。」

3.3　資訊流動的方式

顯然，經理人為了能在變革時成功介入，持續的資訊流動是需要的。不幸的是，變革有可能瓦解資訊流動。「薩提爾變革模型」可協助我們了解在各個階段的資訊回饋機制。此模型也告訴我們，在變革期間，最可靠的資訊來自經歷變革者的情緒信號。例如，你可以運用這

些信號決定適當的時區策略，或者決定你需要提供何種資訊。

3.3.1「舊有現狀」階段

在「現狀」階段逐漸老化的過程中，舊有的回饋機制是逐漸在耗損。此時，資訊在系統內無法傳遞。當系統開始崩壞時，系統的表現開始變得難以預期，而人們為了讓系統的表現看來仍是可以預期，經常會把少數好不容易傳遞到手上的資訊故意忽略掉。例如，當現場故障事故的數量日益增加時，經理人就只拿這些數字與前一週的做比較。這麼一來，所增加的數量可以解釋成只是雜訊，或者被判斷為情況沒有那麼糟糕。

在「舊有現狀」階段，應該將介入設計成讓人們去確認事實是什麼，而不是去確認他們越來越習慣看到的現象。為了評估目前故障事故的數量，經理人應該將此數量與過去的平均績效做比較，以便透露出而非隱藏住任何長期成長的趨勢。

3.3.2 外來成分

當外來成分到來時，舊有的回饋機制可能完全失效。很常見的情形是外來成分的抵達，只是打破了舊有的回饋機制所創造的幻覺。此時最好的介入方式是協助人們留下資訊並相信資訊，即使相信資訊會讓他們進入「混亂」階段亦然。例如，在公開的專案進度海報（Public Project Progress Poster, PPPP）上公開時程落後的相關資訊，讓每個人都可以看到發生了什麼事，以及資訊是否被竄改過。❹

不要讓系統懲罰那些帶來新資訊的人，這一點特別重要。藉由使時程定期更新，不能任意為之，因此不易受到脅迫，PPPP 提供了這種保護。

3.3.3「混亂」階段

在「混亂」階段，舊有的回饋機制毀壞殆盡。系統失去控制，而且人們無法與可告訴他們發生了什麼事的任何模型重新連結起來。由於人們太渴望維持安定，導致他們可能依附在似乎知道發生了什麼事的任何來源上，包括從茶葉占卜者到以花言巧語騙人者到方法論販售者都有可能。此時所需要的是持續斟酌情況，提供真正發生了什麼事的可靠資訊，而不是提供經常會造成破壞的所謂殘酷事實，也不是容許暫時地回復到舊有現狀的那種安撫：「我們每個月流失9位顧客⋯⋯但是那不是太糟糕。我們極可能每個月流失10位顧客。」

讓小組討論與個人實驗持續進行，有助於確保人們有在傾聽。唯一應該維護的時程是基於學習需求的時程，例如，準時讓人們接觸到新資訊。

3.3.4「整合與實踐」階段

在「整合」階段期間，回饋機制的新安排開始出現。當這些機制在「實踐」階段進行試驗時，某種秩序會逐步形成。有時因為新機制尚未發展良好，回饋會更花時間，這導致系統大幅度震盪。此時，人們可以運用一些特定技巧以獲得資訊，例如，如何更迅速可靠地判讀他們的情緒狀態。經理人必須嘗試創造一種氣氛，讓資深的技術領導人即使搞不清楚狀況，也能放心地開口詢問。因為目標只是要能控制學習過程，時程應該要含有很多寬裕的時間。一直要等到「新現狀」階段，績效才會開始提升。

3.3.5「新現狀」階段

當系統進入到「新現狀」階段時，新機制已備置妥當，而且運作得相
當好。實踐帶來改善，但是適當的資訊也自由地在系統來回流動。在
這個階段，人們最需要的是容許犯錯，誠實面對，這樣一來他們就能
探究與學習他們最近掌握的專業技能。若不允許人們犯錯，他們就不
可能使績效達到最佳狀態。

3.4　統合變革

對於重大的變革，系統可能會經歷「變革模型」很多次。例如，學習
騎自行車時，你可能有一個階段要學習在有訓練輪的情形下騎車，另
一個階段要在無訓練輪的情形下騎車，還有另一個階段是不用雙手騎
車。對我來說，我約有30年堅持將手擺在把手上騎車，而維持在
「舊有現狀」階段。然後一旦我學到不用雙手騎車的風格，一個外來
成分就以道路坑洞的形式出現，因此我又經歷另一次變革，學到至少
要將一隻手放在把手上。

　　歷經重複的變革可能讓我們變得過度焦慮，但是有一種緩和焦慮
的因素稱作統合變革（meta-change）。系統與個人不僅會在變革週期
期間學習，而且在幾個完整的變革週期之後，他們會學到如何學習，
而且也了解在變革過程中學習的重要性。到那時候，引進外來成分將
帶來的是幾乎完全的興奮感，而且幾乎沒有焦慮（請見圖3-3）。

　　統合變革的範例包括：

❏　心臟不好的這個人開始游泳，並想出如何以較無壓力的方式從事
　　他的工作。

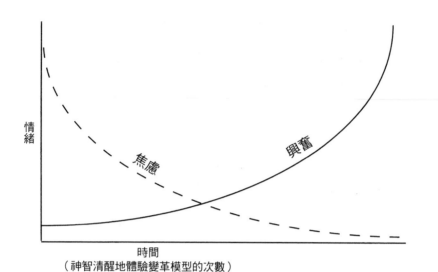

圖3-3　很多次完整的變革週期後，系統與個人將會學到「在變革過程中學習」。引進外來成分產生幾乎完全的興奮感，而且幾乎沒有焦慮。

❑　母親回到學校，幼子畢業了。父親遭到解聘，但是找到一個更好的工作。

❑　建築物布局圖重新繪製，人員搬遷到他處，這項搬遷是在管理階層、工作人員、建築師與建築物支援人員組成的團隊所發展出的綜合搬遷計畫之下進行。

❑　軟體開發團隊定期晉升舊有的成員，並引進新人以取代他們。

❑　依據使用者的建議，進一步的變革被納入庫存系統中。

❑　公司最近將第五項軟體開發的新工具加進工具組中，並任命一個特殊團隊促進新工具的引進。

在「薩提爾變革模型」中，這種統合變革通常伴隨著對抉擇點有更好的掌握（圖3-1）。人們可以確認他們是在何時試圖抵制或接納外來成

分。當他們想透過改造的構想逃離「混亂」階段時，他們學會變得有耐心。他們體會到自己與其他人都需要「實踐」階段。由於知道他們身處何處以及在他們身上發生了什麼事，他們提升了對時機選擇的判斷力，而且也改變自己對變革的態度。

　　到了第三或第四個類似的週期，人們在期盼有新成長週期的情況下，會開始覺得興奮。他們覺得充滿活力、身體健康而且有創造力。他們周遭有些人可能會受到驚嚇或拖延工作，但是有經驗的變革能手（change artist）就能以真正有幫助的方式，因應那些將變革視為威脅的人。

3.5 防範未然型組織中的變革

源自於統合變革的興奮感與準備就緒狀態，正是為什麼我將模式4的文化稱為防範未然型（anticipating）文化的原因。❺ 在這種文化裏，要防範未然的是下一次的挑戰或下一次的變革。

　　防範未然可能是一種祝福或詛咒。經歷變革時我們所遭遇到的很多困境，是來自過度簡化的變革模型所產生的錯誤期望。更精確的變革模型可以讓我們的期望更加真實。

　　例如，在組織生活中，當變革發生時，我們經常期望能像往常一樣地做事。但是在現實裏，績效與變革之間的關係如同我們在圖2-1中所見到的，根本沒有非常平穩。相較之下，學習曲線模型的平穩績效，是將許多「薩提爾變革模型」的績效曲線求取平均數而獲得，這會消除掉所有鋸齒狀的波動（圖1-8）。這種變平滑的模型對於全面性的整體規畫也許適用，但是對於必須處理每日變動的工作型主管（working manager）來說可能是誤導。若你的模型說，好的變革是平

順而且不帶情緒的，則你可能動輒因為計畫的任何小偏差而感到心煩，然後你會因為變得心煩而感到心煩。結果你甚至更無法管理你自己的變革。

　　如果你可以在你的計畫中考慮這些變動，變革就會變得比較沒有壓力。那正是變革隨著每個新週期而變得更容易的一個原因。你的模型更接近真實，所以你不會因浪漫的期待而感到挫敗，使變革更加困難。此外，當統合變革發生時，每個人的績效曲線實際上都會變得更加平滑。在防範未然型（模式4）組織中，「薩提爾變革模型」與「學習曲線模型」在某種程度上聚合在一起，使得以平均數進行規畫更加合理。

　　從歷史的角度來看，在軟體工程組織中，大多數的策略性變革計畫都行不通。人們購買工具，但是卻將工具擺在架子上。他們多年來鑽研方法論，但是方法論從來沒有佔主導地位。訓練計畫風風光光地引進，但是因為怨聲載道而胎死腹中。如同 Naomi Karten 所說的，會有一時的流行：

> 人們買進最新最棒的時尚品，並且預先全力投入來實施，而看不到大家必須經歷的變革太太，使變革成功的可能性變得極低。工程再造（reengineering）是個好（也就是糟糕的）例子。意想不到地，工程再造的偉大大師也承認，他們低估了人性成分這件小事。

在這類個案中，有些是完全沒有計畫的。然而，即使有計畫，大家並沒有注意變革的個人反應。那就是為什麼防範未然型（模式4）組織同時需要變革規畫人員與變革實行者或變革能手，後面幾章中會討論變革能手。

3.6 心得與建議

1. 我的同事Fredric Laurentine將「能力／意識模型」與麥理曼的「時區理論」相關聯：

   當人們平步青雲之時，他們不會培養出有意識的能力（conscious competence, CC），因為在充分了解自己的工作／成效之前，他們就會換工作。當你在工作生涯當中遲遲無法培養出CC，雖然你周遭的人可能看得出你的能力，但你很容易對自己的能力有不安全感。

   我自己擔任顧問的經驗，讓我經歷到CC是何感覺，這樣的感覺強化了我的自尊。我最近的經驗是我的職級在幾年內在我們公司裏逐漸攀升，這樣的經驗也有同樣的效果。

50 2. Norm Kerth評論說：「我藉由將變革模型與開發週期相結合，讓團隊保持在綠色時區中，這一點我做得很成功。每個專案結束時，我們會從事回顧性的檢討，並自問下次我們要做什麼不一樣的？團隊會自己選定外來成分。我們藉由進行一個新專案，並走過『混亂』和『整合與實踐』階段，來對抗專案執行後的憂鬱症。

   「例如，我們知道未來我們要用物件導向，所以我們取得C++編譯器。但是我們只是運用C++當作『更好的C語言』，以當成一項工具來熟悉。我們僅在一塊小區域試用物件。我們想看看將網路上的每樣東西都當作物件，可以學到什麼。」

3. 變革需要耐心。John Stevens告訴我們一個練武的故事：

從前，有位年輕人請求一位偉大的劍客收他為徒弟。「我願當作你的居家僕人，並且不停地訓練。我要花多久時間才能學到每樣東西？」

大師回答說：「至少10年。」

年輕人抗議說：「那樣太長了。假定我比其他人付出兩倍的努力，要花多久時間？」

大師回答：「30年。」

感到極度痛苦的學生叫喊著說：「你是什麼意思？我會做任何事情，以求盡快精通劍術！」

大師嚴厲地說：「在那種情況下，你需要50年。這麼急忙的人將會是個差勁的學生。」❻

我們可從「變革模型」來了解這個故事，特別是「時區理論」。這麼匆忙進行變革的學生，將永遠停留在紅色時區，而且絕對不會前進。確實，他越努力工作，變革就會越慢。

4. 吉姆・海史密斯說：「我喜歡薩提爾模型，尤其是圖中顯示的抉擇點［請參考圖3-1］。大多數的變革管理作家，有時候讓變革管理似乎變成每件事（應該）總是處於變革中，而且所有變革都是好的。此圖有應該討論的另一面，就是關於個人或組織如何抵抗『壞』的變革。從過程跳離（無法改造、抵制等等）可能是抵制真正不該進行的變革的正面方法。正如審查時應該包含『停止專案』的選項，變革模型應該要能抵制計畫不周的變革。薩提爾模型在兩方面都行得通。」

3.7　摘要

✓　依據「薩提爾變革模型」，變革過程包含很多抉擇點。在抉擇點上個人或組織能以幾種方式的其中一種做回應：

- 可抵制或無法抵制外來成分。
- 可以將外來成分納入舊有的現實模型中。
- 可將舊有的模型改造成能接受外來成分。
- 可將改造整合或無法整合進模型中。
- 改造後的模型可透過實踐加以掌握或無法掌握。
- 此外，在引進新的外來成分之前，可選擇應該經過多久的時間才引進。

✓　當管理階層宣布一項變革時，很多員工將此通知視為外來成分，而且試圖抵制它。處理這些抵制的第一步，是了解到反對外來成分完全合乎常情，而且不是個人攻擊。然後傾聽每個論點的意義，但是更重要的是，要了解論點背後的情緒「弦外之音」。對情緒做回應，一般來說比試圖反擊論點更加成功。

✓　其他人可能會訴求將外來成分納入他們舊有的模型中，而且真的相信他們正在進行變革。此時的一個好策略是以圓滑的態度，對於需要做些什麼才能完成變革做明確的說明。

✓　引進變革的一個好策略是強調變革後的狀態與目前的狀態是如何相似。相反地，有些引進變革的人強調，每樣東西都是全新的，而且如何地不一樣。為了讓變革成功，你需要告訴人們，他們真的已擁有大量知識，使變革對他們的知識庫來說只是合邏輯地再增添一點點知識上去而已。

✓ 引進變革經常會在新方式必須整合到實務中的時候失敗。在訓練時，真實範例可提供最有效的學習，尤其在允許犯錯的環境中學習，可讓你循序漸進地將新教材整合起來。課程結束並不是學習的結束。要引進新構想到真正的工作上，需要很多安全措施，以及有經驗者的支援。

✓ 一旦變革整合到一些實務範例中時，就不太可能回復到「混亂」階段，但是若情況夠糟糕，則還是有可能。為了使任何真正的變革在實務上行得通，很多小調整是必要的，而且為了從小範例逐步擴大規模，必須肯花很多時間。 52

✓ 或許，變革失敗最常見的原因是時機選擇的問題，如同在其他變革中所見到的。變革不會單獨發生，在何種時間點引進新外來成分的時機選擇方面，麥理曼的「時區理論」是很好的指南。

✓ 紅色時區是前一個外來成分被改造、接納或抵制之前的時間區間。當新的外來成分到來，而系統處在紅色時區時，兩個外來成分所引起的「混亂」會增加。此外，將兩個外來成分中任何一個加以改造的機會減少，而且抵制或接納的可能性增加。

✓ 黃色時區是前一次改造依舊在整合中的時間區間。當新的外來成分到來，而系統位在黃色時區時，成功變革的機會減少，但不像紅色時區的時候那麼嚴重。然而，隨著黃色時區的外來成分接連出現，系統會產生能量債務，成功變革變得越來越不可能，而且生產力受到拖累。

✓ 綠色時區是「整合」階段晚期到「新現狀」階段早期這一段時間。當外來成分抵達的是綠色時區時，系統成功變革的機會最高。系統不僅沒有能量債務，而且每次綠色時區的成功變革，會增加下一次變革成功的機會。

✓ 灰色時區是系統進入「近期現狀」階段不久之後的所有時間。當外來成分抵達灰色時區時，人們已經失去一些統合變革的技能，因為變革相關的舊有知識已經沒有用處。沒有這些統合變革的技能，變革再度變得既緩慢又困難，而且成功變革的機會下降。

✓ 急著太快以太多變革對組織施加壓力的經理人，只會讓他們想加速的那些變革放慢下來。同樣地，若經理人採用「要求他們進行很多變革，有些變革將會成功留下」的策略，他們會發現到最後，沒有一項變革能成功留下。

53　✓ 並非系統每個部分都會同時處在同一時區。這在組織的每個層級（從最高層級一直往下到個人）都是事實。雖然變革必須從高層級來管理，我們絕對不能忽略變革對個人的影響。

✓ 變革傾向於瓦解掉管理變革所需的資訊流動。最可靠的資訊是來自經歷變革者的情緒信號。請運用這些信號決定適當的時區策略，或決定你需要提供何種資訊。

✓ 在老化的「舊有現狀」階段，舊有的回饋機制將慢慢損耗掉。資訊無法傳達。行為變得較不可測，而且為了讓行為更可以預測，人們經常把傳遞到手上的資訊故意忽略掉。此時的介入應該朝著「讓人們確認事實是什麼」的方向去做，而不是去確認事實應該是什麼。

✓ 對於重大的變革，系統可能會經歷「變革模型」很多次。系統與個人不僅會在變革週期期間學習，而且在幾個完整的變革週期之後，他們將學到「在變革過程中學習」，而且也了解在變革過程中學習的重要性。有經驗的變革能手覺得他們擁有高度的自我價值與無限的應對能力，使他們能以真正有幫助的方式，因應那些將變革視為威脅的人。

3.8 練習

1. 如3.6節所述，Norm Kerth的回顧方法能確保：

   每個專案也都是一個改善過程的實驗。

   這種方法是防範未然型（模式4）組織所特有的。請為你的下一個專案（或專案階段）的完成進行回顧，並決定下一個專案要變革的是什麼。擬定計畫並堅持完成專案，並留意你們對於這個自己選定的外來成分的反應如何。

2. Sue Petersen問道：「健全的組織在薩提爾變革模型中處於新現狀階段，但是我們所能期望的最佳情況就是在新現狀階段與混亂階段之間來回擺盪嗎？」混亂令人感到恐懼，而正是這種恐懼讓組織一直排拒外來成分，直到組織成員最後進入無法排拒的極大混亂時才停止排拒。請畫出效應圖顯示這種動態關係，以及對管理階層來說抉擇點在何處。

3. Sue Petersen又說：「我喜歡變革過程的描述，但他們是非常N型的人（直覺型）。我身為S型人（感官型），若是將這些描述與實際的專案擺在一起看，並有實際的事件和不同人所提供的回應，這會對我很有幫助。我建議閱讀本書的其他S型人，可以運用他們個人所知的一個變革專案，來做一下這個練習。」請試著做做看，（可能的話）將你的觀察與一個混合了S型與N型人的小組分享。從他們的描述當中觀察這兩群人所注意到和省略掉的東西。❼

4. 以下是一位N型人格者Naomi Karten所提供的一項類似練習（她也舉了一個例子以協助S型人）：

我發現在經歷變革週期的個人旅程中，省視內心會有幫助。找出對我來說是外來成分的東西、觀察自己處於「混亂」階段時的感覺如何、以及深思何種東西可當作改造的構想，和擺脫「混亂」階段的感覺如何，都能對我有所啟發。這種體認使整個過程比較沒有壓力，並讓人更容易相信「混亂」真的會結束。

例如，當我被要求做一個與我過去所做的大為不同的簡報時，有時那就是個重要的外來成分。有時我會陷入完全「混亂」，無法集中思考或組織我的想法。最後，有個改造的構想出現了。對於我現在準備中的簡報，改造的構想是來自我與事件贊助者的電話會議，裏面他協助我了解該產業以及其中的服務議題。突然間，靈感來了。在準備好這次簡報之前，我將會好幾次退回到「混亂」階段。但是現在與過去的日子不同之處，在於我現在有「薩提爾變革模型」，為我所經歷的事情提供一個架構。所以我找出其模式，而且接受它所描述的我對這類外來成分的反應。我知道自己處於一種「混亂」狀態，但是我也知道這種狀態不會永遠持續下去，而且我知道什麼東西可能是改造的構想的來源。

所以，請當作一個「實踐」項目來看：想想你所經歷過的變革過程的情況，並深思外來成分是什麼、「混亂」的感覺如何、以及改革的構想來自何方。這種體認能不能在統合變革這個層次協助你？

對此我只會說：「請和一些朋友分享這些經驗，看看你可以從她的敘述中學到什麼。」

5. Lynne Nix 評論說：因為變革以一次一人的方式發生，我們也必須考慮，當見到其他人處於薩提爾變革模型的不同階段時，對每

個人所造成的影響。早期適應者對其他人的影響是什麼？晚期適應者對其他人的影響是什麼？經理人可採取什麼步驟減少有害的影響，並突顯出有助益的影響？

6. Janice Wormington 建議：討論看看如何讓組織停留在綠色時區。盡你所能多腦力激盪出一些手段與策略。

第二部
防範未然型組織中的
變革才能

要使變革過程變容易，就像雕刻一塊木頭一樣。雖然當我們想像 55
變革時，可能會有我們想要的結果的影像，但我們無法控制：我
們與木頭會相互影響。身為變革代理人，我們主要的工作就是
「讓我們所加工之材料的紋理浮現出來」，也就是揭露對變革策略
有用的構想與符號。

　在這個過程當中，我極為仰賴傾聽和問問題。做為傾聽者，我
會盡量給人們機會去公開地探究一個議題。我會聚焦在未解決或
讓他們感到痛苦的觀點，也聚焦在他們的期望和情況可能如何不
同的景象。這會讓可能變成策略源頭的構想浮現出來。❶

—— F. Peavey 等人

變革能手（change artist）是讓變革計畫得以運作的潤滑劑。因為
人不是機器，變革計畫未必能運作順暢，但也不會粗暴地停
止。為了發展出變革才能（change artistry），你需要理論學習（例如

從本系列這幾本書）與體驗式訓練（例如從研討會獲得），但是「薩提爾變革模型」說你也需要實踐與經驗。

經過這些年來，透過訓練數千位變革能手，丹尼·溫伯格（Dani Weinberg）與我在一些同事的協助下，已發展出一些實驗，以測試這些理論性的變革。我們將這些實驗稱作挑戰，而且我們要挑戰你，在後面的章節裏檢驗你的理論學習成效。

這些挑戰應該按順序完成，在進行下一項挑戰之前，請先精通之前的挑戰。對於每項挑戰，我們建議你至少要進行一星期。如果你覺得還不夠，請重複進行練習。進行挑戰的最佳環境是在三位或更多位同事所組成的小組中，大家同時做同樣的挑戰，然後一起分享學習成果。即使你必須到自己的組織之外去找人，我們還是強烈建議你找到這樣的支援小組最好。

4
變革才能

執行長必須引進變革過程，並且常常保持警戒以支持變革，但是　57
終究變革需要很多實踐者。你要在每個部門單位尋找新成員。班
底的來源越廣泛，你能變革的速度就越快。❶

　　　　　　——威爾許（John F. Welch），奇異電器（General Electric）執行長

保存所有的族群。

　　　　　　——奧爾多・李奧帕德（Aldo Leopold）的明智修補第一守則
　　　　　　　　　　　　　　（First Rule of Intelligent Tinkering）

不放棄任何人。

　　　　　　——維琴尼亞・薩提爾，on changing systems

變革總是從下層開始。擁有四張王牌時，沒有人會要求重新發牌。

　　　　　　　　　　　　　　　　　——佚名

「薩提爾變革模型」是要在文化上做變革的有效指南，因為此模型能夠同時處理個人和組織（即戰術和策略）的層級，而且也顧及到人們對於變革的理智與情緒反應。但是了解「薩提爾變革模型」是一回事，擁有才能（artistry）去有效運用此模型是另一回事。此外，有時候經理人會在完全不熟悉「薩提爾變革模型」的情況下去改變組織，僅運用第1章所描述的那些理智模型，怎麼可能成功呢？

當我們研究一些文化變革成功的組織時，我們發現有很多我們稱作變革能手（change artist）的人。而且，在組織的所有層級與所有單位都有這些變革能手，因為要讓文化變革發生，必須在所有層級與所有單位發生。當這些變革能手出現時（無論是否經過正式承認），他們能夠處理個人對變革的情緒反應，因此能增加變革計畫成功的機會。

本章將說明「薩提爾變革模型」與其他模型如何指導人們變成變革能手，並提供變革能手在組織中如何運作的一些範例。

4.1 個人對變革的反應

薩提爾的模型並沒有說變革總是會遵循四個階段。如同圖3-1的流程顯示，變革過程可能由於任何一個階段的選擇而縮短週期。因此，若組織想協助變革發生，可能需要有人明確地介入，以保持事情順利進行。在把穩方向型（模式3）組織中，有些人已變成變革能手，他們準備就緒、有意願、而且能掌握正確時機在正確地點協助變革。在防範未然型（模式4）組織中，某種程度來說每個人都已變成變革能手。因此，模式4組織會投入心力去發展人們的變革才能（change artistry）是其文化模式的特徵之一，也是本書最重要的一個實務主題。

4.1.1 變革能手這樣的人

「薩提爾變革模型」是關於系統中的個人會如何影響變革，以及如何
受到變革影響的一種模型。因此，變革的主要工具既不是事情也不是
程序，而是人。

　　變革才能包括知道如何促進變革、知道什麼要變革、何時做變
革、組織中變革應該在何處引進、以及實行變革時誰應該扮演什麼角
色。而且，變革才能還包括在龐大壓力下，以及被處於壓力下的人所
包圍時，能夠關照全局地採取行動的能力。

　　希望有所幫助的變革能手，必須能以下列方式做事：

- 積極主動傾聽
- 誠實清楚地回答
- 劃定自己與他人之間清楚的界線
- 容許他人對抗他們自己的混亂
- 基於愛和尊重進行互動
- 激發每個人的可能性

沒有單一的方法可以成為變革能手，而且不同的工作需要不同的方法
（圖4-1）。關鍵點是在正確時刻、正確地點都有變革能手，來促成整
體計畫的每個小部分。

4.1.2 每個階段的介入類型

59

當作他們活動的一部分，變革能手必須在變革過程中介入。每個變革
階段都不同，而且每個階段都需要不同類型的介入。完全成熟的變革
能手能夠運作順暢，並在所有階段都做出適當的介入：

圖4-1 變革才能有許多種不同的風格與層次，可能單一種變革才能對於某些
　　　類型的工作來說就已經夠用了。

- 處於「舊有現狀」的系統，需要經由外來成分刺激。變革能
  手要提供構想或評量，或安排人們和能提供構想或評量的人
  接觸。雖然變革能手知道如何提供支援，他們並不支持繼續
  照舊有方法做事的「現狀」系統。

- 當外來成分到來時，變革能手以堅持克服逃避和否定的形式
  提供支援。變革能手不提供回到「舊有現狀」的支援。

- 變革能手協助處於「混亂」階段的個人與系統，避免做出任
  何的長期決策。他們勸阻人們不要以取巧的方法縮短變革過
  程。變革能手可能會提供或許能改造組織的構想，但是這些
  構想只會懸而未決，而不會強行去推動。對於處於「混亂」
  階段的人，變革能手讓他們有思考的時間、有說話的機會、
  以及做這兩件事的安全感。

- 「整合與實踐」階段，變革能手提供支援、親手協助、並且
  有時候教導一些新的處理技巧。他們讓人們能夠安心地實踐

60

與探索，也可能在人們採用新方法做事情時，貢獻一些構想以解決問題。

- 當系統轉移至「新現狀」時，變革能手繼續在安全的環境中支持人們實踐，但是他們的介入變得越來越少。他們給人們空間自行實踐，而不強行施加專橫的協助。變革能手也協助系統發展出將新學問傳達給新進人員的方法。

4.1.3 變革與人的氣質

有些變革能手能做所有這些事，而且在正確的時間做每件事。然而，其他變革能手主要僅在一個階段有成效，因為那個階段碰巧符合他們的技能和個性。在了解他們自己的傾向之前，這些變革能手不應該介入其他階段，這樣一來，他們才不會只顧著做自己想做的事，而忘了客戶需要什麼。例如，柯爾塞與貝慈（Keirsey and Bates）所提出的四種氣質（temperament），每種氣質都傾向於以獨特的方式對變革情況做出反應。❷

> **NT 有遠見者**（Visionary）喜歡運用構想來工作。NT 有遠見者最感興趣的是設計變革，而不是實施變革。他們關心變革是否處於最佳狀態和公平，但是他們希望變革的完成不會太費力。他們認為他們的構想應該很容易理解，而且能立刻開始運作，所以只要「整合」階段一開始，他們就會對過程失去興趣，而且漸漸變得沒耐心。他們喜歡以構想刺激別人，甚至在不適合這類刺激的「混亂」階段，可能導致極大的痛苦與混淆時，他們依然那樣做。

> **NF 促成者**（Catalyst）喜歡與人共事，以協助他們成長，但是他們也希望人們不要因為變革而受苦。變革過程需要 NF 促成者，

以便讓人們一起合作度過變革過程的艱難處境。NF促成者可能是好老師，所以一旦「整合」階段開始，他們會非常有用處。另一方面，他們傾向於不讓大家經歷自己的痛苦，所以他們可能會設法縮短「整合」階段。他們很有團隊精神，即使大家的個性不同，他們也可能想要每個人都做同樣的事。此外，即使大家處於變革過程的不同階段，他們可能想要每個人同時做同樣的事。

61　　**SJ組織者**（Organizer）喜歡秩序與制度。對SJ組織者重要的事情在於，不光只是在做事情，而且要把事情做對。因此他們不希望變革變得混亂又無效率。他們最擅長於將轉型付諸實踐，當NT有遠見者變得厭倦時，他們往往還可以持續很久。若沒有SJ組織者，變革將無法完成。雖然SJ組織者比較害怕快速的變革，但他們可能催促要快速結束變革，例如在「混亂」階段那種不適當的時機，要求得到堅定的承諾。他們可能會要求必須成功，因而扼殺掉所有的變革。如同一位記者所說的：

> 這讓我想起我們的一位高階主管，在當地出名的一段發言（那是在幾百位聽眾面前，而且意在恭維）：「我真正尊敬那些願意冒險並獲得成功的人！」每個人都只是默默點頭——我們都知道這個人怎麼看待願意冒險但最後失敗的人。

SP解決問題者（Troubleshooter）喜歡讓工作完成。SP解決問題者想的是如何找到快速解決問題的方法，而不是擬出詳盡的計畫。他們絕對不會做的事情是否定外來成分，因為他們認為外來成分讓他們有機會採取立即的行動。他們能夠最早就看到問題，但這並不會讓人喜歡他們，尤其是SJ組織者，SJ組織者喜歡的

是維持平靜有秩序的表象。對 SP 解決問題者來說，變革應該要快，所以他們不會卡在一些無聊的事情上。因此，他們對於規畫缺乏耐心，即使在「混亂」期間，他們也可能會為了進行變革而掀起變革，將一個變革疊在另一個變革之上。由於他們對「整合與實踐」缺乏耐心，若是變革看來似乎太慢，他們也可能會選擇退出。

當然，這些氣質都只是傾向，也就是當你不加思索就採取行動時，出於直覺你可能會做的事。當你發展成變革能手時，你將學會辨別自己的傾向，讓你的氣質傾向的長處發揚光大，並注意這些傾向的弱點，而且若目前的情況不適合，你也懂得把氣質傾向先擺一邊。有所體認是第一步，很多實踐是第二步。

4.2 個案研究：變更座位安排

變革是一種長期過程，但是活生生的組織是「活在當下」。因此，如果沒有小心管理，長期變革總是會淪為短期權宜之計的犧牲品。而且短期權宜之計會隨時在組織的任何地方發生，基本上高階管理人員是看不到的。那便是為什麼變革能手必須存在於每個角落的原因，如同下一個個案所說明的。

　　DeMarco 與 Lister 已經告訴我們，有關座位安排對軟體開發效果之影響的很多資訊。❸ 有位主管魯本（Ruben）在閱讀兩位作者的名著《Peopleware》時，賦予他靈感可以變更座位的安排，以改善顧客關係。從他每半年一次的顧客滿意度調查結果，他發現開發人員在溝通方面的分數非常低。所以，他改掉使大家今天的工作有效率的座位

安排，為了鼓勵他們進行溝通，因此將八位開發人員的座位換到顧客的辦公室內。然而，魯本六個月後進行顧客調查時，發現顧客的溝通滿意度又大幅下滑，而這些滿意度低的辦公室，都有調動一位開發人員進入顧客的辦公室裏。

　　大致的情形是這樣的。開發人員搬到顧客的辦公室去。溝通有些改善，但是每當有軟體緊急事件時，開發人員就趕回原來的「家」將問題解決。緊急事件經常發生，很快地開發人員發現，在開發人員區域建立一間「臨時」辦公室相當方便。一陣子之後，臨時辦公室佔掉他們99%的時間。從「薩提爾變革模型」來看，外來成分──魯本的調動──已遭到抵制。更糟糕的是，顧客被丟在一邊凝望著他們付錢租下的空蕩蕩辦公室，這提醒他們要與開發人員溝通有多麼困難。

　　然而，魯本注意到，有一間顧客辦公室的滿意度有提高。在那間辦公室裏，情形完全不一樣。顧客兼變革能手寶莉（Polly）坐在開發人員賴爾（Lyle）隔壁，她注意到他多麼經常不見人影。她傾聽其他顧客的評語，然後採取行動。與賴爾面談後，她發現有兩個主要理由說明為什麼他一直離開去解決問題：

- 顧客辦公室PC的處理容量不如開發人員辦公室裏的PC，而要有效執行程式偵錯工具需要那樣的容量。
- 賴爾有很多問題需要請教其他兩位開發人員，但他們是在開發人員的辦公室辦公。

寶莉知道這些是「薩提爾變革模型」整合階段的典型問題，所以她先只是安排讓顧客服務單位升級賴爾的PC。接著她解釋讓另兩位開發人員搬到顧客辦公室的好處，畢竟兩間辦公室只差兩層樓而已。他們非常樂意前來，而且非常高興能向顧客說明，要解決軟體上「簡單」

的問題需要做多少工作。

　　有寶莉當賴爾的鄰居，魯本的策略得以實施。若不使用他的調查，將策略和戰術關連在一起，魯本不會知道新的座位安排有可能行得通，而且成功將僅限於寶莉所在的辦公區域。寶莉被安排到有其他開發人員進駐的辦公室四處走動，而且藉由同樣升級開發人員的PC，並鼓勵開發人員在靠近問題發生之處解決問題，結果她讓七間辦公室的其中五間運作順暢。

　　寶莉也有能力可以看出，其餘兩個部門有更深層的資訊系統問題，這些問題無法靠升級PC或鼓勵就近解決問題就能解決。的確，因為人們處理人際衝突的技能不純熟，就近解決問題的做法也可能會讓事情變得更糟。因此，她不盲目對每個人應用同樣的解決方案，而是建議主管，某些人應該接受團隊合作技能方面的訓練，一切就能夠更順利。

63

4.3 個案研究：程式碼修補

軟體工程最常見的犧牲情節是某件事必須趕快「修正好」，所以補丁程式就被插入，而且之後很多年補丁程式都會回頭困擾著組織。即使補丁程式是成功的，但是修補的行為違反標準流程，所以鼓勵久而久之進一步的流程違規。所以，雖然補丁程式維持某個區域中的穩定性，但是在一些其他區域卻是外來成分。

　　以下是某個把穩方向型（模式4）組織的變革能手，如何逐步形成一個流程，來解決短期產品與長期流程之間的這種衝突：每當發生需要快速修正的產品問題時，或者需要修復一項工具，使產品開發能回歸正軌時，就組成一個QUEST團隊。QUEST（快速、可運用又可

擴充的問題解決團隊〔Quick, Usable, Extendable Solution Team〕）由
竄改者、守護者與治療者這三個人所組成（每個人都要別上徽章，以
及象徵其角色的識別物）：

- 竄改者（hacker）負責解決眼前的問題，並受到守護者與治
  療者所約束。
- 守護者（guardian）負責確保產品（在竄改者協助之下）或
  流程（在治療者協助之下）不因為竄改或治療的副作用而造
  成傷害。
- 治療者（healer）負責修訂流程，以預防事件再次發生，或
  做好準備能夠更妥善地處理事件。治療者受到守護者與竄改
  者所約束。

例如，我在一次參訪當中，就親眼目睹一個QUEST團隊組成，以處
理原始碼維護工具的功能失常。竄改者開發出一個聰明的應急方案
（work-around）；守護者組成一個審查團隊，以保證應急方案沒有意
料之外的副作用；而治療者則接觸供應商，以尋求產品的修正。安裝
好修正時，守護者組成一個審查與測試小組，以保證問題真正獲得修
正而沒有副作用；而治療者則是實施一項計畫回歸原先的作業方式，
並取消所有的應急方案。治療者也保留應急方案的一份詳盡清單。

　　因為你從來不知道，某個人何時會由於哪個外來成分而進入「混
亂」階段，因此需要另一個成分使QUEST方法得以運作。變革能手
必須廣布於整個組織當中，而且所有的變革能手都必須知道QUEST
方法，使得高優先順序問題所激發的「混亂」不可能逃過他們的眼
睛。當偵測到「混亂」時，人們會組成一個團隊、分派角色、並將問
題解決，而不會傷害到目前的產品，而且通常會改善未來的流程。

64

4.4 個案研究：知道什麼事該丟下不管

我不想讓大家有這種印象，認為變革能手就是在組織中到處匆忙行動，並對每個人提供協助。可能變革能手所要學的最困難技能，是知道什麼人與什麼情況應該丟下不管。

例如，有句越南格言說：「儘管協助受傷的大象站起來值得肯定，抓住要倒下的大象卻是有勇無謀。」變革能手需要學會分辨，是否特定的人或部門願意自己努力「站起來」。

例如，變革能手手邊應該有很多可能的改造構想。大多數這些構想都屬於流程層面（也就是如何找出構想的流程）。這類流程可能包括：

- 請求其他組織、部門、專業協會、圖書館、顧問或課程的協助
- 促進腦力激盪過程
- 保有樣本問題、簡易練習、以及練習模擬右腦探索與左腦研究調查的清單
- 實施焦點團體，而且知道如何辨別團體何時缺乏必要的知識（正如沒有光線，透鏡就無法聚焦在任何東西上）
- 變更人員的組合，以得到更多元化與更多的知識
- 結合幾個來源的構想，以產生新構想

結合構想的一個好例子，是將個人想要什麼與組織或變革能手想要什麼關連在一起的過程。若變革能手認為大象或許會倒下，她或許在他們參與時（她想要的結果）有條件地現身（他們想要的結果）。或者，若管理人員想要小組去冒險，變革能手可能洽談某種安全保證，

提供給小組安全感，例如時程中額外的時間、放寬條件的規格、暫停
平常的評量、或者保證如果專案失敗，他們能重新回去從事舊有的職
務。

　　以下是這種洽談的一個例子。在製造含有嵌入式軟體的電子設備
的組織中，最高管理階層透過強制要求某些製程改善而丟進外來成
分。有些更傳統的主管是有專門技術的工程師，他們聲稱其他主管都
是服務工程師，技術能力不足，無法從事製程改善。賽爾瑪（Thelma）
是一位變革能手，她負責促成所有的主管從事改善工作，但是她碰到
一個問題：考慮到技術主管不願意做改善工作，而服務主管想做，那
麼誰應該做這項工作呢？

　　賽爾瑪應用了幾項變革能手的原則：

- 要找到變革的能量，並追隨這種能量。在此個案中，服務主
  管想從事變革，但技術主管不想。

- 不要與負面能量掛鉤。技術主管知道幾十個為什麼無法從事
  這些變革的理由。

- 用他們的術語和他們交談，找出真正的問題是什麼。結果真
  正的問題是，光是將產品送出公司大門這項任務，技術主管
  就已經工作負荷過重了；服務主管也工作負荷過重，但是他
  們覺得那是因為服務請求源自於有缺點的技術製程。他們願
  意將他們的時間投入於減輕未來的負擔。

- 一旦做好準備，就直接去找問題源頭，將問題解決。蒐集好
  所有這些事實後，賽爾瑪向高層主管建議，要賦予服務主管
  製程改善責任，而且技術主管再也不需要參加製程改善會
  議。當作回報，技術主管答應只要需要他們，他們就會充分

65

合作。高層主管快樂地接受了她有事實根據的建議。

- 你也可以暫時什麼事都不做。種子的休眠期與動物的冬眠，都是在充滿高高低低成長機會的環境中，適應環境的策略。在人類的組織中，「時區理論」說，有時候光是在快速變革期間保持低調，就相當有意義。知道「混亂」具有感染力，賽爾瑪明智地決定將技術主管擺在一邊。他們假以時日會派上用場的。

4.5 心得與建議

1.　本章內容較少，只能談到變革能手的關鍵角色。因此，本書其餘各章將陸續探討變革才能的一些祕訣，而且有一章專門介紹變革能手的實務練習。這些祕訣與練習應該足以說服你變革才能的力量，而且我希望也足以說服你，有必要學習得更多。要成為一個變革能手是永無止境的學習，至少一生都不能停止。

　　有很多方法可以強化你的變革能手技能。很多變革能手所需要知道的事情，都包含在我和一些朋友多年來所舉行的研討會中。❹很多書籍有提到這些研討會教材，尤其是MOI模型 ❺、「薩提爾變革模型」❻、效應圖 ❼、「薩提爾人際互動模型」❽、「梅布二氏人格類型指標」（MBTI）❾、穩定模型 ❿、衝突模型 ⓫、與多元化模型 ⓬。任何希望成為變革能手的人，都可從這些研討會或擁有這些書籍的圖書館獲益。

2.　變革能手可以使用的一種手法，以柯普蘭（Copeland）的「不連續法則」（Law of Discontinuity）為基礎：

不連續是停止做舊事情並開始做新事情的一個機會。❸

柯普蘭的法則對於要阻止某事特別有用處。當要處理一個小組因為外來成分造成負荷過重，而處於「混亂」時，變革能手可能會提議他們今後不再呈交一些例行報告給管理階層。這可以減輕一些壓力，也是你能阻止任何官僚式的無意義東西的唯一機會。

3. 雖然未必是正式的課堂教學，但是有效的變革能手都很會教導別人，這點並不令人驚訝：❹

    - 他們對於客戶表現出認可、樂於接受與支持。
    - 他們很理智地掌握他們試圖要傳達的理念。
    - 他們會採用客戶所表達的想法和意見。
    - 他們對於想要完成的事情滿懷熱忱。

4. Michael Dedolph 說，將任何事情稱作是一種「技藝」（art），可能會讓高科技專家嗤之以鼻，因此有些人在他們的模型中使用「變革代理人」（change agent）這個字眼。但是很多人也輕視 agent 這個詞，因為 agent 聽起來像是某個祕密政府機關的偵探，或是一種管理工具。此外，agent 更像是頭銜而不是一種描述。藝術家（artist）必須能創作出藝術作品，但是一個 agent 可能沒有任何技能。

4.6 摘要

✓ 每當我們研究文化變革成功的組織時，會發現很多可稱為變革能手的人。此外，我們在這些組織的所有層級與所有單位中，都可

找到這種變革能手，因為要讓文化變革發生，就必須在所有層級
與所有單位中發生。當這些變革能手出現時，他們會處理個人對
於變革的情緒反應，因此增加變革計畫成功的機會。

✓ 在防範未然型（模式4）組織中，某種程度來說每個人都已成為　67
變革能手。因此，組織會投入心力去發展人們的變革才能是這種
文化模式的特徵之一，而且變革的主要工具既不是事情也不是程
序，而是人。

✓ 變革才能包括了知道如何促進變革、知道什麼要變革、何時做變
革、組織中應該在何處引進變革、以及實行變革時誰應該扮演什
麼角色。變革才能還包括在龐大壓力下，以及被處於壓力下的人
所包圍時，能夠關照全局地採取行動。

✓ 沒有單一方法可成為變革能手，而且不同工作需要不同的方法。
重要的是，在正確時機、正確地點都有變革能手，來促成整體計
畫的每個小部分。

✓ 每一個變革階段都不同，而且每個階段都需要不同類型的介入。
夠成熟的變革能手能夠運作順暢，並在每個階段都做出適當的介
入，包括「舊有現狀」階段、「混亂」階段、「整合與實踐」階
段與「新現狀」階段。然而，有些變革能手主要僅在一個階段有
成效，那是因為該階段碰巧符合他們的技能和個性。

✓ NT有遠見者喜歡運用構想來工作，並且對設計變革而不是實施
變革最感興趣。NF促成者喜歡與人共事，以協助他們成長；他
最擅長於讓人們一起合作度過變革過程的艱辛。SJ組織者喜歡秩
序與制度，他最擅長於將改造付諸實踐，當NT有遠見者已經厭
倦時，他們往往還能持續很長一段時間。SP解決問題者喜歡讓
工作完成，而且最不可能抗拒外來成分，因為外來成分給他們積

極行動起來的機會。

✓　氣質只是傾向，也就是不加思索就採取行動時，出於直覺我們可能會做的事。更完整發展的變革能手能夠妥善處理自己的傾向，讓氣質傾向的長處發揚光大，並注意這些傾向的弱點，而且若目前的情況不適合，他們也學會把氣質傾向擺在一邊。

✓　若沒有小心管理，長期變革總是會淪為短期權宜之計的犧牲品。短期權宜之計隨時會在組織的任何地方發生，基本上高階管理人員看不到。那便是為什麼變革能手必須存在於每個角落的原因。

68　✓　程式修補的行為違反標準流程，而且隨時間過去會鼓勵進一步的流程違規。雖然補丁程式維持某個區域中的穩定性，但是在其他幾個區域卻是外來成分。把穩方向型（模式4）組織的變革能手會逐步形成一個流程，來解決這種衝突，例如QUEST團隊由三人所組成，分別是負責解決眼前問題的竄改者、負責確認不會對產品造成傷害的守護者、以及負責修訂流程以預防事件再次發生，或做好準備能夠將事件處理得更好的治療者。

✓　可能變革能手要學習的最困難技能，是知道什麼人與什麼情況應該丟下不管。變革能手需要學會分辨，是否特定的人或部門願意自己「站起來」，並且將個人想要什麼與組織或變革能手想要什麼關連在一起。

✓　變革才能當中最重要的原則是以下這些原則：

- 要找到變革的能量，並追隨這種能量。
- 不要與負面能量掛鉤。
- 用他們的術語和他們交談，並找出真正的問題是什麼。
- 一旦做好準備，就直接去找問題源頭，將問題解決。

- 你也可以暫時什麼事都不做。

4.7 練習

1. 你認為梅布二氏人格類型指標與柯爾塞－貝慈的氣質模型，哪一種與竄改者、治療者和守護者比較相配？其他不同的人格與氣質模型如何處理這些任務？

2. 天納克（Tenneco）公司的執行長 Michael Walsh 對於何處能得到變革能手，有以下建議：

   最佳的人選是志願者。你不可能命令人們表現要達到巔峰狀態，他們必須被激勵。領導者能創造出鼓舞人的環境，但是人們的內在也必須要有動力才行。你必須挑選對於變革抱有強烈欲望的那些人。他們經常被埋沒在組織裏。⑮

3. Norm Kerth 建議：就你個人的氣質來說，

   - 在「薩提爾變革模型」的每個階段找出你的長處
   - 在「薩提爾變革模型」的每個階段找出你的弱點

   對於每項弱點，你要設法：

   - 將你正在處理的系統與你的弱點隔離開來　　　　69
   - 以你的一項長處來彌補你的弱點
   - 自我成長以超越弱點
   - 將弱點轉變成長處

4. Michael Dedolph 建議：運用 4.4 節賽爾瑪的建議，採取措施來進

行變革。開始蒐集你所能蒐集的所有變革能手的原則，從閱讀這本書與其他書籍、觀察你的組織的變革經驗、以及接受第6章中的挑戰開始。

5. Michael Dedolph 進一步建議：想像一下你所蒐集到的某個或某些原則，被變革能手忽略掉的情況。結果會如何呢？應用這些原則時如何避免這種情況？

6. Payson Hall 提供另一項建議：找一個你認識而且也覺得是具有有效變革能手特徵的人。

- 那個人的長處是什麼？
- 什麼情況下他或她最有能力？
- 那個人的弱點是什麼？
- 什麼情況下他或她成效最差？
- 在不利的條件下，他或她可能有什麼不同的做法，使得執行更有成效？

然後你自己也要回答這些問題。

7. Michael Dedolph 指出另一種方法：除了梅布二氏人格類型或柯爾塞一貝慈氣質模型之外，當然還有很多其他模型是關於人們如何工作的。若你受過這些其他模型的訓練，請將你的學習結果套用到變革才能的領域看看。為了在每個變革階段展現出成效，那個模型告訴你可能面臨的挑戰是什麼？

5
大部分事情維持不變

……大家很容易相信，有組織的努力通常會成功，而組織的失敗 70
是不正常的……但事實上在正式的組織中成功合作，或由正式的
組織所促成的成功合作，都是不正常（而非正常）的情況。我們
日常所觀察到的，都是從無數次的失敗當中倖存的成功存活者。❶

——巴納德（Chester I. Barnard）

分辨出穩定系統與不穩定系統之間的差別，對管理階層來說至關
重要。穩定系統的改善責任完全落在管理階層身上。穩定系統的
表現是可預測的。逐一移除造成故障的特殊因，就可以達成系統
的穩定……。❷

——戴明（W. Edwards Deming）

這兩位偉大的管理理論家都同意，身為經理人，你是組織裏長期
的、更廣泛知識的守護者。當全神貫注於變革過程時，你很容
易忘記，大多數時候你不想要變更組織中大部分的事情。所以，即使
可能面臨無數次失敗，一個變革能手首先也是主要的責任就是運用那

些更長期、更廣泛的知識，以維持大部分的事情不變。如果你不知道
如何維持組織的存續，則你不可能知道如何改變組織。

5.1 你在維持什麼？

在充滿威脅的世界中，一個複雜系統的長期存活不是靠機遇，而是靠
仔細精心安排的機制系統。確實，在現存的系統中大部分的心力都花
在存活上，而在這方面，大型組織當然類似於現存的系統。因此，你
可以藉由檢視這些系統的機制來發現什麼事情被維持著。如同偉大的
生物學家坎能（Walter Cannon）所指出：

> 在我談論信念的另一篇文章中提到，結構與功能密不可分地相
> 關，這點幾乎不言自明，不需贅述。這暗示著結構的特性與對應
> 之功能的特性相關聯。在結構複雜之處，功能也同樣複雜。❸

負責維持系統運作的變革能手與經理人，都需要知道為什麼事情不要
變動。坎能的原理說明了，如何去研究這些精巧的機制在維持些什麼
——然而那未必就是組織聲稱它們在維持的事情。

5.1.1 管理階層的權力、特權與聲望

無論屬於何種文化，所有的組織都需要能自行維持運作的機制。我同
事 Dan Starr 告訴我一個非常棒的坎能原理應用，❹以確認要維持一個
變化無常型（模式1）文化需要哪些機制：

> 在《溫伯格的軟體管理學》第1卷中說明了，變化無常型文化沒
> 有回饋控制的機制，也不觀察產出。❺我認為那不是事實，至少

在大型的變化無常型組織中，那不是事實。我就看過一個能夠進行觀察與迅速採取行動的發展良好的回饋控制機制，那是以如同把穩方向型（模式3）文化中的過程模型為基礎。

差異在於評量什麼與過程模型關心的是什麼。在把穩方向型文化中，控制者能觀察／評量想要的過程產出 X。在大型的變化無常型文化中，因為專案無法評量，控制者無法取得可靠的 X 評量值。但是控制者能取得一些其他產出的相當好的評量值，尤其是承諾與投入的日常表現，例如：

- 願意對顯然不可能的目標與時程做出承諾
- 大量加班工作，特別是週末
- 接受資源方面的任意裁減

而且，控制者公然表示，承諾與投入的表現，是系統想要的產出：

- 鼓勵並公布「延伸性」的目標，意指沒人知道該如何達成的那種時程縮減
- 讓大家注意到（例如，在公司刊物中）超時或週末加班工作的團隊達成某個目標的事實
- 強調被視為「積極肯做事的工作者」的重要性（在人事檢討時）

72

換句話說，在這些變化無常型（模式1）文化中，大多數的控制機制專心致力於管理階層權力、特權與聲望系統的存續，或者可能去維護管理階層權力的表象。這種文化並未準備邁向防範未然型（模式4）文化，所以也無法期待精心規畫、完善管理的變革計畫會獲得尊重。典型的認知會是：「你們所從事的部分比較容易，要不然就是你們運

氣好。」

5.1.2 功能失常導向

希望匿名的另一位讀者，提供給我坎能原理的一項不同應用。她觀察自己的組織的整組評量方法，以及管理階層對這些評量方法的反應：

1. 管理階層很重視對問題快速回應的時間。管理階層的反應是當技術人員與管理人員嘗試解決問題（或至少阻止問題繼續惡化）時緊盯著他們，並且持續施加壓力。

2. 組織也評量系統（以及系統當機與相關問題）的回應時間，使他們能確認當新硬體送達時，他們是否真正獲得改善，以及是否那項改善能夠持續，或是系統容量在一週之內就全部被佔用掉。

3. 在系統交付給使用者之前，他們只運用極少的同儕審查（peer review），測試得也不夠。評量方法是問題報告，以及我們應該逮到卻未逮到的事情數量。管理階層的回應是：在下次發表新版本前要多花點錢做更多測試。

4. 風格與一致性的評量都是在新版本推出之後，在公司外的地點進行逐步說明（walkthrough）。

Rich Cohen 發現到，這個例子所提到的指標是「落後」指標（也就是說，在故障發生後才報告有故障發生）而非「領先」指標，因此可看出這個組織實際上在維持什麼。❻運用落後指標這一點，可用來確認這是一個功能失常導向的組織。這類組織假定他們將會功能失常（fail）。組織的員工不去預防功能失常，而是保持功能失常的程度夠低，以避免被注意。他們也設法尋找可用來指責別人的證據。

73　運用功能失常指標就像是蒙住眼睛開車，是在運用「碰到事情時

的震驚」。在生物系統中，領先感官（視覺、聽覺與嗅覺）的發展晚於落後感官（觸覺與味覺）。因為他們預期，領先指標可能不是那麼精確，所以需要心理的努力來做適當詮釋。但是因為領先指標提供早期警告，它們的用處比落後指標大得多。當你實際感受到獅子的牙齒碰到你的喉嚨時，你已沒有多少機會去修正情況了。

在功能失常導向組織裏，功能失常已被接受。作家Naomi Karten提供以下這則故事來說明這種情形如何發生：

> 某家公司過去曾經有生產線定期功能失常的情形，生產主管們知道他們有問題，而且他們提出一個解決辦法。這能解決問題嗎？不。他們的解決辦法是讓問題獲得大家認可，因此出現由亞倫（Aaron）擔任的「重新運行經理」（Rerun Manager）這個正式職位。他的關鍵責任是安排生產線的重新運行，並協調所有相關生產線運行的排程。這是十多年前發生的事。該公司自此之後歷經連續性的改組、削減與人員縮編，所以我過去在那裏認識的大多數人不是離職就是被解雇。最近，在另一回合的解雇之後，我和亞倫不期而遇，我問說：「近況如何？」我不確定他是否依舊在那家公司任職。他告訴我：「還不錯。我是重新運行經理。我總是有工作要做。」

5.1.3 技術心態 vs. 會計心態

要了解一個文化重視什麼，以及該文化試圖維持什麼的另一種方法，是去檢視它評量什麼。兩種最常見的文化就是：評量消耗以及評量生產。

會計主管傾向於評量消耗。如同王爾德（Oscar Wilde）所說的，

他們知道「每樣東西的價格，但是完全不懂其價值」。照章行事型
（模式2）組織是由具有會計心態的人經營的。這不令人意外，這些模
式2組織有很多是起源於會計部門內的運算小組，而且可能依舊在那
裏向主管報告。

技術主管傾向於評量生產。他們知道每樣東西的價值，但有時候
對成本較為疏忽。他們很可能是負責變化無常型（模式1）或把穩方
向型（模式3）的組織。

在防範未然型（模式4）文化中，會計心態與技術心態對軟體工
程的工作而言都不恰當。首先是因為，單單消耗或生產都不足以做評
量，其次，要解釋組織未來的存活能力，兩種心態聯合起來一起解釋
也不恰當。

74　5.2 揭露使用中的理論

在組織中，我們未必能夠看到組織的結構，以及判定這些結構的目
的。有些結構會得到並非原先設計初衷的目的；這些目的可能和組織
支持的目標一致，也可能不一致。在不正常的組織中，很多結構的建
立正好會誤導員工、顧客與更高管理階層。其他結構實際上誤導的那
些人，似乎支持和他們產生的目標正好相反的目標。

維持功能失常及／或管理階層權力的文化的這些系統，都是
Chris Argyris所說的「支持的理論（espoused theory）相較於使用中的
理論（theory-in-use）」的範例。❼所謂「延伸性」目標其背後所支持
的理論是員工成就，但是使用中的理論是「保持員工在（我的）控制
之下」；功能失常評量其背後所支持的理論是品質，但是使用中的理
論是「品質真的無法達成」。

　　無論有意或無意，可能造成誤導的一個常見結構範例是專案審查。雖然專案審查表面上的目的是提供正確資訊，但是在很多組織中，專案審查是被用來批准有一點危險的專案，因此產生可能一點都不可靠的資訊。

　　為了實現防範未然型（模式4）文化，需要有人去揭露這些隱藏的目的，否則這些目的將會堵住流程改善之路。確定專案審查真正目的的一個辦法，就是事先提供評量結果：

1. 對於審查的N種可能行動結果，事先填寫N份摘要報告，並加上提議的審查人員姓名。

2. 呈遞N份報告其中的一份給將會收到實際報告的主管，並問說：「如果你拿到這份報告，你會做什麼？」對於所有N種可能性重複這個問題。

3. 比方說，如果該主管尚未準備好接受「中止」的決策，那麼你知道審查的目的不是真的要中止不健全的專案。這對於其他決策也是事實。有時候，主管也尚未準備好要「通過」專案，則真正的議題是要終止專案，或者讓專案經理下不了台。

如果主管就是在說謊，那又怎麼辦？自然地，有隱藏性目的的主管，可能不會直接告訴你他們實際上會做什麼，但是你總是能經由他們的非言語反應做判斷。❽或者他們會以修飾過的話說出他們真正的目的，例如，「當然，若那是審查委員會所建議的，我會中止此專案，但在知道政治情況後，沒有一個明智的審查員可能做出那種建議。」在這些案例中，請設法避免浪費你的時間去做專案審查。若你必須進行假審查去掩飾這些謊言，請安排出門到外地去。身為主管或變革能手，與作假的事件連在一起，不可能對你的職業生涯有幫助。

5.3 變質

雖然維持組織聽起來可能不像改變組織那樣令人興奮，但維護的工作可不輕鬆。建立流程然後期待流程會永遠持續下去，這樣當然不夠。沒有持續關心，任何流程都會變質惡化，而且流程的變質惡化一定會導致產品變質。❾

在《*Software Maintenance News*》的一篇文章中，Irv Wendel描述了一個有啟發性的個案，有個資訊系統部門首先自我再造，然後該部門被容許變質惡化：

> 部門內的程序更改。帶有緊迫時程的分階段實施，實際上是在預防正式的逐步說明。這一向是實際施行的專案標準。替代的做法是若時間允許，我們會進行非正式的一對一逐步說明。❿

當然，技術審查的這種「若時間允許」的動態學，意指最需要審查的那些計畫從來不會獲得審查。即使當這類計畫真的獲得審查，變質的過程意味著審查不會非常有效果。Wendel的文章繼續提到：

> 當審查對於主檔更新程式（此程式由另一位程式設計師撰寫）所做的修改時，我注意到修改部分的風格與程式其餘部分的風格不同。我問程式設計師為什麼她要與該程式標準化的風格脫軌。她回答說她的老師教她結構化程式碼就是要這樣寫。我指出在COBOL中有很多風格可被視為是結構化程式設計。我也描述一致性的好處，但是她不為所動……
>
> 雖然我不贊成，她的修改還是原封不動地被採用。這段插曲（還有一些其他插曲，例如拿掉我們的技術文件撰寫員）指出，

系統的品質正逐步受到侵蝕，而且在管理階層實際上贊成這種做法的情況下，品質可能會進一步受到侵蝕。

產品的侵蝕導致過程進一步的侵蝕，這是 Wendel 故事的總結中所提到的：

不久之後，我決定我的時間到了，而且我獲得銀行內不同部門的一份合約。

當過程令人失望時，優秀的人也會消失無蹤。

5.4 設計維護債務

大約在1980年，一些凶事預言家開始大聲疾呼公元2000年即將到來，所有兩位數字的日期欄位會破壞資料庫以及存取資料庫的軟體。❶ 資訊系統的未來不太容易預測，但是要預測1999年之後是2000年相當容易。若大家在1980年時就開始轉換他們的日期欄位，他們就能每年20分之1地進行遞增性的修改。如果10年後才開始修改，他們就必須每年修改10分之1。要讓這個問題變成不太嚴重，或是讓它變成一項危機，這是在軟體工程主管的權力範圍之內。然而大多數主管使這項修改變成一項危機。

5.4.1 設計變質

數千個本質上完全相同的更隱匿的問題，在舊系統中潛伏著。例如，金額欄位容易受到通貨膨脹所影響。我想到幾個保險公司的個案，在他們的系統中，醫院的每日病房費率是兩位數字（這在今天幾乎不可能）。

即使可以看到病房費率多年來持續提高，他們都等到系統無法運作才來處理。隨後，處於危機模式中，他們的工作做得極糟糕又拼拼湊湊。

這些是設計變質（design deterioration，隨時間日久而變得惡化的設計決策）的範例。我可以想到的其他範例，包括未來儲存裝置相對速度的錯誤設計假設、在記憶體容量／成本的權衡取捨上賭錯了、倚重次要語言或沒人維護的作業系統、以及人類介面裝置的硬體程式碼對應。這類缺乏遠見的設計決策，每項決策都會對現有的軟體增加一些設計債務（design debt）。

可能這些設計變質沒有一項夠大或夠刺激到值得大做文章。但是如同蘇格蘭人所說的：「積少成多」（Many a mickle macks a muckle）。幾十年的這類決策下來，以及花費太少心力去修正設計變質，結果很多資訊系統組織累積了極大量的「近期現狀」。如同Naomi Karten所說的這個故事中，一直要到引進外來成分時，情況才有改善：

> 在RST公司，我負責一個帳務系統，其數字空間最大容許加總至999.99。當加總金額超過那個數字的情況變得越來越明顯時，我們準備對整套系統進行修改的計畫。但是每次我們提出計畫，就會遭到否決。我們反而被告知，要去抓出金額超過1,000的那些帳單，並產生一份報告確認這些帳單，讓使用者能抽回那些帳單，用人工（正確地）重算出結果。系統最後被修正（在我離職後），但那是直到一位新任高階主管接管後，聽到有這個問題並說「將這問題修正好」之後，才得以修改。

5.4.2 維護變質

第二種形式的軟體變質稱作維護變質（maintenance deterioration），維

護變質比設計變質更難隔絕開來，但也不是說設計變質就容易隔絕。
維護變質是源自於修補程式，在修補方式上未保留程式原本的設計
時，一流的設計經過多年來倉促的修補，最後變成廢物。可能那就是
為什麼RST公司的主管引進越來越繁重的人工系統的緣故。他們害怕
對那個已變質的系統再多做一次變更可能造成的後果。

　　當變質持續一段時間而沒有減少時，就會累積債務。當設計變質
時會產生設計債務，而維護債務源自於不斷產生的維護變質。設計債
務與維護債務的總和稱為設計維護債務。設計維護債務才是對現有系
統做修改的成本中主要的決定因素，而不是功能點（function point）
或程式碼行數這些「規模」的因素。要改變軟體工程的文化，這項債
務經常是主要的成本與複雜化因素（圖5-1）。

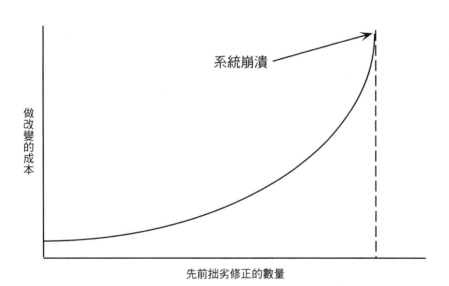

圖5-1　設計維護債務在決定變更的規模大小時扮演關鍵角色，最後的結果
　　　是，由於無法再以任何合理的成本來做變更，而造成系統崩潰。

78 　　處在資訊系統行業中，我們一直沒有支付應付的代價。我們一直以某種方法累積大量的設計維護債務，這些債務將由我們的繼任者來支付。若軟體工程主管打算面對他們範圍廣大的長期責任，則減少這項債務是其中一項主要工作。

5.5 變革才能債務

當組織未支付持續性的維護成本時，設計維護債務不是組織所招致的唯一一種債務。在很多軟體工程組織中，還有另一種龐大的債務，直接對根絕大量程式碼中的隱藏債務造成阻礙。多年來，這些組織一直停滯在「灰色時區」，而忽略去維持組織的變革能力。這些組織當中有些組織以隱蔽地交流訊息（covert communication）、提拔自己人、造謠玷污他人聲譽、懲罰冒險者、以及接受供應商的特殊恩惠這類活動，來主動侵蝕他們的變革才能。

　　這種變革才能債務是如何造成的？MOI模型說，為了做變革，我們需要動機（motivation）、組織（organization）與資訊（information）（圖5-2）。❷

79 　　對於變革來說，動機可能有很多來源，但是任何變革的動機，都可能由於害怕冒險而被扼殺。

　　組織由各種形式所組成，例如良好的策略規畫、可靠的基礎設施（例如，電子郵件、電話系統與會議設施）、明智的預算和言行一致的文化。隱蔽地交流訊息、結黨營私與特殊恩惠，都會快速破壞掉組織的邏輯。

　　有兩個層面需要變革資訊。第一個層面是變革能手所擁有的各種技能。第二個層面是組織目前的產品與流程的可靠資料。若沒有第二

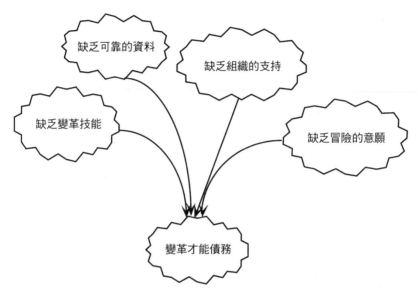

圖5-2 為了進行變革，人們必須有必要的動機（願意冒險）、組織（支持的
結構）與資訊（技能加上可靠的資料）。缺乏這些項目其中一項，都
會產生變革才能債務。

個層面，第一個層面就沒有多大用處。顯然隱蔽地交流訊息與造謠生
事，都會毀壞掉有用的資訊。

5.6 破壞變革才能

組織如何招致變革才能債務？以下是某個資訊系統組織中，一位想成
為變革能手的專案經理的故事：

> 過去五年來，我所待過的特殊團隊多達六個。其中三個團隊被稱
> 作「焦點團體」（focus group）、有兩個是「任務編組」（task
> force）、還有一個「緊急應變小組」（emergency team）。其中有

三個團隊會產生有關如何改善軟體流程的報告。有兩個團隊在管理階層變更時解散。還有一個團隊莫名其妙地消失。我認為贊助的主管對這些團隊感到厭倦。每份報告都被擺在架子上。

在兩個個案中，非常特定的建議直接遭到啟動流程的主管們駁斥。主管們想要我們建議大量採購一家特定供應商的工具。我們斷定有組織上的問題存在，使我們無法有效地運用工具，這主要是依據我們從來沒有成功地運用過工具來做判斷。我們的外聘顧問完全支持我們的想法。無論如何，主管們買下了這些工具。在一個個案中，有六位主管到亞利桑納州一處度假勝地，展開由這位供應商支付的為期一週免費旅遊，他們回來之後簽署了價值450,000美元的一筆軟體與硬體訂單。這筆訂單沒有一項東西使用很久，當然對我們也沒有任何好處。

除非別人直接問我，否則我從來不承認我在這些團隊待過，因為那有損於你的聲譽。你只希望那不會出現在檢討報告，當然你從來不會列舉出你參與過這些團隊。而且你知道，我從來不是志願加入這些團隊。若被迫加入另一個團隊，我將盡可能少花時間。而且我不是唯一的一個——其他人可能根本不願意談論此事，即使對象是你。

這個組織所展現出的文化，充滿著戴明所說的「致命疾病」與品質「障礙」：❸

- 缺乏固定不變的目的
- 管理階層的流動性
- 績效檢討
- 忽略長程規畫而偏愛「突發事件」

- 責備工作人員出問題　　　　　　　　　　　　　　　　　　　　　80

- 錯誤的開始，或是「本月流行什麼」

- 相信電腦的神奇力量

- 保護自己不受來自外部的外來成分所影響（如同這句話所表
  達的：「任何想來協助我們的人，都必須完全了解我們這一
  行。」）

圖5-3說明將這些障礙加入圖5-2核心效應圖的情形，並顯示這個管理
階層多麼有效地創造變革才能債務。對於變革才能債務反饋到其中一
些具破壞性的管理行為的情況，這張圖則予以省略。例如，因為缺乏

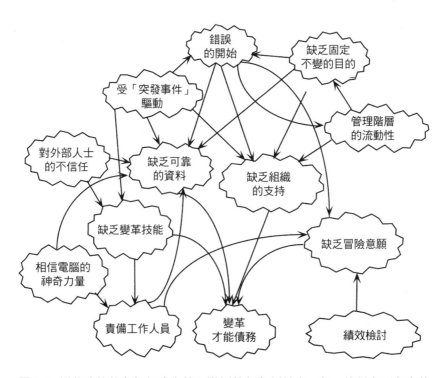

圖5-3　變革才能的各個組成與管理階層的行為糾結在一起，使得久而久之某
　　　些行為對組織的變革技能產生龐大的赤字。

變革才能的技能，組織變得更容易受到突發事件所驅動。其他的反饋效應留給讀者當作練習，因為這個網狀圖已經夠糾結了，足以顯示管理階層可能如何破壞組織的變革能力。

81 ## 5.7 經理人的簡單規則

若沒有管理階層的關注，每個組織或組織的一部分，都會逐漸進入「近期現狀」階段。對此，戴明提供了一份很棒的指南，以便在組織中建立與維持變革才能。雖然他的某些要點無法直接從製造業環境轉換到軟體工程環境，但是他所提到的與管理階層有關的每一件事，都的確可以直接轉換。例如，戴明總是強調簡單化（simplicity），這是預防變革才能變質的一項主要策略。

例如，在政治制度中，我們承認需要有簡單清楚的規定來避免貪污腐化。除非你去研究其他「更優良」制度被誤用的歷史，否則「一人一票」聽起來十分簡單易懂。除非你去研究審查制度的歷史，否則「無審查制度」簡直是太簡單了，只要想像一下所有我們想看的東西全都不見的情況。

同樣地，如果經理人打算保留目前組織中好的部分，同時提倡轉變成防範未然型（模式4）組織，則他們需要簡單的規則來管理他們的行為。以下的規則可以創造變革才能可存活、甚至能成長的一種氣氛：

- 請勿責備。要提供與接收資訊。
- 請勿討好。不要接受你不信任的工作。
- 刪去超理性的標語和告誡。

- 不耍花招。手段就是目的。

- 信任別人，也值得別人的信任。

- 絕不停止在變革技能方面的自我訓練。

- 絕不停止尋求就在你周遭的改善。

- 請記住，就像其他任何人，你出生時無足輕重。即使你有個頭銜，你也還是「人」。

或許這些規則可以彙整成一條重要規則：

- **想要別人怎樣做，請先成為別人學習的榜樣。**

5.8 心得與建議

1. 族群與社會組織一般能存續一段很長時間，不是靠繁殖，而是靠逐漸替換掉各個角色中的某些部分。對於一些非常關鍵的角色（例如，教宗或女王蜂的角色），複雜的程序是必要的，以保證其能持續存活。然而在人類的組織中，這些程序本身逐漸演化，變成了組織所保護的人的重要性的象徵，使得這些程序不是用來保護，而是在真的沒有東西要保護時，用來彰顯重要性。最終教宗有時會被取代，而且極少大公司會因為執行長突然死亡而無法存活。因此，在高階主管周遭，象徵性的地位機制的累積，是有變革債務的組織的一種可能跡象。

2. 分隔狀態（segregation，如同在分散式系統中）可保護系統免於受到其環境變化的影響。在高度分隔的系統中，當其中一個區段產生變革時，變革通常是由內部所激發。在這類組織中，藉由在一處產生外來成分，而不是立刻在到處都產生外來成分，組織必

須投入很多變革才能，來激發變革。

3. 集中化（concentration）保護系統免於受到內部變化的影響。在高度集中化的系統中，變革通常是由外部所激發，也就是當某件事發生，而那件事不是標準內部結構的設計目的的時候。在這類系統中，必須投入變革才能，以克服「系統極擅長於抵制內部所滋生的外來成分」。

4. Sue Petersen 觀察到：當你試圖將組織的控制系統從落後指標改變為領先指標時，你要冒著被貼上「負面」標籤的風險。因為領先指標沒有那麼精確，想要有效運用領先指標的組織，必須能在不責備傳訊者的情況下，接受一些錯誤的警報。這是為什麼喜歡責備人的文化不可能成為防範未然型（模式 4）文化的另一個原因。❹

5.9 摘要

✓ 即使可能面臨無數次失敗，變革能手的首要責任是運用那些更長期更廣泛的知識，以維持大部分事情不變。如果你不知道如何維持組織的存續，則你不可能知道如何改變組織。

✓ 無論何種文化，所有組織都需要能自行維持運作的機制。你可檢視讓組織得以維持的機制，來發現什麼事情在維持著。坎能的原理告訴你，如何去研究這些精巧的機制在維持些什麼——然而那未必是組織宣稱他們在維持的事情。

✓ 有些變化無常型（模式 1）文化專心致力於管理階層權力、特權與聲望系統的存續。這種文化很難推動精心規畫、完善管理的變革計畫。

✓ 觀察組織如何評量，是應用坎能原理的一個好方法。例如，使用
落後指標是看出功能失常導向組織的一個好方法。這些組織假設
它們將會功能失常。這些組織不去預防功能失常，而是保持功能
失常的程度夠低，以避免被注意。他們也設法找出可用來指責別
人的證據。

✓ 了解一個文化重視什麼，以及該文化試圖維持什麼的另一種方
法，是去檢視它評量什麼。兩種最常見的文化就是：評量消耗，
還有評量生產。會計主管通常傾向於評量消耗。而技術主管則傾
向於評量生產。

✓ 在防範未然型（模式4）文化中，會計心態與技術心態對軟體工
程的工作而言都不恰當。首先是因為，單單消耗或生產都不足以
做評量，其次是因為，要解釋組織未來的存活能力，兩種心態結
合起來做解釋也不恰當。

✓ 維持功能失常及／或管理階層權力的文化的這些系統，都是
Argyris所說的「支持的理論相較於使用中的理論」的範例。為了
實現防範未然型（模式4）文化，你需要揭露這些隱藏的目的。

✓ 建立起一種流程，然後期待此流程能永遠持續下去，這樣做還不
夠。若缺乏不斷的關照，任何流程都會變質，而且流程變質一定
會導致產品變質。

✓ 設計變質是一組隨時間日久而變得惡化的設計決策所產生的結
果。這類缺乏遠見的設計決策，每項決策都會對現有的軟體增加
一些設計債務。雖然沒有單一個設計變質似乎夠大或夠刺激到足
以小題大做，但是幾十年來的這類決策，又花費太少心力去修正
設計變質，使得很多資訊系統組織發現自己處於「近期現狀」階
段。

✓ 維護變質源自於修補程式，在修補方式上未保留程式原本的設計時，一流的設計經過多年來倉促的修補，最後變成廢物。

✓ 設計債務與維護債務的總和稱為設計維護債務。設計維護債務才是對現有系統做修改的成本中主要的決定因素，而不是功能點或程式碼行數這些「規模」因素。在改變軟體工程文化時，這項債務經常是主要的成本與複雜化因素。

✓ 在很多軟體工程組織中，變革才能債務直接對根絕大量程式碼中的隱藏成本造成阻礙。有些組織以隱蔽地交流訊息、提拔自己人、造謠玷污他人聲譽、懲罰冒險者、以及接受供應商的特殊恩惠這類活動，來主動侵害他們的變革才能。

84

✓ MOI模型說，為了做變革，我們需要動機、組織與資訊。對變革來說，動機可能有很多來源，但是任何變革的動機都可能因為害怕冒險而被扼殺。組織由各種形式所組成，例如良好的策略規畫、可靠的基礎設施（例如，電子郵件、電話系統與會議設施）、明智的預算和言行一致的文化。

✓ 有兩個層面需要變革資訊。第一個層面是變革能手所擁有的各種技能。第二個層面是組織目前的產品與流程的可靠資料。若沒有第二個層面，第一個層面就沒有多大用處。

✓ 變革才能的各個組成部分，與管理階層的行為糾結在一起，使得久而久之某些行為在組織的變革技能中產生龐大的赤字。為了克服這項債務，組織需要管理階層的關照。在提倡轉變成防範未然型（模式4）組織時，若經理人打算保留目前組織中好的部分，他們需要簡單的規則來管理他們的行為。

✓ 以下是在變革期間保留好的部分的一些更有效的管理規則：

- 請勿責備。要提供與接收資訊。
- 請勿討好別人。不要接受你不信任的工作。
- 刪去超理性的標語和告誡。
- 不耍花招。手段就是目的。
- 信任別人，也值得別人的信任。
- 絕不停止在變革技能方面的自我訓練
- 絕不停止尋求就在你周遭的改善。
- 請記住，就像其他任何人，你出生時無足輕重。即使你有個頭銜，你也還是「人」。
- 想要別人怎樣做，請先成為別人學習的榜樣。

5.10 練習

1. 在時間允許下，請概述檢討組織的各個部分的流程。請留意哪些部分處在最新狀態，以及哪些部分將有最嚴重的品質困擾。

2. 根據你在不同組織中的經驗，將一些其他影響加到圖5-3中。

3. Michael Dedolph建議：在有維護責任的組織中，任何顯著的設計維護債務都可能直接增加變革才能債務。請畫一張效應圖，以顯示為什麼這可能是事實。　85

4. 討論到這裏，很清楚的事實是，缺乏維護的變革是一場大災難，但是維護對於不同的人來說代表不同的事情。公園巡邏員、動物園管理員與動物標本剝製師，都關心保留稀有物種，但是他們的目標不同。你是哪種類型的保護主義者？

5. 吉姆・海史密斯觀察到：尤其是在處於「混亂」階段的組織中，小心清楚地傳達激勵因素，可能是組織是否能安然歷經變革的一

項主要因素。或許只有當「痛苦」是功能失常的痛苦時，變化無常型（模式1）與照章行事型（模式2）組織才會進行變革。這些組織僅憑著想成為更好的組織，根本不能打破舊有的習慣。另一方面，防範未然型（模式4）文化在預期會功能失常時（或更正面的情形是看到機會時）就先進行變革。為了進行變革，防範未然型（模式4）文化不必實際上功能失常。有些組織甚至只要一次功能失常，就無法存活，所以他們要不是變成防範未然型組織，不然就是完全無法存活。如果變革失敗是因為缺乏動機，或許你能創造一個「一次大量功能失常都不准發生」的情境。試著討論不產生「組織會癱瘓」這種恐懼氣氛的情況下，你如何達成此目的。

6. Michael Dedolph進一步建議：想一想設計債務與維護債務如何促成整體的設計維護債務。我們可以繼續推理：藉由先了解大多數組織如何設計，以及正式的設計結構如何維護，我們可以將這項債務與「組織變革債務」作類比。（提示：若設計不能促進溝通，組織將會缺乏可靠的資料；而且若組織結構已變質，則將會缺乏支持變革的組織基礎設施。為了支持發展變革技能，並支持冒險的意願，我們需要事先做好哪些準備？）

6
練習成為變革能手

當事情無法改變時，我們自己要改變。

——亨利・梭羅（*Henry David Thoreau*）

本章的目的是讓你有些概念，知道變革能手具體來說在做什麼，以及他們可能如何接受訓練，來從事變革能手所做的事。如果你想自行嘗試這些挑戰，誰能阻止你？

6.1 去上班

一個人如果只能做一點事，也比無所事事要強得多。

——柏克（*Edmund Burke*）

你的第一項挑戰是從事你自己的變革計畫，這個計畫在本質上非常獨特，目的是讓你體驗「薩提爾變革模型」，以及此模型的一些情緒後果。

155

87 *挑戰*

你的挑戰是明天以不同方式去上班。

體驗

本次作業的第一個體驗是當你一開始讀到上面這句話時，你的腦袋裏和心裏在想些什麼。以下是一些典型例子，來自與我一起共事的人：

✓ 我立刻感到驚慌（「混亂」）。若是我上班遲到該怎麼辦？我已經找到最佳上班路線，因為四年來我一直沿著這條路線開車。突然之間，我了解到處在「近期現狀」階段，那種感受是什麼，而且我知道對於我想嘗試改變他們的工作的人，我會有更多考量。

✓ 我的第一個想法是「不可能！」我只是無法想到另一個替代方案，取代我精心規畫出來的上班路線。畢竟，只有一座橋能夠跨越河流。我應該做什麼，游泳嗎？我決定我完全不想做改變，這項決定讓我得以放鬆心情。隨後我了解到，這個作業說「以不同方式」而非「經由一條不同路線」。我甚至在不了解外來成分之前，就先加以抵制。

現在，看看作業完成後我所收到的一些評語：

✓ 我決定打領帶去上班，這是我以前從來沒做過的事。在人數上與反應的強烈程度上，其他人的反應完全出乎我意料之外。我學到了成為外來成分有多簡單，而且你不可能只是改變一件事。

✓ 我以一種不同（更加正面的）態度去上班。這一天完全不一樣。與上週相比，上班氣氛變得好很多。

✓ 我經由一條不同路線上班，結果迷路了，而且發現了以前從未見

過的地方。我上班遲到，但是開車過程有趣。我決定每天走不同路線，而且從現在起持續六個月。我喜歡這樣做。

✓　我每天總是走不同路線上班，所以我不會做這個作業。後來我了解到我的不同方式就是走同一條路線去上班。所以我一星期中每天走同一條路線上班，並得知幾件事情。首先，如果我去留意的話，同一條路線其實也有不同樣貌。其次，我每天都不一樣。有幾天我無法忍受等待第35街的紅綠燈，但是其他的日子我欣然接受有時間去想事情。我運用這項學習經驗，重新提出上個月時遭到拒絕的一項提案。這次他們喜歡這個提案。　　　　　88

6.2 做一項小改變

我和一位同事有一段對話，他抱怨他的午餐盒裏日復一日都是同樣的鬼東西。我問說：「那你的午餐是誰做的？」他說：「我自己做的。」❶

——法格漢（R. Fulghum）

你的下一個挑戰是從事你自己的一個變革專案，但是這次在做變革時要尋求支持。其目的是藉由在「真實」世界中體驗一些理論性學問，來開始你的變革能手生涯，但是要盡可能以小規模又安全的方式進行。

挑戰

選擇你想改變並和自己有關的一件小事。大部分剛入門的變革能手都太急了。如果你想吃掉一隻大象，請從咬一口開始。若你完成了一項變革，你可以自由地從事另一項變革，又再從事另一項變革，所以別

擔心你的變革太無足輕重。

　　請找到一位關心你的變革能手（或同事，或某個有意願配合的人），跟他或她解釋你想做的變革。與那個人接觸，以尋求你認為要完成變革所需要的那種支持。定期和你的支持者聯繫，以報告你的進展的最新狀況。

體驗

因為書籍讀者不容易彼此交流對於「體驗」的觀察，所以讓我們看看接受「做一項小改變」這項挑戰的其他變革能手，他們的一些有啟發性的體驗。

✓　在會議中當我有非常棒的構想時，我不會不加思索地脫口說出，而是先寫下來，並等幾分鐘後再說。我注意到大約有60%的情況下，都有人想出實質上相同的構想。於是當我支持那個提案人時，那個構想有非常大的機會被採納。

　　我已經增加讓我的構想被採納的數量，但是我沒有因為這些構想而得到好評——至少不是直接的。但是有幾個人告訴過我，我已真正成為會議中的領導者。這點令我感到驚訝，因為我認為當我有最多構想時，才會被視為是領導者，但是他們不是那樣看。我的支持者解釋說，我似乎更有「如同政治家般的風範」、更鎮定、而且也更尊重其他人。

✓　當獨處時，我大約每個鐘頭都會休息一下子，但是當在會議中時，我發現這真的很難辦到。我不想打斷任何人，然而我的支持者給我一些好建議，教我在會議中要這麼做之前，如何先「試探一下」。令我驚訝的是，多數人大多數時候都欣然接受短暫休

息。我知道人們（包括我）通常不會說他們想要什麼，然而，「試探一下」這種做法可以進一步發展成更經常對大家做意見調查，以便明瞭他們對於會議的內容感受如何。

✓ 我跟大家宣布我不想被打擾的時間，以及門戶開放的時間。起先人們不尊重這些時段，因為他們不相信我真的會那樣做。由於我無法對任何人說不，有一天我的支持者在下午4點到5點的時候（我最忙的時候）真的走進我的辦公室，並指導我如何堅持執行已張貼出去的時程表。

　　結果這個時程表我適應得相當好，但是對於某些人則是一項沉重壓力。後來我了解4點鐘到5點鐘是順道拜訪的好時機，所以我變更了時程表。歷經另外兩次時程調整後，就漸漸比較順利了。我學到只要牽涉到其他人，就不可能完美地規畫任何事情，你必須做試驗，然後準備做幾次調整。

✓ 我將皮夾放在不同的口袋。我第一次伸手去拿皮夾時，整個慌了——我以為皮夾掉了。我的支持者向我點出，這可能是當我變更系統中的東西，但是沒有告訴他們時（或即使我真的告訴他們時），他們所感受到的感覺，因為他們有固定在某些地方找東西的習慣。

✓ 我為自己準備更健康的午餐。我知道我不喜歡「不夠健康」的食物。我的支持者告訴我，我的健康意識太強，而且我的那種午餐相當極端。我猜她是對的。那讓我知道，我是個完美主義者，但是追求完美不是人類的天性。即使我偶爾吃吃醃漬食品或小甜餅，也不會是世界末日。此外，即使我的團隊成員不時會在他們的程式碼中犯錯，或沒有完美地設計某樣東西，我們還是可以存活下來。

90　# 6.3 什麼都不改變

當然我是無所事事，但是我不是生性喜歡無所事事，我只是還不
知道在這裏我能做什麼……

——蘇菲·托爾斯泰（Sophie Tolstoy）

這個挑戰的目的是要找出驅使你改變的力量是什麼，以及如果你不是
用一般的方式去回應那個驅使力量的話，會發生什麼事。

挑戰

下一次你在團隊或組織裏的時候，請袖手旁觀、傾聽與觀察。你的工
作是試著不去改變任何東西。請特別留意你那一股想要改變的衝動，
以及當你不對那些衝動採取任何行動時，會發生什麼事。

體驗

以下是參加「什麼事都不做」這項挑戰的其他變革能手，他們的一些
體驗。

✓　哇！我做不到！我持續了幾乎整整三分鐘。我抗拒自己去開窗戶
　　或要求別人開窗戶的誘惑。我抗拒移動活動掛圖使每個人都看得
　　到的誘惑。我抗拒挪過去一個座位，將空間讓給遲到者的誘惑。
　　但是當傑克（再度）站起來拿螢光筆時，我忍不住建議應該輪到
　　別人了。在我意識到之前我已說出口了！但是我不得不說啊！
　　　在我第一次不幸失敗後，我決定隔天再試一次。我更加輕而易
　　舉地通過技術性部分（窗戶、活動掛圖和椅子）的考驗，並且更

困難一點，任由傑克去拿起筆。我好運正旺，而且我設法讓好運維持了幾乎15分鐘。當我最後對會議進行的方向發言時，其他人的反應就好像我是美國總統一樣。他們全神貫注、讓我說完必須說的每一件事、然後完全照我所提議的去做。我認為對我來說這是一條線索。我覺得我做得到，而且我打算再度嘗試。

✓ 對我而言，我不認為這非常困難。我只是在會議中做我經常做的事——閉上嘴巴觀察。當我發現我大約每隔30秒，心裏就產生一次改變的衝動——我覺得我把閉嘴觀察這件事做得相當好。此外，對於任何這些想法，我什麼話都沒說，而且我發現自己竟然因為沒有人提出這些想法而生氣。啊哈！他們也是在做和我一樣的練習嗎？ 91

　抱持新的深刻理解，我為下次會議想出一項計畫。我以平常的方式坐著，靜靜地激起我悶燒著的憤怒與挫折。當到達適當的情緒熱度時（還不到我無法控制的程度），我說出了我曾經寫下的一句話：「這場會議有任何人想改變任何事嗎？」話說完後立刻有反應，而且改變傾巢而出。雖然我後來並沒有說什麼話，會議剩下的時間和我們平常的會議已經大不相同。

✓ 對我來說這是個相當乏味的作業，所以我必須做某件事來佔據我的心思。我決定試著觀察情緒反應，因為我總是認為我們的會議相當單調又不流露情緒，但是我們的顧問告訴我，他們並不是那樣的人。我注意到以前我從未看見的很多事情。例如，我的兩位同事真的感到很痛苦——我不知道是什麼原因，所以開完會後我問他們到底怎麼一回事。這有違背這次的作業嗎？如果有的話，我不在乎，因為我學到一些我過去幾乎從未懷疑過的事情，而且我與那兩人的關係又增加好幾個等級。

6.4 改變關係

衝突是思想的擾亂因素。衝突刺激我們去觀察與記憶，並慫恿我
們去發明。衝突衝擊我們，讓我們擺脫像羊群般從眾的被動性，
並驅使我們記錄與策畫……

——杜威（John Dewey）

這一項挑戰是要改變關係，目的是讓你實際應用你所學過的跟言行一
致和衝突有關的一些概念。

挑戰

請挑選一個你認識的人，你不希望彼此的關係像現在這樣。例如，那
可能是你的一位好朋友，他有一件事讓你生氣，但是你一直壓抑下
來，或是你想更加喜歡你喜歡的東西。那也可能是你的一位工作夥
伴，你不想和他的關係變成現在這樣。此外，請勿從最難處理的關係
開始。若你完成了這次作業，你就可自由地去改變另一段關係，並且
一直做下去，所以別擔心你所挑選的關係太無足輕重。

如同之前，請找到一位關心你的變革能手、夥伴或某個有意願配
合的人，跟他解釋你想要做的改變。在規畫如何改變這個關係方面尋
求他／她的協助——協助提供構想、協助檢驗你的構想、以及可能的
話協助在角色扮演中做練習。然後與實際上你想改變關係的那個人一
起實行你的計畫。

這項挑戰尤其是當別人（可能）出現強烈的情緒時，讓你有機會
面對存在的困境。終究你無法事先知道，另一個人對你嘗試改變彼此
的關係會如何反應。一個人可能哭泣、進入「混亂」狀態、與你起衝

突、或在各種方面變得言行不一致。在這些情況下你如何自處？你會因為預期對方會有這些反應，而不去冒險嗎？

體驗

✔ 我決定「把她當成一般人」，以便更加了解我的老闆，而不僅只是將她當成「老闆」。我邀請她一起吃午餐。她有點吃驚，但是一旦我們同意那是各自付錢的聚餐，她表示沒問題。我們發現我們都熱愛壘球，但是在不同的聯盟中打球。那讓我們有很多話題可談，而且從那時以後，當她說出我不了解的正式命令時，我會假定她說的是事實。

✔ 我負責替我的部門升級所有的麥金塔（Mac）軟體，而且自從我接下這項工作以來，其中一位使用者在我背後一直是個麻煩人物。我決定與他一同坐下來，問他對於所得到的服務感覺如何。他說當他有問題時，人們似乎避開他，而且他很高興我願意花時間與他一起談談。我能告訴他預防麻煩的一些做法，並且解決他甚至尚未想到要抱怨的一些事情。他依舊是個麻煩人物，但是只在「頸部」造成疼痛，這是我應付得來的。至少在位置上比「背後」來得高一些（陳述者微笑著說）。

✔ 我有一位員工喝酒喝太兇。因為我真的不知道該怎麼做，我一直避開這個話題。我拜訪我們的員工協助計畫單位，那裏的職員給我一些小冊子以及一些輔導。下次當他醉醺醺地來上班時，我知道該做什麼，而且不假裝酗酒這件事不存在。他必須面對酗酒對他的工作所造成的影響，而且他現在正接受員工協助單位的輔導。也許他無法解決他的酗酒問題，但是若他真的沒辦法，我也能處理這件事。

✓　我對於改變關係這件事有些畏縮。我決定改變現在的關係，回歸從前的關係。葛瑞絲（Grace）和我一起共事過好幾年，我們是非常要好的朋友。後來我調職到另一個專案，並且搬到另一棟大樓。我猜我是有罪惡感，就好像是我遺棄她——這不是好朋友該有的行為——所以我避免去見她或甚至打電話給她。我決定去她那裏看看並拜訪她，就像過去我們坐在相鄰的小隔間那樣。她感到疑惑我是去哪裏了，並且我們又回到從前那樣成為好朋友。所有「她」對我「離開」的感覺，都只是我自己的想像。

✓　幾年來我都和我們的硬體銷售員一起打高爾夫球。他幾乎每週六都帶我去他的鄉村俱樂部。對於此事我一直覺得怪怪的，就好像做這件事有點不道德那樣。所以我告訴他，除非我自己付錢，否則我再也不跟他一起打高爾夫球。他表示反對，並說那並沒有讓他多付一毛錢，因為他的公司會付錢。我告訴他那就是重點所在。他說好吧，就照你的意思做。現在我們依舊一起打高爾夫球，但是對於這件事我感覺好很多。

✓　已經將近一年，我與海爾曼（Harman）對於在組織裏我們應該使用哪一套CASE工具，一直陷於雙方較勁中。由於我們的衝突只對那些不想使用任何CASE工具的無賴有幫助，基於這個觀點，我決定找他商量。我們達成了協議，要設法合作推行一些CASE工具。我們實際上丟銅板，看看誰要幫助誰。結果我輸了，所以我嚥下自己的自尊，協助他向他的團隊推銷，來使用他喜歡的工具。一旦我們結合雙方的力量，他們很輕易地就範。他也會協助我向我的團隊推銷我喜歡的工具，但是到那時候，我也同樣喜歡他的工具——實際上還更喜歡一些呢。

6.5 成為觸媒

將視野擴大到自然界的範圍。

自然界強大的法則是改變。

——柏恩斯（*Robert Burns*）

雖然變革能手經常擔任主要的推動力量，但他們更常去學習大自然的力量，並產生自然的小騷動。在這項挑戰中，你將站在觸媒（catalyst）的立場，運用各種賦予力量的方法，來協助其他人實施變革計畫。

在化學中，觸媒是加到化學反應裏的一種物質。觸媒可加速化學反應，但是觸媒本身並不受化學反應影響而改變性質。人類觸媒這個角色，是以最低限度的自我參與，來喚醒理智或心靈，或激勵其他人去從事活動——換句話說，就是讓其他人產生力量。為了賦予人們力量去從事組織變革，MOI模型告訴我們，以下的要素是必要的：

動機

- 自尊
- 共同抱持的價值體系與願景
- 「感覺到的」與「想要的」兩者之間的落差

組織

94

- 以個人的獨特性為基礎相互支持
- 縮小「感覺到的」與「想要的」之間差異的一項計畫
- 與計畫相關的資源多樣性

資訊

- 知道該系統讓事情維持不變的因素
- 知道賦予力量與無能為力的差別
- 對任務有幫助的持續性教育

常見的情況是，只缺了一個要素，但是對那個不知道缺了哪個要素的人，可能會覺得完全使不上力。以上的「要素清單」可以提醒你哪個要素可能遺失掉。提供那個遺失要素的變革能手，就能以最少的心力來催化變革。

挑戰

你的挑戰是協助其他人的變革專案，大約每週一次，並至少持續兩週。你應該嘗試成為變革的觸媒，而不是變革的推動力。為了成為觸媒，你應該

- 盡可能有效地參與
- 以最少的方式參與
- 不耗盡你催化其他變革的精力而參與

可能的話，「要素清單」中的每個要素都要練習過。要做筆記，並準備和你正在催化的團體一起分享心得。

體驗

✓ 運輸部門的一群人，要求我協助他們舉行他們的規畫會議。我說如果他們能派兩個人來參加我們的「促進開會」課程，我就會做這件事，而且修完課程後，他們要跟著我一起工作。開完一次會

議後，現在他們能夠自行召開自己的會議。

✓ 我帶領過一個非常具爭議性專案的設計技術審查。顯然我表現得很不錯，因為後來我接到其他三項邀請，來帶領困難的審查。我的確帶領其中兩個專案的審查，但是我決定在第三個專案中成為觸媒。我告訴他們我不會主持會議，但是我會扮演他們所選出之領導人的「影子」（shadow），若他們的領導人陷入困境，我們會互相交換角色。而她並沒有陷入困境。

✓ 我的一個小組拒絕使用（連試都不去試）新的型態管制系統。通常我會以報復要脅，來命令他們使用此系統。我思索為了讓他們採取行動，若不用威脅和責備，我還能做些什麼。我決定召集他們開會，問他們到底要怎樣才會採取行動。　95

　　他們告訴我，他們就是沒有時間從已在進行中的專案切換到新系統。我問他們需要多少時間。他們聚在一起商量，並提出兩週的時程延長。（我一直害怕他們會說兩個月。）因為他們已不在要徑（critical path），我說他們可以多延兩週，但前提是他們必須切換到新系統。他們實際上在一週內完成工作，而且最後他們又趕上四天，至少部分是因為使用了更好的工具。

　　現在我已經多次運用過這種協商方法。「你們需要什麼，才能達成我所要的目標？」這句話結果變成很棒的觸媒，而且我喜歡成為觸媒，更甚於成為獨裁者。

6.6 完全在場

我總是覺得太少人活在當下——他們似乎只是存在著——而且我看不出有任何理由我們不應該總是「活在當下」……

——歐姬芙（Georgia O'Keefe）

為了成為成功的變革觸媒，你必須學習完全在場（fully present）的藝術。為了完全在場，你必須

- 全神貫注於說話者。
- 將說話者打算說什麼的任何先入為主的想法擺在一邊。
- 用敘述的口吻做解釋，不要帶有主觀判斷。
- 對混亂的狀況保持警覺，並問問題澄清。
- 讓說話者知道別人已聽到他或她所說的話，以及已傳達出什麼訊息。❷

以下是要做到完全在場，你會碰到的一些常見阻礙：

- 忽略：缺乏注意力（看別的地方、坐立不安）、覺得無聊、漠不關心、假裝傾聽
- 選擇性傾聽：只聽一部分的話
- 岔開話題：改變主題（轉得太硬）、說你自己的事、以不恰當的幽默感表示對事情的不在乎
- 帶有評價的傾聽：聽完說話者解釋之前，先表示同意或不同意
- 追根究柢：（從你的判斷標準）問太多問題，但對於對方的意義不大
- 帶有解釋的傾聽：依據你自己的動機與行為，解釋目前進行中的事情
- 提供忠告：提供解答；太過專注於內容

挑戰

你的挑戰是挑出讓你無法「完全在場」的一個習慣，並在你與別人的所有互動當中，努力重新塑造那個習慣。

體驗

✓ 我決定試著在整場會議中，都不說任何玩笑話。我實際上沒有完全做到，但是當我最後說出笑話時，他們似乎更加欣賞我的笑話。

✓ 因為我認為自己是個好的傾聽者，我真的不知道要做什麼。我找到一位支持者，他告訴我在會議當中我應該停止閱讀郵件。那真的令我感到驚訝，因為我認為自己是個很棒的傾聽者，所以我可以同時閱讀郵件和傾聽。而且，這樣做讓我不會打斷別人說話。

　　我的支持者告訴我，即使我可能有聽到別人所說的每一件事，閱讀郵件在別人看來像是我沒有在注意聽，或者至少不在乎別人在說什麼。

✓ 我讀到關於在審查會議期間不提出解決方案的這段文字，但是我強烈反對這個想法。那對我毫無意義。但是因為我必須做這項作業，我決定在某次審查會議時不提供任何解決方案。我的確有兩個解決方案可以提供，但是在我說任何話之前，作者就提出了其中一個解決方案。實際上，我覺得這個解決方案誰都想得到，如果我先說出來的話，他可能會想說我一定覺得他很笨。我將另一個解決方案留到開完會後，而那個方案真的受到好評。這場審查會議感覺相當不錯，而且實際上是我所參加過的審查會議當中比較有實質意義的一次。

✔　我必須告訴你，在這裏，我以能提出有洞察力的問題，從每個人身上挖出東西而聞名。我決定嘗試一種新做法。每當我想到一個很簡潔的問題時，我按捺住自己，反而問：「還有什麼其他你想告訴我的事？」結果我得到的資訊既多又豐富，所以或許我是一個很棒的提問者，但不如自己所認為的那樣棒。也或許我是一個更棒的提問者，只要一個問題就能得到我要的資訊！

97　✔　我看著正在說話的人。每次我都遺漏掉很多訊息，包括看不到臉部表情與姿勢。我認為我需要重來一次。

6.7 完全不在場

不管是誰，匆匆忙忙只能說明他對於他的工作無法勝任愉快。

——查斯特菲爾德爵士（Lord Chesterfield）

1666年大瘟疫期間，當倫敦的學校關閉時，牛頓被迫放假回家。當在一棵樹下閒逛時，他想出「萬有引力定律」的基本概念。

　　大約在1877年電話使用的全盛時期，貝爾（Alexander Graham Bell）結了婚並到歐洲度蜜月一年。他在歐洲時孕育出偉大的願景，這個願景不是電話的願景，而是電話系統的願景。

　　無法離開專案去度假，其損失有多大！當你擔任變革能手的權力提高時，你很容易有「沒有你世界就無法變革」的妄想。這項挑戰是要挑戰那種想法，也是哄騙你去關愛自己的一個方法。

挑戰

你的挑戰是休假一週不工作。當你回來上班時，請注意你不在時有什

麼改變。你必須一整個星期不去做變革能手要做的任何事情，但是要注意你的腦海裏出現什麼想法，或是有什麼「蘋果」掉到你頭上。

　　你認為你做不到嗎？那麼你要做 Wayne Bailey 所提議的另一個作業：「如果你休假一週後，覺得沒有你專案就無法進行，那麼請休假兩週。」

體驗

✓ 我們到夏威夷度假兩週。那是自從蜜月之後，我們七年來的第一次度假。我總是夢見一個太平洋島嶼樂園，而且我們找到了。頭幾天 Shauna 與我像觀光客一樣，開車玩遍整個夏威夷大島。那相當有趣，但不是我夢想中的假期。後來我們只是開始在海灘上嬉戲、吃東西、躺在有陰影處、吃東西、真正地彼此交談、吃東西、游泳與吃東西。

　　大約七天這種極度歡樂之後，有天清晨我提早醒來，發現到我雖然沒有刻意去想到工作，但我突然對於我們的流程改善計畫必須如何重新調整，有了完整的想法。Shauna 還在睡覺（那時候真的很早），所以我溜出去到海灘上走走。大約兩小時後當我回來時，我已經將整件事情思考過一遍。我甚至不必寫下來，因為印象太鮮明，我知道我不會忘掉。

　　然後我把這件事擱在一邊，並且在樂園裏享受我們假期的最後三天。當我回去工作時，我有個恢復生氣的新組織。更重要的是，我有個恢復生氣的新婚姻。

✓ 我決定花一星期時間去阿帕拉契步道（Appalachian Trail）徒步旅行。我已經好幾年沒有背背包徒步旅行，所以我必須拿出我所有的裝備、更換一部分的裝備、並且重新思考每一件事。在做這些

98

事時，我了解到在工作上我也需要做同樣的事。我太渴望回去工作，使得我心中有個小小的聲音說：忘掉徒步旅行回去工作吧。但是我拒絕了這個聲音。即使大部分的時間都在下雨，我可以將這次的徒步旅行，當作是工作上我必須從事的變革的一個隱喻。回頭想想，那可能是因為「總是在下雨」（譯註：比喻阻礙重重）。

✓ 我待在家裏玩單人撲克牌、玩拼圖並清理家裏。我也重新安排我的思緒。謝謝你的這項作業。

✓ 我前往西班牙，我可以在那裏複習在學校所學到的西班牙文。我一星期待在馬德里，一星期待在巴塞隆納，並有幾次順道去鄉下。可能是因為兩星期生活在另一種語言之中，我完全沒有想到工作的事。當我回去工作時，我發現沒有我他們表現得非常好，而且渴望讓我看看他們已經完成的一些很棒的東西。起初我感到沮喪，認為自己沒有想像的那麼不可或缺。後來當我了解到，我讓他們在我不在的時候有能力繼續從事改善，這個工作我倒是表現得不錯時，我感到得意洋洋。我猜那才真正是變革能手的工作，不是嗎？

6.8 應用加法原則

男人特有的虛榮心，讓他想去相信，也想讓其他人相信，他正在追求真理，而事實上他希望這個世界給他的是愛。

——卡謬（Albert Camus）

薩提爾的加法原則（Principle of Addition）說，人們是藉由加入新行為而改變行為，而不是藉由去除掉舊行為。人們更經常做獲得強化的

行為，使得未獲得強化的行為越來越沒有時間去做。

挑戰　　　　　　　　　　　　　　　　　　　　　　　99

對於你希望增加的行為，你的挑戰是練習給予這些行為肯定。形式可以用電子郵件、卡片、打電話、短暫的辦公室造訪、在走廊上的評論等方式表現，然而，這項練習必須直接對那個人來做，而不是透過第三者。

每一天你都要給那些做出好行為的人一個肯定。

體驗

✓ 這個挑戰強迫我注意人們在做什麼。

✓ 這個作業真的很難！當我開始形成對某個人的肯定時，在我內心深處的某樣東西卡在我的喉嚨裏。好在我有一個支援小組協助我想出那個卡住我的東西是來自何處。我還不是非常擅長做這件事，但是我已經能說出口了。

✓ 我認為我已經在做這件事，所以這個作業相當容易。當我肯定別人時，結果沒有人看出來，因為我肯定別人時總是以某個小玩笑或打折扣的方式，便宜行事。

✓ 我相當擅長於親自做這件事，所以我決定開始寄小卡片給曾經在我的變革專案中幫忙做事的人。天哪，我驚訝地發現他們有多麼高興！與卡片有關的某件事，真的讓他們突然注意起來，也許那表示當他們不在時我想到他們，而且我不是以最簡單的方式（例如電子郵件），而是多花那一點額外的時間做這件事。也許那使得這件事似乎格外重要。

✓ 我列出我應該予以肯定的人員清單，並且影印五份副本，每天使用一份。我會核對當天的清單，並在每個人上面做記號，使我能評量自己做得有多好。我的目標是到本週結束的那一天可以給清單上每一個人一個肯定。清單上有14個人，而我五天的分數分別是4, 7, 6, 11, 14。我非常替自己感到驕傲，而且在星期六，我將清單拿給我的丈夫威爾（Will）看，並解釋這項作業。他仔細閱讀整份清單，並告訴我，我忘了某個人。我極為震驚：如果清單不夠完整，完美的分數有什麼好的？

但是無論如何我想不出遺漏了誰。星期天在教堂中，我依舊在想這件事，而沒有真正聆聽布道。威爾將身體靠過來，在我耳邊低語說：「你。」

100　　　在我們的教堂，我們有些人會在做完服務後留下來討論布道。當上帝那天進行布道時，祂必定一直注意著我，因為主題正是「愛你的鄰居，就像愛你自己」。我了解如果我沒有非常愛自己，像愛我自己那樣愛我的鄰居就沒有太大意義。我要說因為這個習題，使我有了一次宗教上的體驗。

6.9 安排「大旅行」（Grand Tour）

當你不再學習、不再傾聽、不再觀察並問問題、也不問新問題，那應該是死亡的時候到了……

—— *Lillian Smith*

變革的構想最重要的一個來源是已經在其他類似的組織中有效的構想。而且，你能做的最具支持性的一項行為，就是要求人們教導其他

人他們做得好的地方。當人們教導其他人關於他們現在在做的事情時，那會強迫他們察覺到自己的流程。

挑戰

你的挑戰是安排其他變革能手來參觀你自己的工作場所。讓你工作場所的人們教導變革能手「我們什麼地方做得很好，其他人或許可以參考學習」。

體驗

✓　我原本認為這是一個很蠢的作業，直到它成功地讓我們的印刷作業一年省下大約 40,000 美元之多。參加導覽的其中一位程式設計師，從未見過實際運轉中的印刷機，但是當她了解其運作方式，她輕鬆更動了我們其中一個主要應用程式，使得我們的印刷速度明顯變得更快。

✓　我們發現另一個團隊的績效分析師，會做一些我們從未想像過的事情。我們對於我們所使用的自己拼湊出來的粗糙工具，是覺得有點蠢啦，但是面對明顯更好的產品時，我很驕傲我們並沒有死要面子（變革能手的訓練讓我做到這點）。由於他們團隊的大力幫忙，我們更換了工具，而且還有個附帶的好處，我們再也不必維護我們自製的拼湊電腦了。

✓　這項作業對我的小組的影響非常大，而且真的讓我感到很驚訝。首先，他們抱怨為了準備這項導覽所帶來的所有困擾，但是隨後他們開始清理屋子。那就像當我母親來拜訪時，我會清理廁所並將放了好幾個月的東西清走一樣。我的小組成員對他們的程式碼和輔助文件也做了同樣的事。我不知道訪客是否從他們的拜訪得

101

到任何東西，但是他們必定看到一個乾淨的運作環境，而且最棒的是房子依舊是乾淨的。

實際上，我認為他們的確有從這件事當中得到東西，因為我們後來被要求再提供四次導覽給想清理房子的小組。

✓ 除了大體上以同樣方式做事之外，我們沒有學到很多，他們也沒有學到很多。我猜那是事實。而且我發現他們人都很好。可能未來我們可以互相幫助，而且即使目前我們沒有任何特定的長處可以展現，那種感覺還是不錯。

6.10 以史為鑑

> 樹的解放並非來自根部的自由。
>
> ——泰戈爾（Rabindranath Tagore）

「大旅行」讓你知道現在發生什麼事，但是可能變革能手更感興趣的是經過哪些過程，事情才變成今天這樣子。

挑戰

你的挑戰是去探索你認為沒有生產力的某個實務做法，其過去的歷史。

體驗

✓ 你真該死！這個作業幾乎讓我被炒魷魚。我開始質疑為什麼我們選擇這種 LAN 軟體，結果發現是我的老闆自己做研究，而做出這項決策。對於這個我認為是愚笨的選擇，我們陷入「極大的」

爭執，結果真的傷害到彼此的溝通。他給我一份他當初所做研究的副本（實際上，他幾乎強迫我接受這份文件），而我心不甘情不願地閱讀這份文件。我才閱讀到一半，我就了解到，他們真的已選擇當時找得到的最好軟體。我喜愛的系統當時甚至還不存在。我也不認為製作此軟體的公司現在還存在。我真的不知道，甚至連想都想不到。

喔，我學到幾件事情：

- 直到你知道所有正確的事實之前，請勿與老闆爭辯。（我猜想我知道這一點，但是需要再強化。）
- 每個人真的都盡其所能在做事，並且用上他們所能得到的資源。
- 我也可能會犯下對未來看得不夠遠的同樣錯誤（如果那真的是一項錯誤的話）。
- 向我老闆道歉其實就 OK 了，而且不會要我的命（儘管道歉讓我覺得尷尬）。

102

✓ 研究過去我們如何運用顧問時，我得知我們的模式是付給他們很多錢、在他們的協助下做了一大堆事、然後將他們的報告擺在架子上。我不知道對於這件事我會做什麼，但是顯然做法上必須有所改變。可能我們不再聘請顧問，或者我們將聘用不同的顧問，或者以不同方式與他們合作。也許我們對報告的期望過高。

✓ 我知道了為什麼我們開會時若有人打斷另一個人，就必須罰款 25 分硬幣擺在碗裏。那是從我加入這個小組之前就開始的。現在我們將那筆錢捐給慈善機構，但是最初那筆錢是用在會議後的啤酒費用。我重新恢復啤酒分享的慣例——我們真的需要像那樣的某

種團隊建立，或團隊修復活動。然而別擔心，我們依舊將那些錢捐給慈善機構，只是輪流購買啤酒而已。

✓ 我想找出前兩個流程群組真正發生什麼事。我真的找到了。我打算立刻做一些改變。

✓ 喔，我無法做這個作業。我想研究每週狀態會議（status meeting）的歷史，但是我找不到任何人記得這些會議如何開始舉行，也沒有人記得為什麼開始舉行這些會議。甚至沒有人知道為什麼我們依舊在開狀態會議。所以我不再召開狀態會議。但是我算是沒有做這個作業。

6.11 將理論化為實務

沒有比好理論更務實的東西。

——鮑定（Kenneth Boulding）

閱讀一本書是一回事。應用你所學到的又是另一回事。若你不盡快應用學到的知識，知識就會逐漸消失。這對於任何教育經驗來說也是事實。如果你上完課後回到職場上沒有開始運用那些上課內容，那麼你其實根本不用去上課。

挑戰

你的挑戰是去複習四冊的《溫伯格的軟體管理學》當中與防範未然型（模式4）組織有關的各章，並思考其中的觀念，是否有哪些變革才能是你可以引進到組織裏的。請找出至少一個行動項目，有助於你的組織轉型為那種做事方式。

體驗　　　　　　　　　　　　　　　　　　　　　　103

✓ 我發起和我們的新 CASE 工具有關的一個自備午餐特殊興趣小
組，當作讓使用此工具的人分享學習經驗的一個場所，也是讓不
使用此工具的人了解此工具的一個低風險方法。對我來說，最困
難的部分（也是真正的挑戰）是成為發言人。我不是喜歡在一群
人面前說話的那種人，但是我獲得一些支持，我做到了。

　這個小組現在獨自運作（我有時候會稍微推一把），而且不愁
沒有發言人。當使用這項工具的人數成長時，這個小組的人數已
擴增為三倍，而且人們認為若沒有這個小組，這項工具就會在原
本的小組中消失，或至少不會流傳開來。

✓ 我開始評量對高階管理人員有用處，也對被評量者有用處的東
西。經過一些錯誤的嘗試，我在測試時突然想出要測量發現功能
失常後的解決時間。我建立一套系統，從我們的「錯誤」資料庫
擷取這項資料，並且每週自動畫出由資料所構成的圖。

　圖中顯示一件令人驚訝的事情是：新的型態管理系統實際上使
解決時間變長了。因為是我提倡用這個新系統的，我感到相當失
望，但是我拒絕了捏造數字的誘惑。管理階層想丟掉此系統，但
是我訴諸「薩提爾變革模型」，得到了幾週寬限期。由於對造成
「混亂」的原因做了一些調查，圖形有所改善。大約三週後，解
決時間回到開始使用此工具之前的水準；六週後，解決時間縮短
32%。這是第一次有人在我們的組織中展現出一項新工具的價
值。

✓ 我給自己的挑戰是在我的組織中開放資訊。為達此目的，我運用
公開的專案進度海報（Public Project Progress Poster），做為我所

管理的三個專案的模範。我對我自己和其他人的情緒反應感到驚訝。我既恐懼又抱持防衛心，但是也為我的勇氣感到驕傲。有位經理人來到我的辦公室、將門關起來、並開始大罵髒話，因為我使他感到難堪（他不打算張貼出他的進度）。

雖然我在後面兩週花了很多時間解釋，如何閱讀海報、某些時程落後所代表的含意是什麼、以及我打算做什麼事來處理時程落後，專案裏的人一般來說都接受我的做法。我的做法所造成的麻煩比預期多很多，但是現在在已經穩定下來，那樣做似乎是值得的。

104 6.12 自我發展

> 一本書只能提供給你作者必須告訴你的事。但是靠自覺來學習則沒有限制，因為靠你自己的自覺學習，就是知道如何傾聽與如何觀察，因此你從每一樣事物學習：從音樂、從人們所說的話以及他們說話的方式、從憤怒、貪婪、野心。
>
> ——克里希那穆提（*Jiddu Krishnamurti*）

從變革才能所獲得的最大利益，在於當你開始教導其他人成為變革能手的時候。

挑戰

你的挑戰是編造你自己的變革才能挑戰，這項挑戰將讓你在你最需要的領域中練習。接受你自己的挑戰，並將這項挑戰提供給其他人。

第三部
替未來的組織做規畫

分辨出穩定系統與不穩定系統之間的差別，對管理階層來說極為　　105
重要。對穩定系統做改善完全是管理階層的責任。一個穩定系統
是可以預測其表現的系統。穩定系統藉由將故障的特殊因（special
cause）逐一移除，而達到穩定狀態……❶

——戴明

有很多方法可將軟體組織分類。在本系列中所使用的軟體文化模式的觀念，❷是來自於克勞斯比（Philip Crosby）的著作。❸假定你已經擁有把穩方向型（模式3）文化，本書的焦點在於邁向防範未然型（模式4）文化。當然，每一種文化都會改變，但是防範未然型文化能夠對變革做規畫，以塑造出它想要的組織，因此它是一種持續變革的文化。因此，當面對變革時，它會同時有促進變革的流程以及維持穩定性的流程。

　　大多數談軟體工程改善的作家都強調必要的變革，但是卻忽略了「這些變革要如何產生」這個主題，這些作家似乎假定所有需要做的事，就是告訴人們要改變什麼。這是照章行事型（模式2）文化的典

181

範。

　　而模式4的典範強調產品完成之前的流程，而且這樣的強調在改變組織本身的流程中也會持續存在。在你知道如何規畫變革之前，你會一直感到挫折——你知道哪些事情要改變，但是似乎永遠都無法完成這些改變。如果你希望將你的軟體工程組織轉型成模式4的組織，你必須精通規畫變革的藝術，這就是第三部的主題。

7
統合規畫第一部分：
資訊

氣候（climate）是你所預期的。天氣（weather）是你所得到的。　107

—— 佚名

風與海浪總是幫助最能幹的航海家。

—— 吉朋（Edward Gibbon）

變革能手可以在三個層級實行他們的技能，並牽涉到三個不同時間標度（time scale）與三組不同技能。「航行」可以做為這三個層級的一種隱喻。最底層的變革才能每天面對面處理人與問題：例如一個三角帆被撕裂、一位船員暈船、或有人將航海圖掉落海裏。我們這些變革能手將這個層級稱作戰術（tactics）。

戰術未必牽涉到對突如其來事件的反應；很多戰術都採取事先規畫。中間層級的變革才能是我們所謂的戰術規畫（tactical planning）：注意到雲的形成，以預料風向的轉變和需要的船帆；分配值班時間，

183

使船員保持充沛精力；以及在船長的置物櫃中存放一套備用的航海圖。

最高層的變革才能是我們所謂的策略規畫（strategic planning）：決定目的地；描述為了到達那個目的地所需要的船型、船帆與全體船員；以及購買或繪製涵蓋整段航程的航海圖。策略規畫能創造出我們所希望的「氣候」，讓風跟天氣能夠有助於必須操控變革的變革能手。為了成為能幹的「航海家」，經理人在試圖創造「氣候」的過程中，必須能妥善應付「天氣」。

若我們停泊在較小的港口，而我們的目的地是防範未然型（模式4）港口，則變革就是我們的航程。為了讓這趟變革航程成功，我們必須以變革的策略規畫的形式，從最高層級實行變革才能。多年來，我一直都認為每個人都了解策略規畫，但是我突然醒悟，每個人所知道的所有策略規畫，都只是不懂航海又無實際經驗的水手所知道的通則而已。因此，本章與後面各章將使用一種詳盡又行動導向的方式，提供需要的問題、原因與行動，讓你的組織為各種規畫情況做好準備。若你已經是一位能幹的航海家，請原諒我並繼續向前航行。

7.1 從統合規畫開始

圖7-1顯示許多有效的軟體工程組織所實施的策略規畫之概況。對於通常是三到五年的時間裏，策略計畫處理兩個廣泛的問題：

- 我們將提供什麼產品／服務？
- 為了提供這些產品／服務，我們將需要什麼流程／資源／文化？

當然，這兩個願景相互關聯，所以策略規畫流程必須能評估某些願景

的可行性，並且問：

- 我們能運用現有的流程／資源／文化開發出這些產品嗎？

若答案為「是」，則策略規畫流程的願景是維持現有的流程，並使這些流程趨於完美。若答案為「否」，則規畫人員必須決定是否要縮減他們的雄心，或提高他們的流程願景。

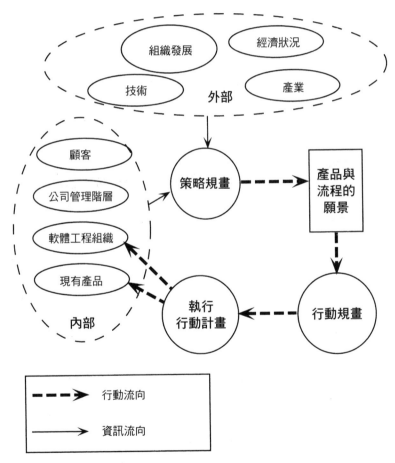

圖7-1 策略規畫流程運用內部與外部資訊，以產生產品與流程的願景。這些願景接著會驅動行動規畫的流程。

　　我們之所以產生這些產品與流程的願景，是要讓這些願景成為戰術規畫流程的「投入」（input）。不過有些組織看不到這個目的，而且實際的策略規畫流程更像圖7-2。這張圖是我的一位客戶所畫的。在這個所謂的策略流程中，規畫本身變成一種目的，規畫與組織的其餘部分無關，並且產生很多歸檔的文件，但是沒有行動。

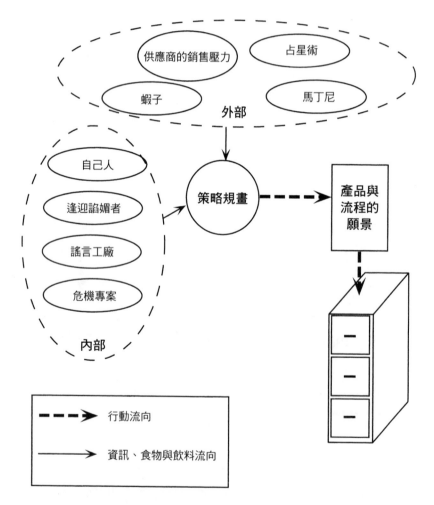

圖 7-2　在某些組織中，策略規畫實際上進行的方式。

以挖苦的角度來看，圖7-2的流程是當一些「大人物」有機會扮演「高階主管」時，你所得到的流程。一個更實際的解釋是，這些人就像你我一樣，都是受到驚嚇的人，他們被他們的上層主管強迫來實行他們沒有經驗、天賦、訓練或技能去實行的流程。這些不知道如何取得商業資訊方面良好回饋的經理人會覺得他們失去了控制力。只有時間與金錢是他們覺得可以控制的東西，因此預算與時程期限的限制才是他們所關心的。難怪這麼嚴重的飲酒習慣會持續下去。可能對組織而言幸運的是，他們的產品最後歸成檔案，從此眼不見為淨。

109

然而，變革策略規畫如果做得好，整個流程可視為有三個主要要件，這些要件反覆地繼續下去，以產生計畫的後續版本：

110

- 資訊蒐集，包括從整個組織和組織環境的所有部分來觀察資訊以及忽略資訊

- 問題解決，包括系統思考（systems thinking）、協商和轉化為可產生行動的原則（action-generating principles）

111

- 技巧，包括知道規畫何時、在何處與如何完成，以及誰涉入其中，也了解戰術與策略之間的差異

在變化無常型（模式1）與照章行事型（模式2）組織中，策略規畫的嘗試幾乎總是徒勞無功。若無法解決所有三個要件中的問題，就無法獲得有成效的變革策略計畫所需的要素。在這些情況下，你需要啟動規畫過程。對於你的第一次規畫會議，你必須限制只能有統合計畫（meta-plan）這種產出。當你還無法在組織的其餘部分從事有效的規畫之前，統合計畫是規畫流程本身所需要實行的計畫（圖7-3）。

這些統合計畫其中一些和資訊的品質與數量有關，而這一點主要取決於與人們溝通的技能。例如，最強有力的一項統合計畫，乃是提

112

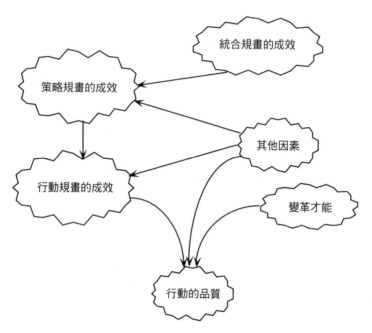

圖7-3　統合規畫的成效對於組織變革流程每個階段的品質與成效有重大影響。

升規畫人員的溝通技能水準的訓練藍圖。有些統合計畫會處理關於技巧（mechanics），例如逐步引進熟練的引導者（facilitator）的步驟。也有些步驟會處理「問題解決」，例如學習考量風險與取捨。

　　本章與下一章各節將從如何管理這些要件，以及什麼情況下可能處置失當的觀點，來考慮每個要件。這兩章提供你需要留意之危險的檢核表，並提供當我們感受到危險時所需要啟動的統合計畫行動。

7.2 資訊蒐集

做策略性決策所需的資訊來自於組織的內部與外部。規畫的品質有賴於資訊的品質。有三種類型的問題會危害策略規畫所使用的資訊之品

質：

- 遺漏掉某個必要的資訊來源，尤其是從事規畫工作的那些人
- 仰賴不可靠的資訊來源
- 沉迷於過多細節，而忽略掉與資訊蒐集有關的細節

讓我們更詳細來看這三類資訊問題的每一類，以找出問題的原因，並擬定可能克服這些問題的統合計畫行動。

7.2.1 遺漏掉資訊

正如任何會議，規畫會議的成功與否90%由每個人走進會議室之前所發生的事件決定。這個原則在遺漏掉資訊的個案中最為清楚。經理人也許是組織中最聰明的人，但是他們並沒有特異功能。以下是遺漏掉資訊的一些典型問題、問題的成因、以及去除問題的建議行動。

✳　✳　✳

問題：軟體工程組織在規畫過程中經常沒有考慮到顧客的願望，並辯稱他們不知道顧客想要什麼，要不然就是辯稱顧客什麼都想要。Naomi Karten舉了一個若不是悲劇就會相當有趣的例子：

有家公司邀請我去幫他們制訂服務等級協議（service-level agreement）。當我到那裏時，他們向我解釋這是綜合性的整體資訊系統策略檢討的一部分，以及他們的服務、政策等等的修訂。他們解釋說，他們將這項努力名之為「顧客之聲」，而且已經進行超過一年。我說：「喔！那顧客參與到什麼程度？」他們告訴我：「顧客完全沒參與。」顧客之聲？

113

原因：儘管躲在「指責」的背後（請參考附錄E），這個問題純粹是「打岔」或「事不關己」（irrelevance）的問題。經理人會躲起來是因為當實際上被迫和顧客溝通與協商時，他們覺得無所適從。有些經理人躲起來是因為他們不知道如何處理看似艱鉅又不熟悉的任務。他們害怕從事這些任務時必須大為降低姿態。

統合計畫的行動：在策略性統合計畫中，必須明確規定將會有系統地定期評量顧客滿意度。另外也要明確規定，要運用各種技巧定期更新顧客渴望的東西的相關資訊，例如運用腦力激盪、焦點團體、調查與問卷。❶在執行這項統合計畫之前，舉行你的第一次規畫會議意義不大。

　　顧客滿意度的評量不需要過度精確，也不表示必須滿足每位顧客最微小的怪念頭。然而這項評量必須正確，也必須讓組織裏的每個人都知道，使他們能了解他們的顧客，並擁有所需的資訊做出各種規模的有意義決策。如同我的同事Lynne Nix所指出，很多組織裏的開發人員甚至不知道如何使用他們所開發出的產品。這樣的開發人員如何能做出與實用性相關的明智決策呢？

　　有時候，這種關於聆聽「顧客之聲」的變革，還牽涉到移除管理階層所加諸的障礙。例如，Norm Kerth觀察到：

> 我的一位客戶不讓他的軟體開發人員與客戶見面，因為
>
> (1)「他們會讓我們侷促不安。」
> (2)「他們會讓我們的開發工作成為徒勞無功的工作。」

另外，Phil Fuhrer依據他的經驗另做補充：

(3) 「他們可能在產品就緒之前就揭露產品計畫。」

(4) 「他們可能會承諾一些做不到的事。」

✷　✷　✷

問題：組織經常沒有考慮到潛在客戶，也就是可能會使用他們的產品　114
與服務，但是目前還沒有使用的那些人。來自一家失敗的軟體公司的
一位不具名員工說了以下的故事：

> 在我們的全盛時期，我們的大型主機套裝軟體大約有 1,200 位顧
> 客。當顧客數量縮減至大約 600 位時，我建議我們去找目前已流
> 失的一些顧客面談，以找出我們應該有什麼不同的做法。結果，
> 公司說不想去聽對我們公司不「忠誠」的人所說的話。當我們的
> 顧客縮減至 300 位時，我辭職離開了。現在如果他們還有 100 位
> 顧客，我會感到驚訝。

原因：經理人不知道或害怕運用可蒐集現有顧客滿意度資訊的任何流
程，對於潛在顧客那就更不用提了。他們否認這類資訊的重要性。

統合計畫的行動：在策略性統合計畫中，要明確規定顧客評量必須將
範圍擴大到現有的顧客之外，以納入先前的顧客與潛在顧客。

✷　✷　✷

問題：即使經理人完全忽略他們的顧客，你在邏輯上會假設，他們不
會忽略他們自己的高階主管。因此，他們會想將公司的經營計畫納入
做為規畫資訊庫的一部分。然而，軟體工程經理人經常無法說明，他
們的軟體工程策略與公司的整體經營策略之間有何關係。的確，在某

個組織中，

> 有人說我們應該看公司的策略計畫書。會議上沒有人手上有公司
> 的策略計畫書，所以我們暫時休息一下，去找一本帶來。30分鐘
> 後，沒有人找到任何副本，所以我們在沒有公司策略計畫書的情
> 形下，重新召開我們的規畫會議。隔天有人帶了一本來，但那個
> 時候我們大部分的工作都已完成。此外，每個人都覺得那本策略
> 計畫書太厚而無法閱讀。

原因：有時候規畫過程產生一份報告，其目的是要顯示軟體工程與整
體公司策略如何關聯在一起，但是這份報告結果是帶有欺騙性的資料
彙整，其內容充滿令人困惑的措辭。在某個組織中，一位祕書被賦予
準備這份文件的責任，結果這份文件的內容，由依照一個公式所填寫
的任意關聯性所構成。這個過程實際上節省了高階主管的時間，因為
從來沒有人會去閱讀這份文件。

統合計畫的行動：在策略性統合計畫中，要明確規定部門計畫變成公
司計畫之前，必須由更上層主管先行審查過，而且在規畫過程中要採
取特定的步驟，以確保能順利通過這項審查。

115   ✳   ✳   ✳

問題：令人驚訝地，在很多策略規畫會議中，經理人實質上並沒有運
用自己組織內部任何的資訊。一位技術領導人告訴我這則故事：

> 我從未參加過公司在外地舉行的策略會議，但是我老闆生病，所
> 以我必須暫代她。他們唯一使用的東西是一張組織圖，而且他們
> 不時地耍花招，就像美式足球聯盟（National Football League）交

易球員與方案那樣。我嚇得都不敢說話，所以我的老闆失去了她手下的29人其中的7人。她真的很生我的氣，但是我猜那並不重要，因為我是那7人其中的1人。

原因：公司非常有可能從來沒有蒐集有用的資料，參與者只能提供事情應該如何做的個人意見。他們無法評量組織的生產力，也缺乏他們計畫修改的現有產品的設計維護債務之規模的相關線索。

統合計畫的行動：在策略性統合計畫中，要明確規定全體工作人員與經理人（而不單單只有經理人）都要建立一套評量系統，以提供未來策略規畫所需的評量方法。❷

✸　　✸　　✸

問題：當談到資訊的外部來源時，這些組織過去的表現並沒有比較好。

原因：經理人經常將很多技術資料放入規畫過程中，但是這往往是由一兩位受到特別待遇的供應商所提供。有時候，全部的高階主管都跑到供應商處參加技術簡報，來當作規畫過程的準備。其中一位更積極的供應商，實際上是在一間鄉村俱樂部「促成」策略規畫，並有一些主要決策是在高爾夫球場上完成。

統合計畫的行動：在策略性統合計畫中，應明確規定全體工作人員與經理人都要建立一個環境搜尋系統，審視組織的外部到底有些什麼東西，以提供未來策略規畫所需要的評量方法。這些搜尋不限於技術資訊，因為技術只是系統所生存的整個環境的一小部分。而且，資訊來源需要可靠而不帶偏見。

✸　✸　✸

116　**問題**：當談到組織發展的可能性的知識時，就像規畫人員對技術相關資訊不甚了解，很多軟體工程經理人最了解的是他們BMW車子的效能特性。至少在談到經濟現狀與他們的產業時，他們會閱讀《商業週刊》（*Business Week*）或《時代雜誌》（*Time*）。一位顧問同行告訴我以下這則故事：

> 我進行一項九位經理人的電話調查，其中一位邀請我在專門升級他們的開發組織的一場策略規畫會議中擔任會議引導員。結果，九位經理人當中有六位從來沒聽過軟體工程協會（SEI）；其中有兩位聽過這個協會，但是無法告訴我這個協會的性質是什麼，或這個協會在做什麼。唯一對這個協會有些了解的人，正是邀請我的這個人。我建議他們在召開會議之前先閱讀一些東西。結果他們也變成不錯的會議引導員。

原因：對於組織的結構與流程可以如何設計，很多軟體工程高階主管缺乏這項訓練。此外，因為很多經理人一生只待在一家公司，他們的經驗受到限制。

統合計畫的行動：在策略性統合計畫中，要明確規定未來的規畫參與者要接受「組織可能性」方面的訓練。這項訓練應該包括有段時間擔任職員的職位，以體驗工作者的真實面。此外，要有一些組織發展專家來參與規畫會議。

　　另一項極端的替代性方案是完全放棄變革的策略規畫，並完全採用SEI的方法。最起碼應該要求規畫團隊閱讀並討論SEI的能力成熟度模型（Capability Maturity Model^{SM}, CMM）。❸雖然有很多地方我

與 SEI 的看法不一致，而且我認為 CMM 並未涵蓋應做的事情的半數，但是這個方法可節省很多時間，而且在我所親眼見過的各種策略性變革規畫裏面，其中75%比不上CMM方法的效果。若你沒辦法做得更好，那何不使用別人的成果，來當作你的開發人員的模範？

❊　❊　❊

問題：假如缺乏有效的資訊，任何形式的規畫都會是個騙局，然而大家依舊以這種方式繼續從事規畫，因而讓組織付出龐大的代價並造成破壞。這種騙局會使得工作者士氣低落，並對他們的管理階層產生懷疑。正如有位愛開玩笑的人陳述在他的組織中策略規畫的主要優點：「至少策略規畫讓他們離開辦公室去開會，使我們得以完成一些工作。」

原因：無論如何，當進行策略性規畫時，這種規畫對未來的影響深遠，使得要隱藏「國王的新衣」變得很容易。當所有靠不住的規畫在奢華的高階主管靜僻處所完成時，在辦公室的一般工作人員可能懷疑規畫是個騙局，但是就像他們的主管，他們沒有資料可證明他們的推測。

117

統合計畫的行動：在有效從事規畫的那些組織中，策略規畫會議不是高階主管的某種特權，而是以有意義的資料為根據的辛苦的腦力工作。明確規定規畫人員要做功課，而且來參加會議時，要告知他們將會影響他們計畫的一些關鍵領域。請更加公開地舉行規畫會議，並在更簡樸一些的環境中舉行，而不是在五星級度假勝地。另一個好主意是請求公開展示與回顧規畫所產生的實質工作成果。

7.2.2 不可靠的來源

不幸的是，只是努力蒐集資料還不夠，因為大部分現成可利用的資料在品質上都令人存疑。

問題：內部報告不是組織內所發生事情的可靠指標，或者，即使內部報告可靠，也不適用。

原因：戴明的「第五項致命惡疾」是「光用看得到的數字經營公司」。他指出有些好事情，像是欣喜若狂的顧客無法以任何一般方式簡化成數字。❹但是出於對顧客與員工的畏懼，使得經理人往往躲在他們的試算表後面。

統合計畫的行動：在規畫活動進行之前運用「走動式管理」的技巧，以確認埋藏在經理人好幾層之下的那些資訊系統的有效性。因為有技巧的經理人知道，一些抽樣性的談話就可快速指出，正式報告中的資訊是否有其意義。有些經理人聘請顧問來做這件事，但是到處走動也可達到同樣效果，而且若經理人知道如何傾聽，其效果會更好。❺若不知道如何傾聽，他們到處走動可能會造成極大的擾亂，還不如躲在辦公室裏。

❋　　❋　　❋

問題：評量中的流程太不穩定，使得除了透露出不穩定之外，評量並不具有意義，如同一位開發人員在以下的個案中所說明的：

> 我們的測試主管在會議中報告，自上次月會以來，程式錯誤檔案中的錯誤數量，已從11,392個增加到12,514個。他說，這是一項

進步的指標，因為自從我們開始做評量以來，這是第一次每月錯誤數量增加的百分比低於10%，只有9.8%。

原因：不穩定的原因有很多，這需要用系統思考將這些原因根除。❻ 118
系統思考是以非線性回饋系統進行推理的一種能力。

統合計畫的行動：在策略性統合計畫中，在做任何嘗試將流程最佳化之前，請專注於使所有不穩定流程穩定化的必要步驟。例如，

- 為了讓評量具有意義，需要做哪些事？
- 這些評量結果如何能以穩定的方式反饋入規畫流程中？
- 我們必須做什麼，才能確認我們對顧客所做的承諾？
- 我們如何知道專案何時完成，而不是僅僅將產品交出去？

✳　✳　✳

問題：無論以何種方式蒐集資訊，組織需要的是以資料而不是以意見為依據的策略。有位客戶提供給我他的管理階層給他的「證據」，指出他們的流程改善努力照著正確的路線進行：

我們付錢（大約15萬美元）聘請一家外部顧問公司進行年度調查。今年的調查顯示，經理人認為我們的軟體開發表現已從平均3.4提高至3.9（最高分為5）。

原因：人們分辨不出資料和對資料的意見兩者的差異。很多經理人認為，組織上軌道並不會讓組織走上正軌。

統合計畫的行動：在策略性統合計畫中需要一套能複製與做驗證的評量系統，而不受意見所支配。例如，可以用公開的專案進度海報

（Public Project Progress Poster, PPPP）來追蹤專案，使開放的氣氛排除掉對資料的個人意見。❼若經過適當規畫，PPPP應用於組織變革專案，會和應用於軟體開發專案時效果一樣好。

7.2.3 在錯誤的層次上探討細節

即使當可利用的資訊具有可靠度，規畫會議仍可能因為在錯誤的層次上探討細節，而陷入困境。

＊　＊　＊

問題：規畫小組花太多時間在不相關的細節上。如何判定細節是否不相關？判定方法通常像有位客戶向我描述的那樣明顯：

119

　　我曾經看過一群經理人在為期兩天的外地規畫會議中，花了超過三小時為他們的流程改善活動設計新標誌，那時我真是驚訝不已。

原因：規畫小組沉迷於不相關的細節，通常是有其他事情不對勁的一種徵候。那可能是規畫小組缺乏規畫流程的觀念，或是缺乏協助。也有可能是小組已經沒有真正的議題，或是缺乏和真正議題有關的真實資料。常見的情形是有某個隱藏的議題，讓小組隨之起舞。

統合計畫的行動：當察覺到你身處的小組沉迷於細節時，請打破沉默。例如，你可以說：「我注意到我們已經花很多時間在對我來說似乎是細節的事情上。或者是我沒有搞清楚狀況？」

　　一個好流程應該能協助消除掉這個問題。如果你有個好流程，問題可能是：「現在我們正遵照流程進行嗎？」或是「現在我們處在流

程中的哪裏？」

　　若流程不夠好，問題可能是：「現在我們的流程對我們來說行得通嗎？」或是「我們需要某種不同的流程來讓我們步入正軌嗎？」

✳　　✳　　✳

問題：得自不同來源的資料，其細節無法互相比較。以下是取自名為「策略計畫」的試算表其中的三行：

　　前頭行：估計工作量增加：30%

　　中間行：平均一行程式碼所耗費的人力：48分37.2秒

　　後頭行：需增加的人天：2,397.874

原因：這個問題最經常的來源是在將過去的資料與未來的預測相比較時。

統合計畫的行動：規畫團隊要堅持，資料必須是有變動範圍的估計數字。舉例來說，注意到每一對數字之間的差異：

- 　每個功能點的開發成本＝$700±$500相較於$700±$50

- 　預測市佔率＝17±7%相較於17±1%

- 　每位開發人員的流程改善成本＝$1375±$900相較於$1375±$90

預測的變動範圍過大，將會限制其他來源所使用的細節。在策略性統合計畫中，請明確規定所有未來的量測，都要有這項變動範圍的估計。

✳　　✳　　✳

120　**問題**：不是每個議題讓大家累得要死，就是重要議題輕輕帶過。我的客戶描述說，在投入三小時討論標誌的同一場會議中，訓練的問題以「喔！訓練部門知道他們該做什麼。」一句話帶過，而被置之不理。

原因：規畫會議之前，並沒有訂定優先順序的規則，即使有的話，也是「所有議題都是最優先的議題」這類虛假的陳述。

統合計畫的行動：在策略性統合計畫中，明確規定未來的議題要拿到規畫會議上討論時，都要有優先順序，或是運用一個排序流程，當作整個規畫流程的前段流程。

這種流程應該以「限制因素法則」（The Law of Limiting Factors）為基礎：

> 當某些條件是流程的必要條件時，流程進行的速度由這些條件當中最不利的條件所控制。❽

要集中心力處理造成限制的領域，而不是去處理碰巧有最多資料的領域。造成限制之領域的資料通常不是最少就是最不可靠，那也正是那個領域會變成限制的緣故。

✳　　✳　　✳

問題：規畫會議一面倒地受到最新的軟體工程風潮所影響，而忽略掉公司內部根本的問題。在CompuServe軟體工程論壇的一場討論中，有位客戶提到：「當然技術審查是個好構想，但是我們運用物件導向分析來開發嵌入式即時系統，所以我們不需要技術審查。」

原因：當規畫人員對他們的規畫流程或他們的資料感到不確定時，他

們就很容易脫軌。當他們在壓力下尋求根深柢固問題的快速解決方案，而且他們的自尊心很低時，他們會很容易被「江湖郎中」所騙。若銷售商實際上進入規畫會議中時，有些人會變得無法抗拒誘惑而去討好他們，其他人則忍不住要攻擊這些銷售商。這兩種方式對成功的規畫都無法做出太大貢獻。

統合計畫的行動：最重要的是，不要讓銷售商出現在你的組織的規畫會議中。為達成這項淨化工作，你需要在策略計畫中明確規定一個流程，可藉此事先蒐集銷售商資訊，並做適當的評估與摘要。並依照規畫的結論來引導任何必要的銷售商協商。當然，這項建議公然違抗策略夥伴關係。在那種情形下，你必須和你的夥伴商量，並保持讓他們消息靈通，但是你不需要讓他們參與你的組織的策略會議，讓他們「把手伸進你的錢包裏」，至少要等到你的組織變成全面關照型（模式5）組織時，才能容許這樣做。

記得羅素（Bertrand Russell）說過：「所有行動都做得太過頭。」別因為你的虛榮心而陷入其中，例如：「你可以成為第一，成為世界的領導者。」應該以你自己的組織文化與商業需求，當作你能做什麼與應該做什麼的依據。例如，若你還無法追蹤每個專案的成本，以及每個專案要花多久時間，你甚至不應考慮使用某種花俏的估計軟體。輸入的是猜測，產出永遠是空想。

7.3 技巧

在此我不討論召開策略規畫會議的技巧，但不是因為技巧不重要。相反地，這個主題已經有人詳加探討，有很多文件可參考，而且非常重

要。你可以輕易地取得與這個主題相關的書籍。以下是我的一些建議：

1. 從 Doyle 與 Strauss 的《*How to Make Meetings Work: The New Interaction Method*》[9] 這本書開始閱讀。這本書說明主持任何會議的基本原則，以及非常適用於規畫會議的一套方法。

2. Spencer 的《*Winning Through Participation*》介紹了主持規畫會議的一般性方法。[10] 這種方法最初是要運用在國際性場合，但是後來也被運用於規格較低的情況。

3. Peña 的《*Problem Seeking: An Architectural Programming Primer*》描述這些世界知名的建築師進行大型專案的初步規畫時，他們所使用的找問題方法。[11] 我有幾位客戶已在軟體工程專案和組織變革專案中採用這種方法。

4. 我有很多客戶也採用 Gause 與 Weinberg 的《從需求到設計》（*Exploring Requirements: Quality Before Design*）這本書，當作策略規畫會議的指南。[12]

上述這些方法在蒐集資訊和產生一份清單列出可能的策略行動方面，都還蠻有效的，但是我注意到，當碰到在可能的行動之間協商優先順序的時候，每種方法都失敗。我明白經理人普遍缺乏談判協商技巧，甚至有技巧的那些經理人也無法一致地運用那些技巧。最常見的問題是討好，也就是同意具衝突性的優先順序，或是答應超出組織能力的事。

122　　在這些情況下我推薦以下書籍：採用神經語言程式學（Neurolinguistic Programming, NLP）方法的 Genie Laborde 著作《*Influencing with Integrity: Management Skills for Communication and Negotiation*》

❸，以及比較是用舊式商業方法的 Chester Karrass 著作《*Give and Take: The Complete Guide to Negotiating Strategies and Tactics*》❹。最後，還有哈佛大學談判研究計畫（Harvard Negotiation Project）的經典書籍《*Getting to Yes*》。❺

　　然而最終，「技巧」所產生的問題會混淆了原因與結果。能快速有效做回應的組織，通常擁有一套共同的價值觀，也有願景與策略計畫。但常見的誤解是：若你的高階主管有制定這些東西，你的組織就會成功。技巧是必要的，但是光有技巧一點也不夠。我們將在後面各章看到這個事實。

7.4 心得與建議

1. 在所有的個人氣質當中，NT 有遠見者是最佳的規畫人員，但是他們也最可能認為他們能在沒有資訊的情況下召開成功的規畫會議。NF 促成者則是認為有好的人員參與，他們就容易贊同 NT 有遠見者的幻想。然而，在大多數軟體工程組織中，高階管理人員與規畫人員幾乎都是 NT 有遠見者，還有零零星星的 NF 促成者。為了改善你的規畫品質，請找到一些 SJ 組織者與 SP 解決問題者，讓他們加入規畫過程，並傾聽他們對資料的需求。

2. Phil Fuhrer 觀察到：技術審查是可用於矯正所有策略規畫缺點的一種行動。審查人員應該是那些預期要實施或追蹤計畫的人，包括軟體開發人員、測試人員、技術支援人員、品質保證人員與研究人員。如果未經過使用者的審查，計畫都不算完成。

3. Lynne Nix 評論說：若不想讓策略計畫變成歸檔的文件，終究它必須轉化成會付諸行動的戰略計畫。然而，若戰略計畫與策略計

畫無法互相搭配，策略計畫就毫無意義。為了維持這種搭配上的校準，一個辦法是建立一種文化，在每個行動計畫中納入「上一階」文件。這是產生鏈結串列（linked list）的一種簡單方法，我們可使用鏈結串列將任何行動回溯至策略計畫，或者當發現兩者毫無關係時可以因應。

4. Michael Dedolph 提到：雖然我們需要以資料而非意見為依據的策略，但是和意見相關的資料通常也需要列入考慮。意見可能暗示事情的真相，而且群體或個人意見都是有可能「自我實現」的。例如，在風險評估中，以人們認為風險最高的事情為基礎進行評估經常很有用，因為那是會對他們的行動造成最大影響的風險。

　　很多組織的評估技術都會去對意見做衡量，並由其他機制提供不同程度的支持。意見調查雖然有用處，但是有潛在的缺點，因為有深厚行銷背景的經理人可能會去修改意見，而不是處理問題的來源。廣告可能誘使人們試用新產品，但是他們很少會試用仿製品兩次。

5. 訓練是另一種普遍的策略，有助於形成能夠克服規畫錯誤的適應性強的組織（adaptable organization）。但很多組織犯了過度規畫訓練的錯，並變得太專注於成本效益（強調「成本」）與目標導向訓練。雖然訓練應該應用於經過審慎確認的技能目標，但是也需要其他訓練以涵蓋高階主管無法注意到的領域。

　　適應性強的一種規畫訓練方法是在統合層級做規畫。例如，管理階層可以明確規定符合規畫需求的訓練，但是除此之外，每位員工也另外獲得保證的時間與金錢預算，可以從事個人選擇的訓練。員工可將他們的預算集合起來，引進特定人士、事件或資源。其他員工隨後也可以加入，但是必須從他們自己的預算當中

支付他們的部分。每位員工的預算必須在一整年當中花掉，否則員工的主管會遇上大麻煩。

7.5 摘要

✓ 變革能手可以在三個層級實踐他們的技能，每個層級都牽涉到三個不同時間標度與三組不同技能。最底層的變革才能每天面對面處理人與問題，我們這些變革能手將這個層級稱作戰術。

✓ 戰術不是對突如其來事件的所有反應。中間層級的變革才能是我們所謂的戰術規畫：事先規畫以因應未來的事件。

✓ 最高層的變革才能是我們所謂的策略規畫：創造出讓戰術規畫得以發生的氣氛。對於通常是三到五年的時間裏，策略計畫處理兩個廣泛的問題：

- 我們將提供什麼產品／服務？
- 為了提供這些產品／服務，我們將需要什麼流程／資源／文化？

✓ 藉由問：「我們能運用現有的流程／資源／文化開發出這些產品嗎？」策略規畫流程必須能評估某些願景的可行性。若答案為「是」，則策略規畫流程的願景是維持現有的流程，並使這些流程變完美。若答案為「否」，則規畫人員必須決定是否要縮減他們的雄心，或提高他們的流程願景。

✓ 如果做得好，變革策略規畫的整個流程可視為有三個主要要件：

- 資訊蒐集，包括觀察資訊與忽略資訊

- 問題解決，包括系統思考、協商和轉化為可產生行動的原則
- 技巧，包括知道規畫何時、在何處與如何完成，以及誰涉入其中，也了解戰術與策略之間的差異

✓ 做策略性決策所需要的資訊會來自組織的內部與外部。有三種類型的問題會危及策略規畫所使用的資訊之品質：

- 遺漏掉某個必要的資訊來源
- 仰賴不可靠的資訊來源
- 沉迷於過多細節，而忽略掉與資訊蒐集相關的細節

✓ 在解決所有三種類型的問題之前，你不可能獲得有效的變革規畫所需的資訊。解決這些問題之後，你需要限制計畫的產出只能是統合計畫。當你還無法在組織的其餘部分從事有效的規畫之前，統合計畫是規畫流程本身所需要實行的計畫。這些統合計畫大部分會是關於資訊的品質與數量。

✓ 有些問題是遺漏資訊的典型問題：

- 在規畫過程中沒有考慮到顧客的願望
- 沒有考慮到潛在顧客
- 無法顯示軟體工程策略與公司的整體經營策略之間的關係
- 沒有運用組織內部任何種類的資訊
- 沒有運用外部的資訊來源
- 缺乏組織發展的可能性的知識
- 假裝做規畫而讓組織付出極大代價，並對組織造成破壞

✓ 使用來自不可靠來源的資訊會產生的一些典型問題：

- 運用不相關或不是組織內所發生事情之可靠指標的內部報告　125
- 所評量的流程太不穩定，使得除了顯示不穩定之外，評量並不具有意義
- 依據意見而非依據資料來產生策略

✓ 即使當可利用的資訊具有可靠度，規畫會議也可能因為在錯誤的層次上探討細節而陷入困境：

- 將太多時間花在不相關的細節上
- 運用不同來源而且細節無法相比較的資料
- 對每件事追根究柢，但是卻膚淺看待重要議題
- 一面倒地受到最新的軟體工程風潮所影響，而忽略公司內部根本的問題

7.6 練習

1. Phil Fuhrer問說：「計畫何時完成？」Phil的答案是：「當人們不再使用該項計畫時。」他的意思是什麼？你能夠修正他的答案嗎？

2. Phil Fuhrer又說：規畫需要資訊與其他必要條件。換句話說，計畫需要經過規畫！請撰寫一份計畫的計畫，包括：

(1) 誰想要這項計畫
(2) 誰受影響
(3) 如何評量結果
(4) 什麼情況下計畫將會完成、放棄、過時

3. Michael Dedolph 提議：在家裏進行以下步驟，但是你要願意承受一點風險。這個習題可能有驚人的持續性效果：

- 一開始先為自己設定策略目標。
- 接著舉行家庭會議，並建立全家的策略計畫。
- 然後檢查你自己的策略目標。
- 檢查看看全家（組織）的目標如何支持你個人的目標，反之亦然。
- 將你的目標的詳細程度與家庭計畫的詳細程度做比較。

126　身為規畫人員，這個習題可以揭露和你的風格有關的事情。例如，你的目標會變更為完全反映家庭目標嗎？你的目標與家庭目標完全或部分不相關嗎？

若你無法完成家庭規畫過程──若有重大爭吵、溝通失敗或每個人的目標完全不同──你可能會想聘請一位組織顧問。現在請考慮工作上遇到同樣的情況。

4. Lynne Nix 建議：找出你的組織最新的策略計畫。（你花多久時間找到？）再檢查什麼專案目前在進行中。這些專案與公司的策略計畫有什麼關係？要付出什麼代價才能判定這個關聯性？

5. Janice Wormington 問說：「若你曾經參與過你的組織的策略規畫，這項規畫比較像是圖7-1或圖7-2？為什麼？如何改善這項規畫？」

6. Michael Dedolph 問說：「你的傾聽技巧有多好？」一個辨別方法是請某個人觀察你「到處走走」的情形。你的屬下能分辨出你的到處走走對他們是造成傷害或有益處嗎？這或許是評估你的傾聽技巧的一個極佳機會（當然也可能造成痛苦），但是你必須能傾

聽你的觀察者所說的話。

7. Payson Hall 指出，工作經歷僅限於待在一個組織的經理人，可能
   難以成為有成效的規畫人員。這是因為：

   - 他們太過近身觀察到組織內所發生的事，所以缺乏遠觀的觀
     點
   - 不管怎樣，他們協助讓組織成為現在的樣子。當你也涉及犯
     錯時，要辨別出那些錯誤會有困難
   - 從大學、程式設計師、分析師、資深分析師到經理人的生涯
     進展中，你很容易相信會有神奇的事情發生，教導你和別人
     共事、有效的人際溝通、協商、專案管理、領導統御、以及
     了解你自己的行為。

   請腦力激盪出一些統合計畫，來處理這個「內在生成的管理觀
   念」（ingrown management）的問題。

8
統合規畫第二部分：
系統思考

人與人之間各種和平的合作主要是以互信為基礎，法庭與警察局 127
這類機構只是次要的基礎。

——愛因斯坦（Albert Einstein）

現在將我們的隱喻從航海切換到烹飪，畢竟兩者並無太大的不同。一流的食材是烹飪的前半部——必要，但不足以產生傑出的料理。後半部是主廚的烹飪技巧。若沒有技藝高超的主廚，你所得到的只是一堆優良食材的混合物而已。

同樣地，正確的資訊——正確的詳細程度、運用正確的流程——無法保證變革規畫的成功。當組織成長與變成熟時，問題就從烘培杯型蛋糕轉變到製作一個結婚蛋糕。所有這些素材必須精心地加以組合，這就需要清楚的系統思考。可能在組織規模小的時候那是一種奢侈，但隨著組織成長，系統思考變成絕對必需品。

本章將檢視在軟體工程組織的策略規畫中，可能會產生的一些常

見的系統思考挑戰，特別是在組織成長與變成熟時。本章將探索這些

問題的來源，並提供一些可利用的方法給規畫團隊。

8.1 解決問題

解決問題的方法有很多，從個人的層次到一些書中（例如7.3節中所
列出的書）所描述的精細的流程，或是顧問公司當成高價專屬系統來
販售的東西，各式各樣都有。但是如同他們所說的，一堆廚子壞了一
鍋粥（太多方法反而誤事）。你只需要一種方法，不多也不少。你的
第一項挑戰是決定採用哪種方法。若你無法應付這個挑戰，你如何能
想像你可以替整個組織做規畫？

8.1.1 大競賽

問題：規畫會議變質了，變成在爭論要採用誰的問題解決方案。此處
的關鍵字是「變質」，因為合理數量的討論是必要且恰當的。當會議
變得不講理時，你知道會議已經變質：

> 我的一位客戶由於公司兩位資深副總對於誰的顧問來主導討論而
> 爭執不休，結果將策略規畫延遲了超過三年。

原因：這與解決問題毫不相干，而是與「誰發號施令」的大競賽
（Big Game）有關。

統合計畫的行動：對此情況做出評論。例如，「對我來說，我們似乎
對於要採用誰的方法有所衝突。我相信我們是幸運的，因為我們有不
只一種方法可利用。若我們夠聰明地從事策略規畫，我們就能夠聰明

地得到任何一種方法最大的好處。」然後停下來並等待。必要時再重複一次。

8.1.2 缺乏做決策的系統化方法

問題：透過資料分享與設定優先順序，規畫會議可能進行順利，但是到了要對行動做決策時，卻陷入泥沼。

原因：很多規畫方法過度聚焦於資料蒐集，但是缺乏實際解決問題或甚至定義問題的任何系統流程。

統合計畫的行動：應用我在策略規畫的問題解決階段所採用的四步驟方法：

1. 就目前的現狀，與你想要的結果以及何時想要，兩者之間的落差，來定義你的問題。❶例如，我們察覺到在產品運送出去後，我們一年要花550萬美元重新加工我們的產品。我們想要在三年內減少到每年花費不超過100萬美元。

2. 發展出一張效應圖，將「目前的現狀／想要的結果」變數與其他變數相關聯。❷在此範例中，這張圖會顯示哪些變數會影響產品送出後的重工成本，例如，運送出的瑕疵品數量、設計債務、涉及到的組織的軟體工程素質、以及處理顧客問題的成效與流程（圖8-1）。

3. 檢視效應圖以找出讓「目前的現狀」維持不變的動態關係。若你無法找出這個動態關係，那麼就要找出是什麼因素阻礙了你。例如，設計債務使得重工代價更高，但是昂貴的重工導致走捷徑，然後又導致更多設計債務（圖8-2）。此外，設計債務導致更多出

129

130

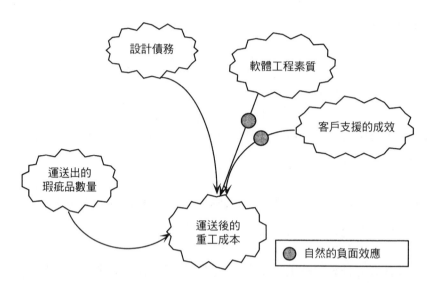

圖 8-1 可以將「目前的現狀」或「想要的結果」的變數與其他變數相關聯的
效應圖。在本實例中，運送出的瑕疵品數量與設計債務傾向於增加運
送後的重工成本。軟體工程素質與客戶支援的成效傾向於降低成本
（如同灰色小圓點所示）。

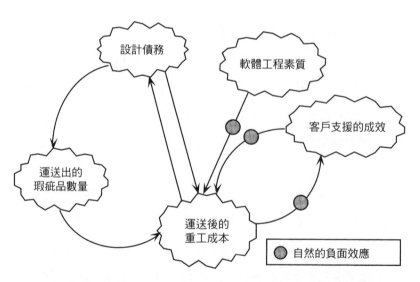

圖 8-2 更詳細的效應圖有助於找出將「目前的現狀」鎖死的動態關係。

錯的產品被運送出去，這又會提高重工成本，進而增加設計債務。第三個迴路說明一家公司習慣讓最佳的產品支援人員去進行重工，這種做法降低了客戶支援的成效，進而增加重工。這三個迴路傾向於增加重工的成本，即使我們直接去降低成本也沒有用。

4. 一旦你了解動態關係，請找出可以打破「目前現狀的變數值之穩定性控制」的選擇點。這些選擇點將形成你的策略行動。例如，你可能斷定指派客戶支援人員進行重工的慣例會產生不良後果，因此可以計畫在重工需求開始增加時，將優秀的人員納入客戶支援行列。或者你可能發展出不同的計畫，以某種方式將客戶支援與重工成本切割開來。

　　若你看不出這個動態關係，請找出「要發現動態關係」需要哪 131
些資訊、採取哪些行動。在此個案中，這些資料蒐集行動變成你的策略計畫的一部分。例如，若你不知道為什麼重工成本如此高，請在適當之處成立一個評量團隊，來建立重工成本相關影響的模型。對於還未擁有適當評量方法的組織，這個新的評量流程是在下一次規畫活動中建立問題模型的起始點。

8.2 成長與規模

發展在本質上似乎總是與成長密不可分。一件事情的狀態是事情各個部分成長率之間關係的結果。這與組織變革（或變革的嘗試）形成對比。我們往往假設只要將組織變革寫在策略計畫中，變革就會發生。然而本質上，同樣一件事放大到更大的規模時，就會完全行不通。當昆蟲變成狗的大小時，就無法提供氧氣給自己的組織；草的葉片放大

至紅木的尺寸時只會彎下去，而變成森林地面的覆蓋物。基於類似的
理由，當系統成長得更大或更快，而且不同的部分不再有合理的比例
時，規畫人員經常發現他們的規畫方法遇上了麻煩。

8.2.1 成長讓公司規模變大

問題：當品質改善，生意會變好，然後公司就會成長。但是成長會讓
公司規模變大，這經常對品質造成負面影響。

原因：圖8-3類似於戴明的連鎖反應（chain reaction），但是有兩個反
饋迴路。在軟體組織中，由於規模經濟（economies of scale，編按：一
般是指隨著產量增加，平均成本不斷降低的現象）不像在製造業那麼明顯，

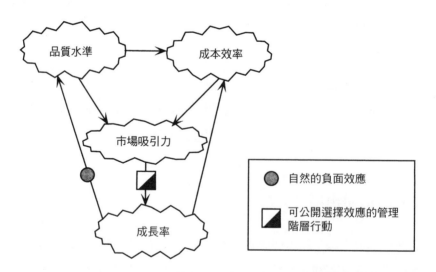

圖8-3　以戴明的連鎖反應為依據，但是加入反饋，這張效應圖顯示品質如何
　　　　能導致成長，而成長又會對品質造成限制。當左邊的迴路（規模變大
　　　　可能破壞品質）開始支配右邊迴路（規模經濟）的力量時，系統變得
　　　　更大將會使整體效率降低。

所以通過「成本效率」（Cost Efficiency）的那個迴路效應會比較弱。另一方面，當軟體生意成長時，系統也會成長，使品質更難以維持，所以最後這個反饋迴路會自我設限。

統合計畫的行動：如同圖8-3所指出，將市場吸引力轉變為成長率是一種管理階層的選擇。說「我們必須以可能的最快速度成長」只是個藉口。策略規畫團隊必須決定何種成長率是可以掌控的，以及當組織成長時，要採取什麼明確的行動去控制品質水準。

8.2.2 複雜度會限制發展

132

問題：當我們加入明確的機制來控制品質時，組織似乎變得越來越難以控制。

原因：生物學的邁諾特定律（Minot's Law）說，生物的生長速率從受孕那一刻起就開始穩定下降（圖8-4）：

> 這暗示組織的一般性原則：一旦系統變得有組織，……組織就變得越來越難以將系統重新改造。也就是說，組織禁止組織改造。此外，唯有當組織發起主動的流程並且持續下去時，組織才可能大幅改變，而這點說明了發展的關鍵時期。❸

統合計畫的行動：在策略計畫中，請避免那些對組織目標沒有貢獻的　133
複雜度。應該運用簡單化以使得組織更繁榮長久，不會感覺到「邁諾特定律」的限制效應。

其次，了解發展的關鍵時期的理論。這個理論說，早期和組織相關的小決策，對於組織最終的成功可能有重大影響。所以，在組織的早期階段，策略規畫可能具有極大的正面影響，但是也可能有極大的

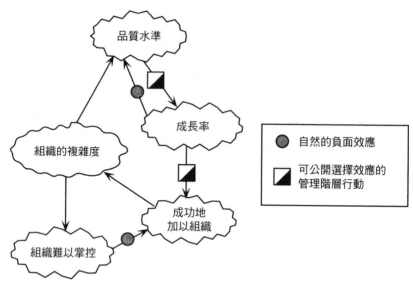

圖8-4　擴大解釋到組織的成長，邁諾特定律說，經由妥善的組織安排，管理
　　　　階層提高品質的努力可能會成功一陣子，但也可能產生更複雜的組
　　　　織，使得更進一步的改善變得更加困難。因此，目前的變革最終會變
　　　　成未來變革的成長率限制之結構。

負面影響。可能這正是為什麼新組織極少從事策略規畫，而且大多數
新組織的策略規畫都會失敗的原因。

　　到後來，不管怎樣，組織變革變得更加困難，所以策略規畫就不
是那麼不可或缺。組織有很多資本可讓他們即使犯錯也能安然度過；
以最廣泛的意義來說，資本就是「運用於實體世界的知識」。雖然資
本常常被認為具有某種神奇力量可以促進變革（「如果我們擁有資源
就好了」），但是如同Kenneth Boulding所說的：「資本是冰凍的知
識」，資本很快就會變成變革的一項阻礙。光是在變革時投入資源，
很少變革能夠成功。為了要成功，組織必須加入可變通的新知識到已
冰凍的知識裏。

134

8.2.3 規模限制自由

問題：人們覺得因為過度規畫，他們變得越來越沒有創意。

原因：當然，過度規畫可能發生在任何規模的組織中，但是越過了某一點，自由會隨著有限空間內數量的增加而減少。例如，在交通繁忙時，個別駕駛人就失去選擇的自由。然而，為了降低車流量密度，我們可能必須限制在道路上的選擇自由。或者是，在我們這一行業，當更多人更新原始程式碼庫時，我們必須限制使用的類型，否則我們必須限定只有受過特殊訓練的人才能使用。

統合計畫的行動：除非規畫做得很差，否則這些效應與規畫無關，而是與規模有關。你必須做權衡取捨，但是之後要將取捨的結果公開，使人們了解他們付出代價之後會得到什麼。

請小心你所做的變革比真正必須有的變革範圍還更擴大的傾向。請檢視你的動機：這種傾向可能是一種權力遊戲，如果不是的話，它也可能看起來像是針對職位較低的人。當規畫某種標準或限制時，要問：「什麼是我們可用來達成目標的最窄範圍？」

增加深度與擴大範圍的效應是類似的，所以不要屈服於擬定微計畫這種增加深度的誘惑。例如，若你規畫到5人團隊的層次，而不是到個人的層次，計畫的有效大小會縮減達5倍左右。若你規畫到50人部門的層次，有效規模就會縮減達50倍。這種宏觀規畫需要獲得你的團隊與部門主管的信賴，而且更重要的是，規畫本身要展現出信賴。

（譯注：增加深度與擴大範圍，都有過度規畫的傾向，作者認為只要規畫到最適規模的層次，以避免因複雜度增加而被限制自由。層次越高，計畫的有效大小就會等比例縮減──因為更加宏觀，也同時更概略。）

8.2.4 工具影響思想

問題：規畫預測（planning projection）似乎不像過去運作地那樣好。如同一位受挫折的主管，在我面前揮舞著五磅重的一捆試算表告訴我，

> 五年前，我完全贊成將試算表模型納入我們的規畫中。然而現在我們有個三人部門，他們其他什麼事都不做，只是在規畫會議的空檔製作精細達小數點後七位數的試算表。如果我可以在我們所有的試算表程式中放進一個bug，使這些程式全部停止運作，我會毫不猶豫地那樣做。

135

原因：規畫工具可能有問題，因為這些工具並未隨著系統規模的成長而擴大規模。例如，試算表最容易用來當作線性預測的工具，並且當系統變成非線性時，試算表通常產生錯誤的結果——而成長永遠是非線性的。

更複雜的模型建立工具通常採用更複雜的模型，但因為這種複雜性，對於的使用者來說這些工具很容易變成黑箱。

統合計畫的行動：檢視你的規畫工具。以特別懷疑的態度看待試算表專案。開啟你的模型建立工具，並研究這些工具所依據的假設。請更新或摒棄這些假設。

8.2.5 大與小不同

問題：為了說明成長中組織的問題，以下的引述摘錄自一位潛在客戶的電子郵件訊息：

我搞不清楚這裏發生什麼事。我們一直是一家成功的小公司，但是現在似乎什麼事都不對勁。會議時間越來越長，但是關鍵人物經常缺席，使部分的會議內容必須重述。人們更加為自己的責任領域爭辯，而且彼此不互相傾聽。關鍵性資料找不到，或者每個人都有自己的不相容版本。次最佳化（suboptimization）似乎是每件事內定的解決方案。

原因：幾世紀以前，伽利略（Galileo）就提出了相似性原理（The Principle of Similitude）：

- 隨著大小增加，表面積對體積的比率變小
- 不同的成長形狀將有不同的表面與體積效應的平衡點

伽利略的相似性原理適用於成長中的組織。「體積」是組織的內在部分；「表面積」是組織與組織外部之間的介面。當組織成長時，組織與外部的關係，會隨著組織為維持其內部的生存能力而變得緊張。

　　這裏的原理適用於整個組織，以及組織與顧客及銷售商的關係，但是也適用於組織的內部部分。組織各部分之間的溝通變得極為緊張——每個部分似乎變成被又高又厚的牆所圍繞的封建領土，但實際上只是專注於自己內部的問題。有時候，建立並保護有封建色彩的小組是一種有效的策略，因為一些表現傑出的「島嶼」（island）或有能力的「島嶼」，可能比規模較大的組織存活得更久。然而，更常見的情形是高階管理人員給予個別的小組獎賞，但缺乏一致性的策略，也沒有注意系統性的不良效應，結果他們不自覺地鼓勵「建立並保護有封建色彩的小組」這種趨勢。

136

統合計畫的行動：在組織內部，請讓小組的規模盡可能地小，並且經

常規畫一些跨小組的活動，例如每次技術或專案審查時，都要求要有一位外來人員。與外部溝通，要由受過這方面訓練的人來負責，並以他們溝通的成功與否做評量。

　　請勿試圖運用海報、標語和激勵的話來反駁「相似性原理」。自然的力量總是會戰勝言辭，而且言辭會產生和預期完全相反的結果，也會替管理階層製造恥辱與揶揄。請根據整個組織的績效訂定獎賞，而不是根據個別小組的績效。

8.3　風險與報酬

策略規畫人員也必須思考風險與報酬的取捨問題。策略規畫中最常見的一個權衡取捨決策，就是在附加價值與成功的確定性之間做取捨（圖 8-5）。例如，藉由冒險採用新技術，你可能大幅增加價值，或大幅降低成本。但是新技術是有風險的，而且若是失敗，你可能完全沒有任何回收，或者實際上報酬是負的。

137　　　然而，要選擇圖 8-5 曲線上的哪個位置，要視組織的情況而定，這是個好例子說明為什麼你的規畫人員需要知道組織的財務狀況、工程能力水準、以及相較於業界其他公司你的表現如何。

8.3.1　總是跑第一

問題：一個新創軟體公司的領導者若不快速做出一些引人注目的事，就很可能會失敗。

原因：為了獲得夠高的報酬以求繼續生存，他們可能需要冒高風險。即使組織不需要很高的報酬，對於公司的股東來說，只是在小利基市場中存活，而且產品的差異性也不太，這樣是不夠的。

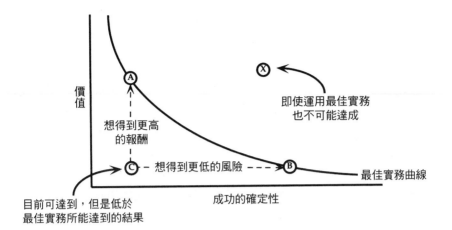

圖8-5　當你要著手設計某項產品時，首先你需要考慮風險與報酬之間的取
　　　捨。曲線上的點代表做事情的最佳方法其風險與報酬的組合。我們可
　　　能無法做得像在曲線上的點那樣好，但是我們不可能做得比曲線上的
　　　點還更好。（X點代表曲線上方的區域，那是不可能達到的點。明確
　　　規定要達到X點的計畫，是不可能達成目標的計畫。）希望選擇哪一
　　　點（A或B或其他的點）來運作，其決定權在管理階層，然後要就那
　　　個選擇一致地進行規畫與採取行動。

統合計畫的行動：他們將採取行動建立高風險、高報酬的準則，而且
這些行動如果有效的話，將會產生適合這些目標的文化。例如，他們
可能會計畫：

* 付員工低薪，但是以高股票選擇權做配套

* 訂定野心勃勃的時程，以擊敗競爭者搶先上市（但是若時程
  不合理，他們肯定無法推出產品）

* 承諾提供令人吃驚的功能水準，以擊敗競爭者（但是若水準
  太過令人吃驚而無法推出，他們會讓每個人失望，而且可能
  淪為笑柄）

- 只核准最創新的最新工具與流程，即使還未經過試驗（可能因為工具失效而增加他們失敗的機會）

這個策略的問題在於要讓策略有企圖心但又合理。如果不必交付產品，人們可以推銷任何產品。

8.3.2　永遠當老二

問題：一家大型、知名的軟體供應商的高階經理人如果擬定高風險計畫，就很有可能失敗。

原因：有人曾經說，IBM公司的祕密箴言是「永遠當老二」，而且那是外人對IBM規畫人員的看法。但是從公司內部來看，他們的做法完全合理：不要當第一個，但是一旦有人大冒險成功，就立刻以快速又穩健的方式前進。

統合計畫的行動：大型知名公司的規畫小組，可能建立一組不同的文化決策：

138

- 支付帶有高福利待遇的具競爭力起薪，但是不提供股票選擇權。
- 訂定審慎的時程，但是運用精心企畫的預先發布來封鎖競爭者（若你不在意變得不道德）。
- 運用「我們知道什麼最好」的含糊承諾來主宰競爭者。
- 只核准經得起時間考驗的那些工具和流程。

然而，這種策略的一個副作用是有良心的人可能會發現，這種策略太讓人受拘束，或在道德上讓人無法接受。經過一段長時間（由大量的

資本支撐）後，組織的優勢可能逐漸消失，而且當有人發現時已無法挽救了。因此，我們應該加入另一項策略：

- 將你的收入的一小部分百分比，以安全的方式投資於最新最驚人的東西。這項投資的形式包括「先進技術小組」、「軟體工程流程小組」❹或「研究小組」。最起碼這個策略在其中一項新方法證明有效時，你可以有一群人能快速採取行動。

8.3.3 別冒險

問題：每種文化都會鼓勵某些風險並勸阻其他風險。在一個嫌惡風險的文化裏，遵照策略計畫的內容行事，對人們來說似乎比不遵照策略計畫行事的風險更大。

原因：可以說，幾乎每個問題都是源自於某個先前問題的解決方案。成立特別的冒險小組，可能帶給組織其他單位的訊息是不准其他小組做任何的冒險。

這個問題的另一個來源是由獎賞與懲罰制度所塑造成的風險相關態度。變化無常（模式1）與照章行事（模式2）的文化傾向於懲罰錯誤，但是如果違背流程而且成功了，反而給予獎勵。於是，偏離策略計畫變成是英雄式的個人主義。

統合計畫的行動：絕不禁止任何小組在他們自己的職權範圍內，去嘗試小規模的流程改善。確實，藉由提供給小組預算，並分配寬鬆的時間與金錢，來與「先進技術」這類特殊冒險小組合作，可以將改善引進系統中。對於經理人，則是以他們運用資源於這種目的的意願來評

量他們。

139　　　請研究組織的獎懲制度，如有必要，應採取步驟改變這些制度。例如，你如何處理工具中的錯誤，像是編譯器或型態管理器（configuration manager）的錯誤？

- 變化無常型（模式1）文化獎勵胡亂修改產品。
- 照章行事型（模式2）文化獎勵胡亂修改工具，但懲罰胡亂修改產品。
- 把穩方向型（模式3）文化在其他方法都失敗時，會公開獎勵修改工具與產品。
- 防範未然型（模式4）文化會創造一個不同的流程來處理行不通的主要流程，並獎勵使用那個不同的流程（例如，第4章所提到的QUEST流程）。

8.3.4 甚至別談論風險

問題：風險分析讓經理人有機會更有成效地把穩方向，但是這種改善只有在可自由公開討論風險的文化中才可能辦到。然而，在一些組織中，風險不被視為是個適當的討論主題。根據SEI職員Michael Dedolph所說，SEI的「風險課程」發現，實行風險管理唯一最大的障礙是管理階層不願意談論風險。若任何人提到某個有計畫的行動可能會失敗，那個人就會被指控成是「烏鴉嘴」，而不是組織需要改善的務實的危險指標。

原因：不願意以理性方式討論風險，是自尊心低落的一種徵候。不願意討論風險似乎可能是因為缺乏技能，但是缺乏技能最終源自於不願意研究風險與認識風險。指責型的文化往往會讓提出這個問題的人付

出代價，因而讓問題更嚴重。策略規畫團隊中的個人，可能會責備其他人提起風險這個主題，或者他們可能以不相干的行為，試圖分散對這個主題的注意力。

統合計畫的行動：做任何進一步的規畫嘗試之前，要先處理看待風險言行不一致（incongruent）的問題，❺並且禁止策略規畫團隊依據無法進行討論的風險因素做出任何決策。在策略計畫中，要產生策略行動項目需要一種可自由公開討論風險的文化，也就是能實行「五種自由」（Five Freedoms）的文化。如同維琴尼亞‧薩提爾所描述的，❻這些自由是：

- 看到與聽到此處有什麼的自由，而不是此處應該有什麼、曾經有什麼或將會有什麼
- 說出自己感覺到與想到什麼的自由，而不是「應該」感覺到或想到什麼
- 感覺自己感覺到什麼的自由，而不是感覺自己應該感覺到什麼
- 說出自己想要什麼的自由，而不是永遠等待許可
- 自願去冒險的自由，而不是只顧安全不自找麻煩

140

8.4 信賴

我們已經看到，對於改善中的組織，穩定性有多麼重要。若沒有其他理由，不穩定的系統更難以讓人去思考與從事規畫。高階管理人員有責任確保所有層級都有穩定的系統——當然這是一個策略性的問題。

　　為了達成可以在理智上加以管理的穩定性，你需要在可信賴——

真正穩定（tru-stable）——的單位中建立組織。每個單位都有它的任務，而你可以只透過其投入與產出來管理每個單位，就好像這個單位是個黑箱。這個方法可大為減少單位之間溝通的需要，以及下級與上級之間溝通的需要。如同我們已見過的，這個方法也可以降低規畫的複雜度。

信賴的其中一部分是知道你與其他人共享同樣的知識庫與價值觀。想要看看共有的知識如何取代溝通，可進行以下實驗：兩個分隔開的人被告知要在一張紙上寫下從0到100之間的一個數字。若兩個數字加總為100或更少，兩個人都會得到與他們所寫的數字相同的「美分」（cent）數。然而，若總和大於100，則兩個人什麼都得不到。

在大部分個案中，雖然他們無法相互溝通，但是兩個人都會寫下50。這個實驗說明，共有的知識本體與價值觀，如何能取代一定數量的資訊。因此當系統變更，舊有的知識本體不再有效時，資訊負載量會隨著人們必須確認大家在相同的「波長」上而增加。

8.4.1 你先做

問題：低階人員不信賴管理階層，並對實施策略計畫的行動抱持「你先做」的態度。

原因：從過去的經驗他們知道，策略計畫將會逐漸失效，而且志願者會被留下來揹黑鍋。經驗告訴他們，他們的主管將會以最微不足道的藉口，取消大部分的策略計畫。例如，當有一些預算壓力的時候，組織的第一反應可能是立刻取消工作人員最重視的訓練計畫。這是經理人摧毀信賴的一種方法。

141　**統合計畫的行動**：在策略計畫中，請確保需要資源的計畫，都能以不

受批評的方式給予資金，並且有足夠的時間以證明它們的價值，並且
也確保一開始就建立評量其價值的評量方法，同時能持之以恆。例
如，經理人不應該因為省下員工訓練預算去彌補增加的重工成本，而
獲得獎賞。

　　行動項目由可以自由決定的預算提供資金，是讓一些有風險的方
案得以開始進行的好方法。無論如何，規畫時應該為每個新方案的預
算留一點餘裕。遍布於整個組織的變革能手是另一種餘裕，可保護行
動項目不會因為缺乏有技能的人才而走向中止。

8.4.2 管理階層突然採取行動

問題：管理階層持續在較低階層突然採取行動以矯正行為，這會使大
家變得消極不想嘗試任何事情。一種流行的形式是太頻繁的狀態報
告，甚至是「緊急情況」的狀態報告，就像在午夜法庭召開前被召喚
那樣。

原因：有句古老的俄羅斯諺語說：

　　當鶴在天上飛時別往上看。若你必須往上看，請閉上嘴巴。

當然，除非你偷看，不然你不知道有鶴在飛。當他們的主管是「突然
飛撲的鶴」時，人們通常都會看到。人們知道主管是否在那裏，這些
主管等著在人們失足犯錯時飛撲而來，或是萬一人們張開他們的嘴
巴，或在狀態報告中放入被視為是可歸罪的東西時，等著丟下某種帶
有惡意的東西。

統合計畫的行動：擬定計畫訓練你的經理人，就突然採取行動這個主
題召開經理人與工作人員之間的會議，以及針對經理人使員工成長和

發展出員工能信賴之流程的能力，來評量經理人。此外，要預先擬定做檢討的時點，並且在一開始就訂出規範準則，以減緩經理人的焦慮和保證有熟練精通的時間。

管理階層干預的時間頻率是信賴的一個評量指標，而干預的深入程度也是。這些衡量指標可能會隨時間而改變，並且規畫工作的一部分就是要看到這些衡量指標真的改變。時間間隔短表示較不信賴，但是時間太久會讓你暴露在風險之中。時間間隔太短，會阻礙你透過學習使得干預的時間間隔可以拉大。這對於干預太深的情況也是事實。

8.5 移除掉完全靜止不動

有時候，即使是在很適合變革的氣氛中，很棒的構想也無法順利實現。

142　*8.5.1 臨界數量*

問題：新方法應該行得通，但是沒有達到參與者的臨界數量（critical mass）。

原因：電子郵件或電話系統這類目錄系統，在系統對大眾具有吸引力之前，都需要有最起碼的用戶數。然而每位潛在用戶都在等待別人先簽約。

公用事業系統需要有最起碼數量的用戶，才能夠吸引贊助者。例如，除非確定你能將成本分攤給很多未來的系統使用者，不然為什麼要動用為數不多的工具預算去買高價的工具呢？

統合計畫的行動：在這些情況下，請嘗試一種補助辦法，讓事情能夠

開始。間接補助的一個例子是在電子郵件系統上放入某種吸引人的東西，讓人們每天登入或一天登入幾次。有位經理人只是將職位空缺擺在電子郵件上，就讓系統動起來。另一家公司採用更直接的補助：每天舉辦一次免費午餐摸彩，只有當天有登入電子郵件系統的人，才有資格成為彩券持有人。一個月之內，有90%員工每天登入系統並檢查他們的電子郵件（編按：本書完成於1997年）。

另一種補助的辦法是提供象徵性的安全保證。例如有個組織給試用新工具的專案，在時程上增加20%的餘裕；另一個組織對於第一次使用新工具的專案，要求時程縮短20%；這兩個專案明顯不同。

8.5.2 雞生蛋蛋生雞症候群

問題：C語言專家Tom Plum說：

> 每個人都想當第一個嘗試「經得起時間考驗的構想」的人。

引進新流程或技術時，我們經常會罹患「雞生蛋蛋生雞」症候群。除非有人試用過，否則沒有人願意試用。

原因：龐大的前期投資暗示，必須先證明給我們看結果如何。這是十分合理的想法。

統合計畫的行動：銷售商或狂熱推銷者常說，你的組織成為第一個試用者是很智慧的抉擇，請勿被這種暗示所誘惑。盡可能讓別家公司花時間去驗證某個構想，然後必要的話付錢給使用者，讓他們告訴你隱藏的危險。通常我們不必付錢，因為使用者太為自己感到驕傲了，他們只想向我們炫耀。

當你無法讓別人先代勞，並教你該怎麼做時，請建立一連串逐漸

143　擴大的小成功。第一次嘗試應該零風險，而且完全不必考慮成效。一
小時或一天就夠了。當專案逐步變大時，要盡可能地減輕壓力。逐漸
讓成效出來，但無論如何要維持低風險。

　　當然，第一次使用新流程或從事新鮮事的經驗，跟以後當你非常
有經驗時的使用情形完全不同。因此，即使分階段試用新流程，也不
是評斷不熟悉流程的完全正確方法。總是有風險存在，而且最後你必
須投入相當多的資源。當投入相當多資源的事情發生時，若你對於小
規模試驗時從未發生過的事情抱持懷疑態度並提高警覺，你就可降低
風險。

　　尤其是採用新構想的第一批人，絕對不是典型的最終使用者。因
此，他們所使用的流程，不是大眾所採用之最終流程的模範。因此，
請在幾次成功之後暫時打住，並設計一個特殊的流程。

8.5.3 錯誤的文化傳統

問題：讓其他人替你試驗構想，這個做法有其限制。某個文化的傳
統，對另一種文化模式來說毫無意義，或可能聽起來很落後。例如，
照章行事型（模式2）組織的經理人看到防範未然型（模式4）組織
花這麼少時間在機器測試上，會感到震驚與大惑不解。像他們那樣努
力不懈地進行大量測試，以消除大量錯誤，他們甚至不理解防範未然
型組織在整個流程中，投入於預防和測試的心力有多少。

原因：當談到變革時，每一項長處都會變成弱點：

- 渾然不知型（模式0）組織的長處來自於人與工作之間的密
  切關係。這種密切關係的弱點是讓工作者／使用者與來自外
  部的外來成分隔絕開來。

- 變化無常型（模式1）組織的長處來自個人性與可變性，但是這些長處使這種組織難以散播好構想。

- 照章行事型（模式2）組織的長處來自堅持遵守其例行程序，但那些例行程序讓這種組織難以在專案存續期間快速改變以回應事件。

- 把穩方向型（模式3）組織對於改變流程相當保守，例如藉由採用新工具來改變流程，因為這種組織專注於讓事情維持在穩定狀態。

- 防範未然型（模式4）組織克服了模式3組織專注於讓所有事情穩定的缺點，但是對於規畫的最佳用途太過掛念，而經常遺漏掉可能真正有幫助的未經規畫的小改善。

- 全面關照型（模式5）組織可從任何來源獲得這些小事情與好構想，並透過產品與流程將它們散播出去。我們不知道這種模式的弱點可能是什麼，因為我們看不到任何弱點。

144

統合計畫的行動：在每種獨特的組織情況中，修改基本制度使能夠處理變革。那意味著規畫團隊必須針對自己的組織的長處與弱點修改其計畫。例如，為了將自行校正流程引進照章行事型組織中，計畫中可能要包括讓經理人建立自信心、產生安全感、以及提供他們人際溝通技能的訓練。而在把穩方向型組織中，這些努力大部分是多餘的。

8.5.4 受抗拒者牽絆

問題：有太多的規畫能量花在克服聲音大又刺耳的一群人的反對。

原因：經理人可能容易受到某一群人所牽絆。當那位經理人有一條規則說：

我必須一直取悅所有的人。

這群人就絕對不會改變。

統合計畫的行動：可能的話，請將你的規則轉化成指南。❼例如，這條規則可能變成：「有時候我可以取悅每個人，但是只有在他們講道理而且他們的欲望不和每件事矛盾的時候。」

無論如何，請想到若不做改善就不會高興的其他人。只要記住，強烈反對者覺得沒有安全感，所以你要想辦法讓他們有安全感。無論提出的反對理由多麼惹人厭，請傾聽他們反對理由中的有效資訊。盡你所能做修正，然後說：「我從薩提爾變革模型知道，人們會以不同的速度經歷變革。不是每個人都這麼快準備好去嘗試這項變革。若你在私底下等著看其他人如何得出變革的結果，我可以諒解。」

8.6 心得與建議

1. 閱讀本章時，Wayne Bailey希望聽到以下的樂觀訊息：

> 有個自然的惡性循環是組織的成長與成熟造成自己的毀滅。然而，運用正確技能與適當規畫，你可將此惡性循環轉變成良性循環。在此良性循環中，成熟是一種資產，而且隨著組織規模日益擴大，處理成長問題更加輕而易舉。

145　　我也希望我可以說那會變得更加輕而易舉，但事實不然。本章的實際訊息既不樂觀也不悲觀，但是我讓訊息盡可能接近真實的經驗：

運用正確技能、適當規畫、持續的注意力與言行一致的行為，當組織的規模日益擴大，你可以有意識地改變文化，來處理成長問題。這件事不會變得比較容易（你總是必須努力去做），但是若你持續學習，這件事也不會變得更難。

2. 即使我們選擇正確的問題去解決，那依舊只是很多問題的其中之一而已。那個問題一旦解決，還會有其他問題要處理。就好比說，我們持續將一部分的流程改為自動化，但是這會在未自動化的部分留下未解決的問題。

　　這一點將限制了規畫的範圍。因為在任何時刻，你只能針對一個地方做50%或以上的改善。這使得規畫必然得要分階段進行，因為對於第4階段重要的事情，可能在第3階段或更早的階段沒有被注意到。

3. Sue Petersen提到，碰巧在家族企業任職的人，將會看出「大競賽」觀念的另一種扭曲：「若你真心愛我，你就會……」若你運氣不夠好任職於家族企業，你可能發現他們也在玩相同的遊戲，而說出：「若你真的是一位忠誠的員工，你就會……」

4. 關於「採用新構想的第一批人，絕對不是典型的最終使用者」，Naomi Karten評論說：甚至更糟糕，很多人似乎有一種傾向去和「我們的最佳使用者」一起進行領航專案，而忽略其所獲得的結果不能拿來當作全面實施的模範這項事實。然而，我們可以用另一種方式運用這些結果。若你還無法在接受度最高的使用者的小規模專案中成功，那麼你就別去想擴大規模或納入更多人這些事吧。

5. 與很多專案團隊合作過的吉姆‧海史密斯，提供了以下這段似乎

抓到了風險管理問題重點的觀察。評估風險時請運用這段敘述當作便利的檢核表。他說這份檢核表有部分是以本系列第1到第3卷的原則為基礎：

> **我們不知道我們不知道的事。** 忽略掉有風險的區域，可能真的會對專案／組織造成傷害。這些風險可能是外部風險（競爭者做了某件事）或內部風險（我們不知道我們真的沒搞清楚關於開發這個新的主從式玩意兒的任何事情）。

146

> **我們不了解我們真的知道的事。** 雖然知道專案中大部分的風險，但是忽略這些風險，或認為管理階層想忽略這些風險。

> **我們不對我們知道的事情採取行動。** 我們害怕採取行動。

6. Sue Petersen指出：有時候，正因為有些人有隱藏性議程（hidden agenda），因此當決定採取行動時，規畫會議會陷入泥沼。當計畫是以模糊的觀念表述，就有可能在概括表述的遮掩之下隱藏其真正的意圖。之後當有人嘗試讓事情變明朗時，有隱藏議程的人必然提出反對，否則將會失去他們的祕密願望。當無法決定任何事情時，那便是尋找隱藏議程的好時機了。

8.7 摘要

✓ 在行動規畫的層級，問題解決會遭遇到種種困難。例如，

- 規畫會議淪為要採用誰的問題解決方案的爭論。
- 透過資料分享與設定優先順序，規畫會議可能進行順利，但

是到了要對行動做決策時，卻陷入泥沼。

✔ 規畫小組需要對方法達成共識，方法不必太複雜，但是必須所有規畫人員都有同樣做法。一個簡單的四步驟方法列舉如下：

1. 就目前的現狀，與你想要的結果及何時想要，兩者之間的落差，來定義你的問題。

2. 發展出一張效應圖，將「目前的現狀／想要的結果」變數與其他變數相關聯。

3. 檢視效應圖以找出讓目前現狀維持不變的動態關係。若你無法找出這個動態關係，就要去找出是什麼因素阻礙了你。

4. 一旦你了解動態關係，請找出可以打破「目前現狀的變數值之穩定性控制」的選擇點。這些選擇點將形成你的策略行動。若你不了解動態關係，請找出「要發現動態關係」需要哪些資訊與行動。

✔ 發展在本質上似乎總是與成長密不可分。這與組織變革（或變革的嘗試）形成對比。我們往往假設只要將組織變革寫在策略計畫中，變革就會發生。以下是在發展中的組織裏所出現的一些典型的規畫問題。　147

- 當品質改善時，生意會變好，然後公司就會成長。但是成長會讓公司規模變大，而規模變大會破壞品質。

- 複雜度限制發展。當我們加入明確的機制來控制品質時，組織似乎變得越來越難以控制。

- 規模限制自由。人們覺得因為過度規畫，他們變得越來越沒有創意。

- 規畫預測似乎不像過去運作得那樣好。因為這些工具並未隨著系統規模的成長而擴大規模，而且成長永遠是非線性的。
- 大與小不同。隨著組織成長，當組織試圖維持其內部生存能力時，組織與外部的關係會變得緊張。

✓ 策略規畫人員必須思考風險與報酬的取捨問題。策略規畫中最常見的一項權衡取捨的決策，是在附加價值與成功的確定性之間做取捨。藉由冒險採用新技術，你可能大幅增加價值，或大幅降低成本。但是新技術是有風險的，而且若是失敗，你可能完全沒有任何回收。

✓ 不同的組織會對於權衡取捨做出不同選擇，而那些選擇會影響組織的文化：

- 新創軟體公司的領導者若不快速做出一些引人注目的事，就很可能會失敗。為了獲得夠高的報酬以便繼續生存下去，他們可能需要冒高風險。
- 一家大型知名軟體供應商的高階經理人若擬定高風險計畫，就很可能會失敗。他們不會伸出他們的脖子，但是一旦高風險不存在了，他們就會立刻以快速又穩健的方式前進。
- 每種文化都鼓勵某些風險並勸阻其他風險。在嫌惡風險的文化中，遵照策略計畫的內容行事，對人們來說似乎比不遵照策略計畫行事的風險更大。
- 風險分析讓經理人有機會更有成效地把穩方向，但是這種改善只有在可自由公開討論風險的文化中才可能辦到。然而，在一些組織中，風險不被視為是個適當的討論主題。

✓　任何人做任何進一步的規畫嘗試之前，必須先處理看待風險言行　148
不一致的問題。策略規畫團隊應該避免依據無法進行討論的風險
因素做出任何決策。策略團隊應該產生的策略行動項目，需要有
可自由公開討論風險的文化，也就是薩提爾所提出的「五種自
由」的文化：

- 看到與聽到此處有什麼的自由，而不是此處應該有什麼、曾
  經有什麼或將會有什麼
- 說出自己感覺到與想到什麼的自由，而不是「應該」感覺到
  與想到什麼
- 感覺自己感覺到什麼的自由，而不是感覺自己應該感覺到什
  麼
- 說出自己想要什麼的自由，而不是永遠等待許可
- 自願去冒險的自由，而不是只顧安全不自找麻煩

✓　不穩定的系統更難以讓人去思考與做規畫。高階管理人員有責任
確保所有層級都有穩定的系統。

✓　為了達成理智上可管理的穩定性，你必須在可信賴——真正穩定
（tru-stable）——的單位中建立組織。每個單位都有它的任務，而
且你可以只透過其投入與產出來管理每個單位，就好像這個單位
是個黑箱。這個方法大為減少單位之間溝通的需要，以及下級與
上級之間溝通的需要。這個方法也可降低規畫的複雜度。

✓　缺乏信賴會帶給規畫人員一些特有的問題：

- 低階人員不信賴管理階層，並對實施策略計畫的行動抱持
  「你先做」的態度。

- 管理階層持續對較低階層突然採取行動以矯正行為，這會使得大家變消極不去嘗試任何事情。

✓　有時候，即使是在很適合變革的氣氛中，很棒的構想也無法順利實現，其原因有四種可能：

- 新方法應該行得通，但是卻沒有達到參與者的臨界數量。
- 引進新流程或技術時，我們經常罹患「雞生蛋蛋生雞」症候群。除非有人試用過，否則沒有人願意試用。

149

- 讓其他人替你試驗構想有其限制。某個文化的傳統，對另一種文化模式來說毫無意義，或是聽起來很落後。
- 花了太多的規畫能量在克服聲音大又刺耳的一些人的反對上。

8.8　練習

1. 和你的一些朋友一起做本章中的一百美分的實驗。請特別注意他們的情緒反應，以及他們用來想出其他人會怎麼做的論點。

2. Phil Fuhrer 建議：試著討論若你將一百美分實驗的賭金提高到 100 萬美元會怎麼樣。這如何影響你的選擇？為什麼？假定你與四、五個人從事這項實驗。這樣做如何影響選擇？為什麼？更改規則使每位玩家不以得到最多收入為評量，而是以那位玩家以多少錢打敗其他玩家做評量。這樣做如何影響選擇？為什麼？哪一套規則最像你的企業以及／或是你的管理階層的策略選擇？

3. Naomi Karten 問說：如果公司現在面臨的情況恰好相反，補助辦法還行得通嗎，也就是人們耗費所有時間上網亂逛，而不去從事

他們的工作的情況。試討論當沒有做到某些事情時，贊成和反對補助辦法的理由。

4. Janice Wormington提出問題：依據邁諾特定律，如果組織成功地讓事情井然有序進行，則會增加組織的複雜性（這會增加讓事情井然有序的困難度，進而會讓事情很難井然有序），但是增加複雜性總是會提高品質嗎？為什麼？做一張效應圖顯示你的推理。

5. James Robertson建議：考慮第1章所描述的變革模型。若規畫人員有這些模型其中一種模型的觀念，這會如何影響他們解決這幾章中所提出之問題的方法？他們的解決方案構想，如何與薩提爾變革模型所產生的構想相比較？

6. Michael Dedolph注意到：圖8-5遺漏掉的一樣東西是「擴充最佳可能實務」的構想。那會牽涉到以某種方式將曲線往上移動，但那不是典型的軟體開發組織所能輕易負擔的研發能力。討論在何種情況下，組織應該嘗試擴充同業中的最佳可能實務？在什麼情況下他們不可以那樣做？這兩種做法的風險是什麼？

9
戰術性變革規畫

以其真正的本質來看，成功的經濟發展必須抱持開放的態度而非　150
目標導向，也必須隨著經濟持續發展而憑經驗權宜地讓它自行向
上提升。首先，預料不到的問題會產生……。在一個能夠把即興
發揮注入日常生活的環境中，經濟發展是一種持續即興發揮的過
程。❶

——珍·雅各（Jane Jacobs）

有什麼事比投入時間與資源產生一個絕對用不到的策略計畫，更
讓組織士氣低落的？但這是大多數組織的命運。觀察數百場策
略規畫會議後，我看到促使原本是好計畫卻變成垃圾的兩個主要錯
誤：

1. 規畫人員產生的是戰術計畫而非策略計畫，提供太多「如何」，
   但沒有提供足夠的「什麼」或「為什麼」。
2. 規畫人員產生不可能轉化為行動的策略計畫，或是策略計畫太過
   模糊，而幾乎可以涵蓋任何行動。

當策略規畫人員十分精通戰術規畫時，這兩個問題都可以減少。能夠將策略計畫轉化成戰術計畫，然後將這些計畫轉變成行動，有賴於組織中的變革才能。然而，即使規畫人員的技能相當純熟，還會有第三個問題產生：

3. 當專案主要不是軟體專案時，軟體組織經常在策略與戰術規畫上遇到困難。

變革專案與軟體專案不同。當然兩者有相似之處，但是有時候那反而使得有經驗的軟體規畫人員更難以注意到相異之處。在本章與下一章中，我將提供一些提示，協助你在兩種專案之間做轉換。❷

9.1 何謂戰術性變革規畫？

變革計畫是一項設計。那是我們希望帶領系統從A點（你認知的狀態）到B點（你想要的狀態）的一組行動的設計。A點與B點由策略計畫明確或暗示地提供。這種變革可由影響下列各項而達成：

- 對A點的認知
- 對B點的欲望
- A點或B點的真相

戰術規畫是增加「讓你從A到B」之機會（也就是讓你得到你認為你想要的東西的機會）的一個方法。規畫是指事先考慮可能的行動與行動的結果，然後以讓你有最大成功機會的方式安排這些行動。當你規畫的是自己相當了解的事情時，你可能會將「從A到B」分解成較小的步驟，例如從A到Q，再從Q到B，如圖9-1所示。

$$A \longrightarrow 行動\#1 \longrightarrow Q \longrightarrow 行動\#2 \longrightarrow B$$

圖9-1　從A（已知的）到B（想要的）通常按照中間狀態（例如Q）和狀態之間的行動來做規畫。

在圖9-1中，箭號代表下列形式的行動：

> 若你在A，並採取行動 #1，則你將抵達Q。
>
> 若你在Q，並採取行動 #2，則你將抵達B。

我將這些「若……行動……抵達」的陳述稱作插入模型（intervention model）。

　　最制式化的規畫過程與工具會假設在整個過程當中你的認知與欲望維持不變，所以我們只對真相進行規畫。當計畫牽涉到改變製造產品（例如將汽車零件組裝成一輛汽車）的方式時，這些假設可以運作得很好。然而，當規畫組織變革時，這些假設就不是那麼有用，因為就像珍·雅各所討論的經濟發展，大多數的組織變革專案需要在認知、欲望和真相這三個層次都能運作。

9.2　開放式的變革規畫

我所描述的過程，可當作組織變革或任何變革之規畫過程的指南，而且在計畫存續期間，認知、欲望與真相都可能會變動。若從薩提爾變革模型的觀點來評估變革計畫，你就能看到人們一對行動 #1 做出反應，每件事就會籠罩在「混亂」的陰影中。從這個「混亂」狀態來看，會有幾個無法預料的結果，只有其中一個結果是Q。

　　我應該警告你，採用開放式的（open-ended）而不是目標導向規畫的觀念，違反了很多人對規畫應該如何運作的想法——他們認為規畫是有連續性，而且以因果關係為依據。這種更加簡化的線性規畫觀點係假設整個變革期間規則維持固定，使作用於 A 點的行動 #1 總是產生 Q。

　　我並不反對有因果關係的規畫。我總是在設計電腦程式時運用這個觀念。但是當插入模型牽涉到人時，模型的結果不可能僅有單一值，所以有因果關係的規畫就是行不通。為了讓不只一個步驟的計畫有效，計畫必須以像這樣的方式來看事情：

　　若你在 A，並採取行動 #1，則你將抵達 Q、R、S、T 或……

　　若你在 Q，並採取行動 #2，則你將抵達 B

　　若你在 R，並採取行動 #3，則你將抵達 B

　　若你在 S，並採取行動 #4，則你將抵達 B

　　若你在 T，並採取行動 #5，則你將抵達 B

　　……

像這樣按照預定步驟的有因果關係計畫，係假設你能正確預測從 A 開始的行動 #1 的每個結果，這在複雜的組織、競爭者與市場複雜度的個案中十分不可能。即使能列舉出所有可能的結果，你的計畫也會很快就變成一棵有龐大分支的樹，因而無法管理。

　　在真實世界中，規畫變革專案比起簡化的線性規畫流程更像珍‧雅各的經濟發展的觀點。變革專案的規畫「必須抱持開放的態度而非目標導向，也必須隨著專案規畫的持續發展而憑經驗權宜地讓它自行向上提升。」因此，這種規畫有三個主要部分：

1)　運用關於目標與能力的最新資訊，以適當的細節程度產生一份合理的計畫。

2)　開始執行計畫，並蒐集以下相關資訊：

- 相對於你計畫前往何處，你實際上到達何處
- 相對於你認為組織會如何採取行動，實際上組織如何採取行動
- 包括你自己在內，受計畫影響的人他們的情緒反應是什麼

3)　根據從（2）所得到的資訊，檢查你是否想停止執行。若不想停止執行，則設定新目標並重複（1）。

這個方法與軟體開發的螺旋模型（spiral model）並沒有太大的不同，差別只在於，大部分的螺旋模型的規畫人員完全忽略掉情緒資訊這個成功變革規畫的基礎。❸

9.3 以倒推方式做規畫

當缺乏經驗的規畫人員注意到，規畫可能要以倒推方式進行，從想要的結果回推到插入，再回推到先決條件，他們通常會感到困惑。他們認為那是欺騙的行為，但是即便如此，欺騙是擬定計畫的關鍵。例如，當你知道了 B 點的所在，則開始草擬從 A 到 B 的一項計畫（圖9-2）。

A ━━━━━━━━━━━▶ B

圖9-2　從 A 移動到 B 的計畫最初的草圖。

從B回推至A，並確認從Q點可到達B點（圖9-3）。

$$A \longrightarrow Q \longrightarrow B$$

圖9-3　從A移動到B的計畫，並有一個可行的中間點Q。

154　接著從X點移動到Q是可到達的（圖9-4）。

$$A \longrightarrow X \longrightarrow Q \longrightarrow B$$

圖9-4　從A移動到B的計畫，並有兩個可行的中間點X與Q。

每個步驟的測試是自問：

「我知道如何從這一點移動到那一點嗎？」

若你不知道，就必須將旅程細分成更小的步驟。請在每個步驟做一連串檢查，以了解對於這些步驟，該計畫是否恰當。

9.3.1　測試：簡圖夠清楚嗎？

- 你能畫一張簡圖嗎？此處唯一的測試是確實將簡圖畫出來。
- 未參與畫此簡圖的人能了解這個圖嗎？請詢問與此圖相關的問題來測試他們。

9.3.2　測試：簡圖夠具體嗎？

規畫期間可以草繪計畫簡圖，先省掉如圖9-4中的細節。但是在規畫完成之前，就必須填入很多細節，可以直接擺在簡圖上或是由簡圖指

示，使你能輕易回答以下這些問題：

- 最後的圖有顯示要完成什麼事嗎？做這件事的一個方法是將每項行動當作一個標準工作單元（standard task unit）畫出，並顯示必要條件、行動與終點的再檢查。
- 圖中有顯示為什麼要完成這張圖，或簡圖有表明這項資訊嗎？你需要知道為什麼要完成這些事情，使你能在欲望或認知改變時變更計畫。
- 圖中有指出由誰完成，或與誰一起完成嗎？
- 圖中有指出在何處完成與何時完成嗎？
- 你認為這個計畫要付出什麼代價？你的估計的依據是什麼？
- 有撥出什麼資源？資源有真正撥出嗎？你如何知道？

9.3.3 測試：計畫中每個構成要件都有人負責而且可靠嗎？

155

除非計畫所牽涉到的人都對計畫做出承諾，否則那不算是計畫。承諾不是來自有人將計畫丟給他們去做，或是命令他們做計畫所說的事，而是來自協商的過程。若完全沒有協商過程，你可以確定你沒有真正的計畫，只有空想的計畫。

「如何執行任務」這件事應該交給執行任務的人處理，但是若你不覺得可以將任務交給他們，則那是你尚未到達停止點的跡象，因此你必須將步驟分解成更多細節。

在計畫中有任務的人，應該願意對那些任務做出承諾。若他們不願意，則需要修訂或釐清計畫。若你因為他們的不願意而感到驚訝，可能你尚未付出足夠的心力，與計畫所倚重的人們建立和諧關係。

承諾應該實際可行。對任務做出承諾，並不是要他們承諾無條件

地去做。相反地，你是要他們對以下其中一件事做出承諾：

- 按照計畫所說的去做。
- 及時清楚地說：「我尚未開始做，而我將在××時候會去做。」
- 及時清楚地說：「我無能力從事這項任務。」可能的話並指出為什麼。例如：「我不知道如何從事此任務。」或「我缺乏以下的資源。」
- 及時清楚地說：「我不做。」以及為什麼不。例如，「我相信基本理由已經改變了。」

你也必須考量讓人們願意負責的文化。到什麼程度任務才真正在他們完全掌控之中？例如，你需要與他們的主管協商他們的時間嗎？會有外在因素或新的管理階層優先順序，而使得他們的承諾改變嗎？

9.4 挑選實際可行的新目標

幾乎對任何真實的專案來說，規畫不會以簡單的順序進行。通常你會有一份計畫概要，但不是所有的部分都有把握，因為規畫的順序通過「混亂」狀態太多次，已經不太可預測。假定計畫是要從A到X到Q到B，但是你不知道A到X是否可行。你考慮選擇一個更短的目標，變成從A到W到X到Q到B（圖9-5）。

156

$$A \longrightarrow W \longrightarrow X \longrightarrow Q \longrightarrow B$$

圖9-5 從A移動到B的計畫，並有三個可行的中間點W、X與Q。

然後停止規畫，嘗試到達 W，並注意你可從這項嘗試當中學到什麼。在組織變革的真實世界中，你必須學習的一件事是你不會正好處在你認為會到達的地方 W，而是會到達 W*（圖9-6）。這項偏差是可接受的，因為開放式的規畫過程的點是從嘗試當中學習得來的。

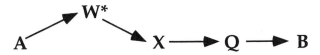

圖9-6　從A移動到B的計畫遭到扭曲，因為嘗試到達 W 時，組織實際上到達 W*。然而，在過程中你學到某些重要事情，可運用在計畫的下一個版本。

儘管到達 W*，你已經知道組織如何對變革做出反應。例如，你可能已經得到以下這些問題的答案：

- 組織渴望變革或不願意變革？
- 有某些人嶄露頭角成為變革能手嗎？
- 有某些部門比你所預料的更受到威脅恐嚇嗎？
- 編預算的過程使得計畫緩慢下來嗎？
- 你有獲得或失去對你的目標與方法的支持嗎？

與組織的動態關係相關的這類資訊，可協助你知道這個組織的真相是什麼。因為 W 與 W* 不同，你對組織的認識也不同，你想從A經由W到B的計畫可能看起來不再像從前那樣合理。一般來說，你會想重新規畫。這種重新規畫不是一種失敗，而是成功。

　　組織現在位在 W*，你有一項新計畫，而且你對組織的動態關係

也有了新的了解。這個新事態可稱作 A*，暗示過去的就讓它過去，而且你正開始進行新計畫（圖9-7）。

157

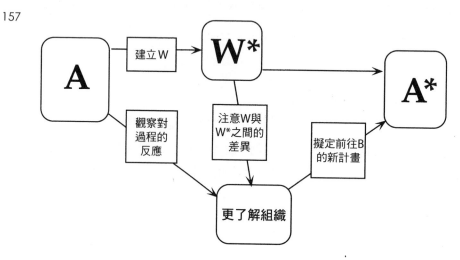

圖9-7 一個更好的計畫是運用早期階段所獲得的資訊，以重新規畫後面的階段。（狀態以圓角方塊表示；行動以矩形表示。）

當你從 A 到 W* 時，其他事情已經改變。更重要的是，你需要判定顧客是否依舊真的想要到 B。你的顧客可能想去 B*，B* 可能像 B，但並非完全相同（圖9-8）。若你發現你的顧客想要到 C，而 C 與 B 完全不同，則你應該放棄原有的計畫，並從第一個方塊開始新計畫的規畫過程。未能這樣做是造成災難性專案的主要原因之一。

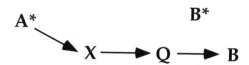

圖9-8 當你到達 W* 時，從 A* 移動到 B 的計畫對你的顧客來說可能不再具有吸引力，而顧客現在想移動到 B*。

有了新起始點（A*）與新目標（B*），現在你可修訂計畫。雖然基於　158
學習與專案審查的原因，你可能會想記住舊有的「從A到B」計畫
（圖9-9），但是你必須放棄對該計畫的情緒依戀。

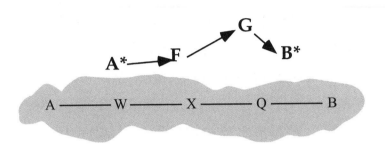

圖9-9　等到你有從A*到B*的修訂計畫時，從A到B的原始計畫可能只是模
　　　　糊的記憶。請保存紀錄使每個人都能學習將下一個專案規畫得更好。

若以這種方式建構你的變革專案的定義，你將發現實際的變革十分容
易，因為你預期到將有變化，而且不將它視為失敗。或者若改變計畫
不是那麼容易，你將會對為什麼不容易有相當好的概念。這樣一來，
你將能使下一個專案變得更加容易。

9.5　從頭到尾言行一致

對無經驗的人來說，開放式的變革規畫看來似乎有很多工作要做。然
而，依據薩提爾對統合變革的描述，當牽涉到的人保持言行一致
（congruent），並維持自我、他人與情境之間的平衡，則久而久之變革
會變得更容易。❹若這些因素其中一項在變革規畫時未考慮到，計畫
就會失去平衡，而且結果甚至變得較不可預測。因此，在每個規畫週
期期間，你必須從頭到尾監控每位參與者在這三方面的平衡。

9.5.1 自我：你現在身在何處？

變革規畫從好好觀察 A 點的各個方面開始，不僅看實體或邏輯方面，更重要的是要看情緒方面。可能變革能手最常犯的錯誤是當他們努力轉變其他人時，卻與自我失去聯繫。若你沒有顧好你自己，即使在你努力定義變革計畫時，也很容易覺得沮喪。相反地，你應該將「定義」這項工作想成是變革過程中每個步驟所伴隨的工作。

159

定義的過程經常比任何其他部分的過程更困難也更值得做。等到你有好定義時，專案將會在往完成的一路上進行順利，所以在心理上請準備好要做無數次改進，其中有些改進可能發生在非常接近專案完成的時刻。

9.5.2 他人：誰會受影響？

當然，你不是唯一涉入你所規畫的變革的人。為了規畫每個步驟，請提醒自己對於相同的介入，不同的人會有不同反應。你必須知道誰將參與變革，否則你無法預測任何事情。無論如何，不管有意或無意，我都把受到變革影響的任何人視為是「他人」。

因此，因為這些人是顧客，所以變革能手最開始的一項任務是決定要滿足誰的變革欲望。然後，即使你覺得他們不必被滿足，而且即使他們不想被滿足，你依舊要確認還有誰受到變革所影響。被變革規畫所遺漏掉的人，在變革專案後期一定會出現來困擾你。❺ 請自問：「還有誰將會影響變革或受變革所影響，或者專案的成敗在某種程度上跟誰有利害關係？」

9.5.3 情境：什麼應該保留？

一旦確定他人是誰，你必須問他們：「當你想要改變之前，你想保留什麼東西？」A點是變革最初的情境。情境包括組織的文化，但是組織成員往往看不見組織文化。大家非常容易將A點視為理所當然，後來才發現在達成某種次要的改變時，你已破壞了顧客最想要的那樣東西。❻此外，請確定你對起始狀態的認知，和你顧客的認知相同，或至少不會不相容。

9.6 挑選與測試目標

實際上，「目標導向」與「開放式」規畫並不是對立的。只因為規畫是開放式規畫，並不意味規畫不牽涉到目標。一旦確定了一致的起始點（A），你需要建立目標或B點。理想情形是你從策略計畫得到這個目標，但是通常你需要進一步做修正。實際上，即使未必得到清楚的答案，或直接詢問也得不到答案，你都必須問：「我們想要什麼不一樣的東西？」❼在有清楚的目標之前，你都必須持續確認欲望陳述。你持續測試與修訂目標陳述，直到它變成可接受的目標陳述，或是你決定丟掉它為止。以下是一些可利用的測試。

160

9.6.1 採用正面形式

直到陳述以「想要什麼」而不是以「不想要什麼」來表達之前，你都要持續修訂欲望陳述。負面陳述會將心力擺在錯誤的事情上。看看這句陳述：

a.　沒有一個軟體開發專案會超出預算。

只要沒有任何的軟體開發專案、或沒有任何預算、或在用完預算時就宣告專案完成，你就能達成這個目標。你可能想要更接近以下這樣的陳述：

b. 下一個財政年度我們將至少有十個軟體開發專案完成。專案開始之前，每個軟體開發專案都會有預算，以及由一般管理人員和專案管理人員達成協議的一組客戶需求。每個專案將在議定的預算之內完成（並且符合所規定的客戶需求）。

雖然還可以改進，但是陳述 b 提供了「想要什麼」而不是「不想要什麼」的更清楚概念。

9.6.2 確定目標可達成

由顧客自己確認這個欲望是可達成的。陳述應該避免牽涉到要其他人做改變。例如，有位主管的目標可能草擬成：

a. 所有程式人員將在 1 月 1 日之前使用新工作站。

你或許可以把這個目標重新陳述成：

b. 若能在 1 月 1 日之前使用新工作站，我將感到滿意。

使用陳述 a，目標也許能達成，但這位主管依舊不滿意。陳述 b 指出待完成之工作的方向。下一步你必須找出「什麼將會滿足我？」。

161　9.6.3 確定目標可觀察

你要問這個問題：「我的顧客將如何知道何時我們已完成變革？」這需要一些挖掘的動作，因為多數人不習慣說出他們真正的欲望。有些

人的陳述傾向於太過高調和模糊，例如：

a.　我想提高生產力和品質。

這不是一個真正的目標，只是願景。在你實際上開始做事情之前，這句陳述是每個人都會同意的一種陳述（誰會反對高品質？）。隨後你會發現，關於「生產力」和「品質」這類抽象字眼的意義，人們會有非常不同的想法。更清楚的一句陳述可能是：

b.　我想提高生產力和品質，而這是我賦予這些字眼的意義：
- 生產力要觀察⋯⋯
- 品質要觀察⋯⋯

9.6.4　讓目標變明確

目標陳述要可使用，就必須明確規定什麼觀察結果可以確定或否決目標已經達成。用以下問題檢查你的目標陳述：「我看到、聽到或感覺到什麼，才可確定我的目標已達成？」

c.　我想提高生產力和品質：
- 生產力由總收入除以我們的總人工成本來評量
- 品質由我們年度顧客滿意度調查的總分來評量

當你以具體的評量明確說明時，對於是否已達成你的目標就不會有任何爭論。這些評量也許是定量的數值，也許不是。例如，品質的評量可能是：「當老闆說她喜歡這樣的品質。」雖然可能不像某些更定量或更可預測的東西那樣有用，但這句陳述夠具體。

　　然而，最後不會有「老闆是否喜愛這樣的品質」的爭論，因為她

會告訴你答案。不過，一開始可能有「是否那是你真正想要的東西」的爭論。那樣很好！專案一開始就有爭論，比專案執行到最後才有爭論更好。

9.6.5 確定目標不會太嚴格

努力讓目標變明確時，人們經常以過度限制專案的方式陳述他們的目標。例如，目標陳述可能是：

a.　3月15日前將有100台IBM工作站安裝好。

這可能意指即使可省下大筆金錢，也不允許有百分之百相容的工作站，但是這句話也可能意指比那樣還更有彈性的某種東西。為了找出真正的含意，你必須進行一些測試。

9.6.6 確認真正的意思

雖然「明確」與「不要太嚴格」似乎有衝突，你可藉由讓語意具體化，來解決這個明顯的衝突。透過檢討每個字或數字的意義範圍，來檢查你的目標陳述。例如，在前面的陳述中，

- 100台意指95-105台嗎？或超過50台？或至少100台？
- IBM意指只能有IBM工作站？或意指新的IBM工作站？由IBM所販售的工作站？由IBM提供服務？那意指系統的每個部分都必須是IBM的嗎？
- 工作站意指一種特定的型態嗎？一系列的型態嗎？工作站包括軟體嗎？什麼軟體？
- 安裝意指擺在地板上？插入插座並能運轉？在使用中？使用

多少？由誰使用？

- 3月15日意指3月15日之前？或3月15日之後？3月的某個時候？什麼情況下我們可延後那個日期？越早越好嗎？所有100台工作站都在3月14日送達就好，或是希望用某種特定的安裝模式？

9.6.7 把解決方案式的陳述排除掉

人們經常往前跳一步去描述達成目標應採取的行動，而不是描述目標本身。目標陳述應該就你想要的狀態做陳述，而不是以為了達成目標所要採取的行動做陳述。例如，再看一次這句陳述：

a.　3月15日前將有100台IBM工作站安裝好。

你可以問「為什麼？」來測試這句陳述。答案可能像這樣：「那可以給程式設計師他們所需要的容量，以便在7月1日之前使用新的設計工具。」

　　這個情況下，目標顯然不是取得工作站，而是要在7月1日之前使用新設計工具。取得工作站是次要目標，有人認為這個目標可促成7月1日之前讓新設計工具能夠使用，這是個更高的目標。當然，讓設計工具在7月1日之前能夠使用，這一點也要經過這項測試（問「為什麼」），一直測試到你得到真正的基本目標為止。我太太兼同事丹妮・溫伯格（Dani Weinberg），在接受新成立的喬治亞共和國的資訊系統人員諮詢時，就應用這個方法：

他們一開始是說他們的目標是要得到盧布。我問他們會用盧布做什麼，他們說他們會買俄羅斯木材。我感到困惑為什麼他們想要

俄羅斯木材，因為他們是資訊系統人員，所以我問他們。他們說他們會將木材賣到西方換取美元。而為什麼他們想要美元？答案是使他們可購買一些IBM工作站！

一旦知道真正的欲望，你就要往回追溯，去考慮可能有助於達成目標的各種替代性的次要目標。

9.7 什麼會妨礙達成目標？

一旦有具體可評量的目標，你就可開始尋找什麼事情會對那個目標有影響。也就是會產生風險，而使你無法達成想要之目標的那些事情。這些是你必須闖過才能達成你的目標的事情。這個步驟可稱作風險評估，這是管理風險的第一步。因為太多經理人害怕談論風險，我傾向於強調穩定性，也就是你能在每個步驟掌控計畫的信心。實際上，穩定性是風險的相反詞，因為穩定的計畫是能應付風險的計畫。

為了支持這項努力，你可能想使用這類專案會遭遇到的風險（或對穩定性的威脅）的檢核表。不過，光是列出風險不足以當作未來規畫的基礎。為了發現風險如何相互關聯，並揭露隱藏的風險，請做出一張效應圖，然後應用一系列的測試。

9.7.1 檢查障礙物

運用檢核表與效應圖，你可以產生「什麼可能造成阻礙」的一份相當詳細的清單。很多書籍強烈要求你正面思考，這經常被詮釋成「別考慮障礙」。但是若要真正正面思考，你可以對自己說：「我不害怕障礙，因為無論發生任何事情，我都能通過考驗。」而且，思考這些障

礙通常能幫助你釐清你真正想完成的事情。只是不要自欺欺人地相
信，你能事先想到每一個障礙。

　　例如，想一想誰會對特定的改變感到不高興。若你不事先考慮這 164
些人，並直接面對他們，他們將令你驚訝並讓你的專案失去平衡。

　　此外，有任何障礙是在你變革或移除之權力（或欲望）的掌控之
外嗎？你能與這些障礙所代表的風險共處嗎？你能克服這些障礙嗎？
以什麼代價？若你不能或不想付出代價，可能這是你放棄專案的時
候。

9.7.2 找出穩定的反饋迴路

穩定性是避開變動的能力。因此，我們希望我們的專案有穩定性，而
不是要我們試圖改變的事情的穩定性。所有變革的穩定化障礙中，內
置於反饋迴路（feedback loop）中的那些障礙最難以克服。這些障礙
可能積極維持在適當的「舊有現狀」，所以要找出這些障礙，並在效
應圖上尋找打破這些障礙的地方。❽ 例如，若策略計畫需要改善交給
管理階層的狀態報告的正確性，你可能必須對付如圖9-10的效應圖。
藉由獎勵正確做報告，而不懲罰壞消息，就能打斷這些迴路的穩定化
效應。因此，你的戰術計畫需要判定什麼行動可能造成那種效應。

9.8 面臨不可預測性時的規畫模型 165

風險評估不是風險管理，而只是風險管理的第一步。第二步是風險降
低規畫，也就是在不可預測的環境中得到可預測結果的規畫。效應圖
可提供一份完整的清單，包含所有有助於從A到B這個目標的事項。
同樣地，這可協助你釐清定義真正的含意。

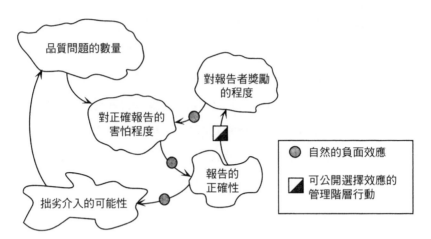

圖9-10 兩個反饋迴路一起運作或處於對立，都可能穩定化呈交給管理階層之報告的正確程度。這些迴路是欲提升報告正確程度的障礙。

9.8.1 運用PLASTIC模型檢查風險和資源

為了有效做規畫，你必須一開始就採取較大的步伐，並將較小的步伐留待日後。以下的例子是在真正穩定的單位中發展計畫的一個範例。關於如何選擇適當的規畫層級，我使用頭字語PLASTIC，它代表：

Plan to the

Level of

Acceptable

Stable

Talent

In

Completing Projects

（完成專案的過程中，要規畫至可接受的可靠人才水準）

換句話說，你可以往細部規畫至你可信賴他人的績效的層次為止。例如，讓我們看看派特（一位經理）、林恩（一位專案經理）與克里斯（一位技術專家）的互動，他們正計畫將資料安全的審查納入他們的專案中。

克里斯：這個計畫看起來不錯，只是我們這裏從未真正實行過資料設計。在每個人都能可靠地產生正確的資料設計之前，審查的結果將會很不可預測。[我不信任我們的資料設計能力。]

派　特：為什麼我們不能只從事安全性方面的事？

林　恩：那項任務不在要徑上，所以儘管避開了克里斯所指出的主要障礙，我們將只是原地踏步。

在此個案中，克里斯和林恩都說，在完成專案的過程中，資料設計尚未達到有可靠人才的水準，意思是他們不相信可以從整個組織獲得正確的資料設計。因此，他們無法在需要依賴資料設計的層次上做規畫，例如，改善他們的安全性技巧。如果真的規畫下去，他們的風險是：一旦知道了如何確實設計資料，所採用的安全性方法的結果可能完全不一樣。

派　特：喔，我們有了解良好資料設計的一些設計師。為什麼我們不運用他們，並得到一個有利的開端？

克里斯：對於安全性，若僅有一些人能審查設計，我不會覺得安心。[我不信賴非標準的部分設計。]

派　特：我猜我不得不同意這點。但是，至少我們的人員有能力學

習。[他們的學習能力達到我信賴的程度。]

林　恩：我同意，但是我不希望用「邊做邊學」的方式。至少讓他們
　　　　上個課，可以幫助我們得到表現設計的標準方法。[我不相
　　　　信自行學習可以提供我們所需要的標準化。]

為了降低風險，他們尋找可用來當成中間步驟的一種可靠人才水準，
以達到能設計資料的程度。他們同意他們組織中的人員有能力透過上
課學習，因此安排課程可能是他們得到所要的穩定性（也就是降低風
險）的一種方法。

派　特：有誰知道有好的教師嗎？

林　恩：我聽說 Joe Bloe 有資料設計課程。

派　特：喔，那麼讓我們與 Joe Bloe 約個時間。所以這樣做就能處理
　　　　這件事。

林　恩：那不盡然。除非讓他們有時間練習，否則光憑課程本身是不
　　　　夠的。[我不信任光靠課堂上學習。]

派　特：所以要騰出時間給他們。

林　恩：沒那麼簡單。你必須要求每個專案都分配一點時間出來，並
　　　　依此調整他們的時程，否則那不會成功的。[我不相信他們
　　　　能從目前手上的專案擠出時間。]

派　特：好吧，你又抓到我的把柄了，我老是想不勞而獲。

他們開始檢查他們的計畫是否可行：課程足以提供學習資料設計之所

需嗎？這項檢查讓他們發現，需要挪出一定數量的時間做練習。因為
他們還沒有分配出可接受的時間，因此他們轉移到預算能力所及的層
次，並使用預先編列的時間。在這些穩定的層次上，他們可以得出圖
9-11的變革計畫。

167

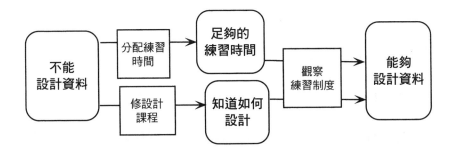

圖9-11　培養在專案中從事資料設計之能力的計畫。狀態A是不能設計資
　　　　料，而狀態B是能夠設計資料。矩形方塊會被轉換成標準任務單
　　　　元，每個單元都有進入與離開的準則。圖怎麼畫並不重要，只要確
　　　　定你能顯示行動、狀態與依存關係：「若系統處於狀態A，而且我們
　　　　做X，則系統將會處於狀態B。」

9.8.2　核對MOI模型的資源

當你建立好計畫簡圖時，請核對MOI模型。每個狀態真的可以由規畫
的介入而產生嗎？例如在什麼情況下，上課將可提供學習設計資料所
需的動機（motivation）、組織（organization）與資訊（information）？

- 動機，例如人們想去上課
- 組織，例如替課程訂定契約和排時程，以及處理課程教材的
  能力
- 資訊，例如一位有學問的教師，和適合於組織人才培養的課

程教材

克里斯：等等！我想起來了！Joe Bloe有個習慣，就是會貶低學生，
讓他們感到挫折。我覺得找他來並不妥當。如果他的行為是
那樣，會讓學習資料設計的整個構想受到懷疑。[動機不見
了。]

派　特：你有任何其他建議嗎？

168　克里斯：沒有。

林　恩：那麼我們最好在計畫中註記要找一位好教師。

派　特：那要花時間，但是我們沒時間。[我覺得這不太可能。]

林　恩：我可以上網詢問「訓練論壇」的成員。那應該花不到一星期
就可取得一些名單，並查明他們是否適任。

派　特：好，那就這麼辦吧！[我接受！]

在此個案中，MOI問題導致對教師資格的調查，所以修正了一部分的
計畫成為如圖9-12所示。多出來的步驟是要降低參加價值不明的課程
的風險。

169　### 9.8.3　運用情緒資訊檢查人力資源

有些規畫工具可以簡化工作，但是你很容易誤以為你的規畫圖表就是
真理。人們的行為不像規畫圖上可愛的小方塊那樣。請勿將你的人力
資源（你的人員）視為理所當然。

　　例如，你的顧客可能會說：「我想要X想瘋了。」但是當你問她

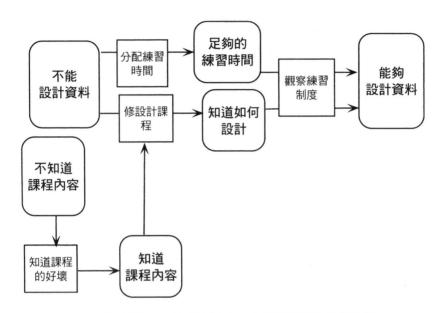

圖 9-12　圖 9-11 的修訂版，這是降低參加未知課程的風險的新計畫。

願意花多少時間專心致力於得到 X，她說：「喔，我太忙了，別來打擾我。你只要去做，最後交出成果就好。」這句陳述可協助釐清「想瘋了」的意思，而且可能暗示你沒有適當的動機來讓變革專案成功。

　　就像風險管理的整個過程，這種檢查需要變革能手學習注意情緒的資訊。有些資訊直接就在人們所說的話裏，例如：「喔，我太忙了，別來打擾我。」但是很多情緒資訊來自其他管道。例如，假設為了你的資料安全專案，你需要資料流程圖，而你詢問其中一位系統分析師：「你知道如何使用資料流程圖嗎？」答案是「當然」，但是他的聲調與他的儀態透露出不一致的訊息。那你知道你必須進一步追蹤這件事。

　　可能這位分析師應該知道資料流程圖。可能他們修過資料流程圖的課程，但是缺乏應用資料流程圖的經驗，或是缺乏將資料流程圖應

用於這種情況的經驗。在安全的環境中有技巧地提問，變革能手可以得知比「當然」的字面意義還更可靠的資訊，而且這項資訊可用來訂定更合理的計畫，以降低在錯誤的假設之下繼續做事的風險。它可能需要額外的練習，讓一些分析師擁有一些真實經驗；或者一開始你可以用一位更有經驗的分析師；或者你可能不用資料流程圖就能得到所需要的東西。❾

9.9　回饋計畫

開放式的規畫，或多或少需要持續地修訂計畫，並運用被計畫影響的每一個人的回饋。許多經理人即使了解這一點，也往往無法在實務上實行此原則，因為一旦計畫動起來，經理人太過忙碌而沒注意哪些事改變了，或哪些人受到影響。真正的變革能手知道這一點，因此知道任何真正的計畫都必須包含「修訂計畫的計畫」。這樣的修訂計畫包含了可穩定化變革過程本身的一個或多個負面回饋迴路。（圖9-13）。

170　　　測試與重新規畫不可以太時常進行，以免擾亂專案的執行。另一方面，兩者又必須時常進行，以免計畫脫軌太多。一個好的測試是問這個問題：「若我們發現計畫脫軌了，我們將會因為投資過多而負擔不起重新開始嗎？」就「負擔」來說，我們的意思不只是時間與金錢，還包括情緒。若人們投資過多於這個計畫時，他們能面對現實嗎？

　　　對於計畫的調整必須盡可能小，使得調整本身不會變成顯著的外來成分。因此重新規畫的週期，應該以預期的調整規模為依據，這要取決於歷經「混亂」階段所涉及的不確定性。

　　　調整必須依據真實的資訊。若你的目標已通過所有的測試，則這點應該相當容易辦到。這項計畫是否有提供產生真實資訊的管道？若

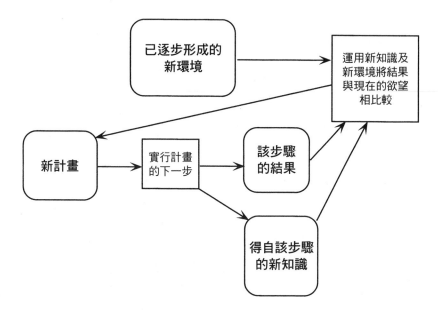

圖9-13　這是廣義的反覆性（iterative）戰術計畫的一張圖。圖中包含了修訂
　　　　計畫以及為了未來的計畫而學習的計畫。雖然每次的反覆必定不一
　　　　樣，但請注意圖中包含有回到新計畫的一個迴路。

沒有提供，則人們將會因無法獲得資訊而陷入混亂，而且你更可能得
到空想的資訊而不是事實。這個計畫有保存計畫的歷史紀錄，並包括
事情為什麼改變的紀錄嗎？因為久而久之，人們對於計畫的印象會變
得不正確。最好計畫有做版本控制，就像軟體文件一樣。

　　回饋流程是真正的計畫嗎？回饋流程有通過計畫其餘部分已做過
的所有測試嗎？例如計畫要清楚而明確，並有已承諾的職權與資源？

　　規畫流程是真正的流程嗎？規畫人員真的有參與嗎，或他們只是
裝裝樣子？談到開放式的規畫，只是裝裝樣子絕對不會成功。記住艾
森豪總統（Dwight D. Eisenhower）所說的：「計畫毫無價值，規畫才
是一切。」（The plan is nothing; the planning is everything.）

171

9.10 心得與建議

1. 本章不是聖經。它只是要幫助你記住，戰術性變革規畫不同於穩定環境中之規畫的一些地方。你應該將本章內容附加到你已知的許多規畫知識當中。若你還不知道如何在穩定的環境中規畫，則你應該多去研究它，以協助你有效運用本章內容。

2. 圖9-13可視為是原型設計的描述，但是很多希望成為原型設計師的人，都沒有真正去做規畫。結果，他們在每個階段都犯下大錯。真正的原型設計與只是隨意竄改（hacking）之間的差異，在於原型設計師在階段與階段之間會停下來「呼吸」（重新評估風險與事實真相，並依此重新規畫）。❿

3. 吉姆・海史密斯評論說：「當我做變革的相關練習時，我要求班上學員定義他們所認為的變革的核心限制條件，也就是似乎最難以克服的障礙。接著我告訴他們，核心限制條件不可能是時間。這總是引起一陣騷動，他們通常的反應是時間是主要的罪魁禍首。我的回應是，時間不夠是症狀而不是核心限制條件。我們總是有時間做些事情，也就是那些有更高優先順序的事情。如果變革真正重要的話，他們會找出時間。」

4. Lynne Nix 指出：有計畫的回饋，其用意是要看到計畫獲得採用，但是計畫的檢討部分，則需要紀律才得以堅持到完成。若有發展出細部計畫，但是從未隨著情況改變而更新，則規畫只是一個有趣的活動而已，雖然它可能揭露一些最初的問題。如果不隨著情況改變更新計畫，不光是無法做出有計畫的變革，連實施人員、管理階層、和顧客對於規畫人員的信任度，以及未來組織變革的可能性，都會大打折扣。

9.11　摘要

✓　能夠將策略計畫轉化成戰術計畫，然後將這些計畫轉變成行動的，是組織中的變革才能。戰術性變革規畫是變革能手訓練的必要部分。

✓　三個主要困境促使原本是好計畫卻變成垃圾：

- 規畫人員產生的是戰術計畫而非策略計畫，提供太多「如何」，但沒有提供足夠的「什麼」或「為什麼」。

- 規畫人員產生不可能轉化為行動的策略計畫，或是策略計畫太過模糊，而幾乎可以涵蓋任何行動。

- 當專案主要不是軟體專案時，軟體組織經常在策略與戰術規畫方面遇到困難。變革專案並不是一種軟體專案。

✓　有計畫的變革帶領系統從A點（你認知的狀態）到B點（你想要的狀態）。A點與B點由策略計畫明確或暗示地提供。這種變革可由努力了解以下各項而達成：

- 對A點的認知
- 對B點的欲望
- A或B點的真相

✓　戰術規畫是指事先考慮可能的行動與行動的結果，然後以讓你有最大成功機會的方式安排這些行動。規畫組織變革時，假設整個過程中認知和欲望會維持不變是不切實際的，因為大多數的組織變革專案牽涉到在認知、欲望和真相所有三個層次的介入。

✓　為了在組織變革規畫中成功，你需要運用開放式的而非目標導向

的規畫方法，也必須隨著規畫的持續進行，憑經驗權宜地自行向上提升。

✓ 開放式的變革規畫以下列步驟進行：

(1) 運用關於目標與能力的最新資訊，以適當的細節程度產生一份合理的計畫。

(2) 開始執行計畫，並蒐集以下相關資訊：

173
- 相對於你計畫前往何處，你實際上到達何處
- 相對於你認為組織會如何採取行動，實際上組織如何採取行動
- 包括你自己在內，受計畫影響的人他們的情緒反應是什麼

(3) 根據從(2)所得到的資訊，檢查你是否想停止執行。若不想停止執行，則設定新目標並重複(1)。

✓ 根據薩提爾對統合變革的描述，當牽涉到的人保持言行一致，並維持自我、他人與情境之間的平衡，則久而久之變革會變得更容易。因此，在每個規畫週期期間，你必須從頭到尾監控每位參與者所有這三項的平衡。

✓ 規畫是開放式的規畫，並不表示規畫不牽涉到目標。的確，抱持無確定目標心態的規畫人員需要更加知道目標，因為他們必須在每個規畫週期測試與修訂目標。

✓ 風險評估是管理風險的第一步。實際上穩定性是風險的相反詞，因為穩定的計畫是能應付風險的計畫。規畫人員必須產生一份風險（對穩定性的威脅）清單、發現風險如何互相關聯、並揭露隱

藏的風險。

✓ 風險評估不是風險管理，只是風險管理的第一步。第二步是風險
降低規畫，也就是在不可預測的環境中得到可預測結果的規畫。
PLASTIC模型、MOI模型與人們的情緒資訊都能用來規畫步
驟，盡可能將風險置於專案控制之下。

✓ 開放式的規畫或多或少都必須持續修訂計畫，並運用來自受計畫
影響的人們的回饋。任何真正的計畫都必須包含「修訂計畫的計
畫」。修訂計畫的這項計畫，包含了可穩定化變革過程本身的一
個或多個負面回饋迴路。

9.12 練習

1. Janice Wormington建議：如同前面的摘要，從你自身的經驗找一
個例子，來走一趟戰術性規畫過程的每個步驟。例如，試著擬定
替你家人做早餐或到某處度假的一項計畫。請勿跳過任何步驟。
結果你的計畫做了什麼更改？

2. Wayne Bailey建議：找出規畫流程中對你而言似乎有些模糊不清
的一個步驟。從你自己的經驗舉出三個例子，以協助你了解這個
步驟。若你無法自己想出三個例子，請嘗試向另一個人解釋這個
步驟，並請他舉出例子。

3. Sue Petersen評論說：「你提到的『避免牽涉到要其他人做改變的
陳述』這項原則太重要了，我認為你或許可以為這個主題單獨寫
一本書！我認為在這本書中應該讓這個主題更加突顯出來！」所
以，請召集一個小型討論群組，並分享當別人的計畫要求你必須
做改變時的情況。你感覺如何？你當時做了什麼？你依照該計畫

174

做了改變嗎？這個命令使你更可能或更不可能做改變？

4. Phil Fuhrer 與 Michael Dedolph 發表意見：計畫是為變革而做的設計。試著討論你設計軟體系統的方式與規畫變革的方式，兩者之間的相似處。兩者有什麼地方不一樣？為什麼？本章所描述的規畫方法，如何適用於你所使用的軟體開發生命週期模型？那個模型有什麼陷阱？這個規畫方法如何對付那些陷阱？

5. 如果設計是變革的計畫，而且也是對未來的賭注，則對於有計畫之組織變革的賭注，什麼會處在危險中？

6. Janice Wormington 問說：除了策略計畫之外，你還可能從何處得到目標（B點）？目標的來源如何影響戰術規畫過程？例如，隱含的目標如何不同於明確的目標？

7. James Robertson 提到：戴明警告我們，設定可衡量的目標，可能會鼓勵一些我們未預期到的行為，也可能鼓勵一些真正需要去做的事。請說明，戰術規畫如何讓你的目標激勵出不管是你想要或不想要的非預期行為。

10
以軟體工程師的思維
做規畫

組織期待領導者以書面——更重要的是透過行為——來定義並傳 175
達對於制度的信念與價值觀。

領導者要負責訂定與信念及價值觀、願景及策略一致的精練而簡
潔的政策宣言。

公平是領導者的特殊職務範圍。

領導者要訂定出優先順序，堅定地傳達給所有人，在實務上要一
致遵守。❶

——麥克斯・帝普雷（Max DePree）

本系列的第三卷《關照全局的管理作為》描述了當技術專家轉變
為管理職的時候，通常會犯的一些嚴重錯誤。❷做為補充說
明，本書第9章探討了組織的變革規畫不同於軟體專案規畫之處。這

可能會令人感到沮喪，但是真正的工程師在變革規畫的過程中也有一些長處可以發揮。

　　本章以權衡取捨為例，來說明工程師的思考方式，如何協助經理人獲得所需的策略願景——以公平的方式，將許多人的工程工作整合起來。的確，只有防範未然型（模式4）與全面關照型（模式5）組織，才是真正的工程組織，因為只有在這些模式中，參與者才有能力像工程師那樣思考。

176
10.1　工程控制的含意

工程師不只是技術人員。工程師需要做的事，比僅僅了解工程技術還要多很多。使工程師的工作這樣困難的原因，和使管理工作這麼困難的原因相同：他們必須和策略願景的每一個部分協同一致，並對所有參與者都公平，來將工程觀念付諸實踐。

10.1.1　是動態模型，而非神奇公式

首先，「工程技術」（engineering technology）這個字眼很容易讓人誤解。其實工程這件事，可以用很多種方式去做。與某些人的期望和行動相反，工程沒有真理，也沒有供你尋找所有答案的聖經。身為工程師或工程經理人，你可以說是每天都在寫下新的真理——那些你所做和所說的事情，而因為你是工程師，也包括你所建造的東西。

　　有效的工程並不是一組神奇公式，總是能讓你得到你想要的。有效的工程管理也不是。

　　確實，任何稱職的工程師都知道，若總是能得到你想要的東西，你就不需要工程師，也不需要工程經理人。工程師不尋找神奇公式，

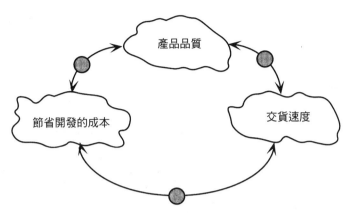

圖 10-1　工程師並不嘗試建造完美的系統。他們試著處理變數之間的動態相
　　　　 互作用，例如品質、節省與時程，使它們能在特定的一組情況下，
　　　　 產生最大可能的滿意度。這張效應圖暗示，三個變數被鎖在一個穩
　　　　 定的反饋迴路中，增加某個變數的值，會導致另外一個或兩個變數
　　　　 的值減少（如效應箭頭上的小灰點所示）。

而是去研究不同的變數彼此之間的動態學。例如，圖 10-1 就顯示了工
程師思考關於品質、節省與時程的一種方式：畫出一張效應圖。每個
變數都與其他變數互相關聯，所以若我們希望某個變數多一點，就必
須在其他一個或兩個變數作讓步。

　　將這種觀點與典型的非工程經理人做對照，他們認為程式設計師
必須更快更精確地工作，但是不能花更多錢，也不給他們工作應該如
何完成的任何想法。真正的軟體工程師知道，如果他們的主管知道如
何花錢以提升他們的技術，他們就可能更快更精確地工作。或者是，
在他們的主管不花錢的情況下，他們知道如何更精確地把事情做好，
但是要花多一點時間。

　　所謂的「工程」是當你無法得到你想要的每樣東西時所完成的事
情，因為工程是在特定情況下盡你所能地獲得最多的藝術。工程的確

177

是關於你要放棄什麼來交換你想得到的東西，而且知道為什麼要這麼做的一種有意識的決策。

10.1.2 取捨

對工程師而言，如果有像真理一樣的東西，那會像是圖10-2，這是一條典型的取捨曲線，顯示為得到某樣東西，你必須放棄什麼。第8章中一條類似的取捨曲線描述了風險與報酬的關係；而圖10-2這條特殊曲線是源自於圖10-1的動態學，顯示為了維持固定的時程，通常你必須在品質與節省之間做取捨。

178　　（圖10-2中我選擇節省而不是成本的理由，是要保留取捨曲線當中變數越大代表越好的慣例。運用這個慣例選擇你的變數時，所有的取捨曲線都會類似於圖10-2的曲線〔編按：可與經濟學中的無異曲線相對照〕。Wayne Bailey警告，你可能被這張圖所誤導：儘管此圖暗示，只要稍微減少節省的金額，你就可大幅提高品質，這是事實沒錯，但是要稍微減少節省的金額，其成本會非常高，使得提高的那一點品質實際上是非常昂貴的。對任何模型抱持懷疑態度是好的，因為模型總是會扭曲真相的某個觀點，以強調其他觀點。）

　　這條曲線代表以今天的最佳工程實務，可能達到與不可能達到之間的界線。曲線上方像X那樣的點，至少在目前不可能達到。曲線下像C那樣的點，是目前可達到的點。曲線上像A與B的點是目前可達到的最佳情況。請注意，對工程師來說，「最佳」不是一個點，而是一條曲線，由許多點所組成（這就是所謂的前沿〔leading edge〕。）所以若你要求工程師給你可能的最佳系統，則你的任務描述還不夠具體。

　　「工程」也意指你知道如何得到不少於你所能得到的。就圖10-2

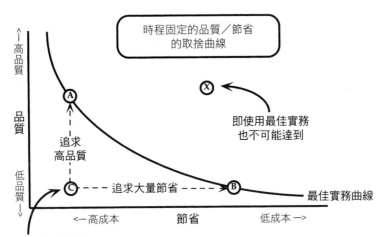

圖 10-2　在其他變數維持不變的條件下，一組變數之間的動態變化可在取捨
　　　　曲線中看到。在此個案中，變數是品質與節省。圖中的曲線代表今
　　　　天的最佳工程實務。曲線下方像 C 那樣的點，是低於目前最佳實務
　　　　所能達成的成果。在 C 點處營運的組織不是管理完善的組織，因為
　　　　管理階層可將組織移到 A 點，以同樣的成本達到更高的品質，或者
　　　　可移到 B 點，在不犧牲品質的前提下達到更多節省（因為 B 與 C 位
　　　　在同一水平）。曲線上方像 X 那樣的點，無論管理階層表現多麼
　　　　好，都不可能用今天的最佳實務來達到。

而論，工程意指你知道你必須做什麼，才能停留在曲線上，而不會滑
落到像 C 點那樣。好的工程師知道如何從 C 點朝 B 點移動，只要維持
同樣的品質但更節省就能辦到；或者從 C 點朝 A 點移動，只要以同樣
的節省得到更高的品質就能辦到。

　　換句話說，軟體工程的管理是一組選擇，而不是一組強制要做的
事。好的軟體工程管理是停留在最佳實務曲線上或靠近這條曲線的能
力，而你所停留的點代表你對於變數之間最適當的權衡取捨結果。

10.1.3 同時應付多個變數

當然，任何真正的工程問題，都比二維還要多很多。二維的取捨曲線是一種曲線的簡化，甚至是 n 維空間的面的簡化。我們經常做這種簡化，因為我們多數人都無法在超過二維的條件下運作得非常好。有些人能將三維處理得十分好，對他們而言像圖 10-3 那樣的三維圖形是有用的。對我們大多數人來說，我們能做得最好的是處理像圖 10-2 那樣的二維投影圖。實際上圖 10-2 代表穿越圖 10-3 之面的一個切片，這個面由一系列這類切片表示。每個切片都是時程有特定的固定值的平面。

　　表達三維空間的另一種方法是在二維當中以一系列的曲線表示，如圖 10-4 所示。系列中每條曲線代表圖 10-3 當中的一片切片，換句話說就是特定時程下的品質／節省的取捨。

180　　對於某些工程變數，例如容量、存取時間與設計資料庫的成本，系列曲線可被賦予極高的數字精確度。然而，在描述整個軟體專案

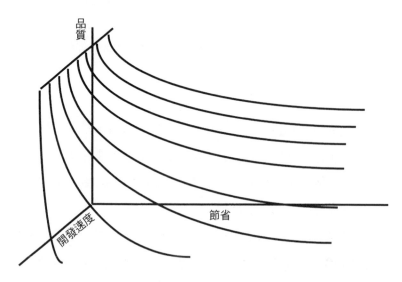

圖 10-3　品質、節省與開發速度之間的取捨的三維圖。

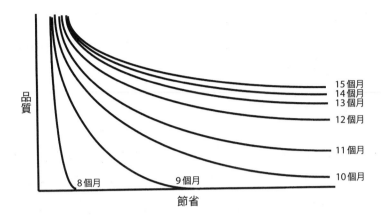

圖 10-4 品質、節省與開發速度之間的取捨，可在二維當中以一系列的曲線
　　　　表示。系列中的每條曲線，代表不同時程的「品質／節省」取捨。

時，我們並不追求這種精確度，但會追求曲線的一般形狀與間距。把
曲線畫出來，可以供我們討論可能的權衡取捨。

　　即使當這些曲線只是最佳意見的粗略的草圖時，這種系列曲線還
是含有大量的工程資訊。例如，在此個案中，從圖形上可以看出，將
時程從 13 個月延長到 15 個月並不會帶來許多好處，因為這些曲線之
間的間距很小。

　　另一方面，嘗試將時程從 10 個月縮短成 8 個月，會使達到高品質
的代價非常昂貴。此外，9 個月的曲線與節省的軸交叉，意指除非你
願意花更多錢（比這個交叉點更不節省），不然的話，即使運用最佳
實務也不可能產生出系統。

　　運用這些一系列的取捨曲線，你就能快速挑選你偏好的位置，例
如，你想要多高的品質、多節省、以及想要多久的開發時間。我的同
事 James Robertson 指出，對於最常見的專案取捨，若你有一組這種曲
線，就可做出快速的「信封背面的」規畫。當然，這組曲線會成為你

的文化的特色，而且你可運用這組曲線問說：「在我們的組織中，我們希望這些取捨曲線變成什麼不同的樣子呢？」你可以依此而採取行動，創造一組不同曲線的文化。

10.1.4 處理新的技術層次

若不採用一系列的品質與節省曲線相對於時程的比較，我們可以畫出固定時程但不同技術的系列曲線，如圖 10-5 所示。當有新技術可用時，工程經理人經常面臨是否捨棄舊有的曲線並立即採用新曲線的選擇。雖然這個選擇似乎很明顯，但是我們必須記住，這些曲線只是 n 維變數空間的投影。

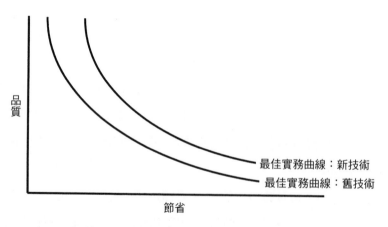

圖 10-5　兩條品質與節省的取捨曲線，採用不同的技術。

　　為了以真正策略性的方式做出是否採用新技術的決策，工程經理人必須考慮很多其他變數，例如：

- 位在兩條曲線下方之學習期間的營運成本
- 對於目前專案的風險

- 實行變革的成本
- 「此技術佔上風」對應於「此技術遭到否決」的機率
- 此技術未如所承諾的那樣運作的機率
- 對先前已完成之計畫的風險——新技術可能不相容

即便如此，相較於圖10-6的曲線圖，圖10-5的技術決策相對比較容　181
易。在圖10-6中，對於所有可能的目的，沒有一項技術明顯優於另一
項技術。在此個案中，A技術擅長於產生比較節省的系統，同時依舊
維持較好的品質。另一方面，B技術比較擅長產生高品質的系統，而
且比A技術更節省。

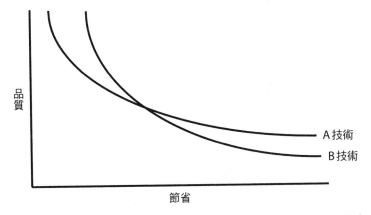

圖10-6　有時候兩條技術曲線會交叉。在此個案中，A技術更擅長於產生比
　　　　較節省的系統，同時依舊維持較好的品質。另一方面，B技術能比
　　　　較便宜地產生高品質系統。

A技術可能牽涉到客製化買來的不必修改就可使用的系統，而B技術　182
可能是完全自行開發的系統。軟體工程史上已浪費了無數時間在爭論
這類的選擇。這種技術爭鬥經常變得高度政治化，而且有時是被彼此

競爭的販售商所激起。

　　有效的軟體工程經理人面對這種情況時都會記得，他們想要知道要放棄什麼才能得到什麼，以及為什麼要這樣做。系列曲線可以協助讓討論聚焦。例如，從未打算製造高精準度系統的組織，可能從未發現自己處於B技術較突顯的區域。若這類組織有需要一套高精準度系統，與有專業軟體開發人員的外部組織簽約，對他們來說也許比較好。這確實是很多大公司的情況。個別部門也許自行開發出試算表範本和簡單的資料庫應用程式，但是當需要一個新網路將部門中所有的個人電腦相連接時，他們會求助於另一個部門的軟體工程專業人員。

　　藉由以不同方式處理不同問題，實際上我們已產生第三種複合技術，即A與B的混合技術（圖10-7）。但是為了讓這種混合技術成為完整的技術，那不光只是需要A與B而已。還缺少的部分是關於何時

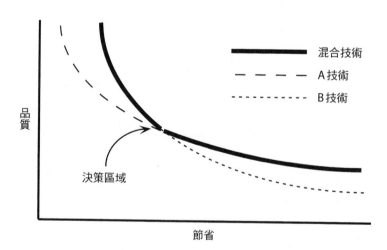

圖10-7　處理交叉的技術曲線的一個方法，是產生結合兩者最佳部分的一種混
　　　　　合技術，並在兩種技術交叉處，兩邊各取一種。在此個案中，當我們
　　　　　需要更多節省時，我們選擇A技術，當我們需要更高品質時，則選擇
　　　　　B技術。

運用A或B的管理決策。沒有這種管理抉擇,組織不會有真正的軟體工程,而只是隨機應用一大堆技巧而已。

10.2 工程管理行動的基本圖　183

是由於選擇的複雜性,使得工程變得困難。每當我思考軟體工程的管理時,我都發現有眾多選擇,其中很多選擇都表示在圖10-8中。我喜歡將這張圖稱作「工程管理行動的基本圖」。我賦予這張圖誇張的名稱,是因為此圖顯示了工程經理人所面臨的主要的選擇類型:

- 何時要努力改善現有技術的運用
- 如何引導技術的運用,以符合更大的目標

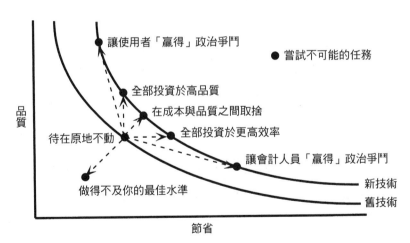

圖10-8　即使當你已決定從舊技術移轉至新技術後,你還得選擇要將你從技術得到的收益投資於何處,因為你可以選擇用不同方式運用新技術。你可以選擇將你最喜愛的政治斧頭(節省或品質)磨利一點。這是工程管理行動的基本圖,因為此圖顯示工程經理人所面臨的很多重要決策。

- 運用現有的技術可以做到什麼
- 要使用哪兩種或更多種彼此互相競爭的技術
- 何時使用某一種技術，以及何時使用另一種技術
- 要將新技術所得到的利潤投資於何處
- 是否要拿新技術當藉口，以達成其他的目標

這個基本圖並未告訴經理人如何做這些決策，但是可以協助讓這些決策變得清楚明確。決策者必須問：

- 我們現在在何處？在現有條件下，我們做到最好了嗎？若沒有，為什麼我們認為運用新技術就會做得更好？
- 我們想去哪裏？我們的文化支持我們去那裏嗎？或者在移動之前，需要先做文化上的變革？
- 從我們現在所處的位置，什麼技術是可行的？
- 哪些技術所提供的可能性，最接近我們想要去的地方？
- 我們確實想去那條可能性曲線上的哪一點？
- 什麼行動可將我們帶到這個想要去的點？哪些行動會將我們推開？

當然，隱藏性議程與明確的組織目標不一致的人不喜歡這種質疑，但是那不會對真正的工程經理人造成麻煩。事實正好相反。

10.3 控制的層級

在前一節使用「技術」這個術語時，我是以非常廣泛的意義來使用它，❸包括：

a.　科學應用，尤其應用於工業或商業目的

b.　用來達成這類目的的整個方法體系與素材

從這個角度來看，技術會包括以下這幾類選擇：

- 使用什麼程式語言
- 特定函數是否要使用次常式或巨集
- 如何成立測試實驗室
- 由誰負責原始程式碼
- 是否真的要做詳盡的設計
- 使用什麼編譯器
- 是否要有單獨的專業軟體開發人員
- 如何命名特定變數
- 要支持何種訓練計畫，以及如何支持該計畫

10.3.1 多階層控制的穩定性

軟體工程的管理與技術的選擇有關，而且是在很多層級裏做這些選擇。回饋控制模型（Feedback Control Model）或者說控制論模型（Cybernetic Model）本身就是一種技術，使所有的取捨曲線都適用於其應用，尤其適用於多階層控制。❹圖10-9將一個回饋控制者的簡單觀點，擴大至多階層的回饋控制者，以顯示每一層的環境都包含其上下層。除非上下層都在控制中，否則就不可能真正實現對某一層的控制。例如：

- 軟體開發主管下令減少50%出貨錯誤，而不增加成本或交貨　185
  時間。如果程式設計師根本不知道該怎麼做才能達成任務，

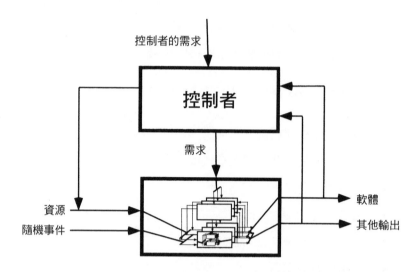

圖10-9 在巢狀回饋系統中，每個階層都有控制。如果某一層的控制沒有做好，在另一層進行控制會變得更加困難，因為那一層的環境是由該層的上下層所構成，因此那個環境會變得不穩定。

那麼無論如何這位主管都無法達成目的。

- 即使中階主管設定了測試時要達到的品質水準，但是若程式設計師一開始就無法達到某個水準，或者若高階管理人員下令要在某個日期運送出產品，則無論測試結果如何，這位中階主管將無法達到目的。

- 如果中階主管所給的需求錯誤，則不管程式設計師開發出多麼完美的程式碼作品，都毫無用處。

如同戴明所說的：

任何人或任何一群人，要在一個穩定系統的外部、下方或上方執行，那是完全不可能的。若系統不穩定，任何事都可能發生。如

我們所見，管理階層的工作是嘗試讓系統穩定。不穩定的系統是
管理階層的污點。❺

10.3.2 將決策擺在對的層級

若要好好管理軟體工程組織，則所有階層都必須管理好。但是除此之
外，各個階層也必須彼此協調。因此，軟體工程經理人必須決定在什
麼階層擺放不同的控制責任。我喜歡使用的經驗法則，是以瑞士的政
治制度為基礎：

186

a. 將每項決策往下推到有資訊與工具的最低層去做那項決策。

b. 將所有工具與資訊推到能夠使用這些工具與資訊的最低層。

理想上，最低層應該做與產品本身相關的所有決策；中間層應該管理
製造這項產品和其他產品的流程；而較高階層應該關心「有益於流程
運作環境」的一般性的文化議題。若你的組織無法完全做到這些事，
則你的組織尚未變成一個防範未然型（模式4）組織。

10.3.3 較高階層的決策能控制較低階層的決策

如同有個非洲民間諺語所說：「當大象打鬥時，草地就會被踐踏。」以
管理用語來說：「較高階層決策的用意是要去控制較低階層的決策。」

　　例如，若中階管理人員已裁定模組大小的上限，則程式設計師的
決策可能像這樣：「我需要一個大模組以符合我的程式效能目標，但
是管理階層已對模組大小訂出規則，所以在我用這種方式設計模組之
前，我要採取預防措施讓管理階層先查核我的設計，以免遭受斥責。」

　　或者在不同的文化氣氛中，程式設計師可能會做非功能性的模組
切割，來欺騙管理階層。或者在第三種文化氣氛中，程式設計師可能

會想：「我會寫下我的選擇，並與一位同事充分討論。我相信更大的模組是需要的，但是另一個人的意見會有幫助。無論如何，我應該替最終的維護人員記錄下理由。」在防範未然型組織中，程式設計師會想：「我相信這是需要的，而且我知道我們有指導方針的例外情形之處理流程。我將遵循那個流程，使我對於做對還是做錯不再有任何懷疑。」

若管理階層不提供清楚的指導方針，程式設計師的決策可能會有些不同：「我需要一個大模組以符合我的程式效能目標。大模組在測試時可能遇到麻煩，所以我採取預防措施，請一位更有經驗的程式設計師查核我的設計，以避免測試時陷入麻煩，也避免審查模組時遭到我的同事嘲笑。」

顯然，不同風格的較高階層決策，傾向於助長在較低階層的不同行為（和不同文化）。

187 ### 10.3.4 低階層的決策能控制較高階層的決策

在回饋控制系統中，系統與控制者的角色是平衡的。決定哪一個是控制者和哪一個是受控制者，完全取決於我們的認知。因此，我們不應該驚訝較低階層經常成為較高階層的控制者。你可以想成是執行長在控制程式設計師的薪水，但是你也可以想成是程式設計師在控制執行長付薪水所需要的錢。此外，基於執行長的報酬是由公司的績效來決定，程式設計師確實控制了執行長的報酬。

較低階層的決策控制較高階層功能的這種能力，是軟體開發如此難以管理的其中一項原因。最高層管理人員可以設定獲利率這類目標。中階管理人員可將這種文化需求轉化成某種流程決策，例如「只用C當作程式語言」。但是程式設計師可以用C語言撰寫完全無法移

植的程式碼。當除了「只使用C語言」之外沒有更多的流程結構時，程式設計師可以成功發展出幾乎不可能移植到新系統的系統。

另一方面，高階管理階層可能沒有提供和可移植性有關的任何指示，但是程式設計師也可能擁有一種文化，可產生高移植性的C程式碼。當高階經理人最後意識到需要可移植能力時，他們採取有效行動的能力，將受到程式設計師較早期的決策所控制，而這些決策是經理人看不到的。

這個可移植性的例子顯示，低階層控制高階層對組織可能有好有壞，而且無論何種情形，我們都無法阻止。然而，對於我們為什麼將某個控制決策擺在某個階層，我們可以有多一些覺察。

10.3.5 職位的放大效果

史帝芬‧柯維（Stephen Covey）說過一個他強迫他女兒把她的生日禮物跟其他人分享的故事。他總結這個故事時說：

> 為了彌補我的不足，我向我的地位與權威「借用力量」，迫使她去做我想要她做的事。❻

升遷至更高階層的人經常像為人父母那樣，借用他們的地位的力量，來彌補他們個人的不適任。柯維繼續解釋這種借用出了什麼錯：

> 但是借用力量會養成壞習慣。借用者培養出壞習慣是因為光是為了完成事情，借用力量會強化對於外在因素的倚賴。借用力量也會讓被迫默默遵從的人養成壞習慣，阻礙其獨立推理、成長與內在紀律的發展。最後，借用力量也會造成雙方關係的弱點。恐懼代替合作，而且兩個當事人更加獨斷與抱持防衛態度。

188　柯維對於這個案例說得有點保守。向地位借用力量實際上更糟糕，因為這種行為對於組織中光是目擊這項借用的所有其他人，也會產生類似效應。如同 Vinegar Bend Stilwell 將軍所說的：「猴子爬得越高，你就越看得到牠的屁股。」

　　高控制地位就像槓桿的長臂（圖10-10）。位置越高，槓桿臂越長；槓桿臂越長，任何小小的不平衡就會被放大。地位高的人經常被視為比地位低的「普通人」言行更加不一致。我相信他們的言行可能和其他人大約同樣一致，或甚至更一致一點，但是因為這個槓桿，使他們顯得更不一致。而且當然他們每個小小的不一致言行，都會造成組織中極大的病態，使得要做出有效的變革更加困難。

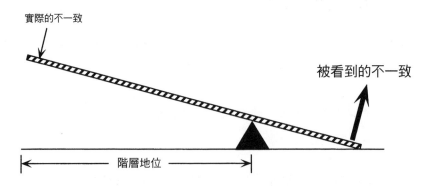

圖 10-10　高控制地位的不一致言行會被放大，使當權者顯得比職位較低者更加言行不一。

10.4　心得與建議

1.　Wayne Bailey 指出，無論是為了開發產品或改變組織，工程師與經理人都會規畫專案要交付的東西。當然，工程師與經理人可以

應用本章的決策概念，但是那些不被視為應交付的東西，則往往被方程式所遺漏掉，如同Wayne所說的：

> 例如，在我們的ISO專案中，經理人聚焦於有形的交付成果，像是有明文記載的程序，以及關於這些程序的訓練事宜，並以文件的頁數與接受訓練人數的百分比做評量。但是，他們避開了最終的「品質系統」（也就是所有這些文件）會帶給公司什麼能力這方面的規畫甚至思考。

如同任何工程類的工作，你的方程式所遺漏掉的東西，通常在最終產品中找不到。

189

2.　取捨曲線的雙曲線形式強調了幾件事：

　　a.　即使在零成本的情況（什麼事都不做的價值），仍舊有某種品質水準存在。

　　b.　無論花多少錢，你都不可能得到無限高的品質。

　　c.　隨著成本增加，品質的報酬率會遞減。

　　d.　隨著品質降低，節省的報酬率會遞減。

3.　決定應該在哪個階層做決策的一個方法是考慮錯誤決策的財務後果。Donald Norman 曾經觀察到：

> 在我檢視過的所有個案中，錯誤校正機制似乎都從可能的最低階層開始，然後逐漸往更高階層發展。❼

Norman 所談的是矯正處理日常事務的錯誤，像是無法插入汽車鑰匙、再試一次、將鑰匙翻轉、試另一把鑰匙、扭動把手、試試另一個門、最後才了解這輛車不是自己的車。

但是我們在矯正組織的缺陷時，也經常看到類似的走過不同階層的過程。例如，發生了一個價值5千萬美元的程式設計錯誤，通常第一項行動是解聘最後動手修改程式碼的程式設計師。最後一項行動才是更換高階管理人員，但就是他們設計出這個讓5千萬美元的錯誤成為漏網之魚的組織。這可以解釋為什麼組織的錯誤這麼難以矯正。從我的觀點來看，

如果那是個5千萬美元的錯誤，則可以做5千萬美元決策的那個管理階層必須負責。

4. 在多階層的組織中，組織的文化通常會變得很競爭，而且這種競爭會演變成具破壞性的程度。許多經理人都告訴我，雖然他們不喜歡競爭，但是在這種環境下他們必須競爭。其他人（可能是對自己更了解的人）則告訴我，他們喜愛競爭。關於競爭，我一向遵循藤平光一（Koichi Tohei）的建議而無往不利：

喜歡競爭和比賽的人，應該試著和自己競爭。例如，性急的人可以說：「今天我不生氣。」若他能一整天控制他的脾氣，他就贏了；若控制脾氣失敗，他就輸了。如果我們進步了而不造成其他人的麻煩，也不對任何人懷有惡意，我們就會達到總是會贏的情況。那是真正的勝利。若我們未能戰勝自己，即使贏過其他人，我們也只是滿足了自己的自大與虛榮心。另一方面，若我們真的戰勝自己，我們就不需要贏過其他人。人們將會快樂地遵從我們的領導。相對的勝利是脆弱的，戰勝自己則是絕對的勝利。❽

190

10.5 摘要

✓ 防範未然型（模式4）與全面關照型（模式5）組織都是真正的工程組織，因為這些組織中的人一致地以工程的方式在思考。

✓ 工程能夠以很多種方式完成；工程沒有真理，也沒有可供你尋找所有答案的聖經。

✓ 「工程」是當你無法得到你想要的每樣東西時所做的事情，因為工程是在不同情況下盡你所能獲得最多的藝術。工程的確是關於你要放棄什麼來交換你想得到的東西，而且知道為什麼要這麼做的一種有意識的決策。

✓ 取捨曲線代表以今天的最佳工程實務，可能達到與不可能達到之間的界線。

✓ 好的軟體工程管理是停留在最佳可能實務的取捨曲線上，或靠近這條曲線的能力。而你所停留的點代表變數之間最令你滿意的權衡取捨結果。

✓ 畫出關鍵變數之間的一系列取捨曲線，工程經理人就有了一個依據，可以討論品質、節省與時程之間可能的權衡取捨。

✓ 大多數技術都是其他技術的混合物，而且這些技術與何時使用哪一種技術的管理決策相關聯。

✓ 工程管理行動的基本圖，顯示出工程經理人所面臨的很多重要決策。

✓ 以更廣泛的意義來說，軟體工程的管理與技術的選擇有關，而且是在很多層級裏做這些選擇。如果某一層的控制沒有做好，要在另一層做控制會變得更加困難。

✓ 若要好好管理軟體工程組織，則所有階層都必須管理好。但是除 191

此之外，各個階層也必須彼此協調。因此，軟體工程經理人必須決定在什麼階層擺放不同的控制責任。

✓　我們知道較高層決策的用意是要去控制較低層的決策，但是較低層的決策也可能控制較高層的決策。我們必須知道為什麼我們將某個控制決策擺在某一層。

10.6　練習

1.　Phil Fuhrer建議：可以討論為什麼圖10-2真的是所有工程的基本原則，而且只有擴及到工程師的管理選擇時才成立。

2.　策略計畫經常提到顧客、社群、員工與股東，但是往往用含糊的願景措辭隱藏他們彼此之間的權衡取捨。請兩兩一組畫出這些變數的取捨曲線，並說明典型的願景宣言，如何掩蓋了「事情要如何取捨」的問題。請使用薪水 vs. 利潤、現在的利潤 vs. 未來的利潤、或員工訓練 vs. 現在的利潤這些特定變數。

3.　你能否舉例說明，你的管理階層所做的某個決策（或無決策）使得較低階層的文化往更好的方向發展？或是往更壞的方向發展？分析這項決策的動態學。

4.　你能否舉例說明，你的技術人員所做的某個決策（或無決策）使得較高階層的文化往更好的方向發展？或往更壞的方向發展？請分析這項決策的動態學。

5.　美國憲法已撤除對「貴族頭銜」的法律保護。然而，美國人似乎很迷戀頭銜，雖然我們可能認為那些世襲的頭銜並不好，但許多人依舊努力將頭銜加到自己的名字裏，好讓他們高人一等。以下是來自一家照章行事型（模式2）組織某些階層的頭銜，這是來

自一位想要知道比他高階職位的新進員工所提供的資料：

- 程式設計訓練師
- 副軟體開發人員（1級、2級、3級）
- 軟體開發人員（1級、2級、3級）
- 資深軟體開發人員
- 助理專案領導人，本地稅
- 專案領導人，稅務
- 資深專案領導人，薪資系統
- 經理，付款系統
- 處長，財務系統
- 協理，資訊系統
- 集團副總
- 資深副總
- 執行副總
- 總裁
- 執行長
- 副董事長
- 董事長

192

你認為這些階層對於將軟體組織轉變成防範未然型（模式4）文化的能力有什麼影響？

6. Phil Fuhrer評論說：克勞斯比的《*Quality Is Free*》的書名似乎否定了取捨曲線的觀念。❾請依據長期與短期回饋，解釋為什麼品質免費或不是免費。你認為這個書名真正的意義是什麼？

7. Phil Fuhrer建議：請利用一系列的技術曲線來解釋各種軟體文化

模式（渾然不知型、變化無常型、照章行事型、把穩方向型、防範未然型、全面關照型）。並用這些曲線說明每種模式如何容許某些特定的取捨決策。

8. Phil Fuhrer補充：請解釋為何不是所有的問題都用最新最偉大的技術來解決就是最佳的做法，並說明你的組織可能如何選擇採用並非最佳的技術。

第四部
應該改變什麼

幾乎所有的人都能承受苦難，但如果你想測試一個人的性格，那就給他權力。　　193

——林肯（*Abraham Lincoln*）

若你真正了解變革，以及如何讓變革在組織中發生，你就有了極大的權力。但是為了有效運用這種權力，你還需要知道要做何種變革，尤其也要知道該保留什麼。此外，即使你有了這些知識，若沒有穩定的組織的支持，你也會毫無權力。

在第四部，會將先前第一部至第三部的變革過程，應用至構成防範未然型（模式4）軟體工程組織之穩定基礎的流程。在跨入模式4之前，你需要確保這些基本流程已經就緒。

11

穩定軟體工程的
構成要件

控制論承認在任何系統中都可能發生錯誤、停擺或隨機干擾，並
已經告訴我們在設計機器時如何處理這些情形。❶

—— *Stafford Beer*

軟體工程經理人經常告訴我，他們試過改善他們的組織，但是他們的改善計畫「運氣不好」。做為回應，我建議他們利用控制論的方法來管理變革。控制論是把穩方向的科學，也是讓流程按照你想要的方式運作的科學，雖然我們這個世界並不完美。確實，如果讓世界更完美是我們的目標，你可以將控制論想成是協助我們達成這個目標的一種科學。

圖11-1是一張控制論的圖，說明如何利用回饋以及對環境行為的預期，來控制流程。然而，這張圖並沒有特別提到軟體，因此可以是控制任何類型的工程流程之模型，例如開發軟體的流程或改善軟體工程組織的流程。

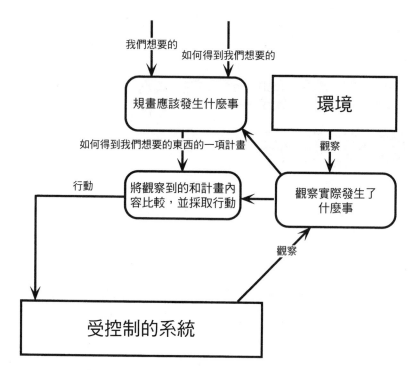

圖 11-1 透過回饋以及對環境行為的預期，來控制流程。

本章將藉由處理以下兩個關鍵問題，來闡述這張圖的意義：

196

- 使得軟體工程和其他工程如此不同的基本問題是什麼？
- 為了擁有能建立防範未然型（模式4）組織的穩定基礎，控制軟體工程所需的基本要件有哪些？

11.1 為什麼軟體沒什麼不同

為什麼軟體如此不同？這個問題的一個答案是，這是個帶有陷阱的問題：乍看之下，軟體其實沒什麼不同。如果其他工程學科的工程師以

軟體開發人員的方式來工作，他們也會碰到同類型的問題。而且當然問題會不斷發生。每當建築物倒塌、核子反應爐熔解、停電、以及軟體故障時，人們都會死亡。

真的有人因為軟體瑕疵而死亡嗎？ACM的彼得・紐曼（Peter Neumann）曾經說過，ACM的軟體工程小組已發現，不良的電腦程式已造成十六人死亡。❷紐曼說：「這只是冰山的一角。」

197

就像每一種工程學科一樣，軟體也不斷從代價高昂的功能失常累積經驗。❸當然我們不希望任何人死亡，但是比起其他工程方面的失敗經驗，40年間16人死亡，算是表現相當不錯。❹核子工程與軟體業存在的年份大約相同，但是近年來的表現不怎麼好。對於一個年輕的行業，我們已做得非常好，但是當然沒有人期待或想要電腦去害死任何人。

然而對於一個工程學科來說，40年還不足以達到成熟。不過有一點不同是，軟體是個非常年輕的工程學科，而且成熟有意指可靠度的傾向。例如，從容量基礎來看，在蒸汽鍋爐工程方面，在1850年至1960年的110年間，鍋爐安全性已增加10^{13}倍。❺換句話說，若鍋爐安全性沒有提高10^{13}倍，我們可能都會死亡，因蒸汽鍋爐事故而死亡的人數會增加很多倍。

當然，實際上我們不會全部死亡，因為若沒有大幅提升可靠度，鍋爐絕不會成長到今天所享有的龐大規模。即便如此，從1955到1963年間，就有29件爆炸發生、32人死亡、31人受傷。就像軟體工程師一樣，機械工程師不認為那樣夠好，而且很多機械工程師努力研究成功與失敗的經驗，以改善他們的表現。

11.2 為什麼軟體成本如此高昂

我研究軟體的成功與失敗超過40年，最常被問到的一個問題是：「為什麼軟體這麼貴？」❻我不喜歡人們問這個問題的方式，因為這個問題假設軟體很貴，但是若每個人都問這個問題，那麼背後必定有某種很重要的東西。所以讓我們改變這個問題的問法，而變成更中立的工程風格問題：

> 哪些因素決定了軟體的成本？

這是貝瑞・波姆（Barry Boehm）在軟體工程經濟學的經典研究中所提出的問題。❼圖11-2改編自波姆著作的封面，並總結波姆所發現，成為軟體開發最終成本最重要決定因素的成本動因（cost driver）。經由這些動因的引導，我們可以判斷哪些領域是控制上的主要挑戰，並且應該優先加以管理。

大體上，在波姆的研究中，動因的數值是來自他所研究的專案中第90與第15百分位數的專案之間的比率。這代表在某個動因上，若你的專案靠近所有專案的底部，這個比率是你移動到靠近頂端時可以預期得到的乘數。如同波姆所做的，你可將類別相乘而把兩個比率相結合。例如，將分析師能力（2.06）與程式設計師能力（2.03）結合，可產生稱作人員／團隊能力（4.18）的一種新類別。

11.2.1 系統大小

因為可以將動因相乘而結合，我們可以輕易產生自己的組合。例如，我們可定義系統大小或複雜度的一個新類別（當作「你的問題有多大？」這個問題的解答）：

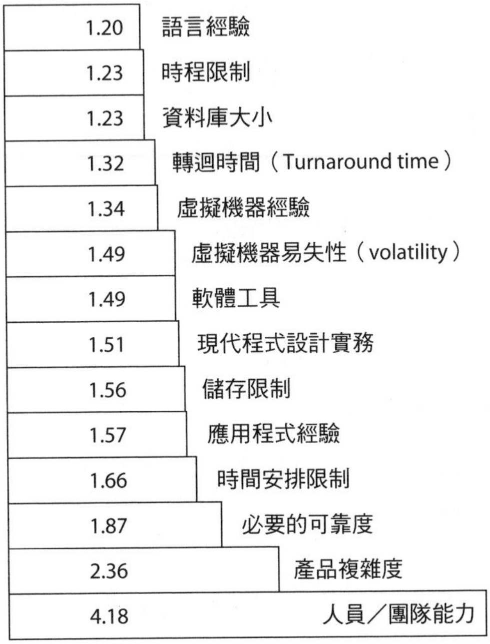

1.20	語言經驗
1.23	時程限制
1.23	資料庫大小
1.32	轉迴時間（Turnaround time）
1.34	虛擬機器經驗
1.49	虛擬機器易失性（volatility）
1.49	軟體工具
1.51	現代程式設計實務
1.56	儲存限制
1.57	應用程式經驗
1.66	時間安排限制
1.87	必要的可靠度
2.36	產品複雜度
4.18	人員／團隊能力

圖 11-2　從波姆的研究所得出的圖表，顯示哪些屬性最極力推升軟體成本。數字是在那個屬性上，第 90 與第 15 百分位數的專案之間的比率，因此那代表了改善那個因素所可能得到的預期收益。

- 產品複雜度（2.36）

- 必要的可靠度（1.87）

- 時間安排限制（1.66）

- 儲存限制（1.56）

- 虛擬機器易失性（目標型態中的變動）（1.49）

- 資料庫大小（1.23）

- 時程限制（1.23）

就我們的系統大小定義，將這些比率相乘得出整體比率為 25.76。在

第20章中，你將看到為什麼我們極力強調，把縮減系統大小當作可以跳出或遠離控制困境的一種戰術。

11.2.2 人的因素

同樣地，我們可將以下的比率相結合，以產生稱作人員比率（people ratio）的一個類別：

* 人員／團隊能力（4.18）
* 應用程式經驗（1.57）
* 虛擬機器經驗（有目標型態的經驗）（1.34）
* 語言經驗（1.20）

將這些比率相乘得出人員比率10.55。同樣地，你將在整本書中看到，為什麼我們強調將你的人員發揮到極致，可當作一種控制策略。

11.2.3 工具因素

我們可從其餘的比率得出工具比率2.97。這個比率似乎令人印象深刻，但是相較於其他兩個比率，做為控制因素它並不起眼。這個較低的比率可能歸因於缺乏有用的工具，或者可能大多數工具沒有做出任何明顯差異。或者，比較寬容的解釋是，可能這個小比率是來自以往工具建立時的努力所帶來的成效所致。無論如何，工具不是控制軟體成本的主要因素。

11.2.4 拙劣的管理

奇怪的是，有第四項因素波姆並沒有放在他的圖表上，那個因素就是管理。關於管理他說：「拙劣的管理增加軟體成本的速度，可能比任

何其他因素都要快。」❽

　　波姆解釋了為何他無法給予拙劣的管理精確的數值後，他提出六　200
種「管理作為」，他說這六種管理作為「通常要對軟體開發成本的加
倍負責」。假設這六種加倍因素一起產生作用，我們得出估計的管理
比率為64。我個人認為這個數字還是低估。還有其他拙劣管理的作
為，而且波姆的研究沒有考慮到完全失敗的專案。然而，這個拙劣管
理因素的影響，已經比其他因素大很多。

11.3　何處可找到改進空間

圖11-3顯示這四大因素的比率。現在，假設此圖未標示出這四項因素
的名稱，你只看到四個比率2.97、10.55、25.76與64.00。如果你是個
專案經理，你會在何處花最多時間進行改善？

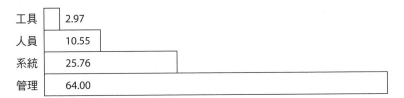

圖11-3　波姆的動因已被分成四大類別，以顯示管理階層可以預期在何處會
　　　　有最佳的投資報酬率。波姆舉出管理這個因素對軟體成本具有最大
　　　　影響力，但是他沒有提供估計值。此處的估計值是來自波姆說通常
　　　　「要對軟體開發成本的加倍負責」的六種作為。

這個問題是很荒謬的，只除了一點：如果只提供給經理人工具、人
員、系統與管理這些名稱，大多數的經理人都會回答相反的順序。可

能這就是為什麼波姆實際上是得出這樣的排列順序的原因。也可能某些動因比其他動因影響力更大的理由，是因為管理階層花太少時間去注意這些動因。

　　試試這個實驗：閱讀一本電腦刊物，例如《*Software Development*》或《*Computerworld*》。將工具類的廣告頁數製成表格，並與管理類的廣告頁數相比較。這個結果可以說明為什麼軟體工程經理人一直受到銷售商對工具的神奇效果的主張所驅使。

　　你也可以研究電腦書籍的書名與頁數，來進行類似的實驗。事實上，我對自己以往的著作與文章做了統計，將這四個因素所占的數量（品質是另一件事）製成表格，發現了有趣的趨勢，如圖11-4。

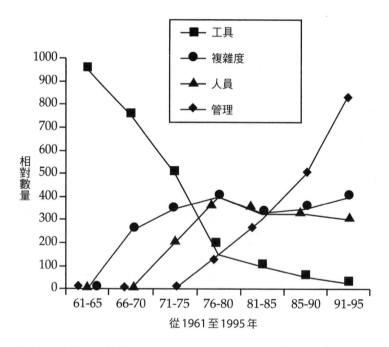

圖11-4　我自己的著作顯示30多年來，相較於工具，我越來越強調人員、系統大小／複雜度、和管理。

顯然在我這麼老的年紀，我已了解自己的錯誤，並且本能地已將更多　201
的心力花在波姆最重要的因素上。現在我將大部分的工具生意交給更
年輕的同事，並集中心力提升人員、系統大小／複雜度、和管理這三
項因素的成效。

11.4 為什麼軟體專案會失敗

在他的原文中，波姆解釋了為什麼他沒有關於拙劣管理的更多資料，
而這個解釋實際上可說是拙劣管理的第七項因素：未能蒐集關於他們
經驗的相關資料，使未來的績效得以改善。

　　依據圖11-1的控制模型，這個因素可能比其他因素都更重要，因
為它使得經理人無法得到他們所需的資訊，以改善他們的控制績效。
如果軟體工程想要變成真正的工程學科，我們就必須研究我們的失
敗，並將這些失敗與我們的成功相比較。當這些經理人未能蒐集與他
們的經驗相關的資料時，他們遺漏掉什麼？

　　關於軟體專案「事故」的原因，我們知道多少？在我的生涯中，　202
我已經擔任超過一千個軟體專案的顧問。這些專案大約有90%算是有
幾分成功，而其餘專案可說是徹底失敗，因為這些專案交不出可用的
產品。整體來看，這些數字可能對軟體業不具代表性。我懷疑最糟糕
的經理人從來沒有運用過管理顧問。在這些失敗的專案當中，大多數
的委託不是來自於專案管理人員，而是來自他們的管理階層或顧客。
有幾個個案還是由他們顧客的律師出面的。

　　從「回饋控制模型」來看，這超過一百件的失敗專案我都詳細研
究過，每一件都可歸因於拙劣的管理。幾乎所有的失敗專案，都可歸
類於以下兩種原因：

1. **資訊失敗**。軟體流程模型或實際結果的相關資料等等控制資訊被
   遺漏掉、遭到扭曲、不相關、或完全錯誤。這是本系列第1卷
   《系統化思考》與第2卷《第一級評量》的主題。

2. **行動失敗**。當經理人以控制者的角色採取行動時，無法言行一
   致，他們指責別人、討好人、或表現得事不關己。這是本系列第
   3卷《關照全局的管理作為》的主題。

本卷的目的則是要告訴你，如何能做出預防這些失敗的變革。

11.5 資訊失敗

接下來我們要談資訊失敗，這可進一步分類成下列幾種原因：

- 不知道人們想要什麼產品
- 不了解流程的本質
- 沒有顯而易見的進展證據
- 缺乏足夠的穩定性做有意義的評量
- 缺乏或失去設計完整性

讓我們依次探討每一種原因。

11.5.1 不知道人們想要什麼產品

很多專案之所以失敗，是因為這些專案從來不知道人們想要何種產
品。專案人員對產品沒有精確的認識，而僅有一堆模糊不清的欲望。
有時候，他們交出產品，卻發現產品無法令人滿意。有時候，在開發
期間他們發現模糊不清，並在試圖做最後的修改時失敗。有時候，產

品順利交付出去，也讓使用者使用了，但是很明顯未能滿足欲望。

11.5.2 不了解流程的本質

其他的專案失敗是因為管理階層不了解軟體開發流程的本質。一個常見的例子是交付未經測試過的產品，並抱持「我們可以在維護時解決問題」的空幻希望，但是這些專案通常在開發期間就失敗了。

11.5.3 沒有顯而易見的進展證據

前兩種類型的失敗可在任何工程學科中發現。然而與大部分工程學科不同的是，軟體產品經常被認為看不見，所以管理階層沒有流程進行得如何的明顯可見證據。然而，是因為我們沒有發展出正確的工程評量方法，軟體才會看不見。一百年前，電被視為看不見，我們只有被電電到時，才知道電的存在。而在五十年前，輻射是看不見的，直到人們二十五年後因癌症死亡時才知道。

11.5.4 缺乏足夠的穩定性做有意義的評量

有時候，專案失敗是因為雖然資訊就在那裏，但卻無意義。就像其他不成熟的工程產品，軟體經常缺乏足夠的穩定性做有意義的評量。軟體專案經常失敗，是因為拙劣設計或實施的程式碼修補、不同版本造成的混淆、以及其他未記載的變更等因素所造成的維護債務。軟體需要極小心處理，因為只要翻轉一些位元就可能使一個龐大的專案停擺，例如讓電話服務幾分鐘或幾小時無法作業：

> 去年夏天6月10日至7月2日之間，在八個神祕的信號設備故障事件中，多達兩千萬位電話用戶電話不通……〔這些事件〕的共

同原因是軟體功能失常：信號傳輸點（signal transfer point, STP）的數千行程式碼中，有一行程式碼含有僅僅3位元的瑕疵。應該是二進位D（1101）的值，卻被二進位6（0110）的值所取代；這3個位元的字元，1與0都被調換。……❾

若這種問題在最嚴格的控制之下都可能發生，那麼對複雜的程式碼結構胡亂地修改，將會導致無止盡的不可預測問題，而且你不會知道——也無從知道——即使你認為你日復一日都有對這個系統進行量測。

11.5.5 缺乏或失去設計完整性

甚至當產品品質穩定又明顯可見時，產品設計也可能太過複雜，使我們無法搞清楚我們的作為將如何影響該產品。這可能是設計太複雜，

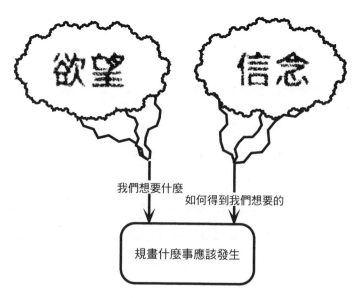

圖11-5 問題的產生是因為我們有模糊的欲望，而沒有我們真正想要什麼的清楚陳述，而且關於如何得到我們想要的東西，只有模糊的信念，而沒有穩健的模型。

而不知從何開始，或者設計已成長到變得太複雜，並在多次不夠審慎　204
的修改之後導致設計債務。甚至當設計做得很好，也維護得很好，邁
諾特定律預測會有隨著系統成長而失去完整性的傾向。因此，我們經
常聽到軟體的警告訊息說「別碰程式碼！」這句話意指「不要因為對
設計有些了解，就遂行任何控制行動」。當我們沒有注意到這個警告
時，軟體經常會因為超出任何控制行動能力所及而突然崩潰。

　　圖11-5與11-6總結了由於經理人未得到所需的控制資訊所導致的
失敗。

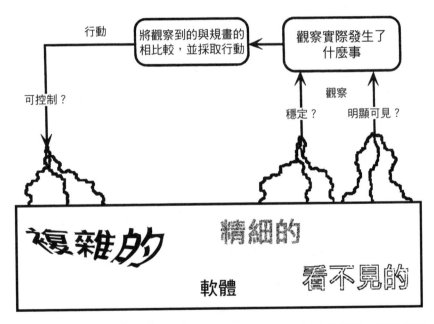

圖11-6　由於軟體的本質，使得軟體工程會碰到一些額外的問題。當我們以
　　　　未受控制的方式開發軟體時，我們是在嘗試要做出一個極為精細的
　　　　看不見的產品，所以如果沒有特別去下功夫的話，我們任何時候要
　　　　觀察我們的進展，都會有很大的困難。當產品有複雜或未知的結構
　　　　時，我們無法應用有效的回饋控制行動，因為那需要一個「產品如
　　　　何對各種行動做出反應」的合理模型。❿

11.6 找出資訊失敗的解決方案

軟體工程的批評者可能會拿這份資訊失敗清單，來證明我們沒什麼進步，但是其實我們的前景是樂觀的。在軟體工程短暫的存在期間，我們已開始逐漸發展出自己的工具與技巧，以對抗這些失敗來源，包括蒐集需求、發展出流程模型、觀察流程中發生什麼事、控制變更、以及維護設計完整性。做這些事情的特定技巧與工具，會在本章的註解中詳加描述。另一方面，本卷就這些工具與技巧如何與管理和文化變革相關聯——為了制定與管理這類流程，需要什麼東西——來談論這些工具與技巧。

205

11.6.1 確認想要什麼產品的需求流程

為了知道想要何種產品，我們要用需求流程（requirements process），將模糊的欲望轉變成我們可依此來製造產品的東西（圖11-7）。這個流

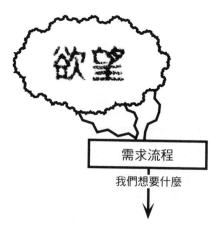

圖11-7　為了管理軟體，我們需要的第一樣東西是需求流程，來將模糊的欲望轉變成精確的「想要什麼」。

程可能高度自動化，或僅用紙和鉛筆就完成，但是專案要成功，就必須明確清楚地完成需求流程。❶

11.6.2 解釋軟體開發本質的流程模型

206

為了了解軟體開發流程的本質，我們有流程模型告訴我們，若我們做某某事，則某件事將會發生。這些模型也告訴我們，若我們觀察到某某事，那意指某件事正在發生。發展出一組這類的模型是第1卷《系統化思考》的主要任務。

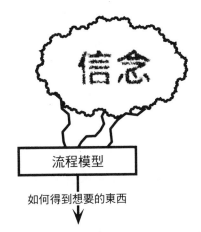

圖11-8　一旦知道我們想要什麼，我們需要流程模型以得知如何得到我們想要的東西。

11.6.3 提供跟進展相關的明顯可見證據的流程

207

為得到關於流程如何進行的明顯可見證據，我們要運用明確的測試過程，包括很多硬體與軟體測試工具、故障追蹤系統、以及與人有關的流程，例如應用於分析與設計文件❸這類看得見的工作成果的技術審查。❷

圖11-9 讓產品明顯可見的一種評量系統

11.6.4 可讓有意義的評量具穩定性的系統

為獲得足夠的穩定性，以做出有意義的評量，我們要運用工具與系統來控制變更，並記錄同一產品的版本與發表，和所有伴隨的資訊。❶

圖11-10 為使精細的產品夠穩定到可以做量測，需要型態管制。

11.6.5 維持設計完整性的工具與技巧

208

為了降低複雜度，使我們可以真正運用回饋流程來控制，我們要運用
設計工具與技巧。雖然對於最佳方法沒有共識（也可能不會有最佳方
法），但是有很多設計相關的優良書籍可利用。❶

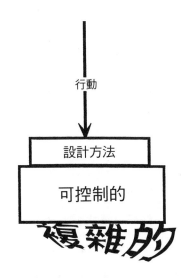

圖11-11　為了讓產品夠簡單到可加以控制，我們需要一個有效的設計方法。

11.7　行動失敗

我們從困境與失敗中學習，在邁向真正的工程學科方面，我們已有了
很多進展。然而，如同蒸汽鍋爐工程師，我們的抱負有時候比我們的
能力擴展得更快。我們發展高品質系統的生產力已提高，但也正是這
種成長鼓勵我們嘗試發展更困難的系統。這正是為什麼即使我們學
習、學習、再學習，有時候我們會覺得似乎在走回頭路。

　　然而到最後，知道該做什麼還不夠。軟體失敗的最大原因是管理

209　人員性格與個性的失敗，而且這些過於人性的失敗，限制了我們透過組織變革所能做到的事。由於經理人在階層式組織中的地位權力，即使經理人的一個小錯都可能使我們改變文化的最大努力前功盡棄。經理人需要言行一致，否則後果可能是大災難。**⓰**請看看Dan Starr所說的這則故事：

> 如何看待組織回饋——也就是公司試圖獎勵與強化它想要的行為的那些制度性流程？不知為何，這些回饋方案似乎極少傳達「公司真的很重視員工」這個訊息。這些方案似乎常常更加契合「給予認可者」的需求，而與「被認可者」的需求和價值觀較不契合。
>
> 　例如，某個企業組織頒發「建築獎」給某個部門的一位主管，這個獎包括一大張加框的紙，以及一個玻璃雕刻品。那位主管底下的每個人，都得到一張比較小的加框的紙，而且以大字打上部門主管的姓名，並以小很多的字打上工程師的姓名。有些人依舊讓這些東西陳列著，但並非因為那是部門主管分發給他們的東西。

我們將在後面幾章特別注意這種回饋，也就是告訴工作者管理階層如何看待他們的文化的資訊，並且教導經理人如何傳達他們真正的意思。當然，若他們真正的意思如同這些獎賞所暗示的，那就沒什麼好說的了。但如果那是風格而不是意圖的問題，這類經理人能立即改善他們帶領他們組織的方式。

11.8 心得與建議

1. 不要只是因為這些組成要件是基本要件，就認為要改善這些要件相當容易。在很多組織中，著眼於改善而檢視軟體流程的嘗試，都會遇到強烈的政治反對。權力結構越專制，越會覺得對組織進行明確的檢討是一大威脅：

> 流程評論會悄悄破壞專制的職權結構。長期觀察產業組織發展的顧問都了解，若社會結構公開調查自己的結構與流程，權力均等化就會發生。權力大的個人不僅技術上更加消息靈通，而且也擁有容許他們影響與操縱的組織資訊。他們不僅有讓自己獲得權力地位的技能，而且一旦擁有那個地位，他們就擁有資訊流的中心位置，使他們能強化自己的地位。機構的職權結構越大，對公開評論流程的預防措施就越嚴屬（就像是軍隊、教會那樣）。一個人如果希望維持專制權力的地位，他就有必要禁止容許相互觀察與評論流程之任何規則的發展。❼

210

2. Payson Hall 警告，波姆只研究已完成的專案，所以他的樣本傾向於有較低的整體成本。如果你的組織在某個成本動因的領域能力不足，則直到專案被取消前，成本都可能無限制地成長，經常都是如此。

3. 吉姆‧海史密斯以及一些評論家說，他們因為人們不斷提及拙劣的管理而覺得有些「感冒」：

> 我對於「軟體經理人一般來說比其他經理人更糟糕嗎？」這類事情感到疑惑。當我看到像波姆的 64 這樣的比率時，我懷疑是因

為軟體管理的表現實在太差，還是因為軟體管理實在是太困難。是不是因為軟體所具有的某個特性，使得軟體天生就更難以管理？我認為答案是「是的」。我認為《溫伯格的軟體管理學》（Quality Software Management）系列的很多內容，提到了要管理軟體是多麼地困難這項事實。我從我自己的顧問工作知道，將很多問題歸因於拙劣的管理相當容易，而且在很多實例中情形確實是如此，但是我嘗試採取的立場是軟體管理真的是非常困難，因此我們需要不斷地努力，因為軟體管理對於成功有重大影響。

軟體比大多數其他的人類活動更難管理，而且拙劣管理的後果一直在擴大。所以如同吉姆所說的，如果你沒有不斷地磨練你的管理技能，你遲早會變成那些拙劣經理人其中的一位。你知道自己在管理上表現如此不佳，可能是因為軟體管理本來就是這麼困難，這可能會讓你稍微鬆一口氣，但是我很不贊同這一點。所以請繼續努力！

11.9 摘要

✓ 雖然在很多方面，軟體工程與任何其他種類的工程都相同，但軟體工程也有源自於軟體本質的獨特特質。

✓ 依據波姆的研究，軟體工程受到系統大小與複雜度、使用的工具、以及尤其是拙劣的管理所影響。

✓ 軟體專案失敗最經常發生於控制資訊被遺漏掉、遭到扭曲、不相關、或完全錯誤時，或是當經理人以控制者的角色採取行動時，無法言行一致。

✓　控制資訊的失敗有幾種常見的形式，例如：　　　　　　　　　　211

- 不知道他人想要什麼產品
- 不了解軟體開發流程的本質
- 沒有關於流程進展的顯而易見證據
- 缺乏足夠的穩定性做有意義的評量
- 缺乏或失去設計完整性

✓　長期以來，軟體工程師逐步發展出資訊失敗的解決方案，例如：

- 確認想要什麼產品的需求流程
- 解釋軟體維護與開發的本質的流程模型
- 提供關於專案進展之明顯可見證據的流程
- 藉由控制變更來提供穩定性的系統
- 維持設計完整性的工具與技巧

✓　然而到最後，軟體失敗的最大原因是管理人員性格與個性的失敗（言行不一），這必須透過持續的個人成長加以改善。

11.10 練習

1.　本章提到很多的「困難」，難免令人感到悲觀。為了消除這種氣氛，請畫出一張效應圖顯示軟體成功需要什麼，而不是軟體失敗是因為缺乏什麼。

2.　我的同事、也是流程專家 Barbara Purchia 指出，另一種資訊失敗牽涉到外部資訊——那是我們在討論策略規畫時也提過的一種失敗。雖然這可能算是一種不知道想要什麼產品的個案，但是單獨

來考慮它可能是個好主意。例如，可以從頭自行開發的一個產品，或許本來就可以買現成的，或大部分從現成的組件來打造。請做出一份未能從組織外部得到資訊的失敗清單。

3. Phil Fuhrer 指出：未進入量產的鍋爐設計不能算是失敗。有多少一開始就錯了、或是不良的開始或壞的鍋爐設計從未成功上市？把這個結果與軟體的同類情形比較一下。當我們沒有考慮從未成功上市的這類不良設計時，我們的評量會有什麼偏差？

4. Phil Fuhrer 補充說：關於那些因為意外的好運而成功的軟體專案呢？你能從自己的經驗提供一個例子嗎？關於好的軟體管理實務，那種成功會如何造成組織在結論上的偏差？

212

12
流程原則

此時是1974年，關於如何最成功地管理程式設計的爭論，其激烈　213
程度和十年前與十五年前沒有兩樣。❶

—— *R.E. Canning*

事情就像這樣，幾十年後⋯⋯我們還是爭辯不休。

一件事能夠幾十年來都爭辯不休，很可能我們不是在就對的事情做爭辯。或者可能這項爭論毫無意義。或者我們的模型很不一樣，根本找不到交集可以解決爭論。或者，我們只是愛辯而已。

每一種解釋都有可能，但是還有另外一種可能。每次有一種新流程模型出現在大家眼前時，就會獲得擁護。無論是瀑布模型、螺旋模型、莫比烏斯環（Möbius strip）、快速原型設計（rapid prototyping）、或尤其是某個知名品牌；擁護某個流程模型是一種謀生方式，也是蠻有效的一種方式。因此，這些擁護者在爭論時都會有所偏愛：因為你輸了，你就出局了。

我本身不是其中某個模型的擁護者。我已見過很多模型接連誕生，但是每個模型都失敗了。所以可能是因為我夠中立，能夠將討論

214 　拉到更高的水平。我不光只是描述模型並為模型爭辯，也會說明我認為任何有效的流程模型都必須遵循的一些原則。以下當我探討不同模型的長處與弱點時，這些原則將做為指南。更重要的是，對於想要實施一種或更多種流程模型的經理人，這些原則可做為他們的指南。因此，我將強調：

- 每一項原則以及為什麼那會是一項原則
- 如何注意到違反原則
- 若有違反該怎麼辦，以及如何達到一致性。

12.1 百萬富翁測驗

我最喜愛的一種玩具稱作百萬富翁機器（Millionaire Machine）。那是一種縮小版的樂透機器，也是「所有各州樂透彩所使用」之機器的縮小模型。製造商的廣告說，使用百萬富翁機器，就像是「與大型樂透彩券挑選號碼完全一樣的流程」。因此，它的訴求是，你將得到「相同的結果」。

　百萬富翁機器的訴求讓我想起軟體工程經理人，他們在他們的組織圖（包含SEI清單上所有的功能）上下注。然後他們就等著中樂透（圖12-1）。

215 　可能你認為百萬富翁機器無非就是產生一種隨機過程（random process），得出隨機的結果而已。那是事實，但是隨機有那麼糟糕嗎？隨機過程未必是最糟糕的過程。有比玩樂透彩更糟糕的過程嗎？當然有。你可能弄丟彩券，就像是未實行有效的型態管理的軟體組織。

　即使你知道自己沒有做得比隨機還要差，但你能證明自己做得比

圖 12-1 要實踐更高階的軟體工程文化可不像是樂透彩，即使你遵循「其他組織所遵循的」完全一樣的流程也沒用。

它更好嗎？隨機可用於一種功能強大的流程測驗，那就是百萬富翁測驗：

> 若你無法證明你的流程比隨機過程更好，那就不要使用它。

這個測驗看起來可能有點怪，但你將發現它非常實用。它要求每個提出新流程的人必須證明這一點，並鼓勵提倡者發展出一套可評量的流程。

為什麼這項測驗如此重要？如果有任何人嘗試舉證的話，很多今天在運作中的流程，明顯地比隨機過程還更糟糕：

- 很多組織都有一套功能失常檢修的排序流程。例如，有些組織先檢修最大聲譴責者的功能失常。這樣的流程會教導顧客

成為大聲譴責者，這就是比最佳情況還差的情況，也是隨機
檢修不會產生的情況。

- 在缺陷回饋比率高的組織中──試圖移除缺陷時，卻有極高
比率會有缺陷跑進去──一個不嘗試修正缺陷的隨機過程，
會比組織目前的流程，成功比率更高。❷

- 我曾經碰過十幾個組織，當碰到「某個模組時程落後」時，
這些組織的管理階層會對強制性的技術審查做出例外放行。
當然，這些模組時程落後的理由是程式設計師無法讓他們的
程式碼達到穩定──程式碼不用心寫、或過度複雜、或設計
拙劣。因此，很容易證明這個流程比任意挑選相同數量模組
以跳過管理階層審查的流程還更糟糕。

百萬富翁測驗的重點不是鼓吹隨機過程（雖然隨機過程不應該被隨意
排除掉），而是要提醒組織某些流程的愚蠢行為。一旦他們睜開眼
睛，就可開始了解其他一些流程原則的重要性，例如穩定性、明顯
性、與可評量性。

216　12.2　穩定性原則

圖12-2是第11章所介紹之控制論模型（Cybernetic Control Model）的
另一種觀點。回饋以連續方式進行：

- 模型中的各部分不能太大（否則回應會變緩慢）。
- 模型中的各部分必須穩定（否則回應將不可預測）。

穩定性原則（The Stability Principle）涵蓋了以上兩項要求：

流程的每一部分都必須是個受控制的系統。

任何可接受的流程模型都由穩定的組件所建構，而且每個穩定的組件看起來就像圖12-2。此圖含有一個先決條件組件、一個建構組件、一個評量組件、以及一個回饋組件。

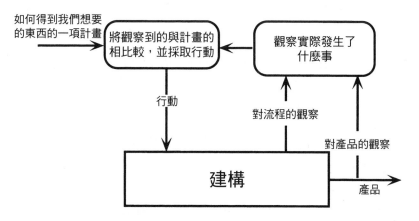

圖12-2　控制系統的控制論模型含有一個評量流程，其結果會回饋到建構流程中。在防範未然型（模式4）組織可接受的流程中，流程的每個組件都必須是個受控制的系統。

想像你把所有建材帶到現場，想要建造一間房屋，然後要每個人到地基處，將他們的建材放到適當位置，放好後人們四處走動，看看燈是否會亮或地板是否有塌陷。建造房屋時並沒有做房屋檢測，像是建立系統時會做的那種系統測試，然而，整個建造期間卻有很多漸進式的密集檢測，尤其是當：

- 其他人需要的東西加進去時
- 看不到的東西加進去時（像是牆內的管線）

217

在每個階段，房子都必須穩固。當房子可能不穩固時，就會搭上鷹架，使部分完成的房子加上鷹架的系統得以穩定。當房子自己變穩固時，就會將鷹架拆走。搭鷹架就像是例如水泥成型、額外的結構、拉到現場的電力、以及流動廁所。

運用穩定性原則，我們了解測試不是一個階段，而是每個階段內建之控制流程的一部分。經常被稱作系統測試的，完全不是一種測試，而是系統建構的另一個部分，可能稱作「系統整合」會更好。人們會修正先前組件的錯誤，並按照既定的規畫建造系統。

12.2.1 要注意的措辭

以下的措辭經理人要特別注意，可能人們已經違反或即將違反穩定原則的建造流程：

- 請耐心等一等，等到東西全部完成後你會感到很驚訝。
- 我們將在系統測試時解決那個問題。
- 測試人員將會修正那個問題。
- 當然我們需要的東西還沒到位，但是無論如何開始就對了。
- 當他們撰寫程式碼時，就能釐清設計。
- 將產品運送出去。顧客將會告訴我們是否哪裏出了錯。

12.2.2 要採取的行動

不要允許跳過測試，或延宕到後面階段。被推向週期尾端的任何東西，都會因時程關係而被犧牲掉。

要知道，測試可以有很多種形式。在機器上執行程式碼做測試，只是很多不同測試方法其中的一種。其他形式包括建造時做測試（如

同無菌室開發❸）、採購時測試（採用預先測試過的零組件）、以及審查時測試❹（包括逐步說明〔walkthroughs〕、檢驗〔inspection〕與其他形式）。

　　圖12-3是由圖12-2的「建構」方塊往內部看，暗示整個建構流程可分解成更細部的流程，而每個細部流程都是穩定的。這項分解可往下細分至最小的行動（可將某樣東西從一個狀態轉變成另一個狀態的行動）。**不要**例行性地管理到「釘一根釘子」或「用鐵槌敲一下」的地步。若「釘一根釘子」是個可信賴的工作單元，則它可在管理階層的監督之下。

　　不要相信宣稱統計流程管制（statistical process control）不能應用於軟體工作的那些人。他們沒有掌握到的是應用這些管制的正確層級，以及應採取的正確行動。例如，他們可能會去量測程式碼中的缺陷，但是卻運用這些資訊來指責和煩擾落在規定門檻下方的人。

218

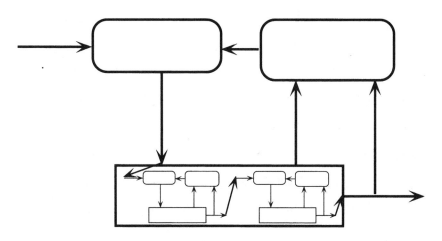

圖12-3 整個建構過程可被分解成更小的流程，每個流程都是穩定的，而且有些流程可以平行執行。

一定要在量測時運用統計管制，以保證每個單元都是可信賴的單元。若某個單元證明不可信賴，**一定**要開放這個單元加以檢驗或進行流程改善，而且這麼做不是為了指責與煩擾其開發人員。例如，若你的組織無法可靠地產生50行的程式碼模組，就要針對程式撰寫實務展開流程改善行動。做這件事的必要性時常導致明顯性原則。

12.3 明顯性原則

發展中或維護中的軟體是一種資產。這包括最廣義定義的所有軟體，加上所有輔助文件：程式碼、流程設計、資料設計、需求、內部文件、使用者文件、測試案例、資料庫、測試計畫、專案計畫與訓練資料，以及這些東西的歷史紀錄。這些軟體資產是屬於花錢買下它們的組織，正如房子各個部分屬於付錢買房子的人，而不屬於蓋房子的工人。

這項所有權原則在建造房子的情形似乎相當明顯，但是基於某種奇怪的理由，這個原則在軟體業中並未廣泛地被開發人員所接受。很多程式設計師將技藝上的自豪與所有權的自豪相混淆。每當管理階層（或任何其他人）想要施加某種控制在他們開發的產品上時，他們就會想要抗拒。他們甚至對於任何人應該能看到他們所開發的產品這點感到抗拒。

219　　　　有趣的是，很多經理人主動支持這個觀點。James Robertson 告訴我們他和他太太兼顧問夥伴蘇珊·羅伯森（Suzanne Robertson）所碰到的事：

> 蘇珊在我的邀請下，力勸一群經理人來看看我所帶領的一個設計

班級的作品。一位經理人說,看屬下的作品讓他覺得不自在。另
一位經理人說:「這就像是跟別人上床——你不會指指點點,而
且你也不會笑。」

顯然,就我們對於控制專案的認識,以及我們所知道的人類天生不完
美,這個所有權觀念不能成為任何流程模型的一部分。相反地,每個
流程模型必須遵從明顯性原則(The Visibility Principle)(圖12-4)。

專案中的每樣東西都必須總是明顯可見。❺

圖12-4　專案中的每樣東西必須總是明顯可見:程式碼、計畫、需求、設
　　　　計、測試計畫、測試結果、進展、所有書面文件……每一樣東西。

220　而且，因為除非已通過審查，否則沒有一樣東西是真實的，而且因為
不可能審查看不見的東西，因此，明顯性原則的一個必然結果是真實
性原則（The Reality Principle）：

通過獨立審查之前，沒有一樣東西是真實的。

12.3.1 要注意的措辭

若經理人注意傾聽以下的表達，他們就容易逮到違反明顯性原則的情
形：

- 他是一位非常敏感的程式設計師。若我們審查他的成果他就
  會離職。
- 我們不想藉由質疑他們的成果而使任何人煩心。
- 我的程式、你的程式、她的程式、他的程式、他們的程式
  （或是暗指私人所有權的任何其他措辭）……
- 我們沒有那個部分的原始程式碼。
- 那個部分的原始程式碼不是最新版。
- 那個部分的文件不是最新版。
- 顧客不會了解這只是個原型（所以讓我們將原型隱藏起來別
  讓顧客看見）。
- 所有的東西都在他們的腦袋裏。
- 那個部分只有一份副本，所以我們不能給你。
- 我們沒有把它們全部寫下來，但我們知道他們想要什麼。
- 我們不喜歡把它寫下來。你不信任我們嗎？
- （或只是說）你不信任我們嗎？

對很多經理人來說，「你不信任我們嗎？」是個殺手級措辭，會立刻使他們轉變成討好的態度。這時候應該這樣回答：「是的，我信任你們的誠實，但是我不信任你們不會出錯。我不信任任何人不會出錯。」若程式設計師聲稱不會出錯（「但是我徹底地測試過了！」），那就送他們到梵蒂岡，那裏有更好的工作等著他們。不會出錯的程式設計師每次都會毀掉專案。

或許你可以訴諸權威，說：「戴明說過，變異是任何流程的一部分。」戴明是對的，即使是對軟體而言。而且特別是對軟體而言。

12.3.2 要採取的行動

不要容許任何東西變得看不見——需求、設計、程式碼、以及尤其是測試，都要明顯可見。預防遠勝於治療。

當你發現任何一件成果看不到，或「無法接受檢驗」的那一刻，**一定**要停掉那樣東西，並採取行動矯正這種情況。除此之外，經理人沒有更好的方式找出技術缺點，而且那不需要任何技術知識。

不要接受「事情會越來越好」的論點。若你沒有採取行動，隨著時間過去事情只會越來越看不見。221

一定要堅持從任何專案最開始一直到結束，都要完全明顯可見。**一定**要擺脫掉基於「吉姆是唯一知道那裏面有什麼東西的人」這類理由而不可或缺的任何人。在拿掉吉姆之前，先協助他讓另一個人將事情記載於文件中。若他拒絕，就拿掉他，而且要現在就做，而不是在事情安頓下來之後。看不見的事情絕對不會安頓下來。

信任一個人到你能承受損失的程度為止。明顯性原則不是經理人或任何其他人的一張通行證，可讓你在別人工作時監督著他們。例如，如果你能承受得起將一週的努力成果丟掉，也就是當一段程式碼

在一週後變成看得見時，你發現這段程式碼毫無價值時你還能接受，那麼開發中的一段程式碼就可以一週看不見。若這段程式碼預定花一週時間開發，但在該週結束時，程式設計師說：「喔，我有些落後，所以還沒完全準備好可給任何人看。」那麼你就說：「好吧！若情況是那樣，拿出你現有的東西，我們現在就進行審查。」接著一起進行審查，並且在心理上有所準備，若審查顯示這段程式碼需要重建，那就讓後援程式設計師接手重建。

不要立刻嘗試矯正所有的不明顯性問題。請記住薩提爾變革模型，並運用此模型設計出使看不見的東西變得明顯可見的一步步流程。請確認你的團隊已準備好並渴望變得明顯可見。

12.4 可評量性原則

讓人們畫出方塊與箭號，以顯示建構某樣東西的流程，那是世界上最容易的事。他們甚至可展示所謂的流程結束時的測試。然而，若他們沒有描述評量方法（measurements），讓你知道是否每個方塊的成果實際上已實現，則這些流程圖既毫無意義又危險。可評量性原則（The Measurability Principle）說：

> 你不做評量的東西，將不受你的控制。

注意到這個原則不是說「不受控制」（out of control），而是說「不受你的控制」（out of your control）。事情或許受到控制，但不是由你所控制，而且未必符合你的目標。所以若你是經理人，而且不做評量，你也許運氣好，但是你沒有做到別人付錢要你做的事──管理。

另外，你要留意將可評量性原則顛倒的常見邏輯謬誤。當餐廳的

菜單說「好菜需要花時間」，那並不表示若服務動作慢，菜就必定好吃。同樣地，可評量性原則說：「良好的管理需要評量」，但那不表示你評量很多事情，你就能夠控制好事情。

12.4.1 要注意的措辭 222

同樣地，你不需要懂任何技術，就能偵測到違反可評量性原則的情形。注意聽以下的措辭：

- 那個無法評量。
- 我們無法告訴你我們的進度。
- 我完成時會讓你知道。
- 我完成 xx%。
- 那無法測試。
- 它是永遠不會真正結束的一種疊代（iterative）流程。
- 還沒有任何可交付的成果。
- 我們可以列印出報告，但是報告無法審查，因為設計是一種易變動的動態流程。
- 評量的花費太高。
- 有些東西就是無形的。
- 只是還有兩個指令要修改。
- 我正在修正最後一個錯誤
- 我們知道那不重要。
- 你不信任我們嗎？

「你不信任我們嗎？」可以用和明顯性問題同樣的方式處理。（若看不見，那如何能評量？）「我們知道那不重要。」是讓一些經理人落入

陷阱的超理性的措辭。事實上，那些你知道並不重要的事情（所以甚至沒有經過評量），正是會讓你陷入最大困境的事情。所以，若你只能評量一件事，我建議你去評量人們最強烈辯駁說不可評量而且不重要的那件事。當然，你不必只評量一件事。

12.4.2 要採取的行動

不要讓評量使得你自己或其他人負擔過重。**不要**讓評量在本質上變成一種目的。**不要**進行你不評估與採取行動的評量。**一定**要讓評量的數量少，可能你加入一種新評量就要刪掉一種舊評量。**一定**要刪掉你不採用的評量。

　　一定要讓評量保持簡單。❻**不要**弄那種充滿數字的大張試算表。**一定**要堅持主張高層次報告，並盡可能附上圖片。

　　一定要使評量成為每個人的責任。**不要**讓任何評量者負責被評量之事的成功與否。

　　一定要堅持從一開始就做評量。**一定**要找到某件事去評量，不然就換掉你的評量者。**一定**要試著挑選某種有意義的事，但是要避免在評量這件事之前為了證明這件事有意義，而使你的評量計畫全面停頓。當你得知評量的意義時，要準備好變更或調整你的評量。如同一位客戶告訴我的：

> 我們以明顯的生產量評量開始，也就是對程式碼行數（lines of code, LOC）的評量。我們幾乎陷入程式碼行數是否有意義的爭執中。那讓我們拖延了兩個月。我們很快得知以LOC當作評量目標有很多地方不對，因此我們矯正了主要的錯誤。例如，我們注意到有兩種主要的加註解風格會產生不同的LOC計數，所以

223

我們針對那個情形做了調整。隨後我們必須調整含括在內的程式碼中的變異。最後我們了解到，將不固定、未知和非高品質的程式碼計算在內是沒有意義的。這最後一項調整讓我們了解到我們必須嚴肅看待審查所有程式碼，而那可能是嘗試評量 LOC 所得到的一項最大利益。

一定要定期看評量結果，而且經常看。即使當評量本身的意義還不明顯時，評量中的變更也是值得注意的。

一定要把評量當作那些需要你注意之事的指標。沒有先做更深入的調查以確認其意義之前，**不要**依據評量結果採取行動。**不要**將評量用於個人，而是要用於流程。

一定至少要指派一名專人進行評量。兩個人更好，因為當每個人（可能也包括你）都不太相信這兩個人所帶來的訊息時，他們可彼此互相支援。

一定要編列評量預算，時間與資源預算都要編。若未編定評量預算，評量就不會發生。

一定要用原始的（primary）評量而不用解釋性的（interpreted）評量。意義的每一層解釋都運用另一種模型，而且可能引進錯誤。

12.5 產品原則

最後一項原則與需求有關。軟體工程第零法則（The Zeroth Law of Software Engineering）說：

如果你不必滿足需求，管理就毫無問題。

這個法則夠重要到應該要有單獨的一章做介紹，但它有一個特殊的應用情況，需要擺在一般性的流程原則之下。基於某種奇怪的理由，資訊處理這個行業一向以來只聚焦在軟體與程式設計，因而深受其苦。我們所謂的「軟體工程」若稱為「資訊工程」會更恰當一些，但是整個產業已習慣以局部來代替整體，所以我們必須學會與之共處。這種以局部代替整體的情況或許可看作是無害的「語言破格用法」，如果不會因此戕害了流程設計的話。

224

產品原則（The Product Principle）說：

產品可能是程式，但是程式不是產品。

違反這個原則將導致資訊系統的必要部分被流程設計所省略，甚至被產品所省略。一些典型範例包括：

- 將使用者訓練「留給訓練人員」，他們要等到所有軟體都發表後才會投入
- 不同期的產品的測試資料被丟棄或遺失
- 依據最方便的撰寫程式方式，而將介面設計隨意放置在一起
- 直到軟體決策排除掉很多種可能性後，才考慮資料庫的建立、載入、驗證與安全性

諷刺的是，必須與硬體部門合作的程式設計師總是抱怨，對於和軟體有極大牽連的硬體決策，他們無法提供意見，但是他們對開發產品其他部分的人也做了同樣的壞事。對於必須銷售產品、製作產品文件、訓練人們使用產品、以及最終必須每天使用產品的那些人，他們所建造的軟體含有很強的片面、獨斷性質。

12.5.1 要注意的措辭

為了判斷你的流程是否疏於處理與非軟體有關的某些部分，請從一份產品的完整清單開始。接著，將這份清單放在心上，並注意聽以下的措辭：

- 程式幾乎完成了（沒有提到其他任何事情）。
- 程式完成後我們才能開始製作文件。
- 既然程式已完成，那就不需要文件。
- 我們要到程式完成時才能開始X（產品的其餘部分）。
- 我們應該砍掉一些程式碼，看看結果看起來像什麼？
- 它會自行形成文件。
- 程式語言會自行形成文件。（對於C、C++、各種組合語言、COBOL、FORTRAN、PL／I、Pascal、BASIC、APL、Lisp、Smalltalk，我們都聽過這種說法。的確，對於存在的幾乎任何語言都會有人這樣說，而這些說法都不正確。）
- 它會自我訓練。
- 它會自行安裝。
- 程式碼是安全的。（強調的是程式碼。）
- 程式碼是可靠的。

225

經理人可能聽到了這些事情、知道這些事情的含意是什麼，但是結果總是去相信它們，因為他們想去相信。對於一個可靠的產品，若你需要的只是可靠的程式碼，那豈不是很好嗎？

12.5.2 要採取的行動

不要讓每件事情都要等到軟體完成才能去做。

一定要將產品的每個部分（交付成果與輔助文件）都放入計畫中，也要放入做為計畫源頭的流程描述中。

一定要盡早開始產品的每個部分，除了程式碼之外。**不要**「因為其他事情都在等待中」，而急著撰寫程式碼。不是每一件事都可在設計完成前就能完成，但是一旦你達到防範未然型（模式4）文化，你就不需要等待程式碼完成才能完成產品的其餘部分。

12.6 心得與建議

1. 若軟體流程遵循本章中的原則，則所有軟體工作都可視為是維護工作，如此一來可以使得產品實際的情況與我們想要的情況的差距得以縮小。因此，沒有理由做出開發與維護之間重大的狀態差別，也不需要基本上不同的流程。

2. 在水管承裝業任職的Sue Petersen說，

   若當地建築物督察員信賴安裝者，而安裝者向他們保證管路／線路沒問題，而且若房屋建造／修繕工作處在極大的時間壓力下，我見過在一部分水電管路被覆蓋住後（因此看不見），督察員還讓這個部分通過檢查的情形。這種做法要長期行得通，所有相關人士都必須能幹、有見識、並且有道德操守。

   他們也必須永遠不出錯，這在水管承裝方面可能比在程式設計方面更容易辦到。若程式碼由有能力、有知識、有道德而且絕對可

靠的人所撰寫，可能你可以不經檢驗地核可一些程式碼。有數千
位程式設計師認為他們符合這些標準，但是事實上全世界頂多只
有一個人符合這些標準，而他不是程式設計師。

12.7 摘要

✓ 有些原則是任何有效的流程模型都必須遵守的。當你探討不同模
型的長處與弱點時，這些原則可當作指南。這些原則也可當作經
理人在嘗試實行一種或更多種流程模型時的指南。

✓ 百萬富翁測驗說：

若你無法證明你的流程比隨機過程更好，那就不要使用它。

百萬富翁測驗要求每個提出新流程的人證明這一點，並鼓勵他們
發展出一套可評量的流程。

✓ 很多今天在運作中的流程，明顯比隨機過程還更糟糕。百萬富翁
測驗的重點不是要鼓吹隨機過程，而是要提醒組織某些流程的愚
蠢行為。

✓ 回饋以連續方式進行。模型中的各部分不能太大（否則回應會變
緩慢），而且各部分必須穩定（否則回應將不可預測）。穩定性
原則（The Stability Principle）涵蓋這兩項要求：

流程的每一部分都必須是個受控制的系統。

✓ 穩定性原則說明測試不是一個階段，而是每個階段內建之控制流
程的一部分。經常被稱作系統測試的，完全不是一種測試，而是
系統建構的另一個部分，可能稱作「系統整合」會更好。

✓ 從我們對控制專案所知道的，以及從我們所知道的人類天生不完美，這個工作成果變成私人所有權的觀念，不能成為任何流程模型的一部分。相反地，每個流程模型必須遵從明顯性原則（The Visibility Principle）：

專案中的每樣東西都必須總是明顯可見。

✓ 因為除非已通過審查，否則沒有一樣東西是真實的，而且因為不可能審查看不見的東西，明顯性原則的一個必然結果是真實性原則（The Reality Principle）：

通過獨立審查之前，沒有一樣東西是真實的。

227 ✓ 若沒有描述評量方法，讓你知道是否每個方塊的成果實際上已實現，則這些流程圖既毫無意義又危險。可評量性原則（The Measurability Principle）說：

你不做評量的東西，將不受你的控制。

可評量性原則也說：「良好的管理需要評量」，但那不表示你評量很多事情，你就能夠控制好事情。

✓ 軟體工程第零法則（The Zeroth Law of Software Engineering）說：

如果你不必滿足需求，管理就毫無問題。

這個法則夠重要到應該要有單獨的一章做介紹。

✓ 產品原則（The Product Principle）說：

產品可能是程式，但是程式不是產品。

違反這個原則將導致資訊系統的必要部分被流程設計所省略，甚至被產品所省略。

12.8 練習

1. 注意聽本章所提供的關鍵措辭，並將這些措辭記錄在你的筆記本上。看看一天中你能聽到幾句。運用你的清單評估你的組織的文化模式。❼

2. 製作未在你的工程流程中明確說明的產品各個部分清單。調查看看這些部分實際上是用什麼流程完成的，以及這個流程交付什麼樣的品質。

3. 以下是來自 Loral Space 資訊系統公司的流程改善模型，該公司是全世界第一家經評估為 SEI 能力成熟度模型第 5 級的組織：❽

   - 流程特性的適當評量方法
   - 產生對目前流程特性不滿的情況
   - 受到激勵要改善流程特性的員工
   - 經授權要改善流程的員工
   - 流程變革發生
   - 監督改善後的流程特性的及時評量

   這個模型的重點如何與本章的流程原則一致？

   228

4. Naomi Karten 評論說：「一定要擺脫掉基於『吉姆是唯一知道那裏面有什麼東西的人』這類理由而不可缺少的任何人。」是個好建議，但是大多數人不知道如何做。若害怕最終失去知識，或是害怕被移除掉時這個人會做什麼，他們就不會去做這件事，但是

有些想法可減輕那種恐懼。擬出移除掉這個人的一份計畫，以避免失去知識、失去成果、以及那個人可能採取的具破壞性行動。這項計畫是否實際上可以預防有人必須被解雇的情況呢？

5. 你能找出你的組織中比隨機還更糟糕的一個或更多流程嗎——也就是說，它會通不過百萬富翁測驗？什麼事會阻止你立即以隨機流程取代這些流程？

13
文化與流程

長期來說，社會的力量是取決於一般人自發性的行為。一般人很
重要，因為他們人數眾多；自發性行為很重要，因為不可能無時
無刻監督每一個人⋯⋯這種自發性行為就是我所謂的「文化」。❶

—— *J. Fallows*

當我正在思考改善軟體文化的主題時，我偶然發現在一本通俗電
腦雜誌上的這則新聞，正可以說明文化所代表的意義：

> 系統 X（來自 XXX 公司的流行軟體產品）開始抹除他的硬碟。此
> 程式的一部分使用一份檔案清單，該程式假設此清單至少含有一
> 個檔案。他搞不清楚清單中並沒有檔案，而且記憶體的隨機內容
> 決定目標容量。❷

我發現這位理應經驗豐富的專欄作家，會將清單空無一物的情況視為
「搞不清楚」，這點頗令人費解。1961 年當 Herb Leeds 和我出版我們的
第一本書時，這便是個眾所皆知的情況，我們也一直警告初學者要注
意。❸ 超過 35 年來，就像在經典之作《*Elements of Programming Style*》❹

一書中一樣，許多程式設計作家一直持續做這項提醒。顯然，這種情況的預防尚未變成軟體工程文化的一部分。至少在 XXX 公司，預防傳遞一份空清單這種脫軌行為，並不是「一般人的自發性行為」。

本章將討論若要改變他們的組織，所有經理人都必須了解的三個問題：

- 是什麼決定了一般人在組織中的行為表現方式？
- 一般人的行為如何影響組織的正式流程？
- 一般人如何受那些流程所影響？

13.1 文化／流程原則

當你能信賴一般開發人員不會犯他們出生之前很多年大家就已經相當了解的簡單錯誤，則軟體工程的流程就會簡單很多。這點說明文化與流程之間的權衡取捨：

> 凡是能安心在文化中做假設的事情，你都不必在流程描述中明確說明。

我們每天都能看到這個文化／流程原則（Culture/Process Principle）的數十個例子。今天早上當我拿起一罐 Barbasol^{TM} 刮鬍膏時，我唸著：「使用前好好搖一搖。」這個說明沒告訴我要搖什麼，當我想像有人將這段說明的意思，想成是每天早上「擺動你的身體」跳著吉格舞時，我面帶微笑。

甚至對於知道這句話意指搖一搖刮鬍膏罐的我們，我們也了解這句話並沒有說要搖罐子搖得多好。在一罐 Pepto-Bismal^{TM} 上，我發現

同樣的說明，一字不差，但是它也沒有說要搖罐子搖得多好。儘管如此，我認為這兩段流程說明都很合理，因為從文化的角度我知道如何好好搖一罐刮鬍膏，而且我知道如何好好搖一瓶藥。我知道這兩者的流程完全不一樣。要是我不知道這些事情，則描述流程所需的文字就不止這些了。

文化／流程原則警告我們，不同文化中同樣的流程描述可能意指不同的行動。因此，在興奮地投入流程建立之前，我們需要了解我們所建立的流程其所在的文化特性。

文化／流程原則適用於形形色色的文化，而且特別適用於本系列第1卷所描述的軟體工程文化。❺若我們不了解文化／流程原則，我們就會犯下像以下這樣的大錯：

- 當作ISO-9000認證的一部分，一個組織發展出告訴新進員 231
  工廁所在哪裏的流程。流程描述達三頁之多。（至少該組織
  沒有告訴他們如何使用廁所的流程。）

- 另一個組織有「自發性認可」同事的一個流程。組織中的每
  個人每天都要至少說五次「謝謝你」。

- 回到人們在紙上撰寫程式的時代，我的一位客戶要求所有程
  式碼都要在特殊表格上撰寫。那樣做還算正常，但是對這位
  客戶來說，紙張必須是特殊亮綠色色澤，並有暗綠色線。這
  位客戶相信其他顏色更容易導致錯誤。

13.2 文化與流程互動的例子

圖13-1改編自第1卷，以顯示顧客的要求或問題的要求如何「強迫」組

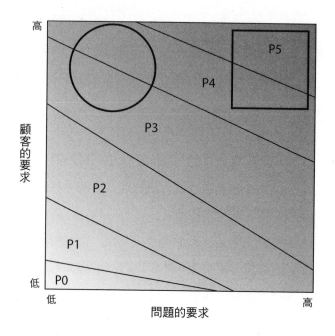

圖13-1 　組織可能由於變動的顧客需求、變動的問題需求、或兩者同時而來
　　　　的壓力，而被迫要轉移到另一個模式。圓圈圈起來的區域（高顧客要
　　　　求、中度問題要求）可能就是史都華・史考特（Stuart Scott）在內文
　　　　中所描述的製藥機構的所在。（改編自第1卷《系統化思考》圖3-1）

織提升品質文化的水準。這並非意指短期內文化由這兩個參數決定。
然而，未發展出適當文化模式的組織，最終將會被迫改變或「終止運
作」。

13.2.1 別殺任何人，也別入監獄

232

一個組織的文化模式的一致性是顯著的，不需要複雜的評量就能察覺
到。以下是史都華・史考特描述接觸到一個品質導向文化的經驗，這
個文化可能是圖13-1圓圈圈起來區域中的把穩方向型（模式3）或防

範未然型（模式4）文化：

> 我靠顧問工作維生，對象大多是想改善系統開發流程的組織。兩
> 年前，我開始與一家大型製藥公司的研究開發部門合作，他們對
> 資訊工程感興趣。從我第一次走進大門的那一分鐘起，我知道我
> 要與一種非常不同的資訊系統組織打交道。從高階經理人到最新
> 進的菜鳥，和我談過的每一個人都理所當然地認為，他們有定義
> 明確的電腦系統開發流程。在我的經驗中，那是不尋常的。而且
> 他們都能以清楚又不含糊的語言向我描述他們的流程，這點更不
> 尋常。最令人印象深刻的是，他們所說的與事實相符。❻

　　這種自發性流程描述的一致性定義了其文化。在此個案中，此文
化源自於FDA（美國食品藥物管理局）要求所有和使用與測試藥物相
關的工作，都必須在嚴格的流程控管下完成，使你不會用藥物害死任
何人。若不遵守這些流程控管，你就要入監獄。

　　我經常使用一個以文化一致性為基礎的文化樣貌測驗。當我開始
與一個新團隊合作時，我會要求每位團隊成員畫出他們的流程的一大
張圖，無論是開發、維護、測試開發、文件編寫、或任何其他流程。
他們各自獨立畫出，然後將他們的圖張貼起來，並談論這些圖。這些
圖可能有很大的不同，但總是含有某些一致的主題，例如品質、速
度、責任歸屬、對經理人的恐懼、對顧客的熱誠、專業精神、團隊合
作、個人主義或狂熱。這些一致的主題就是文化的要素。

　　在這三十分鐘的活動中，我可以掌握到重要的流程議題，那一般
要花費75,000美元的正式評估才能得到。當然，任何經理人都能做同
樣的測驗，不用花三十分鐘請一位顧問來做。

13.2.2 讓它們恢復生氣

另一個高品質文化的範例是休士頓太空梭艙內軟體計畫（先前是IBM的一部分，現在歸屬於Loral公司），這個計畫贏得了很多高品質獎項，而且經鑑定成為第一個第5級組織（在SEI的CMM系統中）。❼這個組織直接傳承自1958年IBM內部由Jim Turnock、Iz Krongold和我為了水星計畫（Project Mercury）而創始的一個組織。我相當高興這個模範組織獲得好評，但是我確定經過四十年的演變後，我會不認得它很多流程細節的運作方式。

233　　　我會看出的是對品質的承諾——組織中每個人都一致了解，人們的性命仰賴他們的軟體毫無瑕疵。正是「讓它們恢復生氣」（bring 'em back alive）這個願景，以一致的力量帶領了超過四十年期間，讓這個組織落在圖13-1的正方形內某處。四十年前如此，今天也是如此：每個提議的變革，都在「這將如何強化我們的使命——讓它們恢復生氣？」這個問題的考驗之下接受檢驗。

13.2.3 快速的結果

對品質的要求，不是只有從最高管理階層慢慢往下傳遞的這種文化觀點。與休士頓太空中心與製藥公司形成有意義的對照的是，等著被收購或公開上市的軟體組織。這些公司的主要目的不是產生與生命攸關的系統，而是創立對拍賣台（auction block）具有吸引力的公司。

　　我的學習速度不快，而且需要三個這種例子，才搞清楚到底是怎麼一回事。在第一個實例中，我被叫去協助進行「流程改善」，但是嘗試產生改善計畫時，我覺得自己猶如陷在糖蜜裏而動彈不得。耗時超過兩個月才會產生結果的任何計畫，都會被高層否決掉。

　　時間長短經常是文化的重要部分，所以我應該更快看出這個模式才對。結果，經過四個月的努力試圖做出某些影響後，公司被一家軟體行銷公司收購，流程改善嘎然中止，而且高階主管變成了大富豪。雖然這項收購保密到家，組織中的每個人都以某種方式知道，公司無法容忍長期計畫（超過兩個月的任何事情）。其所傳達的深層文化主題是：最高管理階層的權力。

13.2.4 別做錯誤決策

並非管理階層所傳達的所有主題，都是別有意圖的。近來軟體組織的一個常見主題是無能力做決策並堅持執行所做的決策。這個主題不是靠管理階層做什麼事來傳達，而是主要靠管理階層不做什麼事來傳達。以下是取自這類組織的三個例子：

- 公司組成一個特別小組，來決定所有未來開發的標準平台。工作七個月後，此特別小組推薦 A 平台，並以 B 平台當作第二選擇。此特別小組的兩位最高階經理人，參加由 C 平台販售商所贊助的為期一週高爾夫球活動兼技術研討會。會後他們回到公司，將此特別小組的建議扔掉。他們召集另一個特別小組來做平台建議。

- 公司成立一個評量小組。三個月後，小組向管理階層推薦系統大小、專案投入心力、系統可靠度與「計畫的交付相較於實際交付」這四個關鍵評量指標。十個月後，管理階層依舊未決定是否要實施這四個評量指標。

- 管理階層認定專案管理訓練的必要。任何事情就緒之前，主管們從 X 公司引進專案管理訓練。十六個月後，90%的專案

234

經理接受了訓練，但是管理階層決定X公司的方法不是正確
方法。管理階層引進Y公司來教授他們的方法。三年後，公
司並沒有使用X方法或Y方法來管理專案，而且管理階層正
考慮Z方法，這種方法以管理的字眼來說似乎「更好」。

你看到模式了嗎？你認為員工看到模式了嗎？無疑地每個人很快都得
到這個文化訊息，也就是「重要的是不要繼續做重要的決策」。那樣
一來，你絕對不會陷入「錯誤」。

13.2.5 顧客人數

文化對流程造成影響的另一個好例子，是顧客人數對設計與偵錯的影
響。這種影響很常見，而且亨利‧佩卓斯基（Henry Petroski）針對所
有類型的工程清楚表明這一點：

> 設計與開發生產數量達數百萬件的東西，與設計獨一無二的東西
> 是有差異的，而且大量製造的機械或電子產品在提供給顧客後，
> 會再歷經一些除錯與演變，這是相當普遍的情形。[8]

最近當我安排一家PC軟體公司（有數百萬名顧客）與一家金融公司
（一般來說每套系統僅有一位顧客）的MIS部門進行交叉互訪時，我
親眼目睹這種影響所造成的文化衝突。MIS的主管在PC軟體公司看
到了他們視為「很諷刺」的東西而感到震驚——軟體公司的主管冷靜
地估計功能失常數量，甚至在運送出第一次發布之前，就規畫他們的
修訂策略。另一方面，軟體公司主管就是無法理解MIS組織所建構的
精心製作的驗收測試，認為這種測試簡直是「迎合使用者」。[9]

了解文化／流程原則，使我們更容易了解XXX公司空清單錯誤

的相關故事。他們就像大多數PC軟體公司，並不把這少許的錯誤當作是問題，這是在PC軟體業他們依舊把錯誤稱作bug的其中一個理由。當你外出尋找顧客時，偶爾出現的幾隻蚊子，只是不重要的小困擾。因此，我們不期待多數PC軟體公司的流程沉浸在無缺陷交付的傳統中。然而，我們的確期待這些公司有快速修正這類錯誤的文化，在這個個案中他們的確是如此。

　　文化／流程原則的潛在力量，可由Payson Hall在審查本卷草稿前幾段時的反應來做說明：

> 我這一週花了大量時間進行時間有點緊迫的高風險分析（五項功能失常導致大約15小時淨生產力的損失），以努力解決［PC軟體］功能失常後，我必須反對你（從我的觀點來看）默認「運送後再修復」的做法。你真的是這個意思嗎？❿

Payson的問題是他期待他的軟體背後有一種不同的文化，所以他感到驚訝，或至少感到失望。想要有不同文化，他的反應完全合理，但是考慮到文化／流程原則，他不合理地期待這種不同的文化。我沒有暗示這種「運送後再修復」的文化對每一位顧客都好，但我的確有意暗示為什麼製造PC軟體的公司會有這種文化，那是可以理解的。我們有可能了解某件事並同時厭惡那件事。

13.3 流程的三種含義

很多管理相關作者已指出，階層式組織中有三種不同的管理階層：最高（top）管理階層、中階（middle）管理階層與基層（supervisory）管理階層。最高管理階層以及基層管理階層都只有一層。其他人都在

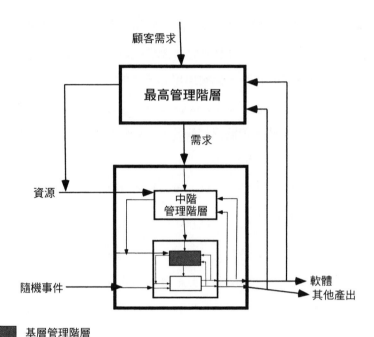

圖13-2 在控制論模型中，每層管理階層都嵌入於下方階層中，以提供那一層所運作的環境。管理階層掌控著具生產力的資源之流動，但基本上不直接使用那些資源。

中階管理階層，在他們之上與之下都有經理人。圖13-2顯示這三層如何嵌入先前我們所提到的控制論模型中。

　　由於他們在受管制的流程中的位置，每個階層都傾向於對「流程」這個字有不同的觀念，而且這些差異很容易對流程改善造成阻礙。最高管理階層負責企業的未來，除非現在與未來的顧客滿意，否則企業就不會興旺。因此，他們關心未來「可能是什麼」，也就是流程的願景。如我們所見，無論是否刻意為之，這個願景都會往下傳遞給中階管理階層。

中階管理階層關心「應該是什麼」，也就是指將願景轉化成特定行動步驟的流程模型。這些流程模型會往下傳遞給基層管理階層。

基層管理階層關心「是什麼」，也就是相較於流程願景或流程模型，唯一可以真正稱作流程的東西。模型與願景都是對流程的描述，實際流程中可能遵循也可能不遵循這些描述。基層的主管將模型轉化成行動，這些行動可能反映也可能不反映源於高層的原始流程願景。

13.3.1 基層：製造產品

236

在基層，「流程」正確的意思是「實際上要做什麼才能製造出產品」，而不是「應該要做什麼」。在這個層級，改良的流程總是意指改良的產品，因為那是評量基層主管的方式。

在我們的科羅拉多州小山城外，主廚莫特在當地路邊小餐館送出早餐和午餐，然後在當地美食餐廳監督晚餐的準備。同樣的廚師，不同的流程。有人必定記得你不會供應有塊菌的熱狗。事情不會混淆是因為莫特與廚房其餘人員知道現在是晚上還是白天。他們能直接將流程願景與流程相關聯。

就像莫特，休士頓太空中心裏和製藥公司裏的人員都知道晚上與白天的差別。因為生活處在危急感中，他們有試圖完成什麼事的堅持不懈願景，而且他們能將那個願景與每天的行動相關聯。

237

這與很多軟體組織中的基層經理人所面臨的情況完全不同。這些組織中並沒有一致的願景支持他們的流程。他們也許缺乏來自最高管理階層的願景，或者他們可能缺乏來自中階管理階層的有效流程模型，也就是可將願景轉化成流程的模型。或者他們可能有九層管理階層，他們的不同願景必須經過協調。無論如何，源自於這些情況的流程都是無法預測的。

13.3.2 中階管理階層：產生流程模型

當他們將工作做得很好時，中階經理人不關心完成什麼，而是關心事情如何完成。也就是說，他們關心真正要完成的事情背後的理想模型。

中階經理人不關心需求，而是關心需求的流程：去發掘人們對現在的認知是什麼，以及流程完成時他們想要有什麼的欲望。

對他們而言，規格不是一份文件，而是決定顧客明確想要什麼與願意付多少錢的協商過程。

「設計」是由一些相結合的流程所組成，是用來調查顧客想要什麼的方法。「探究」（exploring）用來確定顧客需求是否已經存在。「修訂」被視為是從先前的解決方案產生另一種解決方案的一種方法。「創新」檢視從頭開始產生設計的方法，或至少從較簡單的零組件開始。

「建構」是將設計轉換成另一種格式、細節程度或形式的流程。除了變化無常型（模式1）文化之外，中階經理人一般不關心這一層的流程。

「測試」是一種審查與執行的流程，以判定轉換是否產生明確指定的東西。

對於這些應該完成的事情，中階經理人都有理想的模型，而且這些理想就是他們所意指的「流程」。若你一貫地將這些東西稱作流程模型而不稱作流程，你將可挽救你自己和你的組織免於一大堆的災難。

13.3.3 最高管理階層：產生文化

雖然稱它是願景聽起來很不錯，但我們真的不能說最高管理階層創造

了文化。文化太過廣泛，不可能由管理階層的命令產生，但是企業的
整體需求需要以某種方式往下傳達到整個組織。若這些需求未傳達下
去，則組織會自行形成不一致的願景。

　　史都華‧史考特的製藥公司，是一致的願景所帶來影響的一個最
有趣的例子。當我將這個例子告訴我同事大衛‧羅賓森（David
Robinson）時，他確定他在另一個製藥組織中見過類似的文化。然
而，他又說那些不受FDA規定所管制的作業，都「只是更懶散的舊
有軟體組織」。隨後我將大衛的評論拿給史都華看，他回答說：

> 依我的經驗來看，大衛是對的。我們發現受到管制的IS團體與他
> 們不受管制的對照團體之間的界線，基本上是涇渭分明的。這些
> 不受管制的小組幾乎沒有東西可彼此分享。我記得有天早上我們
> 和不受管制的團體中一些極度受挫折的開發人員面談，結果他們
> 說話相當滔滔不絕。後來我們從走廊往上走了十碼，並花了幾小
> 時和受管制區域一些鎮靜又近乎自滿的開發人員談話。那天傍晚
> 當我們離開時，我同事說光是從走廊往上走十碼，就足以讓他
> 「繃緊神經」。❶

這個例子顯示，最高管理階層會以某種方式讓組織知道他們重視的是
什麼。我們沒有足夠的資訊知道，在製藥公司的軟體組織中有兩種文
化是否為好的經營策略，但那可能是。我們無法自動假設，每個組織
或部門都需要將防範未然型（模式4）或全面關照型（模式5）模式
加在他們的資訊系統上，雖然我自己的偏見是，我們無法自動假設他
們不需要。

　　可能是因為無法達到支持技術專家的臨界規模，當組織覺得養不
起真正專業的開發小組時，這種分離的文化也許是理想的解決方案。

組織保留自己的需求流程（可能是一種比較高階的文化模式），因為此流程乃該企業所獨有。像是從作業性資料庫產生報表這類簡單的開發工作，可能以變化無常型（模式1）或照章行事型（模式2）模式在組織內部執行。像修訂作業系統與網路開發這類更複雜的任務，則可能會外包給專業的軟體組織。這種分離的文化應該不令人驚訝。大多數公司使用建築物與汽車，但是極少公司建造自己的建築物或生產自己的汽車。

若我們進一步支持這種分離，公司將會尋找預先建構好的單元，而不會外包特別訂製，就像大多數公司在購買卡車時一樣。因此，至少會有四種軟體次文化存在：提出需求的人、簡單系統的建造者、客製系統的承包商、以及預先建構之系統的購買者。這四種文化不可能很類似。

雖然這意味著很多人將從企業內部的軟體組織，轉移至更大型的專業軟體組織，但我認為這種文化的分割，最終對軟體工程這項專業是件好事。只有在事業核心有獨特、強烈顧客需求的那些組織，才會保有比照章行事型（模式2）更高階模式的軟體開發組織。其他組織將會自行從事模式2的工作，並將其餘工作外包給別人。

239　13.4　是什麼創造了文化？

如果不是願景與流程模型創造了組織的文化，那會是什麼？我們很容易被這個問題所愚弄，因為有許多顯然用意在改變文化的活動，事實上是要嘗試保留其文化。可能這些活動最明顯的就是將人員送去上課，以改善其領導統御能力：

實際上，很多組織不想要更多領導者，他們比較喜歡經理人。這
是基於一個簡單的理由：領導者會採取主動、挑戰現狀並激勵他
的追隨者。對很多公司來說，這是令人恐懼的前景。為期五天的
外部領導統御課程，乃是從內部培養領導統御的一種安全的替代
方案。組織可展現出對領導統御的興趣，而不必承擔領導統御成
功實現的更深層責任。❶❷

做為靠著提供「五天外部領導統御課程」維生的人，我竭誠地贊同這
種看法。領導統御的品質是文化的一部分，而且可能是對「舊有現
狀」最危險的部分。若領導統御改善，則文化必定會改善，但是單單
課程絕對無法完成這件事。像領導統御課程這類外部事件，可提供外
來成分、或提供轉型的構想、或成為練習新構想的場所，但是外部事
件絕對不可能替代必須先完成，以歷經整個變革過程的所有內部工
作。

　一位獨特的執行長麥克斯‧帝普雷（Max DePree）非常了解這個
過程：

一間機構的未來是脆弱的。什麼能保證未來？有些事情可以保
證，但是這些事情每一件都是脆弱的——每一個促銷方案、每個
與領導統御變革有關的決策、領導者平衡變革力量與永續性力量
的程度。年度計畫或策略計畫不僅不保證機構的未來，甚至可能
藉由讓組織看不到其他目標，而背棄這個未來。每項關鍵性任務
指派、每個遺漏掉的開發機會、每個受真正領導者所啟發的人，
這些都是真正塑造未來的事情。我要談的是關係的品質，以及提
升其他人的能力。❶❸

整個文化是經由一次次的行動、或無作為、或互動，而被創造出來或被破壞。下次你參加外地的「願景訂定」會議時思考這一點；下次你製作或修改流程文件時思考這一點；下次你從領導統御課程回來，心中充滿你打算如何改變每一個人的想法時思考這一點。最重要的是，要在每次你照鏡子時想到這一點。

13.5　心得與建議

1.　服裝規定是一種很有趣的文化指標，並且以很神祕的方式傳達。以下是我在一些軟體工程組織中所見過，與適當衣著有關的一些文化模式：

240
- 公司對服裝的規定很嚴格，沒有人敢挑戰。通常這些規定男女不同。因為這些規定通常由男性所制定，所以對女裝的規定實在很不合理。

- 有一種反抗服裝規定的情緒存在。任何服裝一致的暗示都被視為不恰當，而且會遭到奚落。當然，違反規定事實上是遵從不墨守成規的規定。

- 穿著無關緊要。沒有人注意到人們穿什麼，或對人們穿什麼做出評論。

- 穿著是重要的，要看場合穿。例如，當與顧客碰面時，你用一種方式穿著，但若與你的小組一起共事時，你以另一種方式穿著。

- 穿著要適合，並且要和自己、其他人與環境場所能夠搭配。大家都覺得不應該對另一個人的穿著風格做評論。

我認為要描述文化特性，相較於觀察軟體流程的改善，倒不如去觀察穿著的文化與規定，可以提供更有用的資訊。

2. Naomi Karten 評論說：有些公司星期五的便服日確實相當有趣，有些人無法穿著輕便，或者老闆對便服的觀點鐵定比軍隊的便服還更高檔。不僅服裝規定是一種有趣的文化評量指標，服裝規定的變更也是一樣。

3. 服裝與其他有形的跡象，提供了有關系統文化的一扇窗。我同事 Jean McLendon 在我們的「組織變革工作坊」中，講授了一種更加行為導向的方法，她將這種方法稱作 5P：為了解組織如何真正運作，以及組織如何回應變革，請尋找以下的模式（Patterns）：

- 痛苦／歡樂（Pain/Pleasure）：以得知什麼事情會激勵他們
- 流程（Process）：以得知例行性的事情如何完成或未完成
- 問題（Problems）：以得知非例行性的事情如何完成——他們如何了解他們系統的動態變化、他們留意什麼事情、以及他們如何應付事情
- 可能性（Possibilities）：以得知他們如何想像外面的世界，以及展望他們自己的未來

4. Phil Fuhrer 提議：「對於組織的文化，我所使用的決定性考驗（acid test）是面對不同種類的問題時他們的生產力。例如，一個交換系統的開發組織如何去處理非即時性的關鍵系統？藉由問他們會如何處理某種新情況，然後注意他們運用什麼流程來學習，你就能發現很多訊息。」

5. Sue Petersen 指出：若一家工廠的內部無法達到比照章行事型（模式2）更進階的模式，則若他們站在潛在供應商的角度，從外   241

部來觀察，他們還是必須學習判斷什麼是更好的工作方式（更進
階的模式）。本質上，這是邁向把穩方向型（模式3）的一個推
力，因為你需要知道很多這類的事情，才能把穩一個內部或外部
組織的方向。

6. 關於文化樣貌測驗，Naomi Karten建議相反的情形同樣能增進知
識──比較看看文化如何做回應：

讓某個特定部門的人分成小團體談論一個議題，例如我經常開始
提問的問題是：「你們如何描述你們對顧客需求的回應做得有多
好呢？」他們很快就發現，對於他們回應得有多好，以及如何評
定那個回應水準，大家有非常不同的觀點。（他們也了解到，他
們不知道真正的答案，因為他們從未從顧客那邊得到任何回
饋。）

13.6 摘要

✓　如果經理人想要改變他們的組織，必須了解三個問題：

- 是什麼決定了一般人在組織中的行為表現方式？
- 人們的行為如何影響組織的正式流程？
- 一般人如何受那些流程所影響？

✓　文化／流程原則說明文化與流程之間的權衡取捨：

凡是能安心在文化中做假設的事情，你都不必在流程描述中明確
說明。

✓　文化／流程原則警告我們，不同文化中同樣的流程描述可能意指不同的行動。因此，在興奮地投入流程建立之前，我們需要了解我們所建立的流程其所在的文化特性。

✓　顧客的要求或問題的要求會「強迫」組織提升品質文化的水準。這並非意指短期內文化由這兩個參數決定。然而，未發展出適當文化模式的組織，最終將會被迫改變或「終止運作」。

✓　一個組織的文化模式的一致性是顯著的，不需要複雜的評量就能察覺到。在源自於 FDA 要求的文化中，所有和使用與測試藥物相關的工作，都必須在嚴格的流程控管下完成，因此軟體將會在嚴格的流程控管下完成。若不遵守這些流程控管，你就要入監獄。

242

✓　在生產航太飛行軟體的文化中，組織中的每個人都有一致的了解，人們的性命仰賴他們的軟體毫無瑕疵。正是「讓它們恢復生氣」這個願景，以一致的力量帶領了超過四十年期間，讓這個組織處在非常先進的軟體文化模式中。

✓　在等著被收購或公開上市的軟體組織中，其主要目的不是產生與生命攸關的系統，而是創造出對拍賣台具吸引力的公司。時間長短經常是這種文化的重要部分，而且長程（或甚至中程）規畫通常不會被接受，不過如果提出一些假規畫，讓公司對潛在買主更具吸引力，則可能是可接受的。

✓　並非管理階層所傳達的所有主題，都是別有意圖的。近來軟體組織的一個常見主題是無能力做決策並堅持執行所做的決策。這個主題不是靠管理階層做什麼事來傳達，而主要是靠他們不做什麼事來傳達。這種環境中的文化訊息是「不要繼續做重要的決策」。那樣一來，你絕對不會陷入「錯誤」裏。

✓ 顧客數量會影響組織的設計與偵錯的做法。由於擁有數百萬名顧客，PC軟體公司完全不把運送出極少數的錯誤當作重大問題。他們反而將精力集中在創造出「快速修正錯誤」的文化。

✓ 基於他們在受管制的流程中的位階，每一種管理階層都傾向於對「流程」這個詞有不同觀念，而且這些差異傾向於妨礙流程改善的努力。

- 最高管理階層負責企業的未來，除非現在與未來的顧客滿意，否則企業就不會興旺。因此，他們關心未來「可能是什麼」，也就是流程的願景。

- 中階管理階層關心「應該是什麼」，也就是將願景轉化成特定行動步驟的流程模型。

- 基層管理階層關心「是什麼」，也就是相較於流程願景或流程模型，唯一可以真正稱作流程的東西。模型與願景都是對流程的描述，實際流程中可能遵循也可能不遵循這些描述。基層的主管將模型轉化成行動，這些行動可能反映也可能不反映源自於高層的原始流程願景。

243

✓ 領導統御的品質是文化的一部分，而且可能是對「舊有現狀」最危險的部分。若領導統御改善，則文化必定會改善。

13.7 練習

1. 以下是可以讓你分辨各種流程含義之間差異的一項調查：

- 你聽過布魯克斯法則嗎？⓮

- 這個法則是什麼？
- 什麼是構成布魯克斯法則基礎的動態學？
- 若你正管理一項專案，而且專案延遲，你會做什麼事？

在你的組織中進行這項調查，並注意答案如何隨回答者的位階而改變。請討論這些答案。

2. 刊登了關於系統X中之錯誤的報導兩週後，同一本雜誌刊登了另一家公司正在收購XXX公司的報導。請討論對於這家公司看待「錯誤」的文化態度，這是一種辯護或是一種譴責？要做出判斷，你還需要什麼額外的資訊？

3. Janice Wormington建議，對於你所在的組織，回答本章一開始的三個問題：

- 是什麼決定了一般人在組織中的行為表現方式？
- 人們的行為如何影響組織的正式流程？
- 一般人如何受那些流程所影響？

4. 當我在13.4節提到麥克斯‧帝普雷是個獨特的執行長時，可能我的意思還不夠清楚。以下是他的一則故事，或許可以更清楚說明他的個性：

我抵達當地的網球俱樂部時，一群中學生才剛離開更衣室不久。就像雞那樣，他們不費心收拾自己的東西。我沒想太多就將他們所有的毛巾收拾好，放在一個大籃子裏。我的一位朋友靜靜地看著我做這件事，然後問了我多年來我已沉思良久的一個問題：「你收拾毛巾是因為你是一家公司的總裁，或者因為你收拾毛巾，你才成為一家公司的總裁？」⓯

244　　對於這個問題你的答案是什麼？對於收拾毛巾，帝普雷的流程模型是什麼？你認為這個流程模型會位在他的經營藍圖的什麼位置？這個流程模型背後的願景是什麼？那與建立帝普雷公司的文化有什麼關係？

5.　將帝普雷的毛巾故事，與1993年5月張貼在CompuServe Guildnet的以下故事相對照：

（一家大型航太公司的）執行長走進電梯，要從他的辦公室下到一樓。在較低樓層，一個基層員工進了電梯，認出是執行長後，與他閒聊一下，直到電梯抵達地面樓層。

顯然執行長對於必須和一位一般工作者講話感到心煩。隔天：

1.　一份備忘錄發給所有人員，標題為「在執行長面前要如何自處」。

2.　其中一台電梯每天某幾個小時宣告關閉，除執行長之外禁止搭乘，那些時間是執行長最可能使用電梯的時候。

喔，附帶說明，這家公司認定他們正遭遇公司歷史上最嚴重的士氣問題，而且他們有個特別小組在尋求提升士氣的辦法。

什麼是這位執行長搭乘電梯的流程模型？你認為這個流程模型在他的經營藍圖上處於什麼位置？這個流程模型背後的願景是什麼？那和這家大型航太公司的嚴重士氣問題有什麼關係？

6.　Sue Petersen問說：有任何經理人真的能執行13.2.1節的文化樣貌測驗嗎？這個問題可用來當作你的文化的另一項測試。考慮執行這項測試並詢問：這個組織中有某種理由讓我無法做這項測試嗎？有某種理由讓我無法好好做這項測試嗎？有某種理由讓我無

法做得像外面請來的人所做的那樣有效果嗎？

7.　Phil Fuhrer提到：當個人電腦的文化說「舊規則不再適用於新的
　　工具與系統」時，我們不應該驚訝開發人員無法尋找空清單。
　　「舊規則不再適用」是一種統合規則（meta-rule），也就是關於文
　　化規則的規則。在你的組織中，你可以找出有哪些文化統合規則
　　限制了改變文化（比方說跟公司外部的人學習）的嘗試嗎？什麼
　　統合規則可以有助於文化變革？

14
改善流程

以你所擁有的，在你所在之處，做你所能做的。

——西奧多‧羅斯福（Theodore Roosevelt）

組織發展顧問 John F. Horne, III 曾跟我說過他職業生涯中的一個關鍵時刻發生的事：

> 幾年前，我造訪維吉尼亞州一家全國知名電鋸製造商的工廠。我與一位經理一起巡視工廠，他讚美製造流程的高科技本質，是效率與組織的典範。在出奇乾淨的廠房的一個角落裏有三名員工，身邊有一大捲細鐵絲網。他們正在將細鐵絲網（chicken wire）裁剪成一英呎見方的形狀。
>
> 我問工廠經理他們在做什麼，他回答說：「不知道。那似乎不是個大問題。」他繼續發表他對自動化製造流程的評論。
>
> 我走到三位員工那邊，問他們在做什麼。他們解釋說，由於已刷油漆電鋸外蓋的標準曬乾架，無法扣住乾燥中的組件，所以這些組件會掉到地板上，這表示他們必須重新油漆。這些員工每個月幾次自掏腰包購買一大捲細鐵絲網，並裁減細鐵絲網使曬乾

架成形，以解決這個問題。

　　（當然）我問他們是否已將這個問題告訴管理人員。他們說：「是的，但是他們〔管理人員〕只是說我們不夠小心使用標準曬乾架。」

　　當我將這段對話的要點向這位經理轉述時，他的反應相當於「那樣做很好」，並且他繼續談論高科技設備。❶

很多軟體組織難以改善他們的流程，因為他們錯將流程模型與流程願景當作實際的流程。沒注意到細鐵絲網因素的經理人，永遠無法做好發展流程模型的工作，因為所有最常見的模型，都是聚焦於那些直接作用於產品上的活動，而經理人竟然看不見這些活動。此外，因為這些模型專注於直接的產品，它們會忽略掉可能進行流程改善的大部分領域。若要改善流程，顯然必須改變管理作為，例如去看看細鐵絲網實際上是怎麼一回事。

14.1　三種流程改善層次

有三種不同類型的流程改善，正好對應到上一章所提到的流程的三種含義。圖14-1暗示這三種類型的改善的規模非常不同。文化變革比流程變革所造成的潛在影響大很多，因為一項文化變革（例如將恐懼從工作場所趕走）可能影響數百個流程變革。

　　弔詭的是，大多數的變革是發生在流程的層次，而其潛在的報酬率最低。經理人安置了僅在這個層次做量測的評量方案。結果在做流程改善回饋時，只有這個層次的資訊可以利用。中階經理人的流程模型被視為理所當然，而文化是看不見的，所以改善受到嚴重的限制。

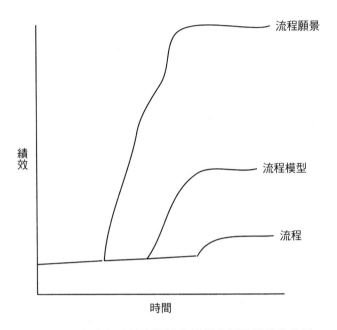

圖14-1　三種不同的流程改善在規模上呈現幾個數量級的差異。

為了讓實質的改善發生，經理人層級必須對於調查研究和進行變革抱持開放的態度。

14.2　一個流程改善案例

為了更了解這三個層次如何互動，讓我們更詳細地看一個流程改善個案。Gargantuan Gorgonzola Grocery（GGG）公司有很多短期軟體開發專案，這些專案傾向於成群出現，而且需要快速完成。為了回應這項顧客需求，GGG公司發展出以大量使用約聘程式設計師為基礎的文化。雖然這項政策減少了對正職員工的需求，但在時程的績效方面產生了很大的變異。

247　　　管理階層決定組成一個改善團隊來審視開發流程，看看是否能減少變異。該團隊要遵守由四個步驟組成的流程改善策略：

1. 將實際流程記載下來。
2. 找出問題的根本原因（root cause）。
3. 修改流程以減少變異。
4. 對流程改善做測試。

當我們跟著團隊成員歷經這四個步驟時，我們注意到這些步驟如何運作，以及為什麼這些步驟無法像邏輯所預測地運作得那樣好。

14.2.1 將實際流程記載下來

改善流程的第一步是將真正的流程（細鐵絲網）記載下來，並與流程模型或流程願景相對照。當改善團隊與來自十幾個專案的人們會面
248　時，他們發現有一些情形是當事情完成時，結果並不是流程模型的一部分。最顯著的例子是與一位在專案中途離開的約聘人員相關的活動，如圖14-2所示。這些額外步驟一成不變地出現在時程最落後的專案中。每當這些額外步驟發生時，時程會多增加三到四週。

14.2.2 找出問題的根本原因

改善團隊隨後發展出改善流程的幾個構想。例如，關於離開的約聘人員所造成的延遲，團隊建議以下可能的方法：

- 與不同的承包公司合作。
- 擬定一套事先挑選約聘人員的流程。
- 將罰款條例放入約聘人員的合約中，當作若約聘人員在專案

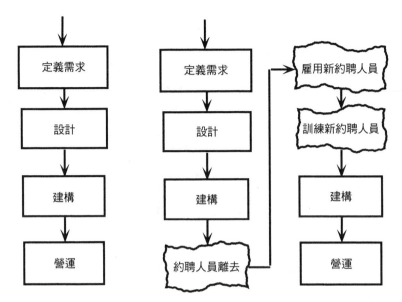

圖 14-2　有幾個流程步驟並不在 GGG 的流程模型（左邊）上，但是經常出現
　　　　在延遲的專案的流程中（右邊）。

完成前離開時的懲罰。

- 停止使用約聘人員。

- 使用更少約聘人員，並嘗試固定與先前一直在 GGG 專案中
  的那些人合作。

團隊成員隨後發現，他們只是在處理表象，而沒有真正了解約聘人員
離開背後的根本原因。他們會見專案經理，並發現這些約聘人員被解
雇，是因為他們缺乏程式語言和作業系統方面承諾必須有的背景。他
們試著邊做邊學，而且花了三到四週的時間才發現他們真的無法做什
麼事。承包公司退錢給 GGG 公司當作補償，但是他們當然無法歸還
時程中失去的那幾週。

249

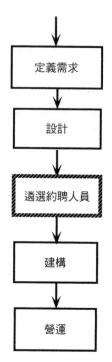

圖14.3 藉由在專案中放入一個明確的約聘人員遴選流程，GGG公司就能解決掉不合格約聘人員的問題。

14.2.3 修改流程以減少變異

一旦他們了解約聘人員離開的根本原因，團隊成員就能選擇最佳的解決方案構想，並且修改他們的流程模型以納入一個約聘人員遴選步驟，如圖14-3所示。

250　　　當然，過去一直有遴選約聘人員的某種流程，但是這個遴選流程不直接與產品相關聯，而且是中階經理人要負責的，但他們並沒有以任何方式將這個「自己負責的流程」放入模型中。因此，遴選過程依舊是隱藏起來的，而且不受系統改善所約束。要改善某個部分，必須

先將該部分結合到流程模型中，而非只是流程的一個隱藏部分。

改善團隊也提出使這個新流程有效率所需要的文化變革。GGG過去一向信任承包公司會派來具備明確指定技能的人員。因為GGG沒有明確的流程驗證候選者的資格條件，於是承包公司對於GGG的需求變得應付了事。一般來說，承包公司會把那天他們碰巧有的約聘人員派來，不管他們是誰。

如果大多數候選者不合格，GGG的新約聘人員遴選過程在找到合適候選者之前，會花掉一些時間。不是只接受來自承包公司的任意候選者，團隊建議更高管理階層開始與這些供應商更密切合作，以保證高百分比的候選者能合格。同樣地，這件事過去從未做過，因為沒有人曾經明確地建立更高管理階層做事的模型。

14.2.4 對流程改善做測試

往後這幾個月，改善團隊監控改善過的流程之效果。團隊成員記錄面談約聘人員候選者的人數、接受的人數、以及拒絕的人數。他們也記錄整個專案期間有多少約聘人員留下來，以及所有專案的時程變化。

他們發現時程的變異已減少，約聘人員的流動率也降低了，但是不如他們原先所預期的。他們感到奇怪為什麼他們的改善沒有更成功，所以他們回頭面談專案未見改善的兩位專案經理。在這兩個案例中，他們的回答是雖然有遴選程序，但約聘人員就是不合格。

他們研究約聘人員的簡歷，並且與面談過那些約聘人員的人會面。所有證據指向一個事實，那就是那些約聘人員實際上相當合格。團隊決定面談兩位約聘人員，但是這兩位都拒絕，所以他們面談了提供這些人員的兩家承包公司的經理人。這些經理人告訴他們，這兩位約聘人員與其他公司在許多專案上都配合得很成功。

基於某種原因，實際流程與流程模型脫軌，而且他們不知道為什麼。

251　14.3 讓看不見的變成可見

此時此刻，GGG團隊成員被難倒了。他們對於流程改善花了心力，但結果不如他們所預期的那樣好。他們擔心這項變異的隱藏原因可能會不受控制，因為他們不了解這個原因。

抱著絕望的心情，他們找來一位顧問。因為見過更多這類情況，顧問懷疑有些事情是被隱藏起來的。他與曾經參與那兩個專案的一些員工面談，並揭露團隊不知道的一些事實：

- 在A專案中，專案經理（彼得）在解雇約聘人員（托麗）之前，他已經跟她約會兩週。彼得證實他有跟托麗約會，但他說他與她的個人關係，與這次解雇毫無關係。他聲稱，她只是無法勝任而已。
- 在B專案中，聽說專案經理（昆汀）在一些場合辱罵約聘人員（爾尼）。昆汀說他對爾尼與對專案任何其他成員沒有差別，解雇他只是因為他無法勝任。

這位顧問和GGG管理階層與人力資源部門追蹤這兩個個案。結果發現，彼得在先前的專案至少與其他三位約聘人員約會過，而且將每個人都解雇。他說與她們約會沒有什麼不對，因為「她們不是正式員工」。他很堅持，她們是因為不能勝任而被解雇，但是這種說法遭到駁斥，因為他們發現其中兩位後來運用相同的技術從事其他的GGG專案，但並未遭到解雇，而且事實上還因為她們的工作而獲得讚賞。

結果，彼得被移除掉另外的管理責任、遭到警告、而且被要求去上和性騷擾相關的訓練課程。

　　昆汀聲稱他對爾尼與對其他員工態度相同——辱罵他們，結果他是對的。唯一的差別只是爾尼沒有像其他員工那樣討好他，所以才因為他無禮的舉動而被解雇。解雇約聘人員比解雇正式員工容易很多，而且可以不經任何調查地做這件事。實際上，專案經理對專案約聘人員抱持著封建制度的貴族心態。

　　進一步研究顯示，很多員工都避免加入昆汀所帶領的專案，結果他的成員都是可以容忍他的辱罵，或是不能容忍辱罵但也不會對辱罵做任何反應的人。結果，昆汀被移除掉管理責任，並且決定離開GGG。他一離開，其他專案經理說他們知道昆汀會辱罵員工，但他們不覺得有立場說話，因為他是他們的同事。不過他們都十分快樂地接收選擇離開昆汀專案的很多好員工。

14.4 預防未來再發生

將彼得與昆汀從他們的專案管理職位移走，具有大為降低時程變動的期望效果。時程變動是由於約聘人員的問題所導致，這是真正的管理問題。在很多組織中，故事會在這裏結束，但對於GGG，故事還沒結束。流程改善團隊隨後找管理階層商量，並且說這兩位言行不一的經理人指出了GGG文化中的弱點。他們問說，有什麼措施可預防這類情況在未來發生？

　　高階主管接受挑戰，並著手進行一些政策變革：

- 他們讓解雇約聘人員的流程更加嚴格，使專案經理不能在缺

252

乏監督之下做這件事。

- 他們指示流程改善團隊修改審查流程，使約聘人員被納入審查團隊中。這可以讓其他的技術人員也看到約聘人員的技術能力，使無法勝任的主張不必由一個人的意見所決定。

- 他們修改有關員工騷擾的政策，將約聘人員納入。他們告知經理人這項政策，以及違反這項政策的後果。這樣做可能矯枉過正，因為他們對彼得與昆汀所採取的處置方式，已經告訴經理人，GGG嚴肅看待這項政策。

- 他們指示人力資源部門對騷擾的含義方面的訓練進行改善，以清楚表明他們不僅關心避免法律訴訟，而且也關心建立一個免於責罵的環境。這個新訓練經過測試，並提供給所有經理人以及希望接受訓練的任何員工。

14.5 學到的教訓

改善團隊與GGG管理階層，從這個例子學到了以下這些關於流程改善的寶貴教訓：

- 流程改善必須牽涉到組織所有的層級。剛開始進行改善流程時，你不知道必須改善什麼：流程、流程模型、或文化。一般來說，你可以假設這三者都需要做一些調整。

253

- 個人問題通常是最棘手的狀況。個人問題的短期解決方案是必要的，但是處理問題的方式將會樹立文化慣例，所以請小心行事。此外，除非文化改變，否則同類的個人問題將會持續一再發生，所以需要的不只是單一流程的變革。

- 文化變革牽涉到高階經理人。沒有他們的支持和主動參與，仍有可能進行流程改善，但是那個最一開始導致流程問題的文化，會持續使得改善徒勞無功，而回復到未改善前的情形。

- 你可以先變更邏輯流程，但是要將這項變更當成一項測試，看看問題是否完全合乎邏輯。到了邏輯流程改善無法矯正問題的程度，問題就不是邏輯問題了，而是情緒問題。

- 為了處理情緒問題，你必須探究層層資訊表面下真正的問題，這些問題受到「控制什麼問題不能談論」的文化規則所保護。

- 請小心不要以指責的方式進行變革。無論問題的來源為何，當文化變得更少指責，就會對更多種資訊開放，使改善流程變得更容易。

- 不指責的政策，並非意指討好的政策。若經理人有辱罵的行為，你可以選擇用哪種方式讓他們停止辱罵，但是一定要停止辱罵。若高階經理人想要指責某個人，他們應該指責自己創造出一種文化，讓人們的眼睛忽略不看這種行為。

14.6 但是我們公司不一樣

有些讀過GGG故事的人會說：「是的，那樣做非常好，但是我們公司不一樣。」沒錯，細節永遠不一樣，但是原則都相同，而且結果也類似。這則故事讓我們知道，真實世界裏的公司能改善他們的軟體流程，並產生他們想要的種種變革。

例如，在一份未發表的報告中，芭芭拉·波其亞（Barbara

Purchia）描述當時是 Schlumberger Technologies 的子公司的 Applicon 公司，如何在兩年內完全改變它的時程文化。[❷] Applicon 公司所做的具體事情，幾乎與 GGG 公司所做的具體事情完全不同，但是精神相同，而且原則也相同。以下的引文除了特別提及之處，其餘都是取自芭芭拉的報告。

✓　流程改善必須牽涉到組織所有的層級。Applicon 公司的工程副總說：「我們苦於缺乏長期規畫。我們必須改變，因為我們太過聚焦於短期。」

254　✓　個人問題通常是最棘手的情況。Applicon 公司發現，（流程改善）委員會未必運作得如原先所期望得那樣好：「……他們努力的步調一直太慢。這是因為委員會的成員通常有優先順序高於委員會活動的其他重要責任。」

✓　除非文化改變，否則同類的個人問題將會持續一再發生，所以需要的不只是單一流程的變革。「儘管在個人績效評量期間會考慮到委員會活動，但這些活動在評量的佔比遠小於其主要工作。」若這種委員會作業模式要有所變革，首先必須改變績效評估系統。比起直接處理這個議題，流程改善更需要的是全職的個人。

✓　文化變革牽涉到高層管理人員。流程改善兩年後，長期規畫在實行中，而且工程副總說：「此流程的長處最主要就是讓我們在規畫與規格方面聚焦，以及此流程所帶來的穩定性。」

✓　你可以先變更邏輯流程，但是要將這項變更當成一項測試，看看問題是否完全合乎邏輯。因為同樣是這些文化規則在發揮作用，因此流程改善相關的書面個案研究，極少直接提到這個規則。若你想得知這類案例，你必須私下祕密地與案例的作者談論。請放

心，你一定會發現案例。

✓　為了處理情緒問題，你必須探究層層資訊表面下真正的問題，這些問題受到「控制什麼問題不能談論」的文化規則所保護。芭芭拉傳達給我不在報告中的下列資訊：

> 不可以在公開會議（審查會議）中讓副總驚訝；不可以在公開會議（審查會議）中變更日期；出席公開會議之前，不可以沒有先溝通過或協調過；在公開會議與員工會議上不允許發牢騷或相互指責。❸

✓　請小心不要以指責的方式進行變革。技術審查是Applicon公司使用的一個主要工具，讓流程能容納更多種類的資訊。除了提高交付產品的品質這個明確目標之外，Applicon團隊也看出甚至可能有更大影響的幾個隱含的利益：

- 「檢驗保證可追蹤性。檢驗將所有部分結合在一起，包括母　255
  文件或程式碼，以及可應用的標準與指導原則。」
- 技術審查可改善「團隊合作與溝通」。
- 技術審查也用來「當作專案團隊的一種教育機制」。

✓　不指責的政策，並非意指討好的政策。在Applicon公司，另一個「努力」的要素是「堅持設定可衡量的流程改善目標，和可量化的品質目標。強調具體可衡量的品質與生產力目標，以提供誘因給經理人來參與（我們的）許多活動，以評估或部署新方法與工具……。每位開發經理人都必須在資深人員工程專案審查會議上，描述他們的專案的品質目標、對品質目標做保證、並提供朝向品質目標的進展說明。」換句話說，經理人未被告知他們必須

如何達成他們的目標，但是高階管理人員也不會藉由假裝他們表現得很好（但實際上並沒有），來討好他們。

整體來說，這項努力的結果令人印象深刻：

> 在1990年，所有產品有53%按預定時程發行、31%晚一季發行、而16%晚兩季發行。在1991年，所有產品有89%按預定時程發行，其餘產品晚一季發行。在1992年，所有產品有95%按照預定時程發行，其餘5%晚一季發行。❹

寓意：請不要接受「但是我們公司不一樣」這樣的答案。

14.7　但是那代價太高

為讓這種預防性的努力成功，而且不因短期權宜之計而有所犧牲，你必須大略知道「什麼事是可能做到的」以及「做那件事有什麼價值」。當然，那取決於你現在處在何處，所以每個組織都不一樣。以下是在某個組織裏我們親身經歷的一個例子：

> 當我們抵達這家公司時，因為來自幾位主要顧客的法律訴訟，他們離停工只剩幾天時間。他們顯現出在品質危機末期階段的所有症狀。我們制訂緊急措施以扭轉危機，接著實行一項全面性的流程改善計畫，以預防未來的危機。以下是其中一些結果，此處將開始實施計畫時的生產力評量，與兩年後所進行的評量相比較：
>
> * 生產力。一開始，一個人每年可生產大約600行程式碼。兩年後，這個數字大約是每年每人2,100行程式碼。換句話

說，每行程式碼所負擔的人工成本，從 133 美元下降至 38 256
美元。對於他們的 800 萬美元預算，起初他們每年大約完成
60,000 行程式碼。兩年後，他們的預算減少 20%，但是他們
每年完成大約 170,000 行程式碼。

- 品質。當然，因為錯誤率完全不同，兩個情況下所交付的程式碼行數無法嚴格做比較。最初，我們可期待大約每 75 行交付的程式碼中有一個錯誤。兩年後，他們交付的程式碼每 500 行少於一個錯誤。

- 品質成本。最初，交付至顧客處的每個錯誤大約要花 7,000 美元修正，這尚未將到顧客處或現場維修組織的成本計算在內。兩年後，這個成本下降至大約 3,500 美元。這意指內含於平均每行程式碼的錯誤成本，從大約 93 美元下降至 7 美元。我們沒有去研究現場維修組織中處理錯誤的成本，但我們可以假設這個成本高出很多，因為那要乘以顧客人數。

- 明顯性（visibility）。當我們最一開始抵達這個組織時，我們利用測試看看需要花多久時間，才能查明開發中系統的任何特定模組其完成狀態如何，來評量其明顯性。這段時間比 500 分鐘更久，但是我們不知道還要多多久，因為有些搜尋並沒有完成。兩年後，這段時間已縮短至不到 10 分鐘，其主要因素在於首先你是否必須打開你的個人電腦。關於追蹤故障報告狀態的時間，或取得已知模組目前來源清單的時間，也得到類似的數值。

- 開發時間。一開始我們將實際與預定的開發時間相比較，以嘗試量測開發工作管理得有多好。因為缺乏專案文件，我們難以決定真正的時程。此外，因為難以取得純粹的發行版

本，我們難以知道開發時間有多長。但是運用我們最適當的猜測，我們得出典型可交付成果之專案的比率為超過3.0。那個比率表示若專案預定一年完成，最適當的猜測是你會在三年內得到交付成果（若你能得到的話，但是可能性不是那麼高）。經過變革之後，實際與預定時間的比率往下降至1.1*，而且一年多以來沒有任何排定時程的專案遭到放棄。

- 控制。一開始時，可觀察到的任何預定交付元件未按時程交付的機會超過80%。當然，對於整個系統來說，情形更糟糕。兩年後，元件未按時程交付的機率低於20%，而且大約40%的系統準時交付。這個比率依舊不是非常好，但是在預定時間10%之內交付的機率超過80%。我們斷定在估計階段還有與「討好」相關的問題待解決。

得知像這樣的組織可經由流程改善而徹底改變，你可能會受到鼓舞。然而，請不要太過受到鼓舞，因為改頭換面的代價並不便宜。在利潤出現之前，要讓陷於品質／負荷過重的組織徹底改變的方案，可能要連續兩年將開發預算提高20%。另一方面，若管理階層不願意投入這麼多資源，直到整個組織崩潰之前，這個問題都會一直存在。

可能你不太想告訴高階主管，流程改善真正的成本是多少。可能你的組織的文化是一種「漸知真相」（incremental truth）的文化，從低估開始，然後一點一滴地消耗掉資源，一直到組織結束為止。不要犯那種錯誤。從要投入時間與金錢的務實構想開始，比起後來情況日漸惡化而使高階主管感到驚訝要好。我們反而要從利益的描繪開始，這必然會使真正的改善成本具有正當性。

14.8 心得與建議

1. 「我們不一樣」的想法會有效斷絕你最重要的流程改善資訊來源：

   我們已經看到，從外國軍方最容易學到的東西，是與技術和技巧有關——這些都是可納入平常做生意方式的小工具。不過，最有價值的，可能是對於其他組織以及對這些組織如何運作的研究。但是這些資料最難取得，因為它們最看不見。❺

   閱讀文章時，請注意這些文章對小工具的關注。最重要的事情往往很難以文字表達，所以要試著去拜訪人，或加入一些團體（像是線上論壇或學習小組），以便從不同的組織分享經驗。

2. Rich Cohen最近跟我分享他最喜愛的一段引述：

   我們艱苦地進行訓練，但似乎每次開始形成團隊時，我們就得重新改組。我在人生後期才知道，我們傾向於藉由重新改組來因應任何新情況。當產生混淆、無效率與士氣低落時，為了產生有進展的假象，重新改組可能是個很棒的方法。

   —— Petronius Arbiter, 西元前210年

   顯然，這是很困難的一課，因為過了兩千年我們還沒學到這個教訓。學習流程改善時，請勿投入過了頭，而使得組織長期處於第3章提到的「紅色時區」。若你已經處在「紅色時區」文化中，這可能是你必須著手處理的第一個問題。

258

14.9 摘要

✓ 很多軟體組織難以改善他們的流程，因為他們錯誤地將流程模型與流程願景當作實際的流程。因為這些模型專注於直接的產品，它們會忽略掉可能進行流程改善的大部分領域，也就是管理作為。

✓ 有三種不同類型的流程改善，正好對應到流程的三種含義。文化變革比流程變革所造成的潛在影響大很多，因為一項文化變革可能影響數百個流程變革。為了讓實質的改善發生，經理人層級必須對於研究調查與變革抱持開放的態度。

✓ 典型的流程改善策略由四個步驟所組成：

1. 將實際流程記載下來。
2. 找出問題的根本原因。
3. 修改流程以減少變異。
4. 對試流程改善做測試。

若將這個模型應用於所有的層級，就可能有顯著的改善。

✓ 檢視真正的流程時，你將會發現有些事情並非流程模型的一部分，這稱作「細鐵絲網」（chicken-wire）因素。

✓ 改善團隊經常是處理症狀，而沒有了解症狀背後的根本原因。團隊只有在了解根本原因後，才能選擇最佳的解決方案構想，並修改他們的流程模型，以納入先前隱含的步驟。

✓ 沒有文化變革的支持，這類流程模型改善就不可能發生。沒有明確建立高階管理人員行為的模型，這樣的變革就不可能發生。

✓ 監控改善過的流程之影響永遠是必要的，因為真正的組織變革絕

不會遵循簡單的邏輯計畫。實際的流程總是以意想不到的方式偏　259
離流程模型。

✓　為了揭露躲在偏離現象背後的看不見因素，監督與訪談可能是必
要的。這些因素經常是平常無法在組織文化中討論的人性因素。
一旦揭露並處理這些因素，著手進行文化變革是必要的，以預防
同樣的模式在未來重複發生。

✓　流程改善必須牽涉到組織所有的層級。開始從事流程改善時，你
不知道必須改善什麼：流程、流程模型或文化。一般來說，你可
以假設這三者都需要做一些調整。

✓　當你研究很多流程改善情況時，你會看到普遍的模式：

- 個人問題通常是最棘手的狀況。

- 處理短期解決方案的方式將會樹立文化慣例。

- 除非文化改變，否則同樣種類的個人問題將會持續一再發
生。

- 文化變革必須有高階經理人參與。不然的話，那個最一開始
導致流程問題的文化，會持續使得流程改善徒勞無功，而回
復到未改善前的情形。

- 你可以先變更邏輯流程，但是要將這項變更當成一項測試，
看看問題是否完全合乎邏輯。

- 為了處理情緒問題，你需要探究層層資訊表面下真正的問
題，這些問題受到「控制什麼問題不能談論」的文化規則所
保護。

- 請小心不要以指責的方式進行變革。

- 不指責的政策，並非意指討好的政策。

✔ 逃避學習流程改善的常見方式是說：「是的，那樣做非常好，但是我們公司不一樣。」那是事實，細節總是不一樣，但是原則都相同，而且結果都類似。

✔ 避開流程改善的另一種常見方式是說：「是的，但是那樣做代價太高。」你可以這樣回答：好好從事流程改善，的確要花很多錢，但是所獲得的回報會更多。若沒有獲得很大的回報，則流程改善並沒有做好。

✔ 不要對你的高階主管隱瞞真正的流程改善成本。從要投入時間與金錢的務實構想開始，比起後來情況日漸惡化而使高階主管感到驚訝要好。我們反而要從利益的描繪開始，這必然會使真正的改善成本具有正當性。

260

14.10 練習

1. 你能從自己的組織中想到三個「細鐵絲網」的例子嗎？管理階層知道這些事情嗎？他們的反應是什麼？他們的反應如何影響工作人員？

2. 挑選你的組織中嘗試過的一個流程變革案例。你們應用、忽略、以及違反哪些流程原則？結果如何？

3. 你如何將流程改善原則應用於你想在自己的組織中進行改善的事情？

15

需求原則與流程

實務上「做對事情」的意思是什麼？首先，對於受過正統訓練的
建築師，那意味著取悅客戶，或以更廣泛的意義來說，是取悅建
築物的使用者（和客戶未必是同一人）。當建築設計已經變成一種
自我表現的消遣娛樂時，我們需要強調這種多數人看起來再明顯
不過的謙遜需求。偉大的卡雷姆主廚（Chef Carême）說：「關於
烹飪術，並沒有一些原則存在，唯一的一個原則是滿足你伺候的
人。」若我告訴我的學生他的忠告，他們會覺得這項忠告是無可救
藥地守舊，而且是令人無法忍受的不合理要求。❶

——黎辛斯基（Witold Rybczynski）

軟體工程是替一位或一群顧客建造、運行與維護東西的事業。對
於如何和你的顧客聯繫並回應他們，需求只是其中一部分的流
程，但常常是最重要的一部分。本章探討構成防範未然型（模式 4）
組織需求流程之基礎的一些原則，並為下一章做準備。下一章將說明
如何實施這樣的流程。

15.1 固定需求的假設

直到最近，電腦業似乎已避開「需求」這個主題，就像初次進入社交界的女子，對於不熟悉的主題可能會支吾其詞一樣。我們知道這種現象存在，但是若忽略不管，可能事情就只是輕輕帶過而已。

262 　　很多軟體工程方面的經典文獻，都以這個立場為基礎：

（如果我們有不變的需求）我們會這樣設計與建造軟體。

例如，很多關於結構化程式設計的早期文章，都以「八皇后」（Eight Queens）問題為基礎，那是一個沒有任何投入（input）的固定定義問題。很多關於遞迴程式設計的文章，都以河內塔（Towers of Hanoi）問題為基礎，那是另一個沒有任何投入的固定定義問題。更近代的無菌室方法論也有同樣的基礎：「無菌室開發的起始點是一份載明了使用者需求的文件。」[2]摘錄自Parnas與Clements的下列引文顯示，這項假設其影響有多深，甚至經驗最豐富的流程設計師也深受影響。

> 需求文件通常會在程式撰寫開始之前產生，而且絕對不會再用到。然而，[A-7E飛機的軟體需求]的情形並非如此。滿足需求文件的軟體目前的操作版本，依舊在持續修訂中。負責測試此軟體的組織，廣泛運用我們的文件來挑選他們要做的測試。當需要新的變更時，會使用需求文件來描述必須變更什麼，以及不能變更什麼。在此我們看到，在理想流程最一開始所產生的一份文件，在軟體已提供服務很多年後依舊還在使用。很清楚的訊息是：若文件小心製作，就可長時間使用；反之，若要廣泛使用文件，那就要把文件做好。[3]

設計完成後，再回頭產生一份需求文件，就好像這份文件一開始就已經存在，Parnas 與 Clements 描述了這樣做所帶來的好處。

根據這整段文章的觀點，我們就容易了解為什麼有這麼多軟體工程經理人，在開始任何專案之前，都犯下相信他們的需求應該是不變的這項錯誤。這種模型或信念，就是我所謂的固定需求的假設（The Assumption of Fixed Requirements）。這項假設是對這些經典文獻的錯誤解讀。這些經典文獻並未提到軟體工程的整個流程，而只是提到流程的某些部分。它們是說，一旦我們有可信賴的需求，如何將需求轉變成程式碼。

將需求轉變成程式碼是軟體工程的必要部分，也是過去四十年來受到最多研究關注的部分。由於這樣的關注，那已不再是流程最困難的部分。很多組織都知道如何將這部分做得非常好，但是他們產品的品質並沒有適當地反映他們高超的程式撰寫本領。

在最近對嚴重品質問題的內部研究中，我的三位不同客戶得出了 263 相當類似的結論。他們將最嚴重問題的來源分成幾類，我將它們彙總在表 15-1 當中。（後勤工作包括和實際處理產品相關的所有問題，例如，使用錯誤的模組版本、未能更新驗收測試資料庫、或使用未經過適當訓練的作業人員。）

表 15-1　三個不同組織中由不同的流程所造成之嚴重品質問題的百分比

客戶	總缺陷數	程式撰寫（%）	設計（%）	需求（%）	後勤（%）
A	4,319	8	22	51	19
B	488	3	19	66	12
C	1,292	7	11	57	25

請注意在所有個案中，程式撰寫對品質問題的影響度最小，而且改善後勤流程這種較不顯眼的工作，我的客戶應可做得更好。可能這些是相當先進的組織，不是所有軟體工程組織的典型。關於程式撰寫，他們依舊有很多要學習，尤其在設計方面，但是在每個個案中，他們的嚴重問題大多數源自於需求。

　　軟體工程師和他們的顧客對品質的認知並不相同，而且這張表大體上呈現出這種認知上的不一致。過去十年來，由於工程師們在品質改善上所做的努力，程式撰寫的缺陷數量已大幅減少。然而，顧客沒有看到需求問題在數量上可相比擬的減少，所以沒有像工程師那樣感覺到同樣的品質提升——工程師注意他們自己的優先順序，而這個優先順序不會碰巧與他們顧客的優先順序一致。工程師必須了解，即使「改善流程」帶領他們達到今天的局面，他們絕不會因為越來越擅長撰寫程式，而變成防範未然型（模式4）組織。

264　## 15.2 軟體品質第零法則

若這些組織有固定的需求，像是八皇后問題，那他們的改善會產生更甜美的果實。唉！可惜他們的需求情況完全不同於那些經典文獻所假設的，而且他們還面對軟體工程另一項重要法則。這個法則可能以各種形式出現，❹依所討論的需求類型而有不同：

- 品質第零法則：

如果你不在乎品質，那麼無論需求是什麼你都能符合。

- 軟體第零法則：

如果軟體不需實際派上用場，那麼無論需求是什麼你都能符合。

基於討論軟體工程管理的目的，同一件事可用另一種方式來陳述，以下是我們在第12章提過的：

- 軟體工程管理第零法則：

如果你不必滿足需求，管理就毫無問題。

將第零法則擴大解釋，我們有以下推論：

- 你越不必完全滿足需求，而且你的需求越接近固定需求的假設，則你會更加容易管理。

15.2.1 要注意的措辭

然而，當你組織中的人開始假裝需求是固定時，或者裝出不在乎的樣子，並做出以下這幾類評論時，問題就會出現：

- 有些事情就是不可能明確說明。
- 那差不多就是他們想要的。
- 那實際上比他們所要求的還更好。
- 他們不知道他們真正想要什麼（但是我們知道）。
- 無論我們用什麼方法建造它，顧客都會喜歡。他們知道什麼？而且，他們能有什麼選擇？
- 若我們明確說明每一件事，他們就不會購買。最好一次加入一點需求，使他們絕對不了解全部的成本。
- 顧客太過忙碌，而無法和我們一起探索需求。
- 我們將在建造系統後填補需求，並看看顧客想要什麼。

265

- 市場太過變化無常，而無法事先明確說明。

- 我們正以物件導向方式建造軟體，所以無論需求是什麼，軟體都能夠滿足。

15.2.2 要採取的行動

除非你有分階段的流程，否則**不要**在需求沒有經過證實的情形下，就容許進行設計或建造。即使有分階段的流程，任何階段若缺乏經過證實的需求，就**不要**讓那個階段開始。

不要容許小「改善」偷偷加入需求轉換（conversion）中。請先做轉換、驗證轉換、然後再做改善。若轉換中有「改善」，那就不是在做轉換，所以不要以那種方式做估計。

在需求流程中，**一定**要讓顧客（或顧客代理人，例如行銷人員）從頭到尾參與。若顧客說他們太「忙碌」，那就**不要**繼續進行，因為你不應在沒有顧客的情況下做事。相反地，**一定**要努力讓顧客知道你已準備好，並有時間和他們談話，而且系統正等待要做互動。**一定**要花時間在提高你的人員能力的活動上，例如訓練和練習。這樣一來，當顧客準備參與時，你就能進行得更快，並節省一些時間。

一定要讓測試計畫成為需求的一部分。測試計畫可回答「我如何知道它能運作？」這個問題。**一定**要堅持測試計畫能替你回答這個問題，使你能了解你的專案實際上是否已完成你承諾要做到的事。

一定要讓使用者文件成為需求的一部分。使用者文件可回答「我如何使用它？」這個問題。

一定要持續同時強調人們想要的東西的成本與價值。這是任何需求流程中管理工作的一部分。

15.3 需求的流程模型

組織為了存活,至少其流程模型必須某種程度上是「成功的」,就像「舊有現狀」必須是可運作的一樣。然而當你要轉變成另一種文化模式,你就需要一種轉型構想是可以讓人們捨棄熟悉又自在的模型,例如「固定需求的假設」這種舊模型。我親眼目睹過的所有個案中,若組織要有機會改變其文化模式,就必須修訂其「舊有現狀」的需求流程模型。

渾然不知型(模式0)組織中的人傾向於渾然不知任何一種流程模型,需求模型就更不用說了。變化無常型(模式1)文化的線性流程模型,代表在思考方面更進一步,即使線性流程模型完全沒有回饋,只是遵循一件事接著另一件事的順序。那也適用於需求流程,如圖15-1所完美呈現的。這張圖是我從一個變化無常型(模式1)組織一位部門主管的簡報中抄來的。

266

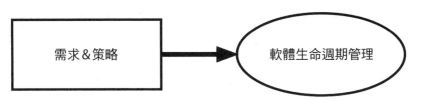

圖15-1　一種線性流程模型:首先,我們找出需求,然後我們完成軟體生命週期。

照章行事型(模式2)組織可能承認需求流程是非線性的,但是傾向於將這種非線性當作某種邪惡的東西,而不是自然的東西。這種組織會讓線性流程中的例外狀況也盡可能地維持線性(圖15-2)。

在有些情況下,模式2的模型可以運作得相當好,因此照章行事　267

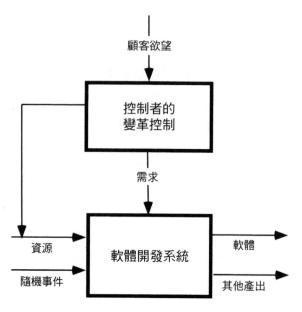

圖15-2 照章行事型（模式2）的需求流程傾向於有例外地線性。變革控制
　　　的主要工作是盡可能過濾掉需求變更，以維持流程的線性關係。

型組織能表現得相當好。在這些情況下，從開發開始到結束，需求的
變更非常少，可能是因為：

- 專案規模小，所以開發僅在一小段時間發生

- 基本的商業流程非常穩定

- 顧客對資訊系統的期待低，而且決策落在開發人員手上

不過，很多時候軟體工作牽涉到產品的顧客與軟體開發人員之間持續
的對話。確實，在所有軟體文化中，雖然不同的模式其需求流程可能
在不同的地方發生，但需求的探索流程總是與軟體開發流程平行進行
（圖15-3）：

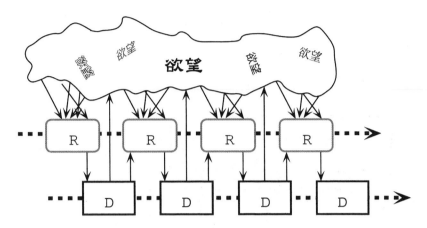

圖 15-3　軟體開發流程（D）在產品的顧客與軟體開發人員之間持續的對話
　　　　當中進行。欲望改變需求（R）、需求改變開發流程、開發流程改變
　　　　產品、使用產品的經驗又改變欲望。

- 在渾然不知型（模式0）文化中，需求流程是在從事開發的
  那個人的腦海中進行。

- 在變化無常型（模式1）文化中，需求流程一般是在一位顧
  客與一個團隊或某位開發人員之間來回進行。

- 在照章行事型（模式2）文化中，需求流程與開發流程並行，　268
  雖然開發人員用盡一切惡劣手段不讓這件事發生。當專案規
  模小又成功，專案的期間也夠短的時候，參與者甚至不會注
  意到這個平行流程。當他們真的注意到時，那正是軟體工程
  可以開始轉變，而以一種更不同的觀點來看待需求的時候。

15.4　孿生流程

當 Parnas 與 Clements 另外注意到需求文件的角色，以及發展與維護這

份文件的流程時，他們引入對需求角色的一種不同觀點。❺此處的關鍵概念是真的有兩個流程，一個流程是去探索需求，另一個流程是去開發軟體產品（圖15-4）。

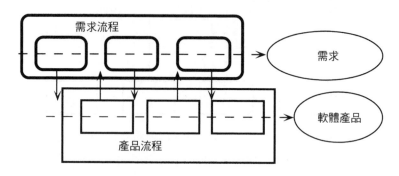

圖15-4　兩個流程產生兩種不同的產品：一個軟體產品和一組需求。

以這種觀點來看，軟體流程與需求流程是互相控制的孿生流程（圖15-5）。在生命週期中它們可能在不同的時候以不同的速度進行，但是每個流程總是會存在，並對另一個流程進行回饋控制。

在互相控制的過程中，每一個需求階段的目的是要縮小需求與產品之間的差異，而不是要消除所有的差異。零差異是不可能的，因為：

- 標的一直在移動
- 我們並不完美
- 差異可以提供控制所需的資訊

269　當然，原型設計（prototyping）是讓需求探索流程與系統開發流程互相控制的一種明確方式，但是有效的原型設計絕不是小事一樁。當需求和產品差異太大，會產生不穩定的需求流程，即使迅速做出小幅修

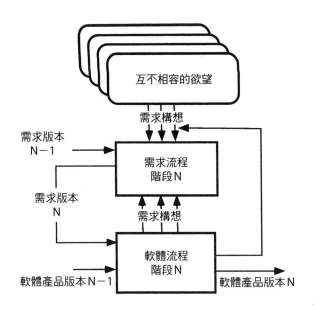

圖15-5 需求流程與軟體開發流程是互相控制的流程。

正也不足以讓這些流程回歸正軌。而差異太小可能代表顧客不知道他們真正的需求,而只是接受他們在螢幕上所看到的感覺「不錯」的東西。

　　若你為了避免面對流程議題而採納原型設計,你免不了會碰到一連串惱人的意外。正如一位搞笑人士在我的一位客戶處提到,一項「快速原型設計」在四年後未能結案的故事,他說:「我們其實是採用一種叫做『緩慢原型設計』的方法。」沒有人笑得出來。

15.5 需求的向上流動

請注意,圖15-5中的模型顯示,需求構想會從開發流程冒出來,並向上流入需求流程,而非只是直接流入程式碼,不經由一個明確的流程

270 過濾過。有時候，當開發人員未被充分利用（或他們認為是如此）時，他們會感到厭倦，所以他們擴大問題（或解決方案）以展現他們的能力。或者有時候，他們只是認為（經常是正確的）他們知道顧客想要什麼，即使那個東西不在顧客的需求當中。我有一位名叫Brian Richter的客戶，非常巧妙地對我描述這種現象：

> 有件事我不知道其他人是否也會這樣做。我常做的事就是去努力找出「更好的」解決方案。有些人似乎認為，解決一個特定問題要花X數量的時間，但其實不然。若你給我一週時間撰寫某一段程式碼，我或許能提供可運作的某樣東西。若你給我一個月的時間做同樣事情，我會提供更一般性、更可維護、或更好的一個解決方案。困難點在於兩種方式的差異無法從表面上立刻看出來。只有當維護或變更那段程式碼的時候，才看得出差異。而且當太多事情以第一種方式進行後，如果我要以第二種方式做這些事，就需要一段「清理」期間，以改進這些事情一向以來的處理方式。實際上不僅只有兩種方式，還有很多介於兩者之間的好方法……❻

Brian所描述的事是所有真正的工程師都會做的事，但是身為工程師，我們必須將解決方案導向我們的顧客想要的東西。那是為什麼我們需要好的需求來引導我們，這些需求顯示我們所做的事情的價值，雖然或許顧客看不到這個價值。他們真的想要一座實心的金橋嗎？他們會想要一座能以低成本加入第二層的橋嗎（因為我們知道光是因為橋的出現，交通量就可能會擴大）？若我們不知道他們想要什麼，我們就必須去猜。若他們不知道他們想要什麼，我們不然是對他們說謊，不然就是要教育他們。

另一種不同但效果相當的需求流程，能使「教育顧客」變得更可能得多，而且有其他優點促使Brian進一步說：

> 有時候，我會到達一個階段，我會想到一種沒有太大的困難就能加進系統的「強化」（enhancement）。若我了解顧客如何使用系統的相關事情，我就會知道系統強化是否會有用。若不太了解系統的用途，有時我可以直接問顧客，或者我問一些最重要的問題，以得到若我直接問他們時他們可能會採取什麼態度的一種感覺。
>
> 　若我不了解顧客打算如何使用系統，而且若我與顧客也沒有直接接觸，詢問顧客這種方法就行不通。在大系統中，有些經理人會告訴你，你的工作是什麼，而不告訴你所做的事如何與系統有關。這會造成的情況是你知道被告知要做什麼，但對於把這件事做「好」需要注意什麼，卻沒有任何概念。

需求流程的存在，讓開發人員可以參與需求探索流程、讓他們的努力聚焦並讓這些努力明顯可見、還能讓他們保持在某種控制之下。若沒有這種聚焦，開發人員就難以做出只有他們才能做出的真正貢獻。

271

15.6 管理階層對需求流程的態度

把穩方向型（模式3）或防範未然型（模式4）的需求流程，本身就是一種受控制的回饋流程，流程的產物與軟體產品同樣重要。若沒有這種同等重要性，表15-1中的組織就不可能在品質上做出重大改善。

　然而，這些組織中的經理人所傳達的訊息暗示，需求流程比軟體開發流程不重要。圖15-6摘錄自用於A公司所有專案的80頁專案計畫範本。你可以看到，專案計畫將這項軟體產品的運送紙盒的開發，

列在與撰寫產品需求同樣的層級，這個層級只比開發軟體低一級而已。雖然這個工作流程分解可能無意顯示各項工作的優先順序，但因為這是該公司唯一使用的流程文件，所以大家經常解讀為，工作落在不同層級，就等於暗示其優先順序不同。

專案計畫
- 1.
- 1.1 ...
-
- 2. ...
- 2.1 撰寫產品需求
...
... 3. 開發軟體
-
...
... 7.6 開發出運送紙盒設計並測試
-

圖15-6 摘錄自某個組織之流程文件的兩個同層級標題。

我從事顧問諮詢的過程中，曾聽到 B 公司的一位經理人發出比較清楚的、更常見的一個訊息。他大聲喊說：「這是一個危機！忘掉 #@%*!&# 需求吧！」聽到這項指示，每個人都知道品質是個笑話。

272　　　在 C 公司中，有位經理人命令開發人員絕對不可以和他們的顧客說話。他所給的理由既荒謬又貶低別人，顯示他完全忽略必須如何設計真正的需求流程，才能產生真正高品質的系統。

若組織的流程模型說，需求流程不須嚴肅看待，那麼：

- 該組織不會規畫任何流程
- 該組織不會投入資源

- 沒有人會對任何事情承擔專職的責任
- 需求訓練似乎變得瑣碎
- 工具似乎變得多餘
- 開發工作將不受控制

取得正確的需求是產品開發最重要的部分。若產品不是對的產品，即使能夠運作又有什麼用？或者，應該用其他的流程才對？如同我們在討論流程時所說的：

不值得做的任何事情，就不值得將那件事情做對。

第16章將探討管理階層需要做什麼事情，才能將流程轉變成被嚴肅看待的、有效的需求流程。

15.7　心得與建議

1. 改編已經有明確說明的系統，會比從頭開始開發一個系統來得更便宜而且更容易。例如，這可以透過以較低的額外成本達成可靠度的雙重編碼（double coding）來完成。在這類專案中，雙重編碼的額外成本，不超過總專案成本的20%，因為大多數的成本都落在獲致需求上，不論是用直接或間接的方式。基於同樣的原因，進行轉換的專案經常只有原始開發成本的1%到2%。

2. 在野心勃勃的軟體專案中，成功（如果真的有成功這回事的話）通常需要你略微調整成功的定義才能獲得。此處需要的基本管理技巧是你能夠接受「低於你所期盼的結果，但不低於你實際上需要的結果」。然而，如果你的略微調整是以隨性方式為之，而沒

有與系統使用者互動，則結果將會是我們所謂的WYGIWYGG或wiggywig系統。WYGIWYGG的原文是 what you got is what you're gonna' get.（你將來得到的成果，與過去所得到的成果並無不同，等於所做的調整都是白費力氣）。

273 3. 對於我說的「要轉變至另一種文化模式需要一種轉型，使人們放棄先前成功的模型」，Payson Hall 評論說：「不要低估了放棄過去對我們相當有用之模型的困難度。因為這些模型都是其前一版模型的改良版，因此我們才會擁護它們。」忽略歷史和人們對現狀所做的各種可能的投資，這種新手的錯誤 Payson 和我都犯過不只一次。

15.8 摘要

✓ 軟體工程是替一位或一群顧客建造、運行與維護東西的事業。對於如何和你的顧客聯繫並回應他們，需求只是其中一部分的流程，但常常是最重要的一部分。

✓ 直到最近，電腦業似乎已避開需求這個主題。根據經典文獻的觀點，我們就容易了解為什麼這麼多的軟體工程經理人，在開始任何專案之前，都犯下相信他們應該有不變的需求的這項錯誤。這項錯誤稱作「固定需求的假設」。

✓ 將需求轉變成程式碼是軟體工程的必要部分，也是過去四十年來受到最多研究關注的部分。由於這樣的關注，那已不再是流程最困難的部分，也不是對於流程改善產生最多利益的流程。

✓ 軟體品質第零法則與需求有關，並會以各種形式出現：

- 品質第零法則：

  如果你不在乎品質，那麼無論需求是什麼你都能符合。

- 軟體第零法則：

  如果軟體不需實際派上用場，那麼無論需求是什麼你都能符合。

- 軟體工程管理第零法則：

  如果你不必滿足需求，管理就毫無問題。

- 你越不必完全滿足需求，而且你的需求越接近固定需求的假設，則你會更加容易管理。　274

✓ 要轉變成另一種文化模式需要一種轉型，使人們能捨棄熟悉的先前成功的模型，例如「固定需求的假設」。要讓組織改進其文化模式，就需要修訂需求流程模型。

- 渾然不知型（模式0）組織中的人傾向於渾然不知任何一種流程模型，需求模型就更不用說了。

- 即使線性流程模型完全沒有回饋，變化無常型（模式1）文化的線性流程模型代表了在思考方面的更進一步。

- 照章行事型（模式2）組織可能承認需求流程的非線性，但是會努力讓這些線性流程的例外狀況盡可能維持線性。變革控制的主要工作是盡可能過濾掉需求變更，以維持流程的線性關係。

✔ 在以下的情形，照章行事型（模式2）的需求模型會運作得很好：

- 專案規模小，所以開發僅在一小段時間發生
- 基本的商業流程非常穩定
- 顧客對資訊系統的期待低，而且決策落在開發人員手上

✔ 很多時候，軟體工作牽涉到產品的顧客與軟體開發人員之間持續的對話。

- 在渾然不知型（模式0）文化中，需求流程在從事開發的那個人的腦海中進行。
- 在變化無常型（模式1）文化中，需求流程一般是在一位顧客與一個團隊或某個開發人員之間來回進行。
- 在照章行事型（模式2）文化中，需求流程與開發流程並行，雖然開發人員用盡一切惡劣手段不讓這件事發生。

✔ 轉變成把穩方向型（模式3）文化的關鍵流程想法是真的有兩個流程，一個流程是去探索出需求，另一個流程是去開發軟體產品。以這種觀點來看，軟體開發流程與需求流程是互相控制的孿生流程，每個流程都會對另一個流程進行回饋控制。

275 ✔ 在互相控制的流程中，每個需求階段的目的是要縮小需求與產品之間的差異，而不是要消除所有的差異。

✔ 當然，原型設計是讓需求流程與系統開發流程互相控制的一種明確方式，但是有效的原型設計絕不是小事一樁。若是為了避免面對流程議題而採用原型設計，你免不了會遭受一連串惱人的意外。

✔ 需求構想經常會從系統開發流程中冒出來，並往上流入需求流

程。好的需求流程允許開發人員參與、讓他們的努力聚焦並讓這些努力明顯可見、還能讓他們保持在某種控制之下。若沒有這種聚焦，開發人員就難以做出只有他們才能做出的真正貢獻。

✓　把穩方向型（模式3）或防範未然型（模式4）的需求流程本身就是一種受控制的回饋流程。這種流程模型的重點是要維護一個願景，也就是，取得正確的需求是產品開發最重要的部分。

15.9 練習

1. 畫一張圖顯示各種軟體流程模型——例如瀑布模型與快速原型設計模型——以及這些模型如何隨著時間縮小需求的差異。

2. 回想曾經違反這些需求原則的一個專案。其影響是什麼？專案如何嘗試彌補這些影響？

3. Phil Fuhrer建議：請試著說明當原型設計流程缺乏持續縮小需求差異的收斂性（convergent）回饋時，會發生什麼事。可能的話，從你自己的經驗當中舉一個例子。你可以對流程做什麼事，來使開發流程收斂？

4. Payson Hall補充說：試舉出你曾有過的經驗，當有人嘗試引進某種新東西，而沒有適當考慮與尊重它所要取代的舊東西的歷史時，當時你覺得如何？你如何採取行動？你自己曾經犯過這種新手才會犯的錯誤嗎？其他人的反應是什麼？

16
改善需求流程

若這些傢伙是女的，那他們都會懷孕。他們無法對任何事情說　276
不。❶

—— *Pat Schroeder*

對於很多軟體組織，追求更高品質的主要障礙是不適當的需求流程。
這類組織通常無法對任何事情說不，所以變得無法掌控需求，而且讓
專案處於一種無限期孕育的狀態，絕對催生不出來。為了將這種組織
轉移到受控制的需求流程，經理人需要規畫與執行四個主要步驟：

1. 衡量需求的真正成本與價值。
2. 獲得對需求投入的控制。
3. 獲得對需求產出的控制。
4. 獲得對需求流程本身的控制。

這幾個步驟就是本章的主題。

277　## 16.1　衡量需求的真正成本與價值

由於長期以來對於需求流程的忽略或臆測，大多數的軟體工程組織在需求的部分都早已進入「舊有現狀」階段。他們需要強大的外來成分來激發變革。你可以藉由找出目前需求流程真正的成本和喪失的利益，來提供這樣的外來成分。❷

　　一個經過改善的需求流程將會有幾種效益：

- 早期找出缺陷或完全不產生缺陷
- 消除掉多餘的工作
- 顧客更容易接受
- 開發工作更快速、更容易管理
- 維護工作得到改善

圖16-1顯示這五種因素如何影響產品品質、節省開發成本與交貨速度這個「鐵三角」，藉此將組織移往更靠近最佳實務曲線之處。

278　### 16.1.1　早期找出缺陷或完全不產生缺陷

一家紐約的金融公司估計，要修復一個從他們的瀑布模型需求階段滲漏出的缺陷，平均成本為2,000美元。這些缺陷包括遺漏、錯誤、衝突、過度以及額外的需求。在一項領航專案（pilot project）中，他們建立了一個獨立的需求專家團隊，對需求流程負有全責。這個新的需求流程將缺陷從平均12/KLOC減少至平均3/KLOC。

　　以這個領航專案為基礎，他們決定將同樣的流程（有做一些改良）運用在一個120 KLOC的專案上，預計可預防1,080個缺陷。按照他們估計的每個缺陷的成本，可以得出1,080×2,000 = 2,160,000美元

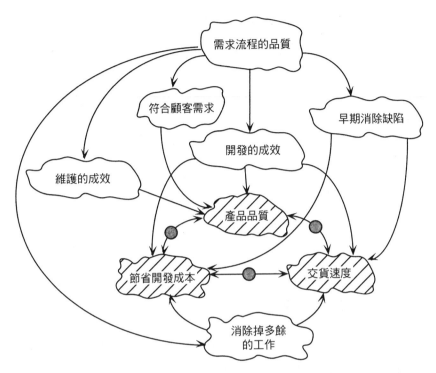

圖16-1 鐵三角（產品品質、節省開發成本、交貨速度）中每一個都能藉由
更有效的需求流程來加以改善，而將組織移往更靠近最佳實務曲線
之處。

的預期節省，這樣一來就有十足的動機以採取行動，並可涵蓋任何開
始階段的成本。

16.1.2 消除掉多餘的工作

一家軟體公司啟動了一項計畫，以分析程式碼審查中所出現之問題的
來源（他們在單元測試後進行這項計畫，這並非理想的實務）。圖
16-2顯示分析中所發現的一個典型的需求缺陷。調查結果顯示，這項
缺陷將導致對一個完全不需要的特色做額外的程式撰寫與設計工作。

對於原本不需要設計、寫程式、審查及測試的60行程式碼，公司估
計其成本為18,000美元（每行程式碼300美元）。

```
6. (perf) Line 1838-1867 and 1860-1889 dealt with dotted
line and hairline that are available in MAC only.
Investigate how to convert a MAC file with such properties
and see if we need these 2 blocks of code.

Result of investigation: All this code is inoperative and
can be removed since we convert all these cases to the
normal border.
```

圖16-2 摘錄自某個軟體產品之程式碼審查問題清單的一段記載，以及解決
方案。

16.1.3 顧客更容易接受

有時候，新的與舊的需求流程的差異可能大到不需要精確的衡量，就
能夠提供進行流程改善的動機。以下證言是摘錄自一家運動用品公司
的顧客副總寄給資訊系統公司負責人的一封信。他談到一個獨立的需
求團隊的領航專案，而這封信是在為期十四個月的採購系統專案進行
了三週之後所寫的。

> 我不知道你實際上做了什麼事，但是我有三位員工都跑來跟我
> 說，你的新團隊多麼有成效。顯然，你的團隊告訴我們，我們要
> 求的一些特色所要付出的代價遠高於其價值，而且有其他更具成
> 本效益的方式可取得我們需要的資訊。他們也提供了我們做夢都
> 想不到我們能取得的一些資訊。
>
> 　總之，我不知道你做了什麼不一樣的事，但是請繼續這樣做
> 下去吧！

他們所做的不一樣的事就是運用一個需求專家團隊。他們剛完成兩週的特殊訓練，以完成他們的新角色並建立他們的團隊。

16.1.4 開發工作更快速、更容易管理

到專案完成時，這個「十四個月的採購系統專案」只花了十個月就完成，這是這個資訊系統部門有史以來的一個獨特事件。時間的節省是來自減少重工，以及少很多的測試時間，加上完全不產生一些不具真正價值的系統組件。在圖 16-2 的例子中，我們不需要詳盡的測量就可以知道，設計、撰寫與測試 60 行程式碼，要比什麼都不做更花時間。

對經理人來說，更重要的是減少專案的變動性，這使得防範未然型的管理成為可能。每一個額外的需求就像是違背專案預算的一筆採購訂單，會產生無法控制的未來成本與時間上的消耗。試想，假使每位開發人員都有權批准硬體與軟體的無限制購買，你的專案預算會變得如何。對於連花 49 美元購買 PC 軟體工具都需要呈報的人，給予他們無限制的「需求」購買力，這不是相當愚蠢嗎？

16.1.5 維護工作得到改善

實際上，一份製作完善的需求文件常常比軟體本身存活得更久。當系統必須建置在不同的硬體上時，這份文件的價值等同於相同重量的鑽石。許多小型軟體公司撐不下去，就是因為員工缺乏轉換他們的產品的基礎，以跟上最新的硬體風潮。他們有「可行的程式碼」，但是在試圖逆向工程那段程式碼時失敗了。

當然，你不必等到系統死亡，才能證明「需求」資產的價值。據說典型的資訊系統在營運期間的持續開發成本，比未上線期間的開發成本高三倍。關於製作完善的需求文件，對於這項軟體開發完成後的

工作所造成的影響，請回想摘錄自前一章的引述。

> 負責測試此軟體的組織，廣泛運用我們的文件來挑選他們所做的
> 測試。需要新的變更時，會使用需求文件來描述必須變更什麼以
> 及不能變更什麼。❸

請將這段描述與當需求資訊無可救藥地不合時宜，或甚至找不到
需求資訊時，必須做什麼事相比較。

16.2 獲得對需求投入的控制

為了獲得對需求流程的控制，四步驟的第二步是獲得對投入的控制。
需求可能來自很多地方，有些需求是正式的需求，而其他許多需求是
以某種方式滲漏進流程中。為了獲得對投入的控制，你需要執行兩項
行動：

- 確認並堵住所有的漏洞（leakage）。
- 以公開的協商取代漏洞。

16.2.1 確認並堵住所有的漏洞

即便是審慎地考慮需求，還是可能有破壞流程的漏洞。很多經理人談
到需求漏洞，都不敢相信在他們自己的組織中漏洞的發生說有多少就
有多少。我發現使他們信服的唯一辦法是進行一項需求滲漏研究，運
用一個團隊來揭露每項需求的來源，無論是多小的需求都要揭露。

實際看一家公司的滲漏研究，你可能就會相信。這家公司大約半
數的軟體都內建於硬體中；其他半數由獨立的支援軟體所組成。以下

是該團隊所發現的現有需求來源清單,範圍從絕對正當到完全異於尋
常的需求都有(沒有特定順序):

- ✓ 方案計畫(經營計畫)
- ✓ 行銷部門所請求的優先順序補強(enhancement)
- ✓ 「產業中長期的經驗」
- ✓ 看看其他更先進的軟體組織做出什麼東西
- ✓ 經銷商所提到的補強,這些話是參加銷售會議支援產品展示的程 281
  式人員,無意中聽到經銷商所說的
- ✓ 特定顧客所請求的補強,這些顧客通常來自大型組織
- ✓ 系統整合人員所請求的補強
- ✓ 管理階層所請求的補強
- ✓ 程式設計師「細心考慮什麼對顧客比較好」所插入的補強
- ✓ 程式設計師當作快速修復(quick fix)所插入的補強
- ✓ 約聘程式設計師所插入的補強,這些程式設計師後來離職,沒有
  留下任何文件
- ✓ 已交付給顧客,而且後來必須加以支援的錯誤
- ✓ 硬體工程師無法實作的特色(feature)
- ✓ 硬體工程師不會實作的特色
- ✓ 硬體缺陷的矯正
- ✓ 為因應競爭對手行為所做的範圍變更
- ✓ 為因應預期競爭對手會做但卻沒有做的事的範圍變更
- ✓ 為因應第三方軟體公司提供的特色所做的範圍變更
- ✓ 來自測試的異常報告
- ✓ 來自顧客變更需求的異常報告

✓ 源自於訂價談判的補強。為了維持價格，組織承諾要給顧客額外的東西

✓ 來自未記錄來源的電話請求

✓ 程式碼中發現的東西，但是沒有人知道這些東西怎麼來的

282 ✓ 重複利用的程式碼中出現的東西。因為顧客發現並開始使用這些程式碼，現在必須加以支援

✓ 複製系統圖時所犯的錯誤，現在被標榜為一項「特色」

✓ 因為公司的標準而需要做的變更（產品相容性）

✓ 因為產業標準而需要做的變更

✓ 因為國際標準而需要做的變更

✓ 因為特定國家的標準而需要做的變更

✓ 因應組織變革所需要做的變更，例如，依照高階管理者命令而被轉移到開發小組中的其他專案

✓ 程式設計師為了自己的消遣，在程式碼中隱藏「復活節彩蛋」等東西，只有藉由不可能的祕密投入組合，才可能啟動

另一項滲漏研究所附帶產生的一項估計指出，大約半數的需求（以實作這些需求所需要的功能點來衡量）源自於非正式來源。在這些情況下，人們如何能控制

- 開發時程？
- 開發成本？
- 產品功能？
- 產品性能？

換句話說，除非這種任意的需求投入受到控制，否則沒有東西可以受

到控制。

16.2.2 以公開的協商取代漏洞

為了控制這種需求混亂，你必須：

- 承認需求可能來自很多來源，而且知道是哪些來源
- 承認這些多方利益的正當性，但不保證這些需求都能獲得滿足
- 創造出一個可以考慮任何需求構想的公開協商流程
- 發展出一個流程，保證所有的需求都經由單一管道（若你喜歡也可以稱為漏斗）　283

協商流程可能發生於對產出有利害關係的許多人之間，但是最終的決策落在顧客（或贊助者）身上，他是最終要付帳單的人。然而，除非你找到層級夠高的人，否則，一個要服務好幾位顧客的專案會有很多定義。在這種情況下，問題定義完全政治化，而且最政治性的舉動是決定誰可以定義問題。

　　在所有這些情況中，很多政治玩家將訴諸理性的方法視為幼稚，而且可能危及他們的地位，除非他們可以控制那個能定義「理性」為何物的人。這正是為什麼在大多數的階層組織裏，你需要得到最高階主管的祝福。若在合理的時間之內，其他參與者無法達成一致的意見，這位高階主管可以介入，決定支持某一個問題陳述。一般來說，這種介入的威脅，就足以讓各方人士真誠地協商。當牽涉到幾家公司，而且沒有一個人對其他人有管轄權時，若你沒有獲得「審判長」事先同意，來裁決有爭議性的個案，那麼你就可能有大麻煩。

　　需求的衝突會發生，而且若無法以任何其他方式解決，顧客就會

來解決。這種顧客解決方案不是解決需求衝突的最佳方式，但是當協商失敗時會需要它來支持系統。藉由運用沒有利益衝突的熟練的活動引導員（facilitator），你可以降低這類失敗的可能性。

促進協商的這個人必須言行一致地：

- 不責備那些開口要求他們所想要的東西的人
- 對於那些很難應付的人，不利用主動給他們所要求的東西來討好他們
- 留意那些有討好傾向的人，他們可能因為別人不願意去做，或可能反對，而不去要求某些事

最常見的情形是，這種促進動作是「需求主管」（requirements manager）工作的一部分。「需求主管」要對顧客負責。

圖16-3顯示由「需求主管」所管理的一個簡單流程。這個流程可預防滲漏，並將流程轉變成公開的需求確定流程。為了了解這個流程如何運作，請注意，要將構想轉變成需求只有單一途徑。藉由控制這條單一途徑，「需求主管」就可預防滲漏。

284　　所有的需求構想都必須通過這個叫做「蒐集」的圓圈——它是要轉換成這種受控制流程的中樞點。任何有需求構想的人（經理人、工程師、顧客或任何其他人）都必須了解，沒有其他途徑可讓這個構想有機會變成需求。「需求主管」不會嘗試阻止構想進入系統中。的確，系統要求所有的構想都應受到鼓勵，但是這些構想的提出者必須清楚了解，直到構想通過這個流程之前，他們所提交的只是需求的構想而不是需求。

一旦蒐集到需求，直到需求通過分析與釐清的平順化流程之前，這些需求都被視為是粗略的需求。若通過這個步驟的考驗，這些需求

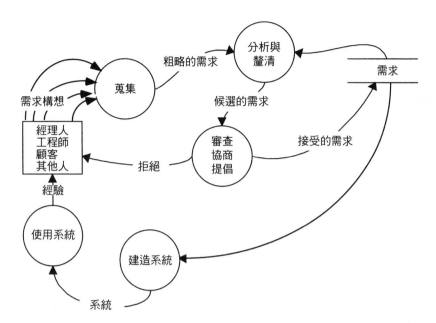

圖16-3 對構想抱持開放態度，但可堵住滲漏的一張需求流程資料流程圖。

就被視為處於可審查狀態，而被稱作候選需求。只有審查流程（為了正確性）與協商流程（為了相容性與優先順序）可以將候選需求提升為被接受的需求而擺在資料庫中，或是轉為遭拒絕的需求構想。遭拒絕的構想會轉回給構想原創者，之後他們可加以修改並重新提交構想。

　　需求資料庫用來建造系統，而且當考慮新的粗略需求時也需要這個資料庫。那是因為新的候選需求不僅本身必須清楚正確，也必須與現有的需求一致。這一步讓你能看出不一致，但是當然你要決定，哪一組不一致的需求需要變更。

　　要從舊有的走後門方式轉變成公開的釐清、審查與協商的新流程，並不是一件容易的事。你要知道有一些人會質疑系統，並且嘗試

285

回到「舊有現狀」狀態。他們未必像以下的故事那樣棘手，但是你最
好準備好你的言行一致態度。以下故事的敘述者是一家訂製機器工具
公司中的一位年輕人，他被任命擔任某個專案的需求主管，以協助製
作建議書與投標書：

> 獲得新職位三天後，我遭遇到必須面對的最艱難情況。在程式碼
> 審查中，大家發現程式碼撰寫者亞瑟已插入一項完全無文件記載
> 的拼字檢查功能。這項功能完全是多餘的，因為顧客會在這些文
> 件上使用一個商業用的拼字檢查器，所以我告訴亞瑟將這項功能
> 拿掉。

> 　　他斷言他的拼字檢查器比任何商用的拼字檢查器「更好」。
> 我試著指出他的檢查器無正式說明文件、未經過測試、不會有人
> 去維護，而且因為它使用了某個商業產品的字典，道德上我們必
> 須付費購買那個產品。接著他真的就在我未關門的辦公室裏發起
> 脾氣來。幸運的是我有五個小孩，所以我知道如何處理這種情況。

> 　　當他平靜下來時，我提議他不必現在就相信我的話，而且我
> 樂於和他一起與我們的顧客討論他的檢查器。我知道我正冒著他
> 可能會再發一次脾氣的風險，但是我嘗試向顧客表達，這位程式
> 設計師有或許能協助他的一個構想。顧客很有禮貌地傾聽，並且
> 說他會想想看。當我回到辦公室時，顧客留了一個電話留言，告
> 訴我將那個構想排除。

> 　　後來亞瑟寫了一封長信給我們的總裁。這樣一來耗掉我很多
> 時間做解釋，但是到最後該段程式碼必須被拿掉。亞瑟拒絕那樣
> 做，所以專案經理將那個模組從他那邊取走。亞瑟在幾週之後離
> 職。

　　我怕這會對我們的新需求流程造成傷害，所以召集所有開發人員開會，並與他們討論這個個案。我告訴他們，不管是源自於他們的設計或程式撰寫知識的需求構想，我們都歡迎，但是這些構想必須與任何其他的需求構想一起經歷同樣的協商過程。我說如果他們認為這只是官僚的廢話，那他們應該實際上試試我的流程。幸運地，到這時候已經有幾個人的構想被接受成為需求，所以更容易證明我所說的不是廢話。

　　現在，即使並非所有構想都被接受，這個流程也運作得很好。程式設計師知道最好不要浪費時間，試圖偷偷放入某個構想隱藏在程式碼中，而且這個事件創造出一個新俚語，當有人開發出無法與需求明確相關的一段程式碼時，其他人總是會問：「這是什麼，拼字檢查器嗎？」

16.3 獲得對需求產出的控制

需求文件很像軟體產品。就像軟體，需求文件是一項資訊產品，所以

* 需求文件必須明顯可見
* 需求文件必須穩定
* 需求文件必須可控制

16.3.1 明顯可見

在拙劣管理的情況，需求甚至會比程式碼更不明顯可見。至少專案中的人會考慮到程式碼，但是他們卻經常忘記考慮到需求。可能最常見的需求缺陷類型是專案中沒有人考慮到需求的某個領域。最常被遺忘

的需求是效能、可操作性、可維護性、安全性、現有資料的轉換、與現有系統的整合、以及切換至量產。例如，耗時十八個月規畫的一項為期三年的開發工作，唯一的效能要求是「必須符合可接受的時間範圍」。因為沒有東西被量化，真正的效能需求實際上看不到。

此外，需求流程經常沒有考慮所有層面的使用者，使得某些功能除了在使用者心裏之外完全不存在，他們心裏的想法要等到產品交付給他們之後，才可能加入需求流程中。

無疑地，對經理人來說，保證需求不會被遺忘最有效的方式是將需求開發的工作轉變成一個真實的專案，使這些需求明顯可見。這樣做可能聽起來比較極端，這可能是因為我們太常陷入一種迷思，而相信需求可以自動保持存在。Payson Hall 說明了兩個最常見的迷思：

> 我所從事過而造成巨大災難的幾個專案，犯下的新手錯誤是相信CASE工具能保存並組織好所有的系統需求。東西糟糕地拼拼湊湊，而且不清楚CASE工具是否理論上有能力去保存那些需求，結果實際上那些需求散失掉了。
>
> 在我見過的「快速應用程式開發」（Rapid Application Development）成果中所出現的一個問題是「需求即是原型」的迷思，這是聚焦於程式碼而排除掉更大範圍的情境因素的另一種情況。

好工具可能有幫助，但是找出需求沒有捷徑。為了讓事情在掌控中，你必須有真正的「需求」專案，以及受過特殊訓練的一組人，並要有對「需求」任務適當的流程與工具支援他們。需求專案應該遵循所有的流程原則，而且因為軟體專案所有其他部分都以需求為基礎，此專案應該將明顯可見當作一個主要目標。

16.3.2 穩定性

因為需求從太多來源滲入，並非所有需求都具正當性，你也需要對需求有嚴格的實質控制。在亞瑟的個案中，沒有程式碼審查與嚴格的程式碼型態管制，他的拼字檢查器就不可能曝光。確實，在其他產品中，因為型態管制系統沒有結合到進入系統的程式碼檢查中，亞瑟竟然在程式碼審查後私自放入「復活節彩蛋」。在新系統之下，程式碼會被放入資料庫中、經過審查、然後只有在通過審查後才會提升至正式的狀態。這個流程可以逮到滲入程式碼中而沒有經過需求流程的需求。

圖16-4顯示，需求構想如何轉變成測試過的程式碼的一個綱要資料流程。

擴大的「協商與審查」圓圈，可能看起來像是圖16-3的上方部分，這個部分控制需求進入需求資料庫的入口。但是要讓所有需求構想都經過「協商與審查」流程，這樣做還不夠，因為對資料庫的任何部分未受控制的變更，也可能是滲漏。亞瑟所撰寫的程式碼完全不是源自於需求資料庫，因此迴避掉所有的協商和審查。

為了要逮到這類滲漏，你必須同時管制程式碼與需求的型態，加上產品的其他部分，例如測試與測試結果。此外，你也必須審查這些過渡性產品每一項的內部，因為滲透進去的需求能輕易躲藏在黑箱測試（black-box testing）中。

16.3.3 可控制性

需求文件僅承擔一小部分的需求溝通責任。實務上，大多數的責任是由以下兩者承擔：

288

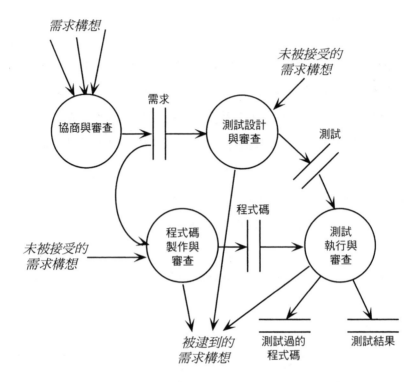

圖 16-4　為保證需求對各種滲漏的穩定性，你必須有一套針對所有需求構想的協商流程，加上對需求、測試、程式碼與測試結果的型態管制。

- 了解需求並協助其他人了解的人
- 有效運作的團隊，可以在內部與外部溝通需求

為了了解保持需求簡單的重要性，人們必須從參與需求流程來學習。需求流程一個主要目的就是建立起將要建造產品的團隊。但是光是參與還不夠，資訊還必須經過協調、保持開放、可取得、而且具有已知的品質。

　　為了擁有釐清需求所需的那種團隊合作，人們必須對專案做出

承諾、有機會去參與專案、以及受訓成為有效的團隊成員。同樣地，
資訊必須經過協調、保持開放、可取得、而且具有已知的品質。

16.4 獲得對需求流程本身的控制

若你有全職的需求主管、有受過訓練又忠誠的人員、並運用適當的工
具與高品質資訊，你就能將控管需求的任務轉變成真正的專案，而不
是你碰巧記得才去做的某件事。就像任何其他專案，需求專案必須有
正當理由、必須經過規畫、而且必須自行支付開銷。這位全職的需求
主管必須與軟體開發主管具有同等的能力與水準，而且必須向最終的
顧客（或贊助者）報告。

　　這個獨立的需求小組可以採取幾種形式，只要適合於整個開發流
程就可以：

- 可能最熟悉的形式是由專家團隊帶領需求專案，並將結果
「丟過圍牆」給建造團隊。這是正統瀑布模型的一項改善，
因為從事需求工作的是受到激勵的需求專家，而不是被徵召
而來的不情願的程式碼撰寫員。

- 然而，在大多數更大型的專案中，由於需求極易變動，上述
的「丟過圍牆」的做法並不恰當。所以在這些情況下，雖然
兩組人員處在不同團隊，也各有不同責任，但是由具有技能
的「需求」專業人士所組成的團隊，在整個專案期間會和開
發人員團隊並行存在。專案一開始時，「需求」專業人士的
工作負擔可能相當大，然而隨著需求趨於一致，越到專案尾
聲時工作負擔會變小，但是他們會存在於整個專案期間，而

289

且直到進入營運階段還會繼續存在。

16.4.1 資源支持

我們必須提供適當的人員給需求專案，這些人必須是受過訓練又忠誠的人。然而在軟體工程組織中，這種人相當稀少。當然，喜歡假設需求是固定的那些研究人員，不會想從事找出需求的工作。你的辦公室裏大多數（不是全部）電腦科學系畢業生也是一樣。你想要的人將會受訓成為引導者（facilitator）、協同合作者、資料員、以及業務專家，而且喜愛所有這些訓練。

　　若有適當的工具支援，需求流程也會受到更好的控制，例如

- 所有相關資料庫的型態管制
- 一個有效的需求資料庫，可允許所有具利害關係的各方人士，隨時檢視目前需求的任何部分
- 資料庫的網路存取，尤其如果這項存取和其他網路使用充分整合時
- 支持個人對個人通訊的電子郵件和語音郵件
- 用於召開需求會議的特殊設施

對於目前需求流程容易疏忽又有漏洞的組織，雖然這聽起來好像有一大堆工作要做，但是控制好需求流程將可提供軟體流程的穩定基礎。若你真正了解需求產出的角色，你很容易證明，建立真正適用的需求流程所需要的時間與金錢的正當性。

290　16.4.2 流程支持

然而到最後，沒有工具可以使需求流程自動運行。管理階層最終要負

責定義組織內部要解決什麼問題，以及要為顧客解決什麼問題。這些
經理人必須有職權建立與控制流程，使他們可以控制這個定義。經理
人若未建立適用於他們的情況的流程，就會發現他們無法掌握對需求
的控制。

例如，如同在原型設計或定期更新的情況下，一個有許多個版本
的系統，容易受到另一種微妙的需求滲漏所傷害。在這類系統中，單
一的需求資料庫不足以控制各類擁護者想要他們的需求在最早的版本
中獲得滿足的欲望。圖16-5顯示將需求分配給特定版本的一個控制流
程。「分類」流程結束時，需求資料庫的元件被區分成N個發行版
本，加上未分配給現有發行計畫的一組未來需求。

優先順序是方程式的價值面：在一個特定的發行版本中履行特定　291

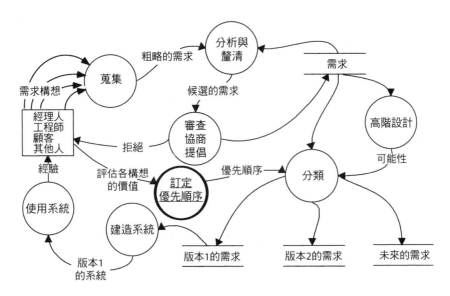

圖16-5　必須加入一個分類流程，使正當的需求不會滲漏到錯誤的發行版本
　　　　中。「分類」流程結束時，需求資料庫的元件會被區分成N個發行
　　　　版本，加上未分配給現有發行計畫的一組未來需求。

需求的價值有多高。在這張圖中，「訂定優先順序」以單一的流程圓圈來顯示，但是這個圓圈內的細節，含有將需求與真正的商業需要連結起來的關鍵。❹ 這一層分析的重點是將訂定優先順序變成開放、明確的流程，而不是一項比賽，看看誰最能將他們最喜愛的需求偷偷放入目前的發行版本中，而沒有去探討利弊得失。

可能性是方程式的成本面：為了在特定的發行版本中履行特定需求，在時間、金錢與其他資源方面將會付出什麼代價。可能性來自某種工程分析，它可能是一種粗略的高階設計，或者可能需要某種相當詳細的設計工作，然而，這類工作還是越少越好。

將需求分類至特定的發行版本的決定是一項管理決策，由這些投入所支援，但是不應該由任何其中一項投入所決定。例如，工程與行銷之間的衝突是好的需求決策所必要的，但是若有某一方擊敗另一方，則專案將會是輸家。你擔任經理人的工作是要保證，所有有貢獻的人士都要進行君子之爭，例如，不對他們自己的資訊偏心，企圖強迫你的決策順應他們的偏好。

另一種潛藏性的失去控制，源起於當軟體產品必須去服務一些（也可能數量非常多）顧客的時候。此處滲漏不是發生在後端（程式撰寫），而是發生在前端（資料蒐集）。因為顧客數量過於龐大，我不可能見到所有顧客，也無法滿足他們所有的欲望。

在這類個案中，有人（一位經理人、行銷人員、程式設計師、或可能是來自某個大型顧客組織的一位代表）會站出來聲稱其代表「真正的」顧客願望。若你對他的話照單全收，這個人可能真的會將任何需求滲入系統中。為了保護系統對抗這種情況，你必須在需求流程中提供一種建立顧客需求模型的更可靠方法。圖16-6顯示這種建模流程應該突顯出來，成為開放、明確的步驟，並受到管理階層所控制。

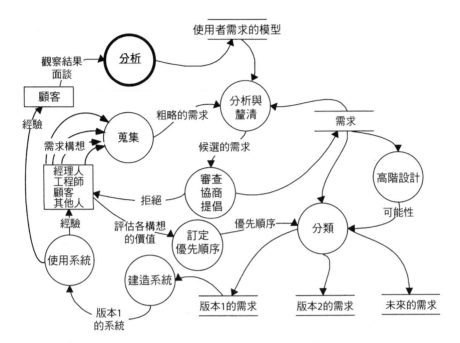

圖 16-6 當顧客數量龐大，建立顧客願望模型的流程應該突顯出來，並擺在明確的管理控制之下。在這張圖中，做這件事的流程歸併到「分析」這個圓圈中。

當然，終究行銷是有點像巫術般的科學，而且沒有流程可保證你一定能預測未來，但是明顯可見與參與絕對不會造成傷害。例如，參與強化了工程師的動機與生產力，因為他們不會無止盡地質疑需求是否具有意義。

16.5 心得與建議　292

1. 華盛頓 DPMA 研究小組的 Tom Watson，在閱讀本系列第 1 卷時特別提到「系統的第一批顧客不像後期的顧客」這個原則，所以後

期顧客的需求經常被遺忘。他繼續說：

> 在決定不同地理區域使用者族群的系統需求時，這點尤其是事實。例如，替國家級的客戶開發系統時，最新趨勢暗示，對於整個使用者族群當中的次族群，我們應該使用 JAD（Joint Application Development，聯合應用開發）方法論或開發原型。如果沒有正確使用的話，這些觀念通常會導致重大的需求定義錯誤，因而造成嚴重的設計瑕疵。❺

如果你想做一次蒐集需求的練習，而你所用的方法十分適合於你辦公室裏的人的需求，那麼，這個方法可能對於辦公室以外的人就非常不適合。

293　2. 會妨礙高品質的需求流程的其中一件事是，人們總是認為變革（修復）的代價太高。當你免不了要開著你的車子或帶著你的 VCR 去修理時，你會這樣認為。至少美國人相信，高品質的東西不應該需要修理，這使得任何修理都變得很昂貴。而且大多數的代價不是金錢，而是必須注意東西要修理、等待修理、以及沒有完全修理好的困擾。這種麻煩正是當人們不想投入時間參與需求流程時，他們會抱怨的事。他們認為不必告訴你，你就應該知道他們想改變什麼。（「若你愛我，不必我告訴你，你就應該知道我想要什麼。」）因此，當你第一次開始將事情做對時，他們會樂於參與。當然，在他們參與之前，你不可能將事情完全做對。

3. Payson Hall 提到：一開始時好的需求工作也會影響設計品質。理論上，所有的設計都是極其穩健與可擴充的；實務上，當最初的需求能夠具體明確地掌握到時，就可以根據架構來考慮成本／效益上可能的變更，結果可能更穩健又更可擴充。工程師喜歡從一

開始就設計可支撐目標乘載重量的一座橋，而不要從繩索人行橋開始設計，再強化這座橋以支撐鐵路的運載量。

4. 每項需求都必須進一步修正，但是要到多詳細的程度？答案取決於風險與信任。正如在PLASTIC（Plan to the Level of Acceptable Stable Talent In Completing Projects，第9章）規畫中，你進一步修正需求，直到需求達到你相信可由必須實作需求的人實作，並可由必須測試需求的人進行測試的程度。從這點來看，防範未然型（模式4）組織因為知道能相信什麼和不能相信什麼，因此他們如果一開始沒有做太多的需求工作，也沒有放入很多細節，他們也可能順利運作。

16.6 摘要

✓ 對於很多軟體組織，不適當的需求流程是更高品質的主要障礙。為將這種組織轉移到受控制的需求流程，經理人需要規畫與執行四個主要步驟：

1. 衡量需求的真正成本與價值。
2. 獲得對需求投入的控制。
3. 獲得對需求產出的控制。
4. 獲得對需求流程本身的控制。

✓ 一個經過改善的需求流程將會有幾種效益：　　　294

- 早期找出缺陷或完全不產生缺陷
- 消除掉多餘的工作

- 顧客更容易接受
- 開發工作更快速、更容易管理
- 維護工作得到改善

✓ 需求來自很多地方，有些需求是正式的需求，但是很多需求只是滲透進入流程中。為了獲得控制，管理階層必須產生一個流程，以便：

- 確認並堵住所有漏洞。
- 以公開的協商取代漏洞。

✓ 當有半數的需求來自非正式來源時，你就不可能控制軟體開發。為了控制這種需求混亂，你必須：

- 承認需求可能來自很多來源
- 承認這些多方利益的正當性，但不保證這些需求都能獲得滿足
- 創造出一個可以考慮任何需求構想的公開協商流程
- 調查所有的滲漏來源並緊閉所有漏洞，使需求都必須透過單一管道

✓ 需求衝突會發生，而且若無法以任何其他方式解決，顧客就會來解決。這種顧客解決方案不是解決需求衝突的最佳方式，但是當協商失敗時會需要它來支持系統。

✓ 為了預防滲漏，並創造出一個明確的確認需求的流程，必須要有單一途徑讓需求構想轉變成需求。任何有需求構想的人（經理人、工程師、顧客或任何其他人）都必須了解，沒有其他途徑可

讓這個構想有機會變成需求。

✓ 需求構想的提出者必須清楚了解,直到構想通過這個流程之前,他們所提交的只是需求構想而不是需求。一旦蒐集到需求,直到需求通過分析與釐清的平順化流程之前,這些需求都被視為是粗略的需求。若通過這個步驟的考驗,這些需求就被視為處於可審查狀態,並且被稱作候選需求。只有這個審查流程可將候選的需求提升為擺在資料庫中的需求。遭拒絕的構想會轉回給構想原創 **295** 者,之後他們可加以修改並重新提交構想。

✓ 需求資料庫用來建造系統,而且當考慮新的粗略需求時也需要這個資料庫。那是因為需求不僅本身必須清楚正確,也必須與現有的需求一致。

✓ 從舊有的走後門方式轉變成公開協商的這種新流程,不是一件容易的事。你要知道有一些人會質疑系統,並且嘗試回到「舊有現狀」狀態。

✓ 需求文件很像軟體產品。就像軟體,需求文件是一項資訊產品,所以:

- 需求文件必須明顯可見
- 需求文件必須穩定
- 需求文件必須可控制

✓ 需求文件僅承擔一小部分的需求溝通責任。實務上,大多數責任由以下兩者承擔:

- 了解需求並協助其他人了解的人
- 有效運作的團隊,可以在內部與外部進行溝通

✓ 為了了解保持需求簡單的重要性，人們必須從參與需求流程當中學習。但光是參與還不夠，資訊必須經過協調、保持開放、可取得、而且具有已知的品質。

✓ 若你有全職的需求主管、有受過訓練又忠誠的人員、並運用適當的工具與高品質資訊，就能將控管需求的任務轉變成真正的專案。

✓ 若有適當的工具支援，需求流程也會受到更好的控制，例如：

- 所有相關資料庫的型態管制
- 一個有效的需求資料庫，可允許所有具有利害關係的各方人士，隨時檢視目前需求的任何部分
- 資料庫的網路存取，尤其若這項存取和其他網路使用充分整合時
- 支持個人對個人通訊的電子郵件和語音郵件
- 用於召開需求會議的特殊設施

✓ 管理階層最終要負責定義組織在內部要解決什麼問題，以及要為顧客解決什麼問題。這些經理人必須有職權建立與控制流程，使他們能夠控制這個定義。

16.7 練習

1. 請解釋為什麼若測試資料與結果不是型態管制的一部分，需求控制就會不完整。

2. James Robertson詢問：你認為哪種人應該成為需求專案團隊的成員？他們要有什麼人格特質？受過什麼教育？有什麼工作經驗？

有什麼其他特質？

3. 需求流程的每一個階段，都是大家必須經過權衡取捨的協商。需求專家需要工具來陳述這些權衡取捨。請試著畫出以下的取捨曲線：❻

- 它有什麼價值？：期望的報酬率vs.功能（品質）
- 它有什麼機會？：交出夠好品質的機率vs.目標功能
- 期望值：期望的利潤vs.功能

4. James Robertson提到：在圖16-5中，「訂定優先順序」圓圈沒有提供細節。替這個圓圈畫一張環境圖（context diagram），也就是在你的組織中，這個流程應該如何完成的一張資料流程圖。再畫另一張圖來說明它實際上如何完成。

5. James Robertson補充說：在圖16-6中，「分析」圓圈沒有提供細節。替這個圓圈畫一張環境圖，也就是在你的組織中，這個流程應該如何完成的一張資料流程圖。再畫另一張圖來說明它實際上如何完成。

17
正確地啟動專案

對於在技術上最先進的專案之成本評估，仍是一門不精確的科學，這變成是一個令人苦惱的事實。專家們雖然有堆積如山的數字，但他們所運用的方法，似乎是源於德州廣泛用來秤豬重量的技術。據說在這個過程中，抓到豬之後先將牠綁在曉曉板的一端；接著是要找到一塊石頭，當擺在儀器另一端時，這塊石頭正好能平衡豬的重量。當找到這樣一塊石頭時，大家會聚在一起，嘗試猜測石頭的重量。成本估計的科學就是這樣的東西。❶

——奧古斯丁（*N.R. Augustine*）

我研究過許多不成功的專案，試著找出可以預測這些專案會失敗，然而能夠以管理措施進行預防的最早時點。大多數這些專案從開始那一刻起——實際上可能早在專案的流程模型說專案開始之前——就處在壓力之下。確實，有壓力的主要原因是專案正式開始之前，並沒有會發生什麼事的清楚明確的模型。到了加入專案經理來負責時，外部決策已對專案施加太多限制，使失敗變得非常可能。

17.1　專案的先決條件

每個專案開始之前，都有一連串大方向與原則的協商，而得出限制專案的決策。若這些協商的資訊不充足（informed），也沒有全面關照（congruent），專案在開始之前就注定會失敗。

298　　　專案處於模糊不清的早期階段時，在正式啟動之前，理所當然的第一個問題是：組織期望從成功完成專案當中獲得什麼效益。這是「專案的價值是什麼？」的計算。❷假設組織能正確預測效益（然而情況經常不是如此），接著就要考慮與風險有關的問題。

17.1.1　風險分析

若專案無法完成，無限多的潛在效益的價值都會是零。然而，即使當專案效益夠大，也很難對風險做出一致的決策。有一些相當正式的風險分析系統可協助做這項決策，而且任何軟體工程經理人都應該至少精通一種風險分析系統。❸不過，請讓風險分析盡可能簡單，因為複雜的流程：

- 容易倉促進行，以支持你急切想要的任何決策
- 代價昂貴，而且你的沉沒成本（sunk cost，編按：已發生的、無法回收的支出）可能讓你不願意中止需要安樂死的專案

波姆（Boehm）曾提出軟體的十大風險因素的一份清單，而且我發現，在早期就短暫粗略考慮這十項因素，一般會提高專案成功機率至少兩倍：

1.　人員短缺

2. 不切實際的時程與預算

3. 開發錯誤的軟體功能

4. 開發錯誤的使用者介面

5. 鍍金（gold plating，譯注：是指對專案不一定有助益，但可能因多餘的
   事情造成成本、時程等方面的增加）

6. 持續不斷的需求變更

7. 外部提供之組件的短缺

8. 外部執行之任務的不足

9. 即時效能的不足

10. 過度運用電腦科學能力

在最早期階段，要判斷這些因素是否具有潛在問題，並採取行動降低風險，是比較容易辦到的。不過就像很多風險分析的作者一樣，波姆從未真正討論到最大的風險：管理團隊未能進行全面關照的風險分析工作，更不用提帶領專案了，如同以下這個例子所說明的。

17.1.2 全面關照與風險分析

299

我才剛協助過一家硬體公司成功挽救代號為小行星（Asteroid）的軟體專案，該專案原先被認為「毫無希望」。現在該公司提出要我協助，將同樣的規畫方法應用於代號為彗星（Comet）的專案，這個專案已陷入泥淖很多個月。當我正在考慮這項提議時，我接到來自Comet專案經理勒克斯（Lex）的訊息，內容如下：

> 任何人如果拿Asteroid為例子，以證明什麼計畫可協助Comet，這都是非常不公平的。Asteroid從一開始就保證大約有十個人。它有清楚的顧客需求，並有定義協議，而這些項目都可以保護他

們的目標。技術議題從一開始就明顯可見，而且在複雜度與需求
方面相當適度，並有良好的限制與隔絕。那是個很輕鬆的專案！
我恭喜被指派至那個專案的人員，因為成功事先就獲得保證。但
是Comet這個專案是荒謬的！

可憐的勒克斯！就像不熟悉戰術規畫角色的許多軟體經理人一樣，他
看不到自己的訊息中真正的問題在哪裏。當然，因為沒有做到以下的
規畫，Comet專案是荒謬的：

- 沒有注意到風險
- 沒有做計畫將這些風險降低至可接受的程度

兩年前，Asteroid專案在規畫流程的初期，也是處於相同的狀態。是
規畫流程而不是計畫，使得荒謬的夢想轉變成真實的專案，使專案的
「成功事先獲得保證」。這正是戰略規畫的功勞。

　　勒克斯在一種討好的情況下運作。他覺得必須符合高階管理人員
丟入提案箱中的夢想。他不了解規畫流程是一個機會，以停止討好並
揭露Comet夢想真正的議題。這並不是說我應該預期有什麼不同的東
西：勒克斯曾經見過的非討好的規畫流程只有一個，而那個流程來自
公司外部。以前在這家公司中，「規畫」意指打擊提出風險議題的任
何人，直到每個人都對先前確定的「計畫」「做出承諾」為止。在指
責的力量如此強大又普遍的情況下，討好總是會興盛起來。

17.1.3 雙贏的協商

為了讓專案成功，這些早期的協商必須產生全面關照的協議，這種協
議在自我、其他人與情境之間能達到平衡。若沒有這種平衡，專案就

像高速旋轉的扭曲輪子，會自行分崩離析。

很多軟體組織與他們的顧客走得太近，使他們無法好好協商。有些協商會受到行政管理階層的阻止。一個更大的問題是他們不知道自己正在協商，或者他們認為「協商」是不正當的字眼。結果他們暗中協商，甚至不喜歡將他們的所作所為稱作「協商」。若不明確地協商，你就無法好好協商、不會記錄你的協議、不會實踐你的協議、不知道你的協議是什麼、甚至你經常未察覺到自己正在達成協議。那麼你如何能評量任何開發專案唯一最重要的評量指標：我們有履行我們的協議嗎？

要讓專案可比較的一個要件是要確定專案以同樣的基礎開始，這暗示所有協商都必須清楚明確地進行、必須好好地完成、也必須將協議記錄下來。史帝芬‧柯維曾列舉達成雙贏協議的五項要件：❹

- 想要的結果（不是方法）：確認要做什麼，以及什麼時候做。
- 指導方針：詳細指出可促使結果實現的參數（原則、政策等等）。
- 資源：確認可利用的人力、財務、技術或組織支持，以協助實現結果。
- 責任歸屬：設定績效標準與評估時機。
- 後果：具體說明基於評估結果，會發生什麼事（好的與壞的、自然的與邏輯上的）。

以下幾節會更詳細檢視這幾點，看看為什麼對於專案或子專案的先決條件，這是一份很好的檢核表。

17.2　想要的結果

考慮A與B兩個專案。這兩個專案極為類似，每個專案都有需求、資源、方法、工具與時程。A專案準時在預算內完成。B專案晚25%的時間完成，而且超出預算30%。關於這兩個專案的管理方式，我們能得出什麼結論？

　　當然，除非知道這兩個專案如何定義「完成」，不然我們不會有結論。若兩個專案對完成的定義都相同，我們可以得出一個結論。但是如果B專案去掉一些需求以符合時程，那又如何？那重要嗎？重要的是，專案最初的協議已清楚說明必須完成什麼，但是最後並沒有做到。

　　Judah Mogilensky曾描述對於結果缺乏清楚的初期協議，會如何受困於顧客／開發人員文化中：

> 問題經常在於組織害怕一切清清楚楚。如果一個能滿足文件記載需求的系統，未滿足真正的需求，那麼一份清楚的需求文件將會強迫顧客負起發動變更的責任……。一份清楚的需求文件，也會迫使開發人員承擔起滿足需求的責任，而且若成本與時程的估計不準確，就可能使開發人員暴露在風險之下。
>
> 因此，即使顧客與開發人員有著互相對立的動機，他們可以偷偷摸摸一起共謀，阻止「能力成熟度模型」的需求管理實務得以實行。每一方都認為他們的所作所為是要保護自己，並可強化他們的談判立場，但是事實上兩方都在助長未來的失望與爭執。❺

301

這種會促成暗地裏共謀違背好的需求流程的文化，會變成一種恐懼的文化。就這一點來說，沒有在最高管理層級進行變革，問題就不可能

獲得解決。已經有無數的失敗專案的研究支持這個結論。❻

17.2.1 要注意的措辭

當恐懼使得有利害關係的各方不對結果進行清楚的協商，以下是你將會聽到的一些事情：

- （15.2.1節中的任何措辭，暗示固定需求不要緊，或當需求不固定時就假設需求固定。）
- 我希望在那件事情上他們不會讓我們走投無路。
- 嗯，我不完全了解它，但是除了同意之外我能做什麼？
- 我別無選擇。
- 你得做這件事。毫無商量餘地。（小心聽：這句話可能從你的口中說出。）
- 若你有任何能耐做這件事，那就去做吧！（同樣地，注意誰在說話？）
- 時程／資源真的相當緊，但是日後我們可以協商免除需求。（為什麼不現在就做？）

17.2.2 要採取的行動

除非你有分階段的流程，否則沒有經過證實的需求就**不要**允許進行設計或建構。這時候，如果某個階段未具備經過證實的需求，就**不要**讓那個階段開始。不要因為「原型設計情況不同」的保證而捲入其中。原型設計是一種分階段的流程，即使需求不是整個系統的需求，每個階段也都需要定義其需求。

　　當作協商過程的最後一步，**一定**要與顧客和開發人員一起舉行一

場總結會議，實際上簽署他們的協議。**一定**要留意猶豫、保留或不確定的蛛絲馬跡，而且除非清除掉這些疑慮，否則**不要讓協議繼續進行**。

一定要建立政策獎勵那些真正滿足顧客的專案，而不要用一些墨守法規的把戲打擊這些專案。

一定要建立政策，獎勵那些努力參與定義出他們想要什麼的顧客。最好的獎賞是展現出你會傾聽他們所說的話，而不要只是立刻拒絕他們的需要。

302　　　不要恫嚇、賄賂或操弄你的員工，讓他們達成「協議」、做出「承諾」或同意「簽署」。

17.3 指導方針

指導方針的力量在於能提醒我們不在壓力下做出傻事。例如，雖然我們知道時間、資源與功能有時候可以互換，但是它們不可線性地互換。在專案壓力下，我們可能冒險去做這些互換，並引起大麻煩。

可能的指導方針很多，我們無法一一列舉，❼只舉一些例子：

- 布魯克斯法則：增加X%人員一般不會讓時程加速X%。
- 計算的平方定律（The Square Law of Computation）：時程增加X%將無法提供X%的功能增加。
- 瓊斯法則（Jones's Law）：你的問題有90%是來自於未經歷整個開發過程的那些部分。

指導方針是當你神智相對清醒時可用來設定觸發器（trigger）的一種方法，所以當專案逼得你精神錯亂時，指導方針可讓你不做出傻事。

17.3.1 要注意的措辭

- 我們只想做一項簡單的變革。

- 我會給你兩位新人，使你能承擔那項額外的功能。

- 我們將取出一項功能並加入另一項功能，所以並沒有什麼改變。

- 刪去審查，我們就可以有更多時間做測試。

- 刪去設計，我們就可以有更多時間寫程式，我們將在寫程式時做設計。

- 減少詳盡的需求流程，我們就可以有更多時間做設計。

17.3.2 要採取的行動

不要頒布時程。應該永遠可以從計畫得出時程。由時程倒推而得出計畫，至少在已知的限制下經常不可能辦到。若時程真的是一項關鍵議題（而不僅只是顯示誰在負責），那麼，做計畫就是為了決定你必須付出什麼才能達成那個時程，而且你要做好準備得要付出許多，或者接受有些事情就是做不到。

不要對有可靠度問題的專案施加時間壓力。

沒有重新協商時程之前，**不要**加入特色到專案中。

不要在黑板或試算表上玩無法由可評量的事實所支持的遊戲。

如果你有事實做支持，**一定**要學習說「不」。當唱反調的人空手而來時，**一定**要以事實回敬他們。

一定要從一開始就堅持變革控制，而且**不要**屈服於抄捷徑的誘惑。

一定要從一開始就堅持型態管理，而且**不要**屈服於抄捷徑的誘惑。

對於真相檢查（reality check），**一定**要從公正無私的他方人士得

303

到外部觀點。

17.4 資源

不是所有資源都是天生平等的。人力、財務、技術或組織資源，都有自己的一套計算邏輯，所以你不能假設從專案一開始，每位參與者都知道資源承諾的意思是什麼。

例如，在較高層級容易相信人員是可以互換的，但事實上不然。一個理由是來自薩提爾變革模型：要讓一個人達到其他人的程度需要花時間。這也可以部分解釋布魯克斯法則。

人員無法以一般的算術做分割。兩位兼職人員不等於一位全職人員。❽

時間承諾對不同的人有不同意義。分享任何其他稀有資源的情形也一樣，例如硬體或網路時間。

技術資格容易令人感到混淆。所有C語言程式設計師的能力都相等嗎？一位資料管理員等同於另一位嗎？

最後，儘管相當明白清楚，今天入帳的錢與下個月入帳的錢是不同的資源。

17.4.1 要注意的措辭

- 我們將指派半個人（或一個人的任何「分數」，例如3/4個人）去做那件事。
- 若我們落後，就會增加人員，所以我們必定會符合截止期限。
- 別擔心。當時間一到，我就會給你兩個我最好的人員。

- 我們將給你和X有相同背景的替代者。

- 只要預算一經核准，你就會得到新硬體。不要等了，現在就開始吧，反正你並不真的需要一台機器來做測試。

- 他可以將那項工作併入到他的其他工作中。

- 在計畫上這些人還沒有就位，但是你可調度事情，等他們就位時就可以利用他們了。

- 她知道Smalltalk語言。不然她也能邊做邊學。

17.4.2 要採取的行動
304

不要分割人員的時間。**一定**要盡可能讓每個人有唯一的焦點，以得到最大生產力（圖17-1）。

　　除非你同時延長時程，否則**不要**在專案後期增加人手。

　　一定要建立一個允許人員控制他們的環境的結構，例如何時允許電話打擾、要參加什麼會議、如何產生受保護的時段、要使用什麼硬體和如何使用、或者如何安排人員的活動空間。

圖17-1　不要分割人員的時間。一個人做四件事，對所有的事都沒有生產力。

不要跨越專案界線借用人員或設備。若你必須借用（例如一位專家），**一定**要用清楚的限制與後果達成明確的協議。

當有資金可利用時，**不要**接受那種你不知何時會下來的預算。

一定要訂定政策鼓勵人員留任，像是有保障的個人訓練預算。**一定**要創造出一個讓人們樂於留下來的環境。

一定要做工作輪調，使更多人能互換職務。**不要**等到長期的專案結束時才做這件事，否則你將發現關鍵人員已經直接自行轉調到組織外部去了。**一定**要在你的規畫中留有餘裕（slack），以便考慮到這種輪調所造成的輕微損失，這些損失是你的保險費，用以對抗失去全部關鍵人員這種大得多的損失。

一定要投資於訓練，並用支持與教導來追蹤訓練成效。

一定要利用自然的界線來建立獨立的專案。

305 ## 17.5 責任歸屬

軟體專案中最常見的責任歸屬謬誤是錯將努力當成結果。缺乏任何更好的評量法時，你會使用唯一的績效標準，也就是投入工作的時間，而不是所產生的結果。除了「同等努力總是產生同等結果」這個不合理的假設之外，還有定期報告（time report）的正確性問題。

前一段時間，我質疑「定期報告是追蹤專案結果的合理基礎」這個假設。在一次CompuServe論壇上，我提出兩個問題：

誰有填寫定期報告？誰從來沒有捏造過定期報告？

這項調查的第一個結果是提出報告的每個人（23個人）都承認，他們捏造過定期報告。沒有人說「從來沒有」。捏造定期報告是普遍的軟

體開發文化的一部分。開發人員不捏造定期報告的唯一情況是在不使用定期報告的地方。

捏造定期報告就像在停車標誌處搖晃標誌牌。那樣做違反規定、每個人都那樣做、而且沒有人談論這件事。當保證匿名時，他們的確會談論這件事，而且結果極具啟發性。以下是提供定期報告以獲得報酬的一位承包商所做的典型回答：

> 在很多客戶那邊，我都會問他們想要見到我報告的時間落在何處，並提早一週交付東西。那讓我們集中心力在他們真正想要我做的事情上，而不是人為的預算類別所陳述的。
>
> 　例如，在大多數重新開發的專案上，我每天至少花25%的時間，非正式地教育與說服組織中的各種領導人，讓他們的態度改變至一個合理的立場，並協助我們。那從未出現在工作時間紀錄卡（time sheet）上或狀態報告上，但若沒有那樣做，什麼事都不會發生。
>
> 　我有兩個客戶，它的經理人雇用我依他要求的幫他填寫工作時間記錄卡。那讓我花時間在專案上，並讓他以最適當的方式控制他的預算。

顯然，要運用這類「資料」說明專案中發生了什麼事，根本毫無根據，更不用估計下一個專案了。然而文化的另一面是，嘗試使定期報告具有真實性的努力極其微弱，如同這份報告中所說明的：

> 在我目前的專案中，我們嘗試制訂一套制度，以報告所有專案所花費的實際時間。假設的前提是不可能每週「強制地」工作37.50小時。我們容許每週一小時至一個半小時的「行政作業」

時間，這包括專案狀態會議、喝咖啡、與其他人在走廊談話等等。其目的是要得到花在專案活動上的實際時間，以查核我們的估計做得如何，而不必去應付捏造的時間。

306　凡是觀察過真實專案的人，會相信一個半小時的行政作業時間是可能的嗎？二十或更多小時會更加接近真實值，但是這個制度只容許一個半小時。若超過那段時間，你會被迫進行捏造。

責任歸屬的另一個重要部分是進行評估的時間點。以下是我的調查的另一個回應：

> 我的一個極大不滿是很多公司（包括我太太的公司）要求工作時間記錄卡在報告期間結束之前交出。當一位客戶要求我這樣做時，我拒絕了。相反地，我提議在期間結束時，立刻傳真給他們一份副本。

這是一種高貴又合乎道德的態度，但是當經理人沒有工作時間記錄卡時，他們就會捏造記錄卡。他們的報告必須準時交出，雖然閱讀報告的任何一位明理之人，都可以理解考慮到前置時間時，報告不可能反映實際工作的小時數。

17.5.1 要注意的措辭

- 我們已做出不錯的進展。本週我們額外投入 70 小時。
- 當有實際的資料時，我們將在下個月調整數字。（每當你聽到「實際的」資料，請抱持懷疑態度。還有什麼其他種資料？）
- 公告的資料顯示，我們已完成 97%。
- 驗收測試（acceptance test）根本無法說明任何事情。

- 我已經和那位程式設計師談過，他向我保證下週他將補足不足的小時數。

- 小時數必須與計畫相符合。（你是說這句話的人嗎？）

- 當產品完成時，我們將補足一些驗收測試。

- 這個傢伙的生產力比一般程式設計師高出三倍，所以我們將他排定一週工作120小時，雖然他實際上只工作40小時。

17.5.2 要採取的行動

不要使用定期報告來追蹤專案；你只衡量投入，而沒有衡量產出。**一定要**衡量結果而不是努力。若你將定期報告用於其他目的，例如公告或估計未來的專案，**不要**鼓勵人們說謊。

一定要堅持每項任務都要有操作性測試（operationalized test），以判定該項任務是否完成。**一定要**從一開始就確定，這項測試所消耗的時間與資源，都是計畫的一部分。**一定要**包含測試審查，以確定測試是否依照承諾執行，並產生承諾的結果，使你確定任務已完成並記載於文件中。

一定要任命一個獨立小組負責建立與管理驗收測試。**一定要**讓這 307 個小組向職位高於開發主管的人報告。

一定要讓工作是在夠小的工作單元中完成，以便施行控制，而且也要夠小到若工作單元未按照計畫運作，則可將之丟棄。

17.6 後果

在專案開始時的很多公司內部協商，就像是金剛與米老鼠之間的協商一樣。反對金剛（高階管理人員）的後果太明顯也太具威脅性，使他

們會設法讓未能履行協議的後果顯得「平淡無奇」。在這些情況中，米老鼠（專案人員）「同意」每一件事，同時也尋找脫逃的方法。

　　同樣的金剛／米老鼠動態關係，會在每一次管理階層突擊檢查，看看「進展」如何時一再出現。經理人似乎喜歡在專案期間不時進行管理審查，但是這項實務是源自於「專案的完成總是有問題」的文化所致。❾ 在那些情況下，經理人必須保護自己避免高度可能失敗的後果，所以他們會實施「審查」。這種審查是一種儀式性的會議，所有專案人員站在管理階層面前，結結巴巴說出由一疊捏造的幻燈片組成的一份報告，然後屈服於管理階層的一連串權威性的指示（圖17-2）。

　　在喜歡指責的文化中，管理審查很受到歡迎，因為它可以懲罰那些未能提供管理階層一連串亮眼報告的專案。無論管理審查在何時進

圖17-2　在典型的管理審查中，程式設計師打領帶，對他們的主管說謊，說出他們想聽的話。

行，這些審查都應該成為專案計畫時程的一部分，而不是未事先排定時程情況下的令人不滿意的報告。否則他們只會鼓勵捏造的報告，那是專案失敗的一項關鍵指標：

> 在所有個案中，專案實施兩套計畫，一套是專案贊助者與利害關係人所提供的計畫，另一套是團隊實際上（暗地裏）遵循的計畫。在審查二十個重大的失敗專案時，我們都觀察到這種失敗模式。❿

專案「進展」的三天馬戲團表演，違反了控制論管理的基本原則：動作要早、動作要小、運用或多或少連續的回饋。任何一種專案審查所要問的一個關鍵問題是：

> 可能的結果是什麼？

在大多數這些大型審查中，因為已經投入太多資源，無論做出的報告結果有多差，都不可能取消專案。此外，實質上也沒有機會做出任何重大變更，因為變更所要做的工作太多。

在喜歡指責的文化中，更確定的一個結果是經理人的很多惱人挑剔，會往下傳遞給工作人員（以證明經理人依舊在負責，而且他們依舊「了解」這些技術議題）。這些挑剔幾乎必定使專案延遲，會花不只三天在這次大型審查會議做簡報，並花超過兩星期準備這次會議。

如果人們承認，這些審查具有教育意義，則他們要找出更有效率的方式來教育管理階層。Rich Cohen 提供了一個很棒的問題，在有人提出這類管理審查時提問：

> 為什麼他們會不知道發生了什麼事？⓫

可能他們應該在專案進行中持續與專案保持接觸。這樣一來，管理審

查就會有教育意義。

17.6.1 要注意的措辭

- 你要為這次審查做好準備。（可能從你口中說出。）

- （審查時）搞清楚，我們不能用以往那種以二進位編寫程式時慣用的方法來做事。

- （審查時）讓我告訴你那件事應該怎麼做。

- （審查時）好，若你無法把事情完成，你需要什麼？若沒有完全的承諾，我不想讓任何人離開這裏。（可能從你的口中說出。）

- 現在別拿那件事來煩我。下個月的審查時再說吧。

- 我不想從審查中聽到任何壞消息，所以務必要準備好每一件事。

- 我已邀請我們的顧客到審查會議中，所以務必要好好表現。

17.6.2 要採取的行動

不要採用大批（wholesale）管理審查。**一定**要對例外狀況建立或多或少的持續監控。例如，**一定**要運用公開的專案進度海報，使事情不會隱藏起來。❷

　　當例外狀況發生時，**不要**要求對整個專案做審查。**一定**要聚焦於可能需要你協助的領域。

　　不要把管理審查當作是尋找指責與懲罰的機會。**不要**將管理審查當作悄悄回到很久以前你就應該放棄的技術工作的機會，以及／或當作確立你的主導地位的一種方式。**一定**要將審查當作一個機會，發現工作人員需要何種協助，而這種協助只能從管理階層處獲得。

不要實施分階段的行銷活動，並將這些活動稱作「審查」。

與資深管理階層溝通時，**一定要**抱持開放誠懇的態度。**一定要**持續教育他們，並讓他們知道最新消息。

17.6.3 哈德遜灣起點

除了實施傳統的管理審查之外，還有很多其他方法可獲得管理專案的資訊。十八世紀的毛皮交易商哈德遜灣公司（Hudson's Bay Company）就做過一種最有效的小型、切題又適時的審查，Robert Fulghum 將這種審查稱作哈德遜灣起點（Hudson's Bay Start）：

> 貿易旅程習慣上都從精力充沛的熱忱開始，然而拓荒者第一晚總是紮營在離公司總部幾英哩遠之處。這樣做可容許考慮工具設備與供應品並做分類，使得匆忙進行時若有任何東西忘了帶，回到工作地點去拿東西也相當容易。❸

我會教專案經理為他們的專案製作哈德遜灣起點，尤其是當他們要嘗試某種新東西，例如一種新方法論或 CASE 工具的時候。我通常會教一小時的起點、然後是一天的起點，以及對於大專案，則有一週的起點。這些起點都是模擬的專案（可能是真實專案的一小部分，但未必總是如此），以容許專案團隊在離「公司總部」不遠處快速演練過整個流程。

17.7 心得與建議

310

1. 根據美國政府審計總署（Auditing Office）1993 年 1 月的一份報告顯示，專案估計與專案管理中的麻煩事並不限於軟體。❹ 在十五

年間，NASA進行了二十九項計畫（其中一些計畫的確有牽涉到軟體）。這二十九項計畫中有二十二項超出NASA的成本預估，而且成本超支的中位數（median）超出原始估計值77%。如果我與NASA的經驗可以當作參考的話，其實在專案開始之前很多承包商都已經知道真實的成本，但是屈服於NASA的壓力，或屈服於取得合約的壓力，他們知道即使提出這個問題也無濟於事。這份報告說明了，很多被當成軟體危機傳開的消息，其實與軟體無關，而都是跟人們的行為有關。

2. Eileen Strider提到：因為軟體承包公司是依據法律合約來獲取報酬的，他們通常比他們的顧客更知道如何進行技術合約的談判。這方面的知識讓軟體承包公司有極大的優勢勝過那些企業內部的軟體組織，那些軟體組織不僅不承認他們是在談判，甚至更不承認他們是靠績效來獲取收入。然而，尤其在和來自企業領域的顧客打交道時，有些承包公司不是運用他們的知識去利用顧客的無知或真心誠意，就是不知道自己正在這樣做。因此，為了保護採取外包做法的企業顧客，承包公司內部的資訊系統主管需要改善他們的談判技巧，這要從提升他們的自覺程度開始。

3. 軟體工作與製造高級傢俱有很多共同之處，而高級傢俱製造業比軟體業有更長久的歷史。你可以參考「傢俱製造的兩倍規則」（The Cabinetmaking Rule of Two）：

在估計傢俱製造工作所需的人工時，先計算若每件事都圓滿進行所要耗費的時間，再將這段時間乘以2。❶

你對於專案的估計時常會偏離相當大嗎？若是這樣，請自問是否是因為你通常會相信、希望或祈禱，這一次每件事都會順利進

行。若是這樣，請嘗試面對真正的風險，考慮到風險（將時間乘以2），並好好規畫降低這些風險。

4. Payson Hall 建議：請注意，「傢俱製造的兩倍規則」與常見的「軟體的兩倍規則」（The Software Rule of Two）不同：

在估計你的軟體工作所需人工時，做出你的最佳猜測，並將猜測的值乘以2。

關鍵差異在於「計算若每件事都圓滿進行所花的時間」與「做出你的最佳猜測」的不同。在傢俱製造中，2倍代表經驗值，代表你必須為未圓滿進行的事情付出代價。在軟體推估中，因為推估者沒有可測量的經驗，而且不了解權衡取捨，2乃是填補的數字。傢俱製造估計的基礎明顯可見而且可審查，因此其數字是可信賴的。而軟體推估的基礎看不見，而且無法審查，因此其數字是不可信的。

311

5. 若你很想要安排很多加班，以符合一個野心勃勃的時程，請務必考慮加班對生產力所造成影響的相關證據：在每天工作八小時或每週六天工作四十八小時之後，一個人必須大約加班三小時，才會產生兩個標準工時的價值。對於繁重的工作，則需要兩小時的工作才能產生一小時的價值。❶❻

6. 規畫永遠是一種信任的活動。我同事 Mark Manduke 提供了一個好例子，可供經理人參考：

當我管理一家小型電信公司的八人軟體部門時，我會向所有下屬徵求估計值，以便符合我們的品質標準，並假設每週工作四十小時，來完成任務。我們之間會互相協商，但總是會得出彼此感到

自在的估計值。

我提供兩項保證：

1. 我會說服管理階層與行銷部門，要讓工作正確完成，我們的估計值是合理的。

2. 一旦組織同意工作的內容與時程，絕對**沒有人**（包括執行長）可以強迫我的下屬去更改時程或需求（在沒有重新協商時程的情況下）。

奮戰並贏得這些戰役是我的責任。做為回報，若我們無法達成自己的估計值，我們都會自動加班，直到履行承諾為止。我獲得極大的信任，使我們幾乎像是組了工會一樣。❼

請注意這裏的全面關照，考量到自己、團隊、團隊以外的其他人、以及企業情境。這種方法需要能承擔自己所犯錯誤之後果，同時避免掉沒有經過重新協商時的錯誤。這種方法既開放又真誠。

7. 對於國際性專案或是地理上分散的專案，第一步是要讓人們聚集在一起以建立信任感，因為信任可降低後續的溝通需要。這類專案之所以強調這種溝通的需要，是因為距離的關係，會使得溝通變得既昂貴又緩慢。本地的專案也需要溝通，但是沒有那麼明顯——直到一切已經太遲的時候。

312

17.8 摘要

✓ 大多數不成功的專案，從開始那一刻起——實際上可能早在專案

的流程模型說專案開始之前——就處在壓力之下。確實，有壓力的主要原因是專案正式開始之前，並沒有會發生什麼事的清楚明確的模型。

✓ 每個專案開始之前，都有一連串大方向與原則的協商，而得出限制專案的決策。若這些協商的資訊不夠充足，也沒有全面關照，專案在開始之前就注定會失敗。

✓ 專案處於模糊不清的早期階段時，在正式啟動之前，理所當然的第一個問題是：組織期望從成功完成專案當中獲得什麼效益。但是若專案無法完成，無限多潛在效益的價值都會是零。

✓ 當專案的效益夠大，就很難對風險做出一致的決策。有一些相當正式的風險分析系統可協助做這項決策，而且任何軟體工程經理人都應該至少精通一種風險分析系統。

✓ 粗略考慮波姆的十大風險因素，一般都會提高專案成功的機率至少兩倍：

1. 人員短缺
2. 不切實際的時程與預算
3. 開發錯誤的軟體功能
4. 開發錯誤的使用者介面
5. 鍍金
6. 持續不斷的需求變更
7. 外部提供之組件的短缺
8. 外部執行之任務的不足
9. 即時效能的不足
10. 過度運用電腦科學能力

313 ✓ 所有風險當中最大的風險是管理團隊未能執行全面關照的風險分析工作，帶領專案就更不用提了。是規畫流程而不是計畫，可以將荒謬的夢想轉變成真實的專案。

✓ 為了讓專案成功，這些早期的協商必須產生全面關照的協議，這種協議在自我、其他人與情境之間達到平衡。任何開發專案唯一最重要的評量指標是，我們有履行我們的協議嗎？若協商成功，你就能運用這種評量法；若不成功，你的專案可能會失敗。

✓ 使專案可比較的一個要件是要確定專案以同樣的基礎開始，這暗示所有協商都必須清楚明確地進行、必須好好地完成、也必須將協議記錄下來，包括：

- 想要的結果（不是方法）：確認要做什麼，以及什麼時候做。
- 指導方針：詳細指出可促使結果實現的參數（原則、政策等等）。
- 資源：確認可利用的人力、財務、技術或組織支持，以協助實現結果。
- 責任歸屬：設定績效標準與評估時機。
- 後果：具體說明基於評估結果，會發生什麼事（好的與壞的、自然的與邏輯上的）。

✓ 恐懼的文化會促成暗地裏共謀違背好的需求流程。就這一點來說，沒有在最高管理層級進行變革，問題就不可能獲得解決。

✓ 指導方針明確說明原則與政策，使結果在這些原則與政策之下得以完成。指導方針是在你神智相對清醒時可用來設定觸發器的一種方法，所以在專案逼得你精神錯亂時，指導方針可以讓你不做傻事。以下是一些指導方針的例子：

- 布魯克斯法則：增加X%人員一般不會讓時程加速X%。
- 計算的平方定律：時程增加X%將無法提供X%的功能增加。
- 瓊斯法則：你的問題有90%是來自於未經歷整個開發過程的那些部分。

✓ 不是所有資源都天生平等的。人力、財務、技術或組織資源，都有自己的計算邏輯，所以你不能假設從專案一開始，每個人都知道資源承諾的意思是什麼。

✓ 軟體專案中最常見的責任歸屬謬誤是錯將努力當成結果。缺乏任何更好的評量法時，你會使用唯一的績效標準，也就是投入工作的時間，而不是產生的結果。

314

✓ 責任歸屬的另一個重要部分是進行評估的時間點。報告的截止期限與延遲，經常保證所有的報告都是捏造出來的。

✓ 當專案一開始所做的協商處於恐懼與恫嚇的氣氛下時，專案人員會同意每一件事，同時也尋找脫逃的方法。每次管理階層突擊檢查，看看進展如何時，同樣的動態關係會一再出現。

✓ 在喜歡指責的文化裏，管理審查很受到歡迎，它可以懲罰未能提供管理階層一連串亮眼報告的任何專案。專案進展的三天馬戲團表演，違反了控制論管理的基本原則：動作要早、動作要小、運用或多或少連續的回饋。

✓ 在大多數這些大型審查中，因為已經投入太多資源，無論做出的報告結果有多差，都不可能取消專案。此外，實質上也沒有機會可做出任何重大變更，因為變更所要做的工作太多。

✓ 除了實施傳統的管理審查之外，還有很多其他方法可獲得管理專案的資訊。哈德遜灣起點（也稱作試航〔Shake-down cruise〕）

是一種最有效的小型、切題又適時的審查。

17.9 練習

1. 你知道你的專案哪些部分沒有誠實做報告嗎？你的文化哪些部分阻止你或你的員工誠實報告專案？什麼因素阻止你與專案的其他成員討論這個問題？

2. 討論本章中的各項原則與提示，如何應用於組織變革專案以及產品開發專案。

3. Phil Fuhrer建議：假設在組織中習慣讓經理人告訴人們：「我知道你比你自己認為的還要能幹，因此我縮減你的時程並提高承諾，而且我擴大你的目標，讓挑戰來帶領你前進。」那麼在什麼情況下這種方法可達成其所說的目標？在什麼情況下這種方法會產生不信任的環境、有偏差的估計、以及不正確的進度報告？

18
正確地維持專案

在對手做出第一項舉動之前，計畫都是有效的。 315

——西洋棋諺語／軍事諺語

在專案一開始，你所做的計畫說：「如果我們能做這些事，我將會得到我現在想要的結果。」它沒有說：「沒有其他方法可得到這個結果。」它沒有說：「對於我想要的東西，我不會改變心意。」它也沒有說：「我所有關於這個世界的假設都是有效的。」

由於某種原因，大多數的計畫都是這麼一廂情願：「我能做這些事情，所以我將得到我想要的結果。而且我對於想要的東西，我不會改變心意，所以我不需要另一種方法來得到我想要的東西。而且從現在到永遠，我所有的假設都有效（或者我不做任何假設！），所以我不可能有錯或變得有錯。」

當然，你可以希望得到你想要的任何一種世界，但是這個特別的世界不是以那種方式運作的。當你讓願望超越你的現實感時，你會為自己和其他人製造麻煩。在軟體工程管理事務中，這種麻煩將會以你轉換成「方法論」的理想主義軟體開發模型的形式出現。然後你將這

316　些方法論做轉化，變成你試圖加諸於你的組織的不容改變又不合理的
計畫。

　　為了產生防範未然型（模式4）組織，你需要軟體流程模型，這
點是事實。畢竟「模型」也只是展望未來的指導方針而已。然而，為
了帶領真實的專案，你需要少一點空想、並有更多真實性的東西。

　　為了成為防範未然型經理人，你也需要預先考慮到，沒有人能防
範未然每一件事。因此，你必須從更實際的觀點檢視一些常見的流程
模型。如同先前所見，如果你不是只信仰一種模型，你就可以檢視各
種模型，以判定各種模型在哪些情況下可以應用。當然，接著你必須
知道如何按照各種情況的要求來挑選模型。

18.1　瀑布模型

建造某樣東西的每個流程與子流程，都可以用標準工作單元來表示，
每個標準工作單元都有開始、中期與結束。本章將集中討論中期，這
是大多數流程理論家所討論的重點。他們通常省略掉開始（第17章）
與結束（第19章）。

　　因為瀑布模型（Waterfall Model）構成所有其他開發流程模型的
基礎，所以讓我們從瀑布模型開始。❶圖18-1顯示廣義的瀑布模型，
所有瀑布模型的本質是一件事在另一件事之後發生，就像水不會往高
處流。當一個階段完成，這個階段就算完成了，而且再也不能回頭。
瀑布模型的一個類比是木頭雕刻或石頭雕刻。只要你犯了一個錯誤，
木頭或石頭就會毀壞，而且你必須接受一個不夠完美的產品，要不然
就只能重做一遍。

　　每個瀑布階段的產出定義了下一階段必須做什麼，每項產出都是

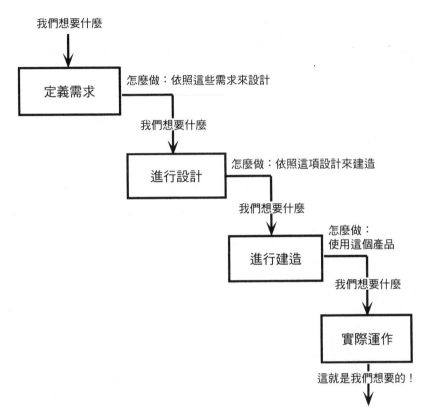

圖18-1　瀑布模型說，一件事在另一件事之後發生。

原始欲望的進一步轉換。若在轉換時沒有損失或加入其他東西，則最後的產出就是我們想要的。

　　瀑布模型被認為是一種不切實際的軟體開發方法，因而受到攻擊。這既不公平又令人遺憾，因為這個模型在軟體工程經理人的流程工具組當中，佔有一個非常特殊的地位。瀑布模型是最簡單的一種流程，其他模型都比它複雜。因此，

當瀑布模型適用時，總是使用瀑布模型。

例如，無菌室技術是瀑布模型的一個例子。❷每個步驟都只做一次，並運用數學驗證技巧以正確的順序完全做對，所以不會有再回頭的幻想。當你能成功進行無菌室開發時，顯然那是你能進行的最佳方法。

317　18.2 級聯模型

級聯模型（Cascade Model）是一堆瀑布，通常一個接著一個，或有時候一個在另一個旁邊。例如，你要將一個系統轉換至新介面，並採用新硬體，你應該嘗試使用圖18-2顯示的級聯流程。首先，你將舊有的程式轉換至新硬體，而不變更與介面有關的任何東西，這是純粹的轉換。接著，你將介面更換成新介面，這是一種重新設計。

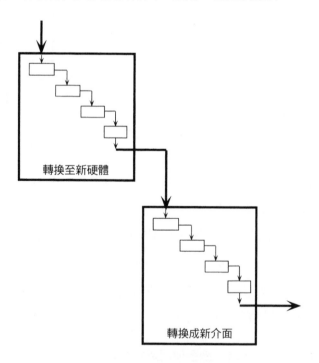

圖18-2　在新硬體上得到新介面的一個級聯流程。

　　由於「計算的平方定律」，級聯是有效的。將一個大問題分解成
兩個較小的問題，可能困難度會降低一半，而且風險也較小。若你分
成兩個部分來雕刻一個雕像，比方說一個頭與一個身體，毀掉其中一
個不會破壞另一個的成果。**一定**要找機會將大型專案轉換成較小專案
之級聯。不過，**不要**忘記級聯總是會有整合的成本。

　　很多級聯都由平行的瀑布所組成。由於平行級聯太常用來加速建
造流程，使我們很容易忘記為什麼我們要使用平行級聯。如果時間不
太重要，**一定**要考慮使用循序的級聯，使所有工作能由一個團隊完
成，因此可降低整合成本。**不要**忘記要將學到的教訓納入考量，應用
於後面順序的步驟。

　　藉由建立兩個或更多瀑布來建造同一個專案，平行級聯也可用來
降低風險。我們可以選擇最佳（或最快的）結果來做為產品，或者多
個產品可用來當作彼此的參考測試（reference test）。然而，**不要**忘記
考慮整合的風險。**一定**要考慮在這項平行競賽中，你打算如何處理
「輸家」。

　　受歡迎的螺旋模型（Spiral Model），是級聯的一種類型，❸但是
以螺旋形狀畫出，以顯示累計的成本（依和中心的距離計算），以及
每個週期的進展（依角位移計算）。加入這些額外的評量，是一種有
點聰明的視覺化模型建立，而且對某些目的來說很方便。可能螺旋模
型最強大的特色在於，它強調開發（或與此相關的維護）是一連串的
週期，每個週期都由同種類的流程所組成，而且每一層的風險逐漸變
小。

　　不過，螺旋模型實際上更像是流程願景（vision），而且可能誤導
實際上執行流程的人。**不要**忘記螺旋模型嘗試將太多東西塞進一種圖
形表示中，因此可能不是實作時的有效指南。要記住，螺旋模型極度

318

319

仰賴風險管理來協助開發人員與顧客走過螺旋的週期，因此，在沒有重複你的風險評估並見到風險降低之前，**不要**盲目地從一個週期移往下一個週期。

18.3 疊代強化

疊代強化（iterative enhancement）是以現有的軟體成品為基礎的軟體開發方法。❹圖18-3顯示兩種疊代強化，兩者都是以產品本身的結構為基礎。當需求的變更夠少，而可以保留大部分原本系統時，要考慮採用第一種情況（變更需求）。

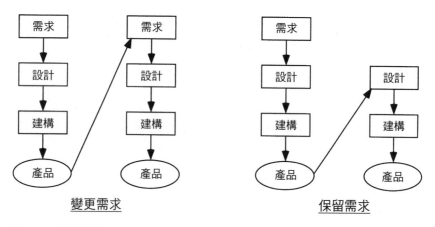

圖18.3 疊代強化是以現有的軟體成品為基礎的軟體開發。

第二種情況（保留需求）保留功能方面的需求，但是設計可能變更。當處理效能問題（內部設計變更）或可用性問題（介面設計變更）時，要考慮這個流程。如果要將系統從一台機器轉移到另一台機器，**一定**要考慮這種方式，但是若新硬體與舊硬體有很大不同，就不要勉

強使用。

　　圖18-4顯示第三種情況：保留設計，但是程式碼可能變更。這一　320
種疊代強化可以提高產品的可維護性，使其他形式的強化變得更容
易。但是，在你查明設計是否無效率（可能是透過設計審查）之前，
不要考慮以這種方式調整效能。但是當轉換至新硬體平台、新作業系
統、新程式語言、或這三者都要轉換時，一定要考慮這種方法。

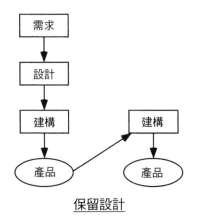

保留設計

圖18-4　疊代強化的另一種型態是採用同樣的需求與設計，但是變更程式碼。

18.4　可再利用的程式碼

疊代強化是再利用（reuse）的一種形式。我們可能再利用需求、設
計、或部分的程式碼，但是有些程式碼一定會改變。軟體開發的一個
偉大夢想就是程式碼本身的再利用。

　　可再利用的程式碼是個很棒的構想。就像所有偉大的構想一樣，
可再利用的程式碼必須加以管理。為了讓你有效再利用某樣東西，就
必須為了再利用而設計、製作成文件、編製目錄、受到保護、廣為散

播、和獎勵這種做法（而不是加以勸阻，例如獎勵撰寫新的程式碼）。

　　此外，再利用策略的效果完全取決於文化。若你的開發人力有65%是用於程式撰寫與測試，則可再利用的程式碼看來是個好構想。但是若你65%的人力大部分是花在修正缺陷（也就是修正需求方面的缺陷），那麼除非你能強迫使用者接受可再利用的程式碼的產出就是他們想要的，否則可再利用的程式碼就沒什麼價值。運用正確的模型與有意義的評量，而不是盲目倚賴最新的流行，這是管理階層如何在軟體流程中發揮影響力的一個好例子。

321

　　開發軟體時再利用的另一種方式，是去考慮現今取得軟體實際上

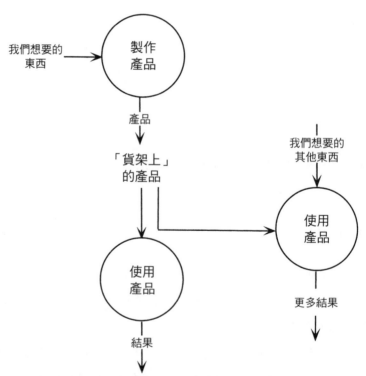

圖18-5　當今取得軟體最常用的方法是「買來不修改就用」，並在越來越多情況下都使用同樣的軟體。

最常用的方法：買來不修改就用的方法（off-the-shelf method）（圖 18-5）。當我們購買軟體應用程式時，就是用這種方法。其他人把應用程式開發出來了，所以我們只需要應用它來滿足我們的需要。當越來越多軟體以這種方式再利用，軟體工程組織會變得越來越不像一個開發組織，而越來越像一個蒐集需求、購買、訓練與服務的組織。然而，一定要保持警戒，使你的組織不變成粗心供應商的第一線問題診斷者。不要說你只是購買軟體，別忘了購買正如工程一樣，兩者都是藝術。

不僅購買來的軟體以這種方式再利用，人們經常跳過軟體開發的早期階段，並以某種新方式使用他們現有的軟體。有些軟體在設計時就鼓勵這種再利用，但是有些軟體則不鼓勵。無論如何，使用者並不在乎，因為他們只是以他們最熟悉的方式再利用軟體。他們用試算表程式寫信，或用應收帳款程式當作桌上型計算機。

不要忘記這種再利用通常是運氣，而且除非你在原始設計中就規畫好並安排好預算，否則可能會無效率。若你原來沒有規畫再利用，日後藉由安排疊代強化方面額外的努力，將單一用途程式轉變成多用途產品，你就可避免無效率。一定要估計，這樣做成本至少會是程式原始成本的三倍，這是就我與其他顧問的經驗所得出的經驗法則。不要忘記支援將會變得更複雜也更昂貴。

18.5 原型設計

原型設計（prototyping）代表很多事情：

- 用以得到需求的一個流程

- 讓某件事情快速行得通的一個流程，可能是為了
  - 解除來自顧客或管理階層的壓力
  - 得到對系統的一種感覺
  - 在開發週期的早期模擬系統效能
- 讓撰寫程式碼早點開始的一種方法，可能是為了讓工作負擔比較平均，或只是開發人員想做一些比需求工作更有趣的事
- 漸進式（incremental）開發的一種有紀律流程
- 藉由產生有進展的幻覺，以減輕來自管理階層或顧客的壓力
- 證明某個觀念的一種方法
- 竄改程式（hacking）的同義字

圖18-6顯示原型設計的一般形式，原型設計的要領是「建造一些、學習一些、再建造多一些」。當每個階段建造與學習的數量非常少時，我們將這種做法稱作竄改（hacking）。竄改未必是個壞流程，而且確實可能是解決某些問題唯一有效的辦法。例如，我的一位客戶常常必須竄改硬體設備的軟體驅動程式，這些設備的製造商已倒閉，而沒有留下介面說明書。

當建造與學習達到中等規模時，我們可將這種方法稱作「快速原型設計」（rapid prototyping），雖然這種稱呼並不會使原型設計變快速。若沒有紀律，原型設計唯一會快的一件事是快速變質成漫無目的的竄改，我將這種原型設計稱作「走味的原型設計」（vapid prototyping）。

323　　　如同疊代開發，不要將原型設計方法畫成一個迴路。每個階段都是個不同的流程，也都有不同的需求與資源。一定要在每個階段估計進展，並運用這些估計值來驗證假設並規畫階段數量。若假設變更了，或評量與計畫無法匹配時，一定要衡量進展並重新規畫階段數

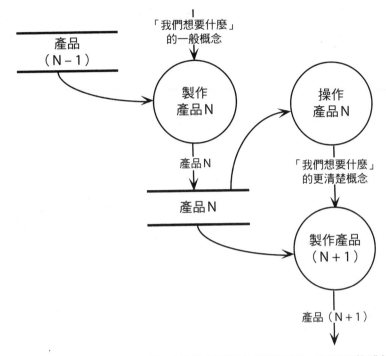

圖18-6 原型設計是為了得到完成軟體所需要的資訊回饋,而運用軟體的早
　　　　期版本來模擬最終的版本。原型設計不同於簡單級聯;運用簡單級
　　　　聯時,我們在開始之前對於想要什麼(應該)已有清楚的概念。

量。若你或你的顧客不願意讓你的顧客成為流程整體的一部分,那就
不要運用這種方法。若你的確讓你的顧客持續參與,**一定**可以期待滿
意度大幅提升。

　　與一般的印象相反,原型設計與物件導向方法未必有關聯。你可
用也可不用物件導向方法從事原型設計,而且你可以在任何明智的開
發流程,或甚至無意義的流程上採用物件導向方法。

　　自上而下開發(相對於自上而下設計)是原型設計的一種方法。　324
首先,你建立含有應用程式一般結構的骨架。這是一個可運作的程式,

並用「短截」（stub）來取代尚未建造的模組。短截是搭配指定介面的簡單程式碼片段，並沒什麼其他用途。當開發工作進行時，你會以日益接近想要成品的程式碼取代這些短截，來填入細節。不像自上而下設計，當啟動流程時你並不知道（或不一定要知道）詳細的需求。

　　當充分了解高階需求時，**一定要**選擇自上而下開發。當你希望應用程式的整體設計在一段長時間裏都乾淨又穩定時，**一定要**選擇自上而下開發。**一定要**依照優先順序來實作短截，因為很多自上而下開發最後會交付一部分完成的產品，而且可能從來不會取代一些最後的短截。當你試圖以野心勃勃的時程盡可能多交付一些功能時，**一定要**使用自上而下開發。

　　不要妄想原型設計比其他形式的開發更不需要紀律。為了要成功，原型設計實際上需要更多的紀律。因為第一部分看起來如此簡單，**一定要**了解原型設計可能會提高顧客的期待，而與開發人員的能力不成比例。**不要**從早期表面上的樣子，線性地推斷最終產品的交付。

　　當需求未知或不確定時，**一定要**在系統各個部分使用原型設計。**一定要**小心規畫，哪些顧客將會參與對原型設計提供回饋，以及他們將如何參與。**一定要**做定期評估，以判定原型設計是否已發現你一開始要尋找的那些需求。**一定要**設定期限，期限到了就要強制進行專案審查，並考慮重新規畫（replanning）。

18.6　重新規畫

無論你使用多少種方法，它們都只是引導你製作專案計畫的範本（template）。專案計畫會更詳細闡述範本，理想情形是將每樣東西都分解成以標準工作單元相串連的網絡。❺這個計畫隨後會變成讓專案

遵循的地圖。但是在你遵循此計畫一陣子後，你未預料到的某件事發生了。接下來你要怎麼做？

18.6.1 新資訊

在專案中期，當你碰到意料之外的情況時，有些工作已完成、有些還在進行中、而有些則是替未來做規畫（圖18-7）。如果持續注意，你總是會得到比一開始時還多的資訊。

325

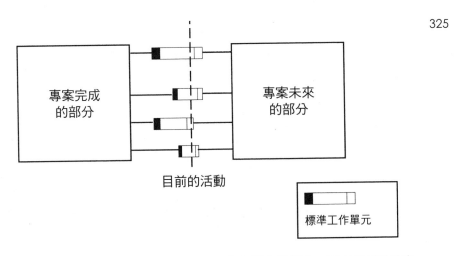

圖18-7 在專案中期，有些工作已完成、有些還在進行中、而有些只是替未來所做的規畫。

從進行中的專案，你可得到以下相關資訊：

- 目前為止的工作品質，這可用來修訂你對未來品質的預測
- 你的組織的生產力，這可用來修訂你對未來時程與資源消耗的預測
- 顧客需求，這可用來修訂工作範圍

- 你的假設有哪些證明是對的，而且你也發現過去你從未注意
  到的假設
- 最初的計畫進行得如何，這可以和所有其他資訊一起幫助產
  生對未完成部分的新計畫

你如何知道何時該轉換開發模型？Wayne Bailey 提議，每個模型都代
表不同的能力程度，以及對其能力的自覺，但是模型也可描述不同程
度的一廂情願的想法，如圖 18-8 所示。能力／信念（Capability／
Belief）欄顯示導致選擇特定開發模型的心理模式。幻想指標
（Fantasy Indicators）是你的模型選擇不再適用的徵兆，而且也是回到
原點重新考慮的時候。

326

模型	能力／信念	幻想指標
瀑布	我已見過並解決過這個問題太多次，我知道就是要做什麼事才不會犯任何錯誤。	你遭遇到第一個嚴重錯誤。 你遭遇到一連串小錯誤。
級聯	我不知道如何一整大塊地解決這個問題，但是我知道如何無誤地用 N 個「獨立」的大塊來解決。	你發現有兩大塊不如你想像地那樣獨立。其中一大塊陷入「瀑布」麻煩中。
疊代強化	我十分清楚該如何開始，也知道我想去哪裏。我只是不知道該如何到達那裏。所以我做一些事情、看看我在何處、並且在進行當中調整我的路線。	你的目的地改變。 你發現其中一小塊結果不是那麼小塊。 你已做了比預測還更多次的疊代。
原型設計（需求）	我十分清楚該如何開始，但是我不知道到底想去哪裏。所以我將做些事情、告知我的顧客我所做的事、並且隨時調整我的目標。	產品正在背離原本的規畫，日益變大，而且沒有遏止的跡象。 你發現其中一小塊結果不是那麼小塊。 你失去顧客參與。

圖 18-8　開發模型可以表示不同程度的能力與自覺，或者可代表不同程度的
　　　　一廂情願的想法。

18.6.2 餘裕

當然，規畫會耗費時間與資源，所以即使你每天獲得新資訊，你並不想每天對你的計畫做出重大修訂。餘裕（slack）可以使得重新規畫降至最少。**不要**將「餘裕」視為骯髒字眼。必要的話，就運用婉轉的說法，例如「應急緩衝區」。不過，若你的組織了解餘裕的重要性，你就不需要用婉轉的說法。 327

　　當然，若你估計得越好，就越不需要運用餘裕，但是你絕對不可能完美地預料未來。餘裕可採取資源、時間或品質（需求）的形式。專案中期的經理人大半的工作是要以一種餘裕交換另一種餘裕，以處理意外事件。

　　例如，若專案進展比規畫的進展還慢，你可以（在某些限制下）調動餘裕的人手及／或設備到要徑上的任務。或者你可放鬆或延後某項需求，以要回失去的時間。但是若沒有餘裕，你就別無選擇，也沒辦法讓專案回歸正軌。專案進行的一路上你必須做出權衡取捨，並且花時間做出明智的選擇，做選擇的時間也可能抵銷掉權衡取捨所節省的時間。矛盾的是，人們厭惡餘裕，因為他們認為餘裕浪費掉時間，但是若你容許餘裕，大多數專案將進展得更快速。

　　餘裕是對付專案風險的主要方法。防範未然型的專案經理能在計畫中制訂所有三種類型的餘裕。餘裕的數量取決於未來不確定性的高低。**不要**糾纏你的專案經理去「擠出所有脂肪」。要要求他們進行風險評估，當作他們計畫的一部分，以決定適當的餘裕數量。當你獲得專案相關的新資訊時，要調整餘裕，並調整計畫。

　　不要將你的餘裕藏在浮報的估計中。浮報的估計值將暗中破壞整個計畫的可信度。**一定**要公開確認餘裕，而且**不要**將明確的餘裕從誠

實的經理人處奪走，藉以打擊這種做法。

18.6.3 混合方法論

為了了解如何混合使用餘裕以及各種方法論，考慮一個關於風險的需求管理的流程。這個流程從「哪個需求代表最大的風險？」這個問題開始。一旦找出那項需求，流程就會做必要的事情去降低那種風險。通常那意指去設計系統的一部分，或撰寫這部分的程式碼，看看是否可符合需求。以下是一家金融機構在瀑布式開發的需求階段期間，以程式撰寫員的形式運用「餘裕」的一個例子：

> 我們正在開發一種要在355個分公司辦公室的較小型硬體上運行的系統。最大的風險在於我們不認為能寫出主要迴路的程式碼，使此迴路在這個極小的硬體上執行得夠快。為了保護開發工作順利進行，在做任何進一步開發之前，我讓我們最好的程式撰寫天才撰寫這段程式碼。他發現我們需要更快的CPU。由於做了這件事，使我們省下了那些無法使用的355顆CPU。

328　以下是混合漸進式開發與竄改的另一個例子：

> 不要告訴我們公司的副總裁我們做了這件事，因為他十分喜歡「有紀律的」開發流程。我們正在將一個產品移植到新的作業系統上。為了盡快就緒，我們採用作業系統的第二階段測試（beta-test）版本，不過那樣做造成我們很多麻煩。我們會向作業系統供應商報告問題，但是他們典型的回覆為兩到三個禮拜。我組成了一個特殊團隊，由兩名成員組成——他們不接受這種「有紀律」的方法，但真的是很厲害的駭客。他們的工作是嘗試駭入作

業系統，以除去阻礙我們的任何障礙，並比供應商回覆我們的速度還更快。若沒有他們，我們就絕對無法符合這位「有紀律的」副總裁加諸在我們身上的時程。

有個寓意是很清楚的：「有紀律」並不等於「頑固」。這位主管以一些人員的餘裕，換得他所沒有的時程時間，正如前一個例子以人員的餘裕換得較低財務風險的情形。為達此目的，兩個例子都必須脫離純粹的方法論途徑，任何經理人若想要達成目標也是一樣。**不要成為方法論的偏執者。一定要懂得思考。**

有時候，你必須用比審慎估算時還要少的餘裕來管理專案。不要忘記這樣做會增加整個專案失敗的機率。要根據按計畫完成專案的價值，來衡量餘裕的成本與失敗的風險。

18.7 心得與建議

1. 對於懷有「再利用」這種夢想的人，請參考以下來自我的一位朋友的訊息，他負責指導一些學生參加一年一度的「超級電腦挑戰」。

   我的團隊今年表現都不錯。兩個團隊都晉入決賽，其中一個團隊還獲得幾個獎項。我後來從其他管道得知，他們被扣了分數，因為他們的程式是從先前跟一位研究人員取得的程式加以修改而成的（而不是從頭自己寫的）。

   顯然，這些成人評審會將他們自己對於再利用的偏見傳承給下一代。請勿低估「再利用其他人的成果是作弊行為」這種想法的力

量。

　　儘管如此，如果我們可能教錯，那我們就可能教導正確的事。
吉姆‧海史密斯對這則事件的回應是：

我認識一位另闢蹊徑的教授。他給學生一題作業，要他們想出一
個排序常式。對於從其他來源複製一個排序常式的那些學生，他
給了他們最高分。他對全班的評語是：「為什麼要去發明已經存
在很久的東西呢？」

2.　軟體工程產業常見的一個幻想是，對新奇事物不成熟的著迷。要
　　不然為什麼大多數的軟體流程模型都與新系統的開發有關，而非
　　與現有系統的強化或修正有關？而事實上我們的努力至少有四分
　　之三是耗費在現有系統上。但是新開發是一種迷思。我們都與我
　　們的過去生活在一起，而且所有的工程工作都是在做維護，也就
　　是縮小欲望與認知之間的差異。

3.　另一方面，維護也是一種迷思。每次補強或矯正一個系統時，我
　　們都是在建造某種新東西。而且每次建造一部分的軟體系統時
　　——程式碼、測試資料、專案計畫、使用手冊、課程教材、或諸
　　如此類的東西——我們都在建造新東西。所以同樣的一般開發模
　　型可以同時適用於維護與新開發。然而，當我們把這些模型轉變
　　成特定計畫時，會以不同的方式綜合應用它們。

4.　公司中（非資訊系統）的管理階層不容易了解再利用，但是
　　Eileen Strider 發現一種戲劇性、有效的方法可以解釋再利用：

我們的 X 系統是 1970 年代早期設計用來處理一項產品的出色系
統範例。這些年來，我們增加了一些產品與新事業單位。因為 X

系統從未設計（或重新設計）以供其他產品與事業單位再利用，現在這套系統是遭廢棄的一團雜物。

我發現有一種方法，可以具體呈現這套系統其沿革的歷史，就是為X系統做一次「我的一生」的實地示範，協助業務人員了解它是如何變成不堪一用的雜物。在公司會議上，我讓曾使用此系統的一位業務人員站上舞台，扮演X系統這個角色，然後表演許多附加物加入系統中，使得系統隨著時間日漸變質。理想上，這個構想最好是用於系統開發剛開始的時候，而不是等到數年之後。

5. 一位丹麥顧問Bent Adsersen一直在研究實際的工作模式與開發人員和經理人他們自己認知的模式，兩者之間的差異。[6] 他測量一組四位開發人員實際所花的時間，與報告給結算系統的時間相比較。以下是他的數字：

表18-1　Adsersen的數字　　330

活動	給結算系統	測量到的時間
工作人員 A		
活動1	5:00	1:41
活動2	1:45	3:13
工作人員 B		
活動1	2:30	0:20
活動2	1:00	0:30
活動3	3:30	1:52
工作人員 C		
活動1	—	0:36
活動2	3:30	2:17
活動3	2:30	0:15
工作人員 D		
活動1	6:00	1:58
活動2	1:00	4:06

這些數字顯示，向結算系統報告的投入的心力與實際投入的心力之間，實質上沒有一致的關係。當然，投入的心力也未必與成果有關係，所以即使結算數字正確，可能也不應該用於專案追蹤，或從一個專案推斷另一個專案。若你想要這方面的資訊，你最好建立一套不同的評量系統去取得。

6. 當你重新評估專案時，你所擁有的最重要的新資訊是關於你如何管理專案、從事專案之人員的技能、以及專案裏的人際關係。這些資訊的每一項你都可以利用，但是Eileen Strider說：

> 我個人認為最難的是「關於你如何管理專案的資訊」。看透自己並非易事，要得到你如何做事的真正樣貌也不容易。就像看鏡子裏的自己，你從來不認為自己真的像你所看到的影像。無論是來自別人的言語回饋、審視專案的實際結果等等，那個影像永遠是你的投影，帶有某種扭曲因素，而不是真正的你。你需要知道，回饋只是透過他人的濾鏡所見到的和你有關的資訊，你還要還原經由這種濾鏡過濾過的相關資訊。❼

18.8 摘要

✓ 專案一開始你所做的計畫說：「如果我們能做這些事，我將會得到我現在想要的結果。」它沒有說：「沒有其他方法可得到這個結果。」或「對於我想要的東西，我不會改變心意。」

✓ 為了成為防範未然型（模式4）經理人，你需要預先考慮到，沒有人能防範未然每一件事。因此，你需要從更實際的觀點檢視一些常見的流程模型，以判定每種模型在哪些情況下可以應用。

✓ 瀑布模型構成所有其他開發流程模型的基礎。所有瀑布模型的本質是一件事在另一件事之後發生，就像水不會往高處流。當一個階段完成，這個階段就算完成了，而且再也不能回頭。

✓ 每個瀑布階段的產出定義了下一階段必須做什麼，每項產出都是原始欲望的進一步轉換。若在轉換時沒有損失或加入其他東西，則最後的產出就是我們想要的。瀑布模型是最簡單的一種流程，其他模型都比它複雜。因此，當瀑布模型適用時，你就應該使用瀑布模型。

✓ 級聯模型是一堆瀑布，通常一個接著一個，或有時候一個在另一個旁邊。因為計算的平方定律，級聯是有效的。將一個大問題分解成兩個較小的問題，可能困難度會降低一半，而且風險也較小。不過，級聯總是會有整合的成本。

✓ 藉由建立兩個或更多瀑布來建造同一個專案，平行級聯可用來加速流程或降低風險。我們可以選擇最佳（或最快的）結果來當作產品，或者多個產品可用來當作彼此的參考測試。

✓ 受歡迎的螺旋模型是級聯的一種類型，但是以螺旋形狀畫出，以顯示累計的成本（依和中心的距離計算），以及每個週期的進展（依角位移計算）。可能螺旋模型最強大的特色在於，它強調開發（或與此相關的維護）是一連串的週期，每個週期都由同種類的流程所組成。不過，螺旋模型實際上更像是流程願景，而且可能誤導實際上執行流程的人。

✓ 疊代強化是以現有的軟體成品為基礎的軟體開發方法。疊代強化有一些不同的版本，例如：

- 當需求的變動夠小，而可以保留大部分原有的系統時

- 當保留功能方面的需求，但是設計可能變更時
- 當保留設計，但是程式碼可能變更時

✓ 疊代強化是再利用的一種形式。可再利用的程式碼是個很棒的構想。但是就像所有偉大的構想，可再利用的程式碼必須加以管理。

✓ 開發軟體時看待再利用的另一種方式，乃是考慮現今取得軟體實際上最常用的方法：買來不修改就用的方法。購買軟體應用程式時就是這樣。其他人把應用程式開發出來了，所以我們只需要應用它來滿足我們的需要。

✓ 人們經常跳過軟體開發的早期階段，並以某種新方式使用他們現有的軟體。有些軟體在設計時就鼓勵這種再利用，但是有些軟體則不鼓勵。無論如何使用者並不在乎，因為他們只是以他們最熟悉的方式再利用軟體。

✓ 原型設計代表很多事情：

- 用以得到需求的一個流程
- 讓某件事情快速行得通的一個流程，可能是為了
  - 解除來自顧客或管理階層的壓力
  - 得到對系統的一種感覺
  - 在開發週期的早期模擬系統效能
- 讓撰寫程式碼早點開始的一種方法，可能是為了平均分攤工作負擔，或只是開發人員想要做比需求工作更有趣的事
- 漸進式開發的一種有紀律流程
- 藉由產生有進展的幻覺，以減輕來自管理階層或顧客的壓力
- 證明某個觀念的一種方法

- 竄改程式的同義字

✓ 原型設計的要領是「建造一些、學習一些、再建造多一些」。當每個階段建造與學習的數量非常少時，我們將這種做法稱作竄改。當增量為中等規模時，我們可將這種方法稱作「快速原型設計」，雖然這種稱呼方式不會使原型設計變快速。 　333

✓ 自上而下開發（相對於自上而下設計）是原型設計的一種方法。首先，你建立含有應用程式一般結構的骨架。當開發工作進行時，你會以日益接近想要成品的程式碼取代短截，來填入細節。不像自上而下設計，開始跑流程時你不必知道詳細的需求。

✓ 為了要成功，原型設計實際上比其他形式的開發需要更多的紀律，而不是很多人認為的需要更少的紀律。

✓ 無論你使用多少種方法，它們都只是引導你製作專案計畫的範本。專案計畫會更詳細闡述範本，理想情形是將每樣東西都分解成以標準工作單元相串連的網絡。在你遵循此計畫一陣子後，你未預料到的某件事發生了。現在你比一開始時有更多的資訊，所以你重新規畫，甚至可能要更換開發模型。

✓ 餘裕可讓你將重新規畫降至最少。餘裕可採取資源、時間或品質（需求）的形式。專案中期的經理人大半的工作是要以一種餘裕交換另一種餘裕，以處理意外事件。餘裕是對付專案風險的主要方法。防範未然型的專案經理人能在計畫中制訂所有三種類型的餘裕。餘裕的數量取決於未來不確定性的高低。

✓ 以比審慎估算時還更少的餘裕來管理專案，會增加整個專案失敗的機率。要根據按計畫完成專案的價值，來衡量餘裕的成本與失敗的風險。

18.9　練習

1. 討論對所有軟體工作都只用一種方法的優缺點。

2. 資訊系統是組織的神經系統，而實作則是手術。請討論這種隱喻，以及它對設計實作流程的涵義。

3. 就你自己的經驗，舉例說明如何將資源、時間與需求這三種餘裕的其中之一與其他兩者互相交換。

334　4. Wayne Bailey 建議：對於本章所描述的各種「作弊」，請思考你自己的感覺與態度，例如對冷漠的管理階層隱瞞你正在使用的實際開發流程。這種實務做法的副作用是什麼？你能想出什麼替代方法來處理這個問題？

5. Barbara Purchia 對於探索式（exploratory）與演化式（evolutionary）這兩種不同形式的原型設計的區別的想法是：

　　探索式可以［用來］判定可行性、比較方法等等，而且原型設計絕對不能變成產品。在之前的一個個案中，我們甚至用和產品所使用的程式語言不同的語言來進行原型設計。

　　請討論是否有其他方法可預防探索式原型設計最大的危險（也就是將產出當作產品）。在什麼情況下你會考慮違反不准將原型當成產品的禁令？此外，你如何預防演化式原型設計變成越來越偏離？

6. Payson Hall 問到：駭入作業系統第二階段測試版本，以克服供應商回覆過慢的問題，這個案例中的危險是什麼？向上司的上司隱瞞這項做法的危險是什麼？你如何控制住這些風險，而仍然能訂出野心勃勃的時程？

19
適當地終止專案

這些專案具有史達林工業化政策的特徵，強調龐大的專案勝過較　　335
小型專案、產出重於安全性、技術凌駕人類、嚴格的中央規畫勝
過地方性倡議、封閉性決策不利於關鍵性辯論，而且最重要的
是，步調十分倉促。❶

—— *L.R. Graham*

在管理良好的專案中，終止多多少少可按照計畫進行，而且會交
付符合定義明確之驗收標準的預期產品或修正。但是有些專案
未能善加管理，雖然這很糟糕，但可能情有可原。不過，有些專案沒
有好好終止，這點就難以原諒。

　　可能一個好的經理人最大的挑戰在於當專案應該終止時，終止該
專案的能力。不幸的是，在很多個案中，專案需要不正常終止的原因
是經理人未善盡職責，而且無法面對失敗的事實。在成功真的超出經
理人所能掌控的那些個案中，他們覺得他們已失敗了，而且無法鼓起
勇氣終止專案。於是未能終止專案變成他們真正的失敗。

　　圖19-1是似乎會永遠進行下去的一個專案的進度落後圖，充滿著

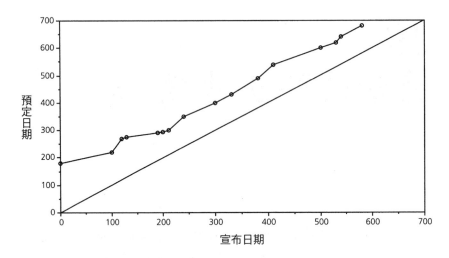

圖 19-1　B公司第3專案的進度落後圖。圖上的每個點代表預定交付日期的變更（時程延後），Y軸的值代表新的交付日期。請注意，預定交付日期持續偏離實際日期（直線）。時程表的交付日期真的會到來嗎？專案會有結束的一天嗎？

喧囂與憤怒，但是沒能產出任何東西。❷ 每次專案接近預定完成日期時，這個日期就往後滑動。這類專案是照章行事型（模式2）組織的典型狀況，而且似乎超出經理人的控制能力。在B公司中，這種未完成的專案消耗掉43%的開發預算。

　　顯然，B公司應該花一些時間在終止專案這個問題上，但是B公司並不是唯一的個案。本章將試圖闡明B公司問題的來源，以及許多其他問題。

19.1　測試

有些讀者可能已經注意到，在第18章任何一張流程圖中，並沒有以

另一個方塊表示測試。那是因為測試雖然具有生產力，但是並沒有產出。在防範未然型（模式4）組織中，測試只是要建造某樣東西的每個標準工作單元的一部分。將測試放入另一個方塊中，可能會誤導人們認為，整個流程結束時才做一次測試。當然，測試能夠以那種方式進行，但在防範未然型組織中並非如此。只在事實發生後才做測試，其成本永遠更高、所花的時間更長、而且效果不好。除非是受到拙劣的流程模型所誤導，否則防範未然型的經理人不會想要以那種方式做測試。

19.1.1 兩種測試

337

人們對測試有錯誤想法的一個原因是，測試這個詞有兩種不同的用法：流程測試與產品測試。流程測試是問：「我們在流程中的哪裏？」產品測試是問：「產品處於什麼狀態？」雖然不是完全相同，這兩種測試通常是有關係的。例如，流程測試可能由產品測試結合時程測試所組成。這種測試的邏輯可能像這樣：

IF 驗收測試產生 5 項功能失常或更少

　　THEN IF 發貨日期的時間 > 1 個月 THEN 進行修復並重新測試；
　　ELSE 準備發貨。

或者流程測試可能完全不包含任何產品測試，如同以下的情形：

IF 到目前為止的開銷 > 總預算

　　THEN 重新規畫專案。

圖 19-2 顯示一個標準工作單元。❸ 最開始的需求欄位（完成工作的必備條件）是一個流程測試，而結束時的欄位是審查。就工作本身來

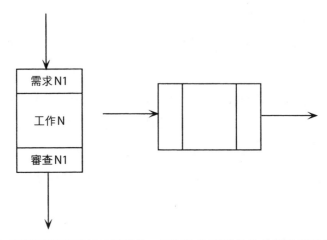

圖19-2　標準工作單元有三個部分。工作的生產部分位於需求欄位與審查欄
　　　　位之間。在提供需求之後，工作才能開始，之後產生候選產品並通
　　　　過審查之後，才會有實際的產品。格式可用直式或橫式。

說，產品測試可能有也可能沒有，但是審查將會檢視已經做過的測
試。運用這項資訊與其他資訊，審查就能判定生產產品的工作是否完
成。

338　　　　大多數流程測試的形式是詢問「我們應該終止嗎？」或「我們應
該重新規畫工作嗎？」。產品測試則是詢問：「這個產品的缺陷是什
麼？」被奉為「結構化程式設計之父」的荷蘭電腦科學家Edsger
Dijkstra曾經觀察到，測試可以揭露錯誤的存在，而不能揭露錯誤的
不存在。我們要讓錯誤（或稱為缺陷）暴露出來，而不是將錯誤隱藏
起來，而測試是揭露錯誤的一種方法。能顯現專案沒有認真而有效地
暴露缺陷的任何證據，乃是進行以下這個流程測試所得出的證據：

　　　IF缺陷被隱藏住

　　　　THEN重新規畫專案

當然，重新規畫專案必須從一個能找出產品與組織狀態之正確資訊的
計畫開始。

19.1.2 要注意的措辭

你如何知道專案何時沒有認真而有效地暴露缺陷？從以下的言談就會
透露出訊息：

- 這次的檢驗真的使專案慢下來。
- 我們沒時間做檢驗。我們的時程緊湊。
- 我們沒時間做測試。我們的時程緊湊。
- 我們不必審查它；我們已測試過它。
- 我們沒時間做測試規畫。我們的時程緊湊。
- 我們沒時間做單元測試，但是任何有差錯之處可以在系統測
  試時抓出來。
- 在測試之前，我們都一直進行得很不錯。
- 這件成品太過複雜，無法進行審查。
- 測試人員不切實際。若他們實際一點，我們就能準時交貨。

19.1.3 要採取的行動

不要太關心交付成果；而要關心「可審查的成果」。**不要**容許或倚賴
一個不可審查的交付成果。「不可審查」本身就是一種審查。若成果
不能被審查，成果就不可能正確，也就不應該交付出去；**一定**要將這
種成果丟棄。

　　不要太過仰賴晚期測試，**一定**要記住，審查就是一種早期測試。

　　一定要記住，測試可以揭露缺陷的存在，但不能斷定缺陷的不存

在。**不要**太相信這句話：「測試顯示沒有缺陷存在。」不要相信「找不到缺陷」等於「沒有缺陷存在」的這種自私心態。如果你不想面對現實，你很容易說服自己，但是永遠要記住，你無法證明某個東西不存在。**一定要**鼓勵別人更正確地說出：「測試顯示沒有缺陷，但是其實有一些缺陷存在。」**一定要**記住，這可能是與產品或測試相關的陳述。

千萬**不要**相信產品「通過測試」的陳述。產品測試沒有所謂的通過或不通過。產品測試只是產生可用來做流程決策的資料。只有流程測試才有通過或不通過，而且可能某些部分的流程測試要根據一項或更多產品測試的資料而來。

除了Edsger Dijkstra或教宗所說的話，**不要**對任何人所說的話照單全收。**一定要**了解，若你質疑某些人所說的話，他們將會變得言行不一致。**不要**討好言行不一致的人。

一定要丟掉「無法測試」的任何東西。

你只能依據可測試的交付成果（可測試或可審查的成果）做計畫。若是沒有以明確定義的標準為依據的測試，以及確定意見一致的流程，則可交付性將毫無意義。除非測試遵照標準，而且結果真正經過審查，**不要**將測試次數當作測試完整性的一種評量標準。

一定要從一開始就要將獨立驗證（independent verification）納入專案中。一定要避免後期驗證，那看起來像是捕風捉影而已。

19.2　測試 vs. 竄改程式

前一章所介紹的各種流程模型，都是在特定的情況下才具有意義，但是圖18-4所顯示的疊代程式碼變更的流程，可能可以代表大半的軟體

工作。大部分的軟體工作發生在修正、修補或更新這個層級——也就是在沒有重新設計的情況下，加入程式碼，或是以程式碼取代程式碼。這種變更程式碼可能是想要校正錯誤、更新數值、或提高效能。大多數時候，這類需求是來自操作經驗，或來自建構流程本身，也就是在我們稱之為「測試」的某個子階段。

　　圖19-1中的失控專案，就是耗掉大部分的資源在這種「測試」上，也就是進行不能稱之為建構的建構。測試部門因為延遲而受到指責，但他們只是提供了產品未完成的訊息而已。資源都被開發人員消耗掉，他們在「建造階段」完成之後很久還在繼續建造。

19.2.1 流程圖中的迴路：垮台模型

如圖19-3所示，在B公司中，這類工作可以用加上迴路的級聯來表示。雖然B公司將它正在做的工作稱為「測試」，但那實際上是「測試與重建或修正」。雖然不可能確定到底有多快，但這也可能是快速修正（quick fix）的流程圖。或者此圖可能代表一種發行／修正策略。然而，此圖不可能預測，到產品令人滿意為止會有多少次發行。事實上，此圖所描述的流程真正的名稱應該是「竄改程式」（hacking）。

　　你不可能跨入同一個瀑布兩次，所以加上一條線從一個階段回到另一個階段，並不能說明「測試／快速修正／竄改程式」流程的真正樣貌。圖19-3中的疊代次數未知，但是看這張圖你很容易相信你看到的是一個清晰的流程。事實不然。你看到的是一種視覺幻覺，更像是圖19-4的東西。這種幻覺造成很多軟體工程經理人垮台。這正是為什麼我喜歡將圖19-3這張圖稱作垮台模型（Downfall Model）。

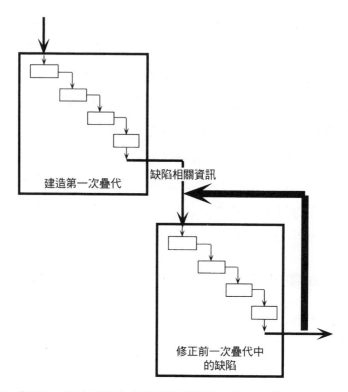

圖19-3　實務上，瀑布模型有很多種變形版本。本圖可代表一種測試概念、
　　　　一種快速修正、或一種發行／修正策略。事實上，這是竄改程式的
　　　　流程圖，而且反向迴路這條線是一種幻覺，因為我們不可能讓時間
　　　　倒流。

341　*19.2.2 展開迴路*

如圖19-3所顯示的流程迴路，是專案估計超出限度的一個主要原因。
當B公司第3專案（顯示於圖19-1的進度落後圖）的專案經理告訴
我，他們的時間都花在哪裏時，他提供的報告說27%的時間花在開
發，而73%（到那時為止）花在測試。我自己的觀點是他們27%的時
間花在有紀律的開發，而73%的時間花在竄改程式上，可以想像他們

圖19-4　你的瀑布模型可以再循環的概念是一種視覺幻覺，就像這幅仿造
　　　　M.C. Escher知名畫作的剪貼畫圖像。圖19-3中的概念已經讓很多經
　　　　理人丟掉工作，所以它可能應該稱作垮台模型。

假測試之名快速拋開紀律的情況。

　　在不知道圖19-3的迴路會循環多少次的情況下，你如何能估計專
案的時程？你不可能辦到，但是在第一次疊代與後續許多次疊代之
後，你可以依據需要修正的剩餘缺陷數的估計值，來估計循環次數。
這些剩餘缺陷數的估計值正是其組織文化的特徵。若你希望你的開發 　342
流程變得穩定，這些估計值是你應該最先取得的評量值。❹

　　例如，假設你正在建造有一百個功能點的系統，而且你組織的經驗是釋出進行系統測試時，每二十個功能點會有一個缺陷。而直到已知的缺陷數量為一或零時，你才會對顧客發表系統。

　　你實務上的做法是發表內部系統1.0版本，然後以一個月為區間，發表修正過的版本1.1、1.2等等。你也知道隨著每個新版本出現，你的組織通常可移除掉前一個版本系統測試所發現的90%缺陷。因此你預測在這個1.0版本，會釋出五個缺陷，而且1.1版本可能修正所有的缺陷，或只剩下一個缺陷。圖19-5可能是對這個專案合理的流程描述。

　　這項估計也告訴你，碰到第一次疊代時，要如何留神觀察故障。拿移除掉的缺陷數量與估計值相比，你就可以早點知道你會有比規畫的疊代次數更多（或更少）的疊代。

　　現在假設在同一個組織中，你正在建造有一萬個功能點的一套系統。若你用樂觀的線性假設，則交付做系統測試時，1.0版本中預測

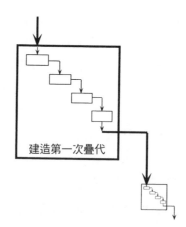

圖19-5　如果出現缺陷的機率夠小，則圖19-3應該重畫成像這個圖的樣子。
　　　　估計值說明只需要再一次疊代，而且是個小疊代。

會有500個缺陷。要將缺陷數量降低至一個或零個（你的顧客的交貨標準），可能需要三次疊代的修正（到1.3版本）。這樣一來，使用圖19-5當作流程模型就會犯了大錯，你的估計絕對無法符合你的時程，　　343除非你降低品質標準。

　　若一萬個功能點系統大於組織一般的經驗，那麼線性的假設可能太過樂觀，缺陷與缺陷降低速度的估計值也一樣。在這個例子裏，圖19-6可能是更真實的流程描述，可做為你的規畫與估計的依據。

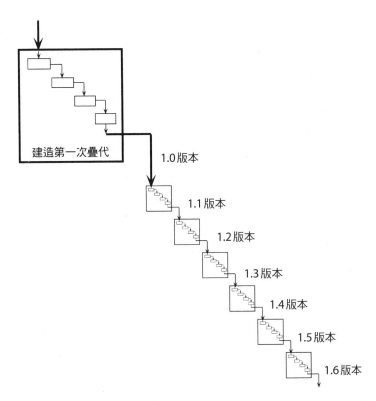

圖19-6　如果出現缺陷的機率更高，則圖19-3所描述的資訊應該以這種方式表示。

19.2.3 無迴路

以上的例子對經理人的寓義相當清楚：

絕對不在流程描述中使用迴路。

除非是在科幻小說裏，否則時間不會倒流。人生並沒有迴路。可是像
圖19-7這類流程描述，似乎在說你有一台供你支配的時間機器。

344　　　　如果你希望你的流程描述反映人生的真相，如同我們在圖19-6中
所做的，請運用你的評量值來展開迴路。請記住，流程描述最重要的

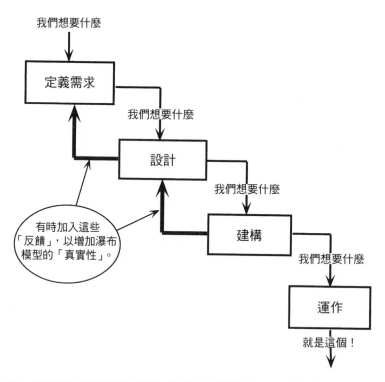

圖19-7　這種修正過的瀑布模型可能代表軟體開發更真實的樣貌，但因為包
含迴路，它會誤導經理人過度樂觀估計，並建立招致失敗的專案。

用途，就是提供給組織內的每個人他們應該做些什麼的一個合理正確的印象。諸如圖19-3與19-7的描述，都會導致失敗。

當然，如果你從未在流程描述中使用迴路，你絕對不會違反這條最重要的規則：

絕對不要在計畫中使用迴路。

19.3 如何知道專案何時步入失敗

本系列的前三卷已經說明，無法取得適當的模型與評量值的經理人，在專案變質時容易做出傻事。關於這種自食惡果效應，Capers Jones 提供了他的看法：

> 大部分趕不上時程的專案，乍看之下都很準時，一直到撰寫程式 345 的晚期或當開始測試時，早期的抄捷徑行為使得測試速度變慢甚至停滯不前，而導致專案終止為止。在早期就做好瑕疵預防或檢驗以控制品質的專案，則都會通過測試的考驗。
>
> 　　在IBM與其他地方所做的大規模研究顯示，顧客反映的錯誤數量最少的專案（也就是在出貨前一直最有效預防或移除錯誤的那些專案），也是開發時程最短的專案，尤其是測試時程也最短。可是很多經理人說：「我們沒時間做檢驗，做了的話我們就趕不上時程了。」
>
> 　　我曾經是某個專案稽核團隊的一員，負責調查經理人取消做檢驗，使測試能準時開始的決策。我們發現，經過檢驗的模組的確比較晚才進入測試，但是卻較早通過測試。未檢驗過的模組比較早進入測試，但是較晚完成測試。由於測試過程草率，對於其中

一個後期模組進行測試後的抽樣檢驗，發現的錯誤比測試所找到的錯誤還多十倍。

　　　稽核團隊建議取消測試並100%做檢驗，才是同時達成交貨目標與品質目標的最佳方法。而經理人的直覺反應是另一種做法，而那會是一項失敗。❺

總之，如果時間緊迫，你需要做更多測試，而不是更少。

19.3.1　要注意的措辭

正式的評量可能無法協助你看出你的專案何時開始失敗，因為正式評量系統可能是開始失敗的第一樣東西。你需要留意的是評量系統之外的徵兆，而且在那些徵兆出現時中止（stop）專案。以下是一些相當確切的徵兆：

- 當評量系統開始出狀況時，中止專案！
- 當開始有人辱罵時，中止專案！
- 當人們開始撰寫檔案的備註時，或者替紀錄辯護時，中止專案！
- 當有人說：「思考是我們再也負擔不起的奢侈」時，中止專案！
- 當士氣無可挽回地變糟糕時，中止專案！
- 當野鼠開始離開，而船正在下沉時，中止專案！

19.3.2　要採取的行動

這一小節的內容是小而美，因為在這類情況下你唯一要採取的行動是中止。

對於中止，我的意思是你身為經理人，應該停止憑感覺碰運氣，並開始非常小心地思考發生了什麼事。你也許想終止專案，或者如同19.4節所描述，你可能想讓專案重生（rebirth）。

19.3.3 最早期徵兆

346

專案可能需要終止的最早期指標，是當你被要求保證計畫可達成，而實際上卻無法達成時。這種做法可能是來自於上司說「為了公司獲利著想」，或可能只是「我是老闆，所以如果我說要對這件事做保證，你就要做保證」。可能你已經做過妥協，替不可行的專案做保證。我不會。我曾經被要求那樣做，但我從不妥協。

對我來說，關鍵字是「保證」。（另一個常用的字是「承諾」。）當我被要求要保證計畫可以達成時，我會說：「計畫可能可以達成，但是我不知道如何達成。」事情有高層管理人員在負責，所以他們必定能讓計畫繼續進行，但不在我的「保證」之下。當然，你也可以這樣做。

這並沒有聽起來那麼困難。你只是在談論你自己，所以處理異議相當容易。例如，曾經有經理人告訴我：「少來，你當然知道如何達成它。」我就會說：「糟了！我一定忘了。你能告訴我該怎麼做嗎？一旦你提醒我，我必定會替計畫做保證。」

19.3.4 最晚期徵兆

奧古斯丁（N.R. Augustine）有一條法則說：

……測試失敗的發生率，與「人群規模乘以資深管理階層位階」的平方成正比。❻

這個法則背後的動態學相當簡單：有一大群高官，就代表事件是依照外部的而非內部的事件來規畫。因此，「測試完成」的預定時程，是依某位資深主管承諾何時要做展示來安排的，而不是依照何時品質到達某個水準來排定時程。

在這種壓力下，經理人經常被要求保證某項產品可接受（acceptable），而一般來說該項產品大有問題。這是應該終止專案，並以新的驗收標準重生的確定徵兆，但那不是管理階層想要你去做的事。既然那樣，你能做的最大努力，類似於一開始時你所做的。你可以說：「可能有人能接受它，但是我尚未看到能讓我接受它的證據。」

同樣地，他們可以交付該項產品，但是你沒有做保證。有經理人曾經對我說：「當然該項產品可接受。任何不是完全白癡的人都能看出這一點。」我的回答是：「那麼我猜我完全是白癡，因為我看不出這一點。如果你能告訴我為什麼你會得出這個結論，那我會非常感激。如果我能了解你的邏輯，則當然我可以對該項產品做保證。」

到目前為止，他們沒有人設法告訴我，但如果有人真的能告訴我，我將學到一些東西，所以我不會有損失。

347　*19.3.5 士氣變差*

專案進行到中途時，可能專案需要終止最可靠的指標是士氣變得低落。我們可以將士氣視為是全體專案人員對專案成功機會的整體評估，這使得士氣成為事情進行得如何的一個好的評量方法，但是它很難直接去評量。所以取而代之，更實際的做法是尋找會破壞士氣的以下幾件事情：

- 試圖強迫人們說他們知道不是事實的事情，如同以上例子中

的情形。

- 強調狀態而不是強調成就。例如，經理人訴諸「職級有其特權」（rank has its privileges, RHIP）來得到他們想要的，或開始厚此薄彼，給予較偏愛的個人與團隊差別待遇。

- 試圖藉由專業挑戰之外的東西來進行激勵。當然，最糟糕的情況是威逼人們辛勤工作，尤其是由更高階主管介入以展現影響力時。例如，在某個專案中，公司的總經理介入，發表一場演講說從現在起他只想看到「臀部與手肘」（butts and elbows）。這幾乎不算是奉承、讓每個人感到沮喪、而且必然導致生產力降低。但是奉承也可能同樣令人沮喪，尤其當奉承只是奉承，而不是真心恭維工作表現良好時。另一個極度令人沮喪的管理行動，就是發表用意在提高士氣的鼓勵性談話。人們很容易做出聯想：「若他們發表鼓勵性談話，那我們必定有某些地方做得不好。」

- 當然，長期的大量工作，會令人身心沮喪。即使沒看到失去士氣的徵兆，你可以確定經過幾週的大幅超時工作後，人們將開始筋疲力盡。

- 弔詭的是，太少工作可能更糟糕。沒有什麼比必須到處串門子，沒有有用的事情可做，更令人感到沮喪的。類似的情形還有當你在時程壓力下終於交付產品時，結果發現弄錯了，就好比當你丟下其他事不管，專心致力於交付一個模組，但結果發現整合團隊並未在可預見的將來，將此模組納入時程當中。

- 當你對時程做出承諾時，那些你無法控制的打斷最令人沮喪。當讓你處在時程壓力下的這個人打斷你時，情況更糟

糕。可能最糟糕的例子是專案經理說「我不可能涉入細節」，然後涉入細節，在細節方面將你逼瘋。

348

* 對士氣最終的打擊，一般出現於必須在達到品質要求和趕上時程之間做出選擇時。嘴巴一直說「品質就是一切」的管理階層，行為上就好像只有時程才算數，這會使士氣跌落到中太平洋海溝那樣深。

19.4 使專案重生

最終來說，所有這些徵兆都是專案因失敗而終止之前，這一路上的里程碑，也是你的幻想即將破滅的徵兆。若不注意這些徵兆，並採取有效行動改變情況，你將被迫完全中斷專案，或者讓計畫重來，當成新專案而重生。我刻意將這個過程稱作重生而不是「重新開始」，是因為太多人只是將「重新開始」當作讓專案再度動起來的一個方法。重生是建立一個新專案，因為舊專案已不適合繼續存活下去。

　　雖然我們可提供像圖19-7這類以簡略方式表達的流程模型，但是流程計畫必須是無迴路的流程圖，並且在所有分支上都有流程終止測試條件。計畫不是流程，而是一個特定專案的流程模型。計畫也不是一般性的流程模型，而是流程模型的實例，因為即使兩個專案都遵循同樣的流程模型，我們也不可能有計畫完全相同的兩個專案。例如，計畫可能說：

在三個測試週期之後，若尚未達到驗收標準，我們會以新計畫開始新專案。

每個計畫都必須規畫各種終止情況。若你想要創造出防範未然型（模

式4）文化，請記住，防範未然意指一開始就要想到結束。因此，若你的計畫中發生了預料之外的事情時，你最不應該做的事就是拼命進行「偽迴路」（pseudo-looping）（竄改程式），甚至還沾沾自喜這一切不出你所料。

相反地，你會將意料之外的另一次疊代的需求，當作是你的計畫已變質，而且你需要一個新計畫的訊號。因為計畫是專案的根源，你真正需要的是一個新專案。發現這種新生的需求不需要感到丟臉，因為設計新系統永遠是一件充滿風險的事。雖然這是十分常見的錯誤，丟臉（與代價）不在於未能按照計畫走，真正丟臉的事在於拒絕承認重新規畫的需求，因此繼續浪費時間與金錢在毫無助益的追求幻想上。

在自然界中，人們懷孕大約有30%的情況未能產下活著的嬰兒。大多數這些情況都是自然流產，發生的階段可能早到連父母都不知道有懷孕的事情發生。在軟體工程中，所有重大專案大約有30%無法產生能存活的系統，但是大多數這些專案在很晚的階段才夭折，使這些專案給組織帶來極大的麻煩與成本。❼

到目前為止，很多軟體工程的心力都用在試圖降低30%的失敗率，但是可能自然界可以告訴我們一些事情。我相信我們這個行業正在學習降低構成大多數專案失敗原因的人為錯誤，只有一件事例外：我們無窮的企圖心，加上無限的樂觀。因為最尖端的東西總是向外發展，我們最大的專案可能永遠有點過於複雜，使我們無法完全設想周到。即使我們必須要中止30%的重大專案，藉由在規畫階段就預想到專案可能設想不夠周延，或者專案可能會崩潰，我們就可以將這些中止的成本降低到相當小的金額。

349

19.5 心得與建議

1. 實際上，「測試」一詞還有第三種意義：環境測試。至少在防範
    未然型（模式4）組織中，第二階段測試（beta testing）是最容易
    辨認出的環境測試範例。在比較不在行的組織中，第二階段測試
    是用來當作產品測試的一種形式，藉由用大量真實情況讓產品運
    行，以找出產品中的錯誤。然而，在防範未然型（模式4）組織
    中，發行前的產品若有任何缺陷，其數量也很少，所以第二階段
    測試是用來發現產品的環境不同於預期環境的方式。這類第二階
    段測試的結果很少用來修正產品，而是用來：

    *   變更產品以因應特定的環境缺陷，例如不完全相容的硬體、
        違反介面標準的軟體、和未預料到的使用者行為。

    *   提醒使用者，當缺乏好的應急方案可利用時，某些環境將不
        容許產品如他們所期待的那樣運作。

2. 雖然專案的花費經常被用來當作進展的指標，但實際上估計成本
    要比估計價值困難得多——除非你已達到預算的上限，無法再花
    錢了。在那種情況下，你實際上沒有在估計價值，而是在估計花
    費。那就像你帶著100美元走進賭場。有巨大的隨機成分存在，
    所以你不知道你的錢可以撐多久，或者你會獲得多少樂趣，但是
    你能精確估計你的花費：100美元。

3. 價值更容易估計的其中一個理由是：我們一般不需要太精確地估
    計價值。考慮到開發中的不確定性，如果專案的價值只高出成本
    1%，那為何我們要做這個專案？

4. 一年期的專案為什麼會變成落後兩年？Fred Brooks回答說：「因

為一次落後一天。」我同意。這一天正是專案經理在壓力之下，將他們的流程模型轉變成所謂的計畫，使得專案能符合和需要完成的事情毫無關係的時程。在那一天，他們：

- 從每個階段偷走一些時間（這會提高缺陷率）
- 假設最終僅有一次疊代（因為缺陷率增加，實際上疊代次數會比平常更多）

350

5. 審查本書的 Leonard Medal 提供了有關在專案中保存紀錄的一項重要技巧：

> 你以輕蔑的意思使用「檔案備註」一詞，可能會遭到誤解。我每天在我的檔案使用備註，不是要在日後責備別人，而是當作產生專案期間發生了什麼事，以及我對發生的事感覺如何的一份日誌。若不這樣做，我會忘記重要事件，而且在忘記的過程中喪失學習的機會。
>
> 　我的備註是公開的，任何人都可閱讀我的備註，包括同事、上司與顧客。如果世界上有任何人我不想讓他閱讀這份備註，那麼我知道此備註尚未準備好。當我寫這些備註時我想到「對事情有幫助的模型」（Helpful Model），那帶給我莫大助益。❽或許你應該讓這本書保持原貌，而我應該將這些備註稱作「專案日誌項目」。

6. Payson Hall 有個有趣的方法，協助他的客戶擺脫掉無生產力的專案：

> 我要求班上學員想像目前進行中之所有專案的一份已排序清單。

清單最上面的是可能依照承諾、按預定時程並且在預算內交付的專案。清單中間的是可能沒問題的專案，可能會拖久一點或超出預算一些，但是可能還算是成功的專案。清單最下面是真的無法完成的專案，也就是將會拖延並且超出預算甚多的品質粗劣的產品。

此時，全班學員通常會以謹慎的方式面帶微笑。他們知道在清單最下面的那個專案。現在我問說：「為什麼你們還在做這個位在最下面的專案？大多數人知道這個專案不會發生，而且被消耗掉的資源無法提供價值。浪費這些資源是組織蓄意的決策嗎？誰做這個決策？這是個資訊充足的決策嗎？」結果那個專案取消了，也增加了與管理階層的溝通。

對於Payson的方法我所看到的主要問題是，我有些客戶無法產生所有進行中之專案的清單，更不用說按順序排列專案。這是個好例子，說明為何你需要穩定性來進行改善。

7. Eileen Strider提供來自她「最近的專案苦難」的一些見解，也包括與做備註有關的一些想法：

- 問問自己：「我如何知道何時要說**完全停止**，而何時要採取一些漸進式的行動？」當漸進式的行動無法改善結果時，我知道要考慮完全停止。這表示我必須密切注意這些行動產生的效果，並且能清楚客觀地觀察，使我能承認那樣做行不通，而且需要做某件更激烈的事。對我來說，我認為那樣做與我的意圖無關，而與結果有關。那表示我必須質疑自己的工作能力，並面對我的能力並不完美這個事實。

- 挑選一個人當作你的知己，他可以直接和你討論什麼事行得

通什麼事行不通，你可以聽他評論，而且還覺得得到支持。我認為有你信任的人，對你付出關懷，並擁有紮實的管理與技術方面的能力，能以高階主管的角色勸告你，這點至關重要。

- 要專案中的人寫日記，或至少你自己要寫日記。日記中不僅包括所發生的事，更重要的是要包括你對發生的事有何感覺。與日記相關的重要活動是定期閱讀日記，使你能得到長期以來自己對於專案的情緒起伏的一種感覺。這可以提供你並非只是瞬間反應的某種觀點。

- 讓專案裏的每個人畫出專案的「生命線」，以顯示出對事件的情緒反應起伏。❾這項右腦活動可以讓情緒起伏浮出台面，並告訴你長期以來大家對於專案的看法的一個趨勢。你先前所記的日記在這項活動中可能有幫助。你甚至可以要求人們延伸這條線，來預測他們認為專案剩餘部分將如何進行。這可以讓你對他們目前以什麼觀點（希望、願望、恐懼等等）看待專案有個概念。你可以展出團隊成員所畫的圖樣，並聽聽成員對於這些圖樣有什麼想法。如果你不想以整個團隊來做這件事，你可以只是自己做做看。

19.6 摘要

✓ 在管理良好的專案中，終止多多少少可以按照計畫進行，而且會交付想要的產品或修正。可能一個好的經理人最大的挑戰在於當專案應該終止時，終止該專案的能力。

✓ 測試雖然有生產力，但是並沒有產出。在防範未然型（模式 4）

組織中，測試只是要建造某樣東西的每個標準工作單元的一部分，若將測試放入另一個方塊中，可能會誤導人們以為，整個流程結束時才做一次測試。

✓　流程測試詢問：「我們在流程中的哪裏？」產品測試詢問：「產品處於什麼狀態？」標準工作單元最開始的需求欄位（必備要件）是一個流程測試，而結束時的欄位是審查。就工作本身而言，產品測試可能有也可能沒有，但是審查將會檢視的一樣東西是已經做過的測試。運用這項資訊與其他資訊，審查就能判定生產產品的工作是否完成。

352

✓　大多數流程測試的形式是詢問：「我們應該終止嗎？」或「我們應該重新規畫工作嗎？」產品測試則是問：「這個產品的缺陷是什麼？」能顯現專案沒有認真而有效地暴露缺陷的任何證據，乃是進行以下這個流程測試所得出的證據：

　　IF 缺陷被隱藏住
　　　THEN 重新規畫專案

✓　大多數軟體工作都發生在修正、修補或更新這個層級，也就是在某個稱作測試的子階段中，從事不能稱為建構的建構。大量資源都被開發人員消耗掉，他們在建造階段完成之後很久，都還在繼續建造。

✓　加上一條線從一個階段回到另一個階段，並不能說明測試／快速修正／竄改程式流程的真正樣貌。因為疊代次數未知，這種簡略方式容易產生一種垮台模型。這種無節制的流程迴路，是專案估計超出限度的一個主要原因，因為一旦假借測試之名拋開紀律的限制，竄改程式立刻就會開始。

- ✔ 在第一次疊代與後續許多次疊代之後，你可以依據需要修正的剩餘缺陷數的估計值，來估計開發循環次數。這些剩餘缺陷的估計值正是其組織文化的特徵。若你希望你的開發流程變穩定，這些估計值是你應該最先取得的評量值。拿移除掉的缺陷數量與估計值相比，你可以早點知道你會有比規畫的疊代次數還更多（或更少）的疊代。

- ✔ 絕對不在流程描述中使用迴路。絕對不在計畫中使用迴路。若你希望你的計畫與流程描述反映人生真相，請運用你的評量值來展開迴路。

- ✔ 無法取得適當的模型與評量值的經理人，很容易在專案變質時做錯事。正式的評量可能無法協助你看出你的專案何時開始失敗，因為正式評量系統可能是開始失敗的第一樣東西。你需要留意的是評量系統之外的徵兆，而且在那些徵兆出現時中止專案。

- ✔ 專案可能需要終止最早期的指標是當你被要求保證計畫可以達成，而實際上卻無法達成時。當你被要求要保證計畫可以達成時，你可以說：「計畫可能可以達成，但是我不知道如何達成。」

- ✔ 「測試完成」的預定時程，經常是依照某位資深主管承諾何時做展示來安排，而不是依照何時品質到達某個水準來安排。在這種壓力下，經理人經常被要求保證某項產品可接受，而一般來說該項產品大有問題。這是應該終止專案，並以新的驗收標準讓專案重生的確定徵兆。

- ✔ 專案進行到中途時，可能專案需要終止的最可靠指標是士氣變得低落。士氣是全體專案人員對專案成功機會的整體直覺評估。

- ✔ 計畫不是流程，而是特定專案的流程模型。計畫不是一般性的流程模型，而是流程模型的實例，因為即使兩個專案都遵循同樣的

353

流程模型，我們也不可能有計畫完全相同的兩個專案。

✓ 每個計畫都必須規畫各種終止情況。在意料之外的另一次疊代的需要，是你的計畫已經變質，而且你需要一個新計畫的訊號。而且因為計畫是專案的根源，你真正需要的是一個新專案。

19.7 練習

1. 你如何將圖19-7的流程描述展開成真實專案的一個計畫？

2. 將你最喜愛的措辭加到「要注意的措辭」清單中。

3. 不用迴路的原則如何應用於流程改善模型，尤其是持續流程改善？

4. 關於測試的種種混淆，來自於我們將同樣的詞用於我們執行程式並檢查結果的很多地方。我們已經見到：

   * 流程測試（我們在流程中的何處？）

   * 產品測試（產品處於什麼狀態？）

   * 環境測試（環境真的能接受這個產品嗎？）

354　此外還有：

   * 為了得到新構想的測試，例如測試人們對介面的反應（為了改善而不是為了證明而做的測試）

   * 驗收測試（為了回答法律問題或建立法律地位的測試）

   * 流程模型測試（為了獲得流程改善資訊的測試）

我們還會基於什麼其他理由做測試？將這些理由都稱作測試的優點是什麼？缺點是什麼？

5. 關於明顯性、評量和證明變革的正當性，Leonard Medal 說，下列文件在他的組織中，對於需求流程的改善具有相當大的影響。這些文件也可以在專案中使用，以便將該專案的模式與其他專案相比較：

我們有份文件是一張圖，用以顯示每週專案花在確定顧客「需求」這項工作上的累積顧客時間。對照兩個專案的圖，可顯現出值得注意的差異。這讓我的組織裏很多人大開眼界，他們對於為何一個專案進行得非常順利，而另一個專案卻非常糟糕感到困惑。

另一份文件是對照兩個專案中的需求工作，並加上對進行有效需求流程所需時間的預測（並非十分嚴謹的預測）。

Leonard 也用軟體開發人員滿意度圖，來衡量士氣：

我詢問開發人員能得到成功結果的機會，繪出結果，公開張貼此圖，並將此圖拿給顧客和管理階層看。此圖對於專案有明顯的影響。當通常結果不具爭議性時，此圖對於專案能盡早開始幫助很大。此外，如果你將顧客與管理階層也納入在同一張圖上，並將此圖公開，每個人都能看出真相與幻覺的軌跡開始分歧的那一點。

你的組織用什麼文件來指出專案進展如何？哪些文件有效果？哪些文件無效果？兩者的差異是什麼？無效果的文件可以如何改良？什麼事情的發生會破壞有效果的文件？

6. James Robertson 問到關於士氣變差的徵狀：這些徵狀證明專案應該終止，或是證明應該解雇某位主管？為了做出決策，你還想要哪些其他資訊？為什麼？

20
以更小規模更快速建造

欲速則不達！ 355

——交通規則標語、反毒品口號、

以及不只在一個軟體工程組織的牆上看到的標語

在快速變革的時代，我們這個行業是最惹人生氣的一個行業。無法應付速度要求的軟體工程主管，很快就變成「前任軟體工程主管」。但是更快速更改軟體的無效努力，往往意謂著我們改革軟體組織的速度更加緩慢。

薩提爾變革模型所建議的一些原則，與你對短期變革壓力的反應有關，而且這些原則特別適用於在不破壞你的組織長期改善計畫的情況下，必須加速建造軟體的情況：

- 組織處於「混亂」階段，所以不要做長期承諾或訂定優先順序。

- 盡可能不要引進新的外來成分。一定要使用已經存在的文化要素。

- 人們會感到絕望，所以一定要規畫一些快速成功。不要利用第一次的快速成功來解決每一件事。

- 人們處在壓力之下，所以他們容易緊抓不放的解決方案，是那些適用於他們言行不一處事風格的解決方案：指責、討好、超理性或打岔。的確要注意言行不一致的行為，那可能就是那種解決方案的警訊。

本章與下一章將針對如何言行一致地因應速度的要求，做出特定的建議，這些建議也符合上述的原則。你可以運用兩個基本戰術來加速軟體建造過程：

- 提高你的建造生產力
- 縮減你所建造之軟體的規模

短期來說，你可能增加一定數量的生產力，但是會受到各種形式的布魯克斯法則所限制。增加生產力（不僅增加數量，也提高技能）長期來說會有助於符合時程、達到高效能、低成本與幾乎所有的一切。然而，雖然很多經理人不知道如何做或無法言行一致地去做，但是縮減規模是經理人短期內能控制的事。本章將討論短期內經理人能做什麼事，來縮減專案規模。

20.1　更小的意思是什麼？

系統規模構成了軟體工程中很多基本動態回饋迴路的一部分。❶ 例如，找出缺陷所在位置的一種基本動態學就是：找出特定缺陷的時間，會隨著系統大小而增加（圖20-1）。在更大的系統中：

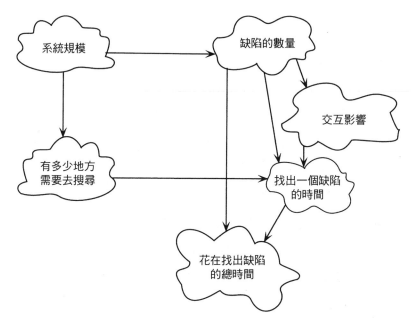

圖 20-1　有些因素相互影響，導致找出特定缺陷的時間隨著系統大小而增加。

- 有更多缺陷

- 需要從更多地方去找出缺陷

- 缺陷彼此互相影響的機率更高，使得要找出缺陷更加困難

這種動態學暗示，我們在其中尋找缺陷的系統應該盡可能小。當然，短期來說，我們對於要交付之系統的實際大小的控制能力有限，但是我們並非沒有資源來縮減我們的系統的有效規模。

截至目前為止，我讓「更小」的意義變得有點含糊不清，但現在是更具體說明的時候。我所談論的大小是系統在人們內心中的大小，也就是要有效做事情所需的心理努力多寡。這個大小可能大致上與程式碼行數有關，但是具有同樣程式碼行數的 L 程式與 B 程式，在這個大小的意義上，可能有非常不同的性質。以下是一些例子（L 代表　　357

「小」，而B代表「大」）：

- L的文件可能優於B的文件。

- L的初期設計可能優於B的初期設計。

- L的設計在保留完整性方面可能比B的設計更好。

- L可能規畫比B更長的時程，所以L能以更少人與更少協調來完成，這使L變得相對更小。

- L可能比B有更少的交互影響的缺陷。

- L的需求可能沒有B的需求那樣廣泛。

- L的需求可能沒有B的需求複雜。

- L的需求可能沒有B的需求那麼明確，而容許更多設計方面的選擇。

- L的顧客可能沒有B的顧客那麼要求完美，而且更願意接受還不錯的東西。

- L的顧客可能比B的顧客更樂意合作。

358　此外，在內心中的大小也跟是誰的心理狀態有關。更聰明、受過更好訓練、並有更優良工具的人，會看到更小的系統。請記住，對一個膽小鬼來說，連井字遊戲都是很大的挑戰。例如說：

- L的開發人員可能比B的開發人員受過更好或更適當的訓練。

- L的開發人員可能比B的開發人員較少牽涉到隱藏性議程（例如建造新工具或新方法論）。

- 雖然承諾要有合理的品質，L的開發人員可能比B的開發人員較不著迷於完美。

- L的開發人員可能比B的開發人員更樂意與他們的顧客合作。

改變這些事情是後面各章將會提到的更長期方法的一部分。讓我們暫時先處理系統大小的問題。

20.2 縮減規格的範圍

當軟體開發人員討好顧客或他們的代理人（行銷人員）時，系統的功能會增加。在專案的早期，你可能很難勇敢面對推銷「更多功能之價值」的相關爭論。每個人都抱持樂觀心態，而且討好顧客比面對規模大小的品質動態學要容易得多。畢竟，預測不會那麼準確，而且沒有人能理性地堅持，只多增加一項功能實際上會影響到品質或交期。

　　然而，一旦你處於時程危機，爭論的平衡在面對現實時會變動。例如，在與一家軟體公司的行銷部門召開危機會議時，我向一開始抱持敵意又喜歡指責的聽眾解釋規模大小的品質動態學。到簡報結束時，事實與數字令他們折服，而且行銷經理請求說：「請問在預定的日期你能夠交付哪些功能？」當我告訴他不可能時，他乞求說：「你能否給我們一個日期，在那時候你可以交付任何的功能？」我再度告訴他不能。他最後溫順地說：「若你能給我們一份功能清單，並且告訴我們什麼時候你可以告訴我們一個交付日期，那我們會非常感激。」

　　當你停止推測，而且手中有資料時，你對於縮減系統的實際大小可以有比較貼近現實的期望。現在，堅持要獲得所有功能的顧客，顯然要冒著什麼都得不到的風險。因此，你應該考慮的第一件事是縮減規格的範圍。

　　當顧客與開發人員都不了解到底需要什麼時，他們開始編造各種需求。那就是為什麼縮減範圍未必是指提供給顧客更少的東西。若你有蒐集需求、分析需求並且將需求排序的防範未然型（模式4）流

359　程，你就會知道顧客想要什麼，以及什麼對他們最重要。你所得到的需求，會比採用更原始的流程所得到的需求少很多，而且也更明確。

　　不幸的是，設置這種流程需要能夠防範未然，而且專案經理經常太過討好別人或太追求完美，等到太遲時他們才會去嚴肅考慮關照全局的需求流程。討好者發現要對任何請求說不，根本不可能辦到，而完美主義者也不可能說：「我們做不到我們原以為可以做到的那麼好，所以我們想縮減範圍。」那正是為什麼高階管理人員處於最佳地位，可以在專案後期或專案早期發起範圍縮減戰術。那也是為什麼缺乏有影響力高階主管贊助者的專案非常可能失敗的主要原因。如同Thomsett所觀察到：❷

> 贊助IT專案的資深經營主管實際上積極參與，並在下列領域中擔任執行專案經理（executive project manager），這樣的做法具有關鍵性：
>
> * 利害關係人參與、承諾與解決衝突
> * 規畫與實現效益
> * 規畫品質需求
> * 風險管理
> * 專案變革控制

請注意，在決定需求的大小時，這些因素的影響力有多大。若我們有這類支持，當必須縮減需求時，就會有一些戰術可供我們運用。

20.3 消除最糟糕的部分

一個簡單的非線性模型會預測，刪去10%的功能可能減少20%找出缺

陷所需的時間，但是實際上你還可以做得更好。一旦實際上從事系統開發，你會有哪些功能顯現出最多缺陷的相關資料。若你選擇去除掉最嚴重的缺陷，你可能會得到比你的規模大很多的結果。

20.3.1 容易出錯的模組

很多系統中有某些模組就是容易出錯，這一項發現已經過很多研究證實。雖然可能只占全部程式碼的2%，但這些程式碼包含了超過80%的缺陷。而且，在系統發表之前，容易出錯的模組經由系統測試中的缺陷模式很容易暴露出來。換句話說，容易出錯的模組天生就容易出錯，並且在整個系統存續期間還是容易出錯。

　　當你遭遇時程危機時，你會有找出最容易出錯模組所需的資料。這些模組是你應該最先建議從目前這次發表中刪除掉的模組。當然，這些功能有些可能對有意義的發表十分重要，但是就我的經驗來看，如果時程的壓力夠大，一個非討好者的經理人至少能協商去掉半數的容易出錯的模組。當然，對於本次發表，其餘的模組必須重新開發，但是正確開發模組總是比錯誤地開發模組速度更快。

　　因此你協商將10%的功能延期，這包括一些容易出錯的模組，以及在測試時程上有點落後，因此品質未知的一些模組。運用這項策略，你很可能消除掉50%剩下的錯誤。你只減少10%應該去搜尋的地方，但是你可能減少至少四倍的交互作用的影響。再結合將缺陷數量減半，最終結果可能輕易地將花在找出缺陷的時間縮減為十分之一。

20.3.2 找出缺陷所需時間減少的效應

功能的些微減少將造成找出缺陷時間減少達一個數量級，這與我的客戶的經驗十分一致。開發新產品時，有個軟體公用程式組織運用將缺

360

陷製成表格，從可能容易出錯的73個模組當中挑選13個模組，延遲至較後面的發表。將這些模組從型態中抽離之前，花在往下追蹤缺陷的平均時間大約是7小時。在縮減過的系統中，找出缺陷的時間少於1.5小時。

當然，這些開發人員不知道的是，有許多缺陷他們永遠不必去看。他們可在一年後再做檢查，但是13個模組當中有6個已完全記錄下來，另有3個模組因為顧客不需要而永遠被丟棄，此乃這項戰術的一個不錯的額外效應。

要找出容易出錯的模組，你不需要花俏的評量工具。另有一位客戶是只在系統發表後，才開始搜尋容易出錯的模組。結果因為打電話給開發人員的顧客太多，那次發表造成整個公司出現危機。主管召開開發人員會議，並問說：「如果好心的仙女給你一個願望，你希望哪件東西不在這個系統中？」他們都毫不猶豫地指出同一個模組。結果，他們只是藉著通知顧客，這次發表中實際上沒有這個模組，就「收回」了這個模組。甚至在這次危機消失之前，士氣就提高了100%，可能對於減少找出缺陷的時間幫助頗大。

20.3.3　拿掉尚未完成的東西

當專案超過預定交付日期沒有完成時，你有另一種方法預測哪些是最糟糕的模組。事實上，你完全不必預測，因為從交付的觀點來看，最糟糕的模組正是那些尚未完成的模組。這些模組可能陷在測試中，或甚至尚未到達測試階段。無論哪種情形，只要從發表的內容當中拿掉那些模組，你就可以擬定你的時程。

當然，你未必能這樣做，但總是值得一試。你可以告訴顧客說：「你可以現在就擁有一個沒有X、Y與Z特色的系統；你也可以選擇在

未來某個時候獲得一個可能有 X 或 Y 或 Z 特色的系統。你甚至可以三種特色全部都有，但是我無法保證你是否能獲得或何時能獲得，你喜歡哪種做法？」接著等對方的情緒平復下來，再開始協商。

防範未然型（模式4）組織會預見到這種可能性，並與顧客維持良好又開放的關係。在這種關係之下，你提供這樣的建議並不會讓對方太驚訝，也不會造成嚴重的衝突。在這種情形下，顧客更可能當場就接受功能縮減的系統，這樣一來你就正好能按照預定的時程完成第一次發表。現在你只要著手處理下次發表即可。

在某些個案中，你可能發現顧客不想要 X 或 Y 或 Z。在那種情況下，你的 2.0 版本將是一個更小的系統，並且有更長的時程。在其他個案中，你還是必須開發 X 當作 1.0 版本的一部分，但是能夠將 Y 與 Z 延期；雖然無法如期完成，你還是有所收穫。在另一些個案中，你還是必須在 1.0 版本中生產這三項特色，但是至少比你沒有提問的情況要好些。

20.3.4 拿掉最沒價值的部分

如果你採用自上而下最先建造最重要的功能並加以整合，你也許就能避開這種「收回模組」的麻煩。因為你完成的那 90% 可能提供 99.9% 的價值。我看過很多從未完成（就實現完整原始規格的意義來說）的自上而下系統，但是顧客依舊快樂地接受了這些系統。當然，原型設計也可能有類似的效果：藉由最先放入最重要的部分，你可用更少的心力交付更多的價值。

縱使你未按照自上而下或原型設計開發來規畫你的專案，日後遇上麻煩時你還是可以想辦法拿掉最沒價值的部分。你只要將一份未完成功能的清單交給你的顧客，請他們按優先順序排序這些功能，並也

標示出哪些功能需取決於其他功能的完成。之後，你就按照那個順序
實作。當要整合每個新部分時，你就給顧客選擇，看是否現在就停下
來不繼續開發並接受系統，然後等待顧客的回應。

20.3.5　有缺陷地交付

沒有軟體曾經毫無缺陷地交付，所以要拿掉最糟糕部分的一個方法
是，以不會造成顧客太大困擾的方式交付產品。你可以提出一份已知
剩餘缺陷清單給顧客，並請他們按優先順序排列。例如可以用以下的
方式分類：

362　　　F.　有這項缺陷我將無法使用系統。

　　　　D.　如果補償我 X，有這項缺陷我可以使用系統一段時間。

　　　　C.　如果補償我 Y，有這項缺陷我可以無限期使用系統。

　　　　B.　即使有這項缺陷，我也可以無限期使用系統。

　　　　A.　有什麼缺陷？

你可立刻停止修正 A 類與 B 類缺陷，並將人力花在修正 F 類缺陷上。
既然你已知道每一類缺陷的價值，你可以付錢給顧客，讓他們接受有
C 與 D 類缺陷的系統。你可以付現、以價格折扣或以交換方式處理。
例如，若你從購買價扣除 Y，顧客應該願意接受 C 類缺陷，而且絕對
不會抱怨。若你扣除 X，至少暫時他們應該不會抱怨。

　　這個戰術未必對你所有的顧客都行得通，因為不是每個人都計畫
以同樣方式使用系統。雖然對某些人來說系統不及格，但是其他人可
能完全沒有 F 類缺陷，或甚至 D 類缺陷。你可以將系統交付給想要的
人，之後再應付其他人。

　　這種排優先順序的方法有幾個意想不到的優點：

- 你帶給專案一些成功的感覺，若果做得適當的話，這會提高士氣。

- 你帶給開發人員更大誘因去找出並修正高優先順序的缺陷。如果你不真的認為那些缺陷是缺陷的話，修正缺陷就會困難得多。

- 你可以降低「使用者人數」動態學的強度。

20.3.6 有特色地交付

與顧客一起審查缺陷清單，有時候會突顯出另一類缺陷：

A++.　多麼棒的特色啊！

軟體可能未依照他們要求的方式運作，但是其運作方式至少在某些方面實際上更好。❸

　　例如，有位客戶做了一個有缺陷的電子郵件系統，若你提供比一個螢幕畫面還長的訊息，系統就會發生故障。審查缺陷清單時，顧客說：「這會是保持備忘錄不要太長的一個很棒方法，但是我真的負擔不起讓系統整天發生故障。那樣所付出的代價，高於較短備忘錄所帶來的節省。」專案經理隨後決定，當一頁填滿時就停止訊息輸入，來修正這個缺陷，使系統不會發生故障。顧客購買這套系統，並自誇說該項設計特色做到了過去他們的組織中從未有人做到的事：削減備忘錄長度。

20.4 盡早拿掉

363

削減系統規模是一種強力介入，而且你能越早這麼做，這項介入的影

響力就越大。首先，越早縮減規模，你浪費在不必要的工作上的資源就越少。你也有更多時間與更少壓力去讓人們受訓接手新工作，而且專案經理也能在不合理的期望具體化之前，先設定合理的期望。理想的情形是，在規畫前你就能將規模縮減至最小，但是如果缺乏先見之明，你就只能密切注意縮減規模大小的早期機會。

20.4.1 讓人們準備好縮減

對於你的組織中的人，早期縮減是比較好的選擇。負擔過重就像癌症，會自己吞噬自己（圖20-2）。早期減輕負擔可以提升士氣並降低疲憊感，使人們更有生產力。然而，你必須注意進行縮減的方式。在開發專案中，模組被刪除或延遲的程式設計師可能會變得沮喪。

364　　　　只要不指責，並準備好讓這些人做其他工作，你就可以將這種沮

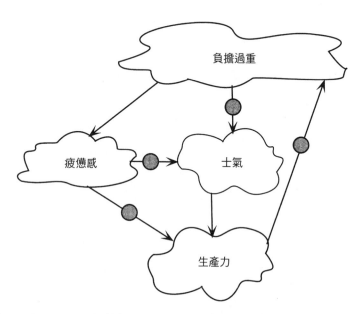

圖20-2　長期負擔過重會自我強化，所以早期減輕負擔可以有正面的雪球效應。

喪減至最低。若你先刪除模組，才開始找事情讓人們去做，你等於在暗示說要擺脫掉糟糕的工作，這就是一種指責。你也讓人們必須被動地等待你的決定，這不僅浪費資源，也是你所能造成的最令人沮喪的情況，或最無力感的事。

　　若有幾項替代性工作（能立即開始從事的工作）供程式設計師挑選，你就是在強調加入，而非扣除。實際上，你發送出新工作有價值而非舊工作做不好的訊息。提供選擇可以減少造成沮喪的無力感。藉由提供選擇，你讓程式設計師有機會得到賦權（empowerment）的感覺。

　　但是他們不需要被告知，他們所做的工作相當糟糕嗎？還有什麼其他方法能讓他下次做得更好？當然，他們需要工作遭刪減或延遲之理由的精確回饋。你若剝奪了要給他們的那項回饋，你等於排除讓他們和組織在專業上有所成長的機會。但是你不需要告訴他們，因為他們已經很清楚。如果你就是忍不住要告訴他們，請至少等一會兒，等到他們跳出「混亂」階段，並在新任務中重新建立了一些自信再說。換句話說，你縮減系統規模的方式，常常與實際的規模縮減同樣重要。否則一不小心，你所縮減的有效勞動力，將會超過你所縮減的系統規模。

20.4.2 延長時程

有些系統規模的動態學之效應乃相對於時程。換句話說，我們所理解的要在兩週內完成的一個大系統，若容許時程長達兩個月，就可能被視為是小系統。強迫給大系統一個短時程，總是會讓整個專案耗時更久，所以，若你想要縮減規模，也可以藉由延長時程來達成。

　　然而，協商延長時程之前，你應該研究你的系統的動態學。例如，

若時程在可能的最後一分鐘延後（系統到期的那一天），你將看到：

- 失敗感造成的沮喪
- 壓力釋放造成的興高采烈
- 失去重新規畫的時間
- 失去讓個人彌補已損失時間的機會
- 由於「混亂」所造成的普遍的效率降低

因此，當你在晚期做出時程延後，你可以預期至少有兩星期的損失。這意指將時程延長兩星期，絕對讓你一無所穫。若那是你的最佳選擇，請不要接受它。我們需要時程與資源餘裕來減少問題，而不是擴大問題。若你早一點延後時程，這些影響就會變小。事實上，若在預定日期幾個月前就開始，人們可能不會注意到些微的時程延後。

365

20.4.3 務實並大膽行動

最終來說，幫助你最多的是勇氣與務實的態度。知道你在日後可以將需求縮減是個有用的戰術，但是對於懦弱的人來說也可能是陷阱。**不要容許先增加需求，並希望後來你能拿掉它。不要**早期先討好，並希望後來你可以勇敢奮戰，以消除掉證明不可行的那些部分。即使你有所有的資料，較晚而非較早消除掉功能，在情緒上總是會更加費力。

20.5 管理遲來的需求

即使你運用最大的努力削減系統大小，專案中遲來的需求會讓你覺得好像在逆流而上。新需求可能來自顧客或程式設計師，所以你必須留意每一處地方。任何組織中有些遲來的需求變更是必要的，但是你絕

對不能忘記，這些需求會增加系統的規模。圖20-3概略描繪了其中一些效應，如同本節所解釋的。

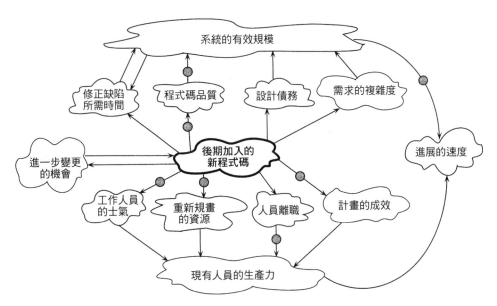

圖20-3　在專案的後期增加需求，會使得進展速度減慢的效應遠遠超過程式碼增加的百分比。

20.5.1 以時間交換需求

366

不要受騙而輕易接受以一些額外的時間，換取加入遲來的需求。系統規模的動態學是非線性的，所以在估計遲來的需求所造成的影響時，你需要非常不吝嗇地做估計。若你在協商時能對真實的成本有概念，那你就更有機會獲得你所需要的東西。這樣一來，如果你真的必須接受遲來的需求，至少你能得到滿足這些需求的合理時間。

　　例如，有一項研究顯示，為了回應系統規模增加11%，找出所有缺陷所需的時間會增加28%。若專案的測試部分原本排定54天來找出

所有的系統故障事件（STI, system trouble incident），那麼如果要在原本90K行程式碼中再加入10K行程式碼，則必須另外再加15天的測試時間。此外，這項程式碼的增加尚未考慮到其他因素，例如以下的因素：

- 修正缺陷的時間也會非線性地增加。
- 新加入的程式碼可能等比例地導致更多故障產生，因為這段程式碼是在有時間壓力的情況下開發的。好的設計可減輕這種影響，但是絕對不保證在所有個案中，這種情況都不會發生。
- 新加入的程式碼可能等比例地導致更多故障產生，因為那不是原始設計的一部分，所以無法非常順利地相互搭配。
- 新加入的程式碼可能等比例地導致更多故障產生，因為本質上更大的困難度，通常會在後期加入的需求中發生。若你研究一下為什麼這些需求到後期才加入，你會發現這些需求常常是更加複雜（使需求流程放慢下來）或更難以捉摸（所以起先並未看出來）。
- 每當你接受一項新需求，為了重新規畫，你必須從其他任務當中挪出資源。
- 即使你花時間與資源適當地重新規畫，計畫可能沒有最佳化，因此會比全部一次完成規畫還更沒有成效。
- 你可能會強化你的顧客的行為，鼓勵他們在更後期做出更多變更。一旦你接受了一項變更（尤其若顧客不必支付這項破壞的真實成本時），進一步變更的機會可能大幅增加。單單考慮這些變更的成本，就可能對你的專案造成很大的延誤效應。

- 隨著工作量增加，對於工作人員可能會有打擊士氣的影響。
  請檢查你的進度落後圖，因為工作人員都會在他們的腦海中
  計算。若他們的宇宙似乎擴大得比光速還快，他們可能會提
  早跳離太空船。此外，每次他們經歷這種擴大時，他們會對
  管理階層的信用更失去信心。

- 當專案結束時，工作人員可能會有其他計畫要做，所以當專
  案超出原本的估計時，你會更快速失去人員，導致你必須加
  更多人，這會使時間進一步拖長。當我回想起一位絕望的主
  管，為了大致上符合新預定的專案截止時間，而要求一位開
  發人員將她的婚期延後「一個月左右」時，我不禁微笑起
  來。我認為他真的相信她可能會答應。

綜合所有這些因素我們可以輕易地猜測，最初規畫需要200個工作天
完成的計畫，因為要求的規模大小增加10%，可能會輕易延長到250
個工作天或更久。若第100天之後新需求才到來，因為上述那些具破
壞性的影響，時間的增加甚至會更多。你可以合理估計要延長一百
天，而且顧客會尖叫說：「為了10%的增加你竟然把你的交付時間加
倍！」當然，不是交付時間加倍，而是剩餘的時間加倍。若你無法解
釋非線性的動態學，你將很難說服別人。從事這類協商之前，請研究
圖20-3，然後拿那張圖給你的顧客看。

20.5.2 建立你的行事方針

當然，我沒有說你絕對不應該在專案後期接受新需求。基於商業理
由，若你不接受這些需求，專案可能就會變得毫無意義。但是你也必
須建立你這邊的行事方針。以下是你能做的事：

一定要將用於估計的時間與成本，納入需求變更的考慮中。一定

要學著說：「如果要考慮那項變更，因為必須要有人員參與研究這項估計，我們必須加入 X 週和 Y 美元到交付日期中。」這立刻會去除掉像空中樓閣般的一些比較不重要事項。

如果沒有經過你的需求流程的需求檢定，請不要做任何估計。（這是必須花費你很多資源之處，並也部分解釋延遲的原因。）一定要告訴顧客：「從你交給我們完整的書面需求構想，以進行審查的時候算起，我們需要一週的時間[比方說]。我們可能也需要時間讓必要的人員騰出時間來。那段時間結束時，我們將會知道為了做估計，新需求構想是否夠清楚，或者需要將新需求做一些修正。」甚至更多如空中樓閣般的東西會遠離。

一定要基於你的專案的動態學模型檢查每一項提出的變更，以發現任何可能的非線性影響。一定要相信你的模型所說的。提出你的估計值時，一定要對顧客解釋清楚。

368   一定要訂定優先順序。替你自己訂定優先順序，並也讓顧客訂定優先順序。一定要將每項新需求當作一項缺陷，因為目前這項需求並不在系統中。協商之前一定要讓你的顧客使用 A～F 的排序系統。

一定要以清楚又講究實際的術語，描述每項需求變更的後果。「若你想要這個與那個，則在時間、金錢與不確定性方面，將會付出這樣與那樣的代價。」一定要確定，若你的顧客接受協議，你要能夠履行這項協議。

不要成為討好者！若你已完成前述這些事項，而且你的顧客開始對你施壓，你一定要說：「我也可能算錯。若你想要我重新計算，則這是專案必須延遲多久的資料。」若他們接受這項提議，你就要重新計算。若你並沒有算錯，請不要打退堂鼓。若他們威脅找另一個更好的人取代你，那只是專案管理實務上的風險之一。若他們能找到比你

更好的人，換掉你是他們的權利，而且可能你會學到東西。

　　一定要事先告訴顧客，如果要請求變更，我們將用一個特定的流程來評估該請求，而且將會花X的時間。這是在開始前的一些教育過程與達成協議過程。相反地，後期的驚訝會導致顧客生氣、降低顧客信任度、而且可能使整個關係變得不利，而不是變得樂意合作。**一定要**一開始就賦予你的顧客權利，讓他們知道如何最適當地記載下想要的變更，以及什麼評估流程是必要的。這是管理顧客期望的一部分。❹由於你對於如何因應需求變更已做好充分準備，你的顧客將會事先更完整地考慮他們的請求，有些可能會提交較少的請求，而且大多數顧客會更加體恤地接受流程。

　　一定要記住「對事情有幫助的模型」：不論表面上看起來如何，其實每個人都想成為對事情有幫助的人。一般來說，你的顧客只是不了解軟體品質的動態學，這是你的專業，而不是他們的專業。那是為什麼他們堅持在專案晚期迫切需要新需求的原因，而不是因為他們是壞人，試圖讓你看起來更糟糕。

20.6　心得與建議

1.　帶領探月小艇計畫的工程師James G. Gavin, Jr.說：「若一個重要專案真的夠創新的話，你不可能一開始就知道精確的成本與精確的時程。而且如果事實上你真的知道精確的成本與時程，可能它的技術已經過時了。」❺換句話說，如果你最想做的是一個野心勃勃的時程，那麼請遠離「尖端」技術。

2.　你若想找出容易出錯的模組，你就有十足的動機在單元測試之前，就將程式碼擺在型態管理之下。若你有來自單元測試的變更

紀錄，你就可以盡早找出容易出錯的模組。

369　3.　當組織規模小，而且能夠彼此信任且溝通時，小規模快速建立系
統更加容易，士氣也會更高：

> 在腓特烈大帝（Frederick II, 1740-1786）統治下，當時普魯士的
> 人口有5百萬人，軍隊由大約1,000名軍官領導，而國王認識每
> 一位軍官。而擁有3,000名軍官的腓特烈・威廉三世，可能沒有
> 試著去認識其中的儲備軍官，而儲備軍官的數量緩慢增加。但是
> 即便如此，要認識其餘的人也是不小的任務。此處我們發覺人際
> 關係方面的質變：國王認識軍官團中的每個成員，而軍官團有如
> 騎士團一般的凝聚力；然而，如果最高指揮官對全國大多數陸軍
> 軍官不熟悉，他們的團隊精神可能只具有抽象的衍生性質。❻

4.　小型組織的另一個優點是人們彼此認識，而且有機會大家互相合
作。因此，人們的聲望傾向於跟他們表現出來的績效相匹配。因
為有更適當的資訊，小型組織可以可靠地倚賴績效評估，並做出
更好的人員配置決策與估計。

　　然而，隨著組織成長，聲望的動態學會產生變化。人與人面對
面的互動變得日益罕見。在這種情況下，早期印象可能成為唯一
的印象。如果亞奇很早就將某件事做得非常好，則除了對少數那
些每天與他一起合作的人之外，亞奇會變成有名的好人。如果桃
莉絲很早就將某件事做得非常糟糕，桃莉絲會成為有名的壞人，
只有在她目前的工作小組中她才能快速扭轉這個印象。

5.　Payson Hall的大多數經驗在於以固定費用從事開發與系統整合，
他指出，當你想要在固定價格合約中刪減範圍時，你必須準備好
重新協商整個合約。無論他們是選擇將你甩開、持續與你合作或

跟你法院見，你可能都必須退給他們一些錢。

當然，如果在一開始就有清楚的合約，所有的開發工作都會有所改善。接著所有參與者都會漸漸了解到，縮減範圍總是需要重新協商，你不可能玩弄你的顧客或贊助者。重新協商將會顧及到各方的利益。

20.7 摘要

✓ 更快速更改軟體的無效努力，往往意謂著我們改革軟體組織的速度更加緩慢。薩提爾變革模型所建議的一些原則，指出如何對加速建造軟體的壓力做出回應，而不會破壞你的組織的長期改善計畫。　370

✓ 你可運用兩個基本戰術來加速建造：

- 提高你的建造生產力
- 縮減你所建造之軟體的規模

增加生產力（不僅增加數量，也提高技能）長期來說會有助於符合時程、達到高效能、低成本與幾乎所有的一切，而且也將是後面幾章的主題。然而，縮減規模是經理人短期能控制的事項。

✓ 系統規模構成了軟體工程中很多基本動態回饋迴路的一部分。例如，在更大的系統中：

- 有更多缺陷
- 需要從更多地方去找出缺陷
- 缺陷彼此互相影響的機率更高，使得要找出缺陷更加困難

這種動態學暗示，我們在其中尋找缺陷的系統應該盡可能地小。

✓ 系統大小最重要的評量標準是系統在人們內心中的大小，也就是要有效做事情所需的心理努力多寡。這個大小可能大致上與程式碼行數有關，但是具有同樣行數的程式（L 程式與 B 程式），在這個大小的意義上，可能有非常不同的性質。

✓ 此外，在內心中的大小也跟是誰的心理狀態有關。更聰明、受過更好的訓練、並有更優良工具的人，會看到更小的系統。

✓ 當軟體開發人員討好顧客或他們的代理人（也就是行銷人員）時，系統的功能會增加。

✓ 縮減範圍未必意指提供給顧客更少的東西。若你有蒐集需求、分析需求並且將需求排序的防範未然型（模式 4）流程，你就會知道顧客想要什麼，以及什麼對他們最重要。

✓ 一旦實際上從事系統開發，你會有哪些功能顯現出最多缺陷的相關資料。若你選擇去除掉最嚴重的缺陷，你可能會得到比你的規模大很多的結果。要將找出缺陷的時間減少一個數量級（減為十分之一），可輕易地由縮減一些功能來達成。

✓ 防範未然型（模式 4）組織會預見到在後期縮減範圍的可能性，並且能與顧客維持良好又開放的關係。有這種關係存在，這樣的選擇提供不會造成驚訝，也不會造成嚴重的衝突。

✓ 如果你採用自上而下最先建造最重要的功能並加以整合，你也許就能避開這種「收回模組」的麻煩，因為你完成的那 90% 可能提供 99.9% 的價值。當作一種變通做法，你可用原型設計形式產生一些新部分，然後將這些部分提供給顧客。

✓ 沒有軟體產品曾經毫無缺陷地交付，所以要拿掉最糟糕部分的一個方法是請你的顧客按優先順序排列缺陷：

F.　有這項缺陷我將無法使用系統。

D.　如果補償我 X，有這項缺陷我可以使用系統一段時間。

C.　如果補償我 Y，有這項缺陷我可以無限期使用系統。

B.　即使有這項缺陷，我也可以無限期使用系統。

A.　有什麼缺陷？

A^{++}.多麼棒的特色啊！

✓　削減系統規模是一種強力介入，而且你越早這麼做，這項介入的影響力越大：

- 越少資源浪費在不必要的工作上。
- 有更多時間與更少壓力去讓人們受訓接手新工作
- 專案經理能夠訂定合理的期望。
- 你的人員會更容易做事。負擔過重就像癌症，會自己吞噬自己。

✓　有些系統規模的動態學之效應乃相對於時程。因此，若你想要縮減規模，也可藉由延長時程來達成。然而，協商時程延後之前，你應該研究你的系統的動態學。試圖以不可能辦到的短時程交付系統，只會延後你實際上交付的日期。

✓　最終來說，管理系統規模大小時，幫助你最多的是勇氣與務實的態度。

✓　任何組織中有些遲來的需求變更是必要的，但是你絕對不能忘記，這些需求會增加系統的規模。系統規模的動態學是非線性的，所以估計遲來的需求所造成的影響時，你需要非常不吝嗇地做估計，也要建立你這邊的行事方針。

372

✓ 事先告訴你的顧客，如果請求變更，你將用一個特定的流程來評估該請求，而且將會花X的時間。相反地，後期的驚訝將導致顧客生氣、降低顧客信任度、而且可能使整個關係變得不利，而不是變得樂意合作。

✓ 記住「對事情有幫助的模型」：不論表面上看起來如何，其實每個人都想成為對事情有幫助的人。一般來說，你的顧客只是不了解軟體品質的動態學，這是你的專業，而不是他們的專業。

20.8 練習

1. 請閱讀下面這段話，並討論這位說話者在系統規模大小方面所做的假設：

    由於應用程式開發的速度、圖型使用者介面的自動測試所產生的龐大資料、以及偵測到的極大數量錯誤，顯然人工技巧再也趕不上快速應用程式開發的努力。

2. 圖20-3顯示在專案晚期加入程式碼之效應的簡略圖示。例如，這類新程式碼的效應之一是會增加設計債務，但是可以透過幾條途徑使這種效應產生。請挑選至少一種效應，並詳細說明這種效應是如何產生的動態學。

3. Janice Wormington 提到：「有缺陷地交付」這個戰術，有賴於你估計特定缺陷之嚴重性的能力。請發展出一份流程清單，讓你對缺陷嚴重性的估計能盡可能接近其真正嚴重程度。

4. Phil Fuhrer建議：討論系統層級化（system layering）為何能成為縮減系統外觀大小的一種有效方法。

21
保護資訊資產

1號客戶說：很久以前我們計算過，要產生一行鑑定過的程式碼，373
需要花費大約20美元，但這個數字我們只是做為估計之用。我們
從未用這個數字來計算完成品的資產價值。到最後我們才了解，
我們的 2,000 萬行程式碼的程式碼庫，是花費大約 4 億美元產生
的。這個數字甚至高於我們辦公室的建造成本，但是我們竟然沒
花半毛錢來保護這項資產或進行投保。❶

—— 佚名

1981年，堪薩斯市凱悅飯店的人行天橋倒塌，導致112人死亡、
187人受傷；那一次事故要追溯至設計變更，而使得走道拉開懸
空處的點承受了兩倍壓力。事故發生之後，一位建築法規官員提出質
疑說，有一條法規要求，發出建築許可後當需要做結構設計變更時，
建築商與設計師要通知市政當局，但是那並非強制性的規定。還有，
他說那條法規無法執行是因為缺乏人力，但是市政當局相信，建築師
與工程師都會遵守法規。

即使倒塌的結構體是一間飯店，而不是一套資訊系統，這個悲劇

對於軟體工程經理人來說應該是再熟悉不過了。這兩種情況的動態學都相同：對於建築師與工程師維持系統基礎完整性的不當信任，而導致未能強制執行。管理階層不願意承諾會提供資源給任務，一般是因為他們不知道未能監控這項資訊所會帶來的風險。而且他們可能不知道導致技術人員抄捷徑的動態學，也必定不知道他們自己在這些動態關係中所扮演的角色。

正如同在軟體開發的情況，在建築物專案中，從設計轉換成建造時，建築商為了改進產品可能會導入變更。若這些變更沒有經過和最初的觀念同樣嚴格的程序加以把關時，問題可能就會產生。建築業與軟體業之間的重大差異是，建築業在工作進行中的變更，只有一小部分釀成大禍。在軟體業中我們的經驗完全不同，而且通常大系統中未經審查的個別變更，其正確的機率不到50%。根據這個經驗，防範未然型（模式4）經理人可以預知未經審查的變更是危險的，而且會採取預防行動。

資訊系統是一種資產，而且保護你的組織的資產，是你身為經理人的主要工作。比方說，若你的員工不當使用公司信用卡，刷了好幾百美元，你可能會毫不猶豫地將他解雇。但是萬一員工因為違反型態管理程序，而破壞了更有價值的資產時，你可能只會拍拍他的手腕，並低聲嘀咕地說：「孩子就是孩子。」軟體經理人傾向於相信他們的「違反規則者」的抱怨，這是變化無常型（模式1）與照章行事型（模式2）文化的一個特色：

> 於是有所謂的離經叛道者產生。他們知道型態管理程序（「繁文縟節」）浪費時間，更不用提那是對他們的個性、創造力及與生俱來權利的一種公然侮辱。無論你告訴他們什麼，他們都會去做他們認為是最好的事。即使違反了型態管理程序，他們知道他們

做的事情是正確而必要的。若必須遵守規定，他們［認為他們］
將會錯過明天必須符合的一個里程碑。❷

組織的資產很多是以資訊的形式存在，這可能是為什麼有些經理人發
現，要將這些東西視為組織的資產相當困難（圖21-1）。我們已見過
其中一些資產，特別是各種需求資料庫。軟體工程師可運用的其他這
類資訊資產包括：

- 程式碼庫
- 資料字典

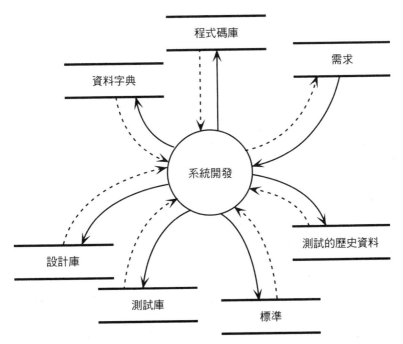

圖21-1 軟體工程師的資料環境包括完全開放存取的很多資料庫，但是要變
更這些資料庫，只能透過一個能認定它們具有資產價值的受管制流
程（以虛線表示）。

- 測試庫與歷史資料
- 設計
- 標準（standards）
- 專案計畫
- 流程描述
- 流程歷史資料
- 評量資料庫（measurement libraries）
- 各種手冊與文件

當這些資產受到管制時，軟體工程師就會有個可以讓他們輕鬆工作的環境，而不必害怕破壞了有價值的資產，或在受損的資料之下工作。他們不僅不會變成違反規則者，而且還會成為提倡者：

> 不令人意外的是，軟體型態管理（software configuration management, SCM）的工具被越來越多人接受，並運用在產業中與國防部。而令人驚訝的是，很多人開始喜歡使用這些工具。❸

21.1 程式碼庫

程式碼庫，特別是目標碼（object code）庫，是最終依憑的資產。目標碼庫中的變更會直接影響系統的行為，而沒有任何進一步的檢查問題步驟。這種程度的立即性與變更風險，相當具有程式設計師術語「清除」（zap）的特徵。例如，在一些個案中，盜用公款者清除目標碼以產生一個「逃生艙口」（escape hatch），讓他們可藉此將資金分送至個人帳戶、填寫虛構名義的支票、或將費用移轉至其他人的帳戶。

然而正如這些犯罪行為看起來的那樣糟糕，由「清除」所造成的

非故意損害，代表對組織資產更嚴重的威脅。我們都聽過這些恐怖故事：最後一分鐘加入的修正碼，導致薪資系統產生45,000張錯誤支票，或導致45萬份不正確剪輯的磁片被分送出去，或導致帳單短少4,500萬美元。

　　你的組織中的某位程式設計師有可能「清除」目標碼嗎？若是這樣，晚上你如何能安心睡覺？若你想保護資產，程式碼庫是尋求改善的第一個地方。

　　程式碼是最關鍵性的資訊資產，所以若你了解如何控制程式碼，觀念上要控制其他資產應該比較簡單。控制其他資產不需要像程式碼控制那樣嚴格，因為程式碼控制在資料字典、設計、標準等等的驗證之後，還有檢查和平衡的工作。然而，不嚴謹的資產控制極可能產生緩慢惡化，不論你如何小心地控制程式碼，最後都會導致軟體組織垮台。

21.2 資料字典

"A rose by any other name would smell as sweet."（玫瑰更其名而不改其香。）第一次賦予資料名稱時，都是任意為之的，但是在那之後這些名稱就會失去其任意性。從編譯器的觀點來看，這些名稱依舊是任意命名的名稱，但是對於必須閱讀這個程式的人（它可能會被閱讀數千次），就不是這樣了。假設我們指定以下的名稱替換：

rose = grxzl

name = oetyr

sweet = wohncriesty

　　other = yugzag

　　smell = iobrych

結果是這個非常清楚的句子："A grxzl by any yugzag oetyr would iobrych as wohncriesty."

377　　　比使用任意名稱更糟糕的是，我們可以使用能辨認的名稱，也就是通常用來指稱其他東西的名稱。例如，進行以下的取代：

　　rose = cucumber

　　name = color

　　sweet = green

　　other = similar

　　smell = look

結果得出 "A cucumber by any similar color would look as green." 至少任意取的名稱可以提醒我們，我們並不了解句子。而在此例中，我們很容易被愚弄，以為我們了解句子的意思，因而犯下錯誤。

　　任意取名稱的問題會隨著系統的規模與數量而成長（請見圖21-2），所以你不能只看一個小例子，就去想像一個任意命名方案真正的成本。相反地，你應該去想像一個維護中的典型COBOL系統。這個系統可能有500,000行程式碼，並有10,000個字的字彙（超過一般美國人說話的字彙）。現在考慮在沒有共同資料字典的情況下，一個程式設計師要從另一個系統轉換到維護這個系統，他所面臨的困境。

　　資料字典是一種優良資產，我們可以用資料字典說明不知不覺漸漸失去控制的成本。很多組織都在沒有任何詳盡的資料字典之下運作，並且設法一路跌跌撞撞地走下去，但是如果你希望你的組織擁有

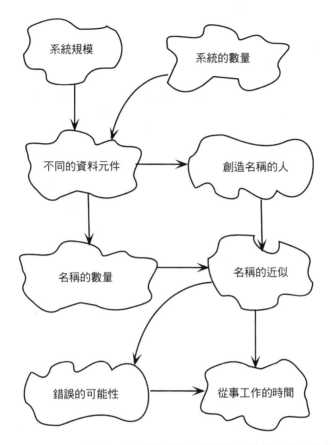

圖 21-2　隨著系統越來越大，未受控制的命名將導致執行工程工作的錯誤與
　　　　　時間增加。

防範未然型（模式4）文化，一路跌跌撞撞是行不通的。

　　經驗不足的程式設計師似乎很喜歡替東西命名，就像父母替嬰兒
取名字那樣。有些人似乎認為，他們的創造力主要在於他們賦予資料
名稱的能力，所以若必須遵從資料字典中的標準命名方案，他們就會
覺得受到壓制。這個不正確的觀念需要重新改造：替東西命名是一種
原始的戲法，但是從舊有的熟悉名稱的新組合產生新東西，才是真正

有創造力。James Robertson證實了這種重新改造如果有技巧地進行，
會有什麼樣的可能：

> 我正在幫助一位客戶導入標準的資料名稱。開發人員的反應非常
> 熱烈，因為他們看到了這對於他們以及他們的組織都有極大的利
> 益。我提供給他們公式，讓他們想出名稱。他們都感到很滿意。❹

這種對於命名的迷戀，可能會破壞你在產生有效的資料字典流程方面
的努力。法蘭西學院（French Academy）因為耗費75年時間決定汽車
到底是陰性或陽性而聞名。程式設計師委員會也經常在名稱上做學術
爭論，而忘掉了名稱最重要的利益在於其一致性。身為經理人，你的
職責是不要讓命名失控。

378

21.3 標準

擁有一套共同語言的組織能夠更快更確實地做事情。有效的資料字典
將有助於產生這種文化資產，但那只是「標準」（standards）的一個
特殊例子。就標準來說，我的定義不侷限在書面標準，例如ISO 9000
系列，而是也納入真正是組織內部標準的任何說話或工作的方式。此
外，也包括使得這些標準繼續成為標準的種種文化體系。

379

　　標準做為一種資產的價值容易被遺漏，因為標準所造成的影響通
常是透過很多的小節省而達成。然而，有時累積的價值會兌現成現
金，就像打破撲滿拿出存了一年的小零錢那樣。例如說，要從一個硬
體或軟體平台轉換到另一個的時候：

> 某個組織有四個部門，要將大量的應用程式從執行OS/360的
> IBM大型主機轉換到麥金塔電腦上。已達到高度標準化的A部門

主要透過運用技術審查,讓每一行程式碼的轉換成本不到其他部門轉換成本的三分之一。雖然在做評量時,B、C與D部門還在忙著支付這項作業性成本,所以只能用估計的,然而A部門的轉換正確度也更高,其轉換錯誤比其他部門少十倍。

做同樣的轉換時,C部門發現了計算兩個日期之間差異的9個不同常式、格式化日期供列印的23個常式、以及未使用前述那些常式而從事與日期相關事項的未知數量的嵌入式程式碼。這種重複花費的心力是未標準化的另一項成本,也說明如果你有良好的型態管制,標準化的流程如何變得更容易。同時,如果你有標準,型態也更易於管理,最起碼是因為需要管理的程式碼更少了。

21.4 設計

資訊隱藏(information hiding)是一種設計原則,認為將任務分解成不同的模組是最乾淨、最安全的做法,也就是當一位建造人員對其他建造人員的模組內部一無所知時。❺這個觀念可在大部分的現代語言中實作,而且物件導向語言把資訊隱藏當作其最重要的特色之一。然而,要在現實中實施這個觀念,我們必須把建造人員當白癡看待,儘管如此,我們不可能阻止他們進行訊息交流。而且,一位建造人員可能建造兩個或更多箱子,你不可能期待他在建造另一個箱子時,能夠忘記先前那個箱子裏面有什麼。

　　一種更明智的方法是發展出由型態管理工具所支持的一種文化,鼓勵建造人員玩「黑箱遊戲」(black box game),並假裝他們不知道所有其他黑箱裏面有什麼東西。為達此目的,我們需要像管理程式碼那樣地好好管理設計介面,因為這些介面是我的設計變更唯一會影響

你的設計的正確性之處。

設計的品質與型態管理的品質具有互相反饋的關係，如圖21-3的效應圖所示。拙劣的設計會增加程式碼中的錯誤，這會產生很多程式碼變更，進而增加程式碼管理系統的負擔。拙劣的設計也會使程式碼管理工作更複雜，因為我們可能搞不清楚東西在哪裏以及應該在哪裏。好的設計可以扮演系統所儲存之資料的自然索引，例如程式碼、測試與維護手冊。通常，對程式碼管理複雜度的抱怨，實際上是對拙劣設計的抱怨。

另一方面，有程式碼管理方面的問題意指會更常出現邏輯錯誤，進而提高整體的錯誤率。而且必須修正的錯誤越多，尤其在緊急模式下，更可能會對資料完整性產生負面影響。

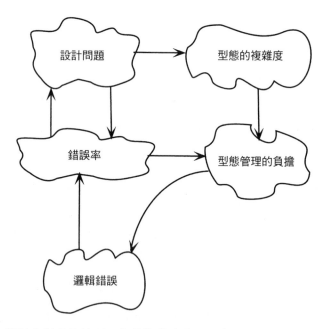

圖21-3 設計會對型態管理工作的複雜度產生影響，進而回過頭來影響設計的品質。

21.5　測試庫及其歷史

在我四十年的軟體業生涯中，已經解決了很多難以理解的事，但是其中一件我從來無法解決的事情是，為什麼程式設計師（以及他們的主管）這麼不願意保留為他們的軟體辛苦建構出來的測試？不知為何，他們並不把這些測試當作是資產。

　　有部分的問題似乎在於：很多組織是以非系統化的方式進行測試。首先，他們大幅仰賴單元測試。當個別的開發人員對他們自己的程式碼進行單元測試時，一般他們無法保存正確的紀錄，所以這樣的測試完全不是資產，甚至可能是債務。有時候，你可藉由讓不同的測試人員進行單元測試來改善這種情況。這個過程可能會提高讓測試變成資產的機會，尤其如果我們清楚告知測試人員他們的責任，並提供工具來支援這個過程時。如同 Payson Hall 提醒我們的：

> 我過去曾待過的最棒的一家軟體工程公司，會將測試案例審查當作模組驗收標準的一部分。程式碼、測試案例、單元層級設計文件、單元層級規格（介面與需求）、短截（stub）、驅動程式與測試結果，都納入型態管理之下。結果那是我所參與過的最棒的一次寫程式經驗，而且迴歸測試非常完美。整合測試期間，短截與驅動程式都有用處。

即使是由不同的測試人員做測試，單元測試的一個問題是：除非你已掌控好每一件事，否則你無法阻止個別開發人員從事未被記錄的單元測試。很多開發人員在編寫程式碼時十分謹慎，但是一進入單元測試時就胡亂竄改程式，因而破壞了原始版本可能具有的設計完整性。在這個過程當中，他們也破壞掉與模組歷史相關的寶貴資訊，而模組的

歷史可提供管理階層對故障防範未然的基礎，而不是在事實發生之後再做修正。

　　多年前，Gary Okimoto 與我一起研究 OS/360 的程式碼歷史，發現了容易出錯的模組這種現象。在系統出貨很久之後，甚至在修訂之後，這些容易出錯的模組含有問題的可能性，比起一般模組高十到一百倍。因此，藉由注意模組的早期歷史，我們可以預測其未來，必要的話就重新改造該模組。因為容易出錯模組眾所周知的問題，模組的歷史變成是很重要的維護工具，如同核電廠或飛機的製造與檢驗紀錄一樣。

　　如果做得好的話，模組的單元測試產生的故障紀錄，可變成模組過程歷史（module process history）的一部分。這份歷史將是最有價值的資產，並且應該包括：

- 程式碼變更的完整歷史
- 單元測試的完整歷史
- 所有測試案例，加上預期與實際的測試結果
- 來自所有技術審查的議題清單與摘要報告
- 時程的歷史（通常是判斷容易出錯傾向的一個指標）

382　在前一個世代，在線上維護這些資訊的成本太昂貴，但是儲存成本與型態管理軟體已讓這件事變得可行。同時，日益複雜的系統維護已使得在線上維護成為必要。

　　矛盾的是，Payson Hall 的理想組織說明，憑藉引進完全不同的流程，來改善一個已經是做到最好的流程，將是多麼困難的事。因為這個組織對單元測試有這麼完整的管制，其成員很難相信，單元測試沒有附加價值，而且可能隨著組織越來越擅長軟體工程而消失：首先將程式碼弄正確、在經歷測試之前先行審查、然後與「未經測試」但幾

乎完美的模組一起直接進行整合測試。❻

21.6　其他文件

如同 Patrick Henry 所說：「鑑往才能知來。」為了建立防範未然型（模式 4）組織，你必須知道過去，因為沒有其他方法可以預測未來。我們應該能夠把在機器上所發展出來的任何東西都歸檔，而且檔案應該保持在最新狀態並可以取用。除了以上提過的項目，其他還包括：

- 專案計畫（如同在公開的專案進度海報上的❼）
- 所有的手冊
- 訓練教材

21.7　增進資產保護

要轉換至一個可保護任何形式的資訊資產的系統，可以沿用類似於變更需求流程所採用的計畫：

1. 衡量保護資產的真正成本與價值
2. 取得對資產變更（輸入）的控制
3. 取得對資產取用（輸出）的控制
4. 取得對產生與維護資產全部流程的控制

讓我們使用程式碼控制當作例子，簡短說明這個流程。

21.7.1　衡量成本與價值

一如既往，如果對於資產保護的成本與價值做一番研究，將可提供一

個外來成分，以刺激改善程式碼的控制。至少你可採用三種不同的方法來衡量成本與價值：產生資產的成本、資產對其他成本所造成的影響、以及不保護資產的風險。本章最開頭所引述的1號客戶，就是用「產生資產的成本」這種方法。下列兩位客戶的陳述則是具有「資產對其他成本所造成的影響」方法與「風險」方法的特點。

383　　　2號客戶：我們總裁成立一個特別小組，以查明為什麼測試成本如此高，而且花那麼多時間。其中一項發現顯示，我們經常浪費大量時間在錯誤的環境中做測試。結果我們判定，一個程式碼控制系統可以幫助消除這個成本，所以我們實作一個這樣的系統。（我們也發現我們需要一個「測試組」〔test suite〕控制系統，結果我們可以使用同樣的工具，以及大致上相同的流程。）

　　　3號客戶：我們有一個程式碼控制系統，但是這個系統相當不嚴謹。幾位資深的程式設計師有門路可繞過正常的控制措施，以用於「突發事件」。接著在一件突發事件中，一個程式碼修正帶來一項副作用，直到進入量產相當久時間後，我們才注意到。我不確定要清理掉這項修正，我們到底要付出多少代價——因善意而造成的損失，其價值很難估計——但是成本是遠超過一百萬美元。後來我們決定，我們得要有一個更嚴謹的程式碼控制系統。

21.7.2 控制輸入

圖21-4顯示管理程式碼資產所需要的一些必要特色。

384　　　在型態主管的職權之下，將程式碼晉級成為驗證過的程式碼是管理階層的責任。此決策依據測試與審查結果，並與專案計畫相互搭配。將程式碼實際擺放在驗證過的程式碼資料庫中，最好由不懂程式

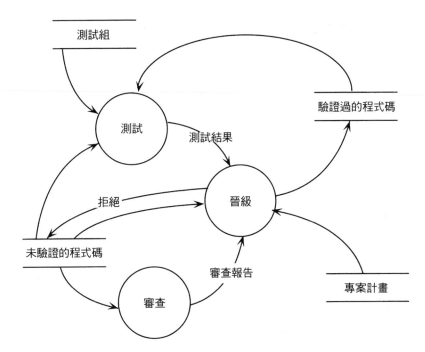

圖21-4　對於程式碼資產最起碼的保護，要求只能有一條管道可進入驗證過
　　　　的程式碼資料庫；這可以透過考慮審查、測試與專案計畫的一個明
　　　　確的晉級過程來達成。

撰寫的行政人員來做。這個做法可以杜絕不正確地修正別人所提交之
變更的誘惑。（早在影印機與印表機出現之前，相較於識字的僧侶，
用手臨摹手稿的不識字僧侶會做出修正的可能性低很多，因此他們是
古代資料庫更加可靠的保護者。）

　　行政人員是唯一擁有資料庫寫入權限的人，而且只有在管理階層
指示下才能插入程式碼。除非系統程式設計師決定繞過資料庫防護措
施，否則這種結構絕對能杜絕未經授權的修正。在最後的分析中，對
於你的組織的資料資產，系統程式設計師可能是最危險的人物，所以
他們對於資訊資產所擁有的任何使用權，都需要小心監控。

21.7.3 控制輸出

若程式設計師發現取得驗證過的程式碼太困難，程式碼管制就是失敗的。一項常見的錯誤是把心力全部花在杜絕「將未驗證過的程式碼加入到驗證過的程式碼資料庫」，但是卻忽略了讓存取變得容易。採用現代的軟體、硬體和網路技術，沒有理由不讓每位程式設計師對整個驗證過的程式碼資料庫立即唯讀取用。

21.7.4 控制流程

將程式碼擺在嚴格的資產管制之下，總是困擾著直到今天還在不嚴謹系統下操作的程式設計師。最初他們不認可嚴格管制的優點，即便當他們認可優點時，那些優點其中一些不會由他們獲得，而是整體來看由組織所獲得。對他們而言，這種管制代表不方便，似乎只會讓他們的工作放慢下來。當他們嘗試誘使你「僅此一次」繞過系統時，你可從他們所說的話當中聽到他們的煩惱：

✓ 「我能直接在基線（baseline）副本中做那項變更。那只是一行的編輯，所以我不必和那種登出與登入作業打交道。」

✓ 「變更原始碼會花太多時間。我只是將這個修補快速放入目標碼中。」

✓ 「若我不變更修訂歷史，沒有人會知道我做過一項變更。」 ❽

385 ✓ 「因為他們正在使用這套系統來評量我所做的變更次數，所以我得要漏掉一些變更不做記錄。」

✓ 「記錄每樣東西太過麻煩。」

不要容許違反規則的行為。一定要改變明確的和隱含的獎賞制度，以確保違反規則的行為不會得到獎賞，而資產保護行為會得到獎賞。一

定要讓程式設計師知道程式碼資產的價值。一定要容許有時間去習慣
新系統，而且**一定**要容許時程中的餘裕時間。

　　一定要傾聽違反規則者有什麼話要說。若所說的話與型態管理制
度有關，**一定**要使系統有所改善；若所說的話與違反規則者有關，一
定要讓違反規則者有機會改進。

　　不要要求人們在不了解的情況下遵守制度。要讓型態管理員承擔
起教育工作，而且將這項工作做好。

　　一定要確定，只有唯一途徑可以存取資產資料庫。**不要**容許不只
一條途徑可做變更。然而，若作業系統功能失常，**一定**要提供一項緊
急存取程序，以容許技術人員迅速處理問題，而且**一定**要確定這項程
序經過三重保護。如果缺乏可信賴的緊急程序，你絕對可以預期為了
「挽救公司」，有人最後會違反資料庫的完整性。

　　一定要從任何專案一開始就安置變更管制與型態管制。除非你在
專案計畫中投入大量的心力，**不要**嘗試在中途將專案轉換到型態管制。

　　不要嘗試一下子就將整個組織轉換到任何資產保護流程。**一定**要
一次一個專案地轉換組織，並從最可能成功的專案開始。

21.8 心得與建議

1. 型態管理的重要性可從結構工程學斷裂理論的角度來了解。結構
   因為裂縫的擴大而遭到破壞，而且張力斷裂的第一個因素是「就
   產生新裂縫必須耗費的能量而論所要付出的代價」。[9]換句話
   說，若相當容易產生裂縫，即使在正常的壓力下結構體也可能倒
   塌。在軟體中，若沒有備置好型態管制，則產生裂縫的能量成本
   幾乎是零。任何人只要鍵盤敲幾下就能摧毀系統。

2. Norm Kerth建議：為了測試你的型態管制系統，隨便挑選一天並要求重建系統，就好像發生一場地震破壞了系統的最新版本一樣。事先在一週或更早之前，宣布要在某一天優先做這件事。接著，當組織證明能處理這些事先警告的地震時，再不預警地進行一次重建看看。（然而，請一定要為處理這些模擬緊急事故的必要工作編列預算。）

3. 指責違反規則者破壞資產很容易，但是身為主管的你要負責控制違反規則者。首先，是你雇用了違反規則者，而且你獎賞違反流程的行為，使得這個人的績效高於團隊績效。你可能沒有理會型態管制程序相關的合理回饋，而且未能傳達為什麼這些程序是為了最大利益而訂定的理由。不要指責違反規則者，而是要提升你的管理技能。

4. 關於資料字典與相關工具能為你的組織做什麼的一個詳盡個案研究，請參考David Eddy所寫的 "The Secrets of Softwar Maintenance" 這篇文章。❿ 好好研究一下。

5. 一些厭惡型態管理的開發人員，他們很喜愛新玩意兒。但是如果他們了解這兩者之間的正向關係，他們應該會將型態管理視為是支持更多更好的工具的一種方法。例如，我的一位客戶購買了一個4,995美元的績效分析器，最多有220位開發人員可能需要使用這項工具，這表示若替每位開發人員都購買一套，成本會超過1百萬美元。但是大家不常使用績效分析器，所以公司僅購買一套，並將它擺在型態管制之下。這不僅讓他們省下購買多份副本所要支付的一大筆錢，而且也將該工具處在能讓他們評量使用情形，並使用這項評量值判定，他們可能可以證明再購買兩套的成本是划得來的。

21.9 摘要

✓ 如同在軟體開發的情況，在建築物專案中，從設計轉換成建造時，建築商為了改進產品可能會導入變更。若這些變更未經過與最初的觀念同樣嚴格的程序加以把關時，問題可能會產生。根據這個軟體系統的經驗，防範未然型（模式4）經理人可預料到未經審查的變更是危險的，而且要採取預防行動。

✓ 資訊系統是資產，而且保護你的組織的資產，是你身為經理人的主要工作。組織的很多資產是以資訊的形式存在：

387

- 程式碼庫
- 資料字典
- 測試庫與歷史資料
- 設計
- 標準
- 專案計畫
- 流程描述
- 流程歷史資料
- 評量資料庫
- 各種手冊與文件

✓ 程式碼庫，特別是目標碼庫，是最終依憑的資產。目標碼庫中的變更會直接影響系統的行為，而沒有任何進一步的檢查問題步驟。若你想保護資產，程式碼庫是尋求改善的第一個地方。

✓ 控制其他資產不需要像程式碼控制那樣嚴格，因為程式碼控制在資料字典、設計、標準等等的驗證之後，還有檢查和平衡的工

作。然而，不嚴謹的資產控制極可能產生緩慢惡化，不論你如何
小心地控制程式碼，最後都會導致軟體工程組織垮台。

✓ 隨著系統越來越大，未受控制的命名將導致執行工程工作的錯誤
與時間增加。很多組織都在沒有任何詳盡的資料字典之下運作，
並且設法一路跌跌撞撞地走下去，但是若你希望你的組織變成防
範未然型（模式4）組織，一路跌跌撞撞是行不通的。名稱最重
要的利益在於其一致性。身為經理人，你的職責是去查看命名沒
有失控。

✓ 「標準」做為一種資產的價值容易被遺漏，因為標準造成的影響
通常是透過很多小節省而達成。如果你有標準，型態也更易於管
理，最起碼是因為需要管理的程式碼更少了。

✓ 更有意義的一種資訊隱藏方法是發展出由型態管理工具所支持的
一種文化，鼓勵建造人員玩「黑箱遊戲」，並假裝好像他們不知
道所有其他黑箱裏面有什麼東西。為達此目的，我們需要像全心
管理程式碼那樣地管理設計介面，因為這些介面是一個人的設計
變更唯一會影響另一個人設計的正確性之處。

388 ✓ 設計的品質與型態管理的品質具有互相反饋的關係。拙劣的設計
會增加程式碼中的錯誤，這會產生很多程式碼變更，進而增加程
式碼管理系統的負擔。拙劣的設計也會使程式碼管理工作更複
雜，因為我們未必清楚東西在哪裏以及應該在哪裏。

✓ 好的設計可扮演系統所儲存資料的自然索引，例如程式碼、測試
與維護手冊。通常，對程式碼管理複雜度的抱怨，實際上是對拙
劣設計的抱怨。

✓ 基於某種理由，程式設計師並不把測試當作資產，可能是因為很
多組織以非系統化的方式進行測試。有時候，你可藉由讓不同的

測試人員進行單元測試來改善這種情況。

✓ 許多編寫程式碼時十分謹慎的開發人員，進入單元測試時就胡亂竄改程式，因而破壞了原始版本可能具有的設計完整性。在這個過程當中，他們也破壞掉與模組歷史相關的寶貴資訊。

✓ 容易出錯的模組含有問題的可能性，比一般模組高十到一百倍。藉由注意模組的早期歷史，你可以預測模組的未來，而且必要的話就重新改造。因為容易出錯的模組眾所周知的問題，模組的歷史成為不可缺少的維護工具。

✓ 模組的單元測試產生的故障紀錄，可以成為模組過程歷史的一部分。這份歷史是最有價值的資產，並且應該包括：

- 程式碼變更的完整歷史
- 單元測試的完整歷史
- 所有測試案例，加上預期與實際的測試結果
- 來自所有技術審查的議題清單與摘要報告
- 時程的歷史（通常是判斷容易出錯傾向的一個指標）

✓ 為了建立防範未然型（模式4）組織，你必須知道過去，因為沒有其他方法可預料未來。我們應該能夠把在機器上所發展出來的任何東西都歸檔，而且檔案應該保持在最新狀態並可以取用。

✓ 要轉換至一個可保護任何形式的資訊資產的系統，可以遵循類似 389
於變更需求流程所提供的計畫：

1. 衡量保護資產的真正成本與價值
2. 取得對資產變更（輸入）的控制
3. 取得對資產取用（輸出）的控制

4. 取得對產生與維護資產全部流程的控制

21.10 練習

1. 畫一張效應圖，顯示標準、型態管制與資料字典如何通力合作，可減少錯誤和重複花費的心力。

2. 吉姆‧海史密斯提到：在主從式系統中，模組型態與歷史更複雜得多。這些資料可能位在用戶端、伺服器中、中介軟體處、用戶資料庫中或伺服器資料庫中。分散式型態與歷史資料庫有什麼優點，可補償這種額外的複雜性？試討論利用分散式系統時，管理階層能做什麼事來保存資訊資產？

3. Dan Starr 表達出我在具技術背景的很多人身上所發現的感覺：

每當用資產來描述軟體時，我注意到自己對「資產」這個術語有立即的強烈反應。進行一些分析後，我發現我同意軟體是有價值的東西，並需要以那種方式來看待。我只是不喜歡這個術語。我的反應可能與那是「可供多人使用的資產」而且被管理階層牢牢控管有關。我也將「資產」這個術語和繁文縟節與數量統計相關聯（公司裏的資產主管是會告訴你因為電腦成本太高，而不能一人擁有一台現代化個人電腦，同時忽略在愚笨的終端機前工作所造成的生產力損失的那種人）。而且至少在我們的組織中，「資訊資產」這個術語已取代「智慧財產」，而且使用的方式帶有一種無論如何你的頭腦是雇主的財產的那種隱含的威脅。

你對「資產」這個術語的反應是什麼？你的同事反應如何？這如何影響你導入資訊資產觀念的方式？

22
管理設計

390

布魯諾‧貝特罕（Bruno Bettelheim）曾經將小孩的玩耍描述成一種活動：「其特色是，除了個人加諸的規則（可任意變更規則）之外擁有完全的自由、可隨心所欲加入幻想、以及除了玩耍本身之外沒有任何其他目的。」這是對設計人員在製圖桌前的行為非常貼切的描述。

……貝特罕引用一位四歲小孩所問的問題：「這是一個有趣的遊戲或是一個要分勝負的遊戲？」單人建造遊戲 [指設計] 必定是個有趣的遊戲，因為這個遊戲沒有對手……

然而說設計有趣，對於要解釋設計這一行業——其特色是薪水偏低，而且完全沒有工作保障——長期來說有何吸引力，倒是多少有些幫助。❶

——黎辛斯基（Witold Rybczynski）

設計是有趣的。即使是薪水較高而且更有工作保障的軟體設計也是有趣的。可能這正是為什麼那麼多經理人不願意完全放手不做設計師的工作。但是我要再重複一次：如果你想要在管理方面有成

功的發展，這項有趣的工作是你必須放棄的其中一件事。如果你把對於設計的熱情用於設計組織與流程，那樣很好；但是你不應把它用於設計資訊系統。

　　本章主要不是關於把設計當成樂趣，而是跟經理人不把資產當一回事有關，因為設計是資產。把設計當成資產的概念，可以讓身為經理人的你，對關於軟體設計你必須涉入多少能有一個適當的觀點。軟體設計可能是所有資訊資產當中最重要的資產。

391　## 22.1 設計創新的生命週期

經理人負責管理，但若事情變得不可收拾，他們就無法管理。因此，雖然經理人不應該花時間從事設計，他們必須總是要從「設計是為了易於管理而設計」的觀點，而持續參與審查設計。否則，某些設計（新設計或演變中的設計）可能加入龐大的管理負擔，使得以這些設計為依據的專案變得不可行。當設計太過複雜時，經理人必須堅持簡單化。若設計師堅持複雜性是必要的，經理人必須有辦法證實自己的主張，而且可能要準備尋找新的設計師。

　　如同在龐大的CASE工具或試算表引擎中，有時候，過度複雜性從一開始就是設計的一部分。如同我們所見過的，更經常的情況是對軟體一再做變更，而導致設計債務增加。當設計債務日漸變大時，管理變得近乎不可能，因為管理的經常性負擔會隨著設計債務增加而非線性地增加。

　　很多新創軟體公司的公司歷史，就像是一齣關於不修補設計債務時會發生什麼事的道德劇（morality play）。通常，這類由年輕有為的夥伴（Bright Young Fellas, BYF）所組成的公司，都是源自於有人想

出了真的很棒的新的產品設計概念。於是公司成立了，並推出了產品。

如果設計概念真的夠新，而且產品填補了市場中尚未被滿足的利基，則銷售額就會戲劇性增加，而且利潤龐大。最後，BYF公開發行，創辦人授予他們自己數量可觀的股票。

可能是因為產品的新推出或匆忙上市，使用時會有很多功能失常出現，使用者堅持必須修正這些功能失常。而因為人們喜愛產品，而且也使用產品，他們就會要求新特色。這些要求導致太多的程式碼變更，進而產生設計債務，導致設計品質開始惡化。

因為BYF太過成功，他們不只吸引投資人，而且也引來潛在競爭者。競爭者開始模仿其系統，但是做得更好。這些競爭者有些從BYF的經驗得利，並且讓他們預計推出的產品以改善後的設計為基礎，但是無論如何，這些競爭者最初都沒有設計債務。

競爭的出現並沒有困擾BYF的創辦人，因為那證實了他們的觀念並增加銷售額。當他們的產品改善，並利用他們的領導地位時，BYF的銷售甚至增加更多。因此，股價進一步向上推高。

競爭者將他們的產品推出上市，其中有些產品運用BYF產品的知識，從裏到外都產生更優越的設計。大約在這時候，BYF的創辦人將他們的股票大量換成現金，同時催促他們的員工更辛勤工作、變得更創新、而且尤其要對公司忠誠（他們可藉由購買公司的股票展現忠誠）。

儘管有這些催促，BYF的設計債務使得他們的產品趕不上競爭者，同時依舊使用他們的舊設計，但是工作人員的確持續進行改善。銷售成長與股價開始維持平盤。

最後，銷售變得持平，而且股價下跌。BYF開始採取極端措施以

392

求趕上競爭者。通常，公司會引進專業經理人，以取代已經一籌莫展的創辦人。然而甚至在這種危急情況下，BYF仍沒有重新設計其產品。

很快地，設計完全崩盤。BYF再也不能持續補上新特色，並修復前一次發表中的特色。公司也倒閉了，但是創辦人很富有。然而，工作人員失業，而且他們其中一些人持有毫無價值的BYF股票。產品消失不見，或由一家多產品公司因為其產品名稱而進行收購。這種情形之下，原設計會被廢棄掉，由新設計取代，但可能保留舊有的使用者介面。接著生命週期又重新開始。

如果人們分析BYF關門的原因，他們的結論可能會是拙劣的設計。我會表示贊同，但不是從「糟糕」的設計這個意義來看。對我來說，「拙劣」（poor）只是表示同情：「你的拙劣設計，加上這麼不恰當的管理，使你不可能成功。」

設計無法抵擋蠻橫的管理階層的彈弓與箭。身為軟體工程經理人，你的職責是讓設計真正有機會一開始就做好，並在設計存在的存續期間受到良好對待。拿起武器之前，你需要了解設計所繼承的弊病、這些弊病對軟體的影響、以及它們的一些對策與預防措施。

22.2 設計的動態學

設計債務的累積，可能確實起源於「逐漸增加的特色」（featuritis），但是一般都從過度及／或匆忙修正缺陷所發展而來。缺陷是你所產生的東西，而功能失常是你所偵測到的結果。所以，比起你偵測到功能失常之處，你在何處產生缺陷其實更重要，但是常見的謬誤是認為程式碼是大多數缺陷的來源。如圖22-1所顯示，測試當中發現的大多數功能失常，並非來自程式撰寫時所產生的缺陷。粗心的經理人認為功

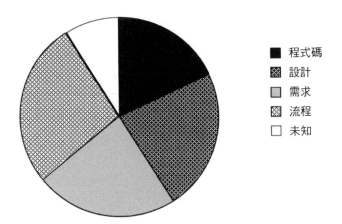

程式碼
設計
需求
流程
未知

圖 22-1　缺陷的典型分布。雖然大多數的缺陷都源自於程式撰寫之前，但是
　　　　要到程式寫完之後才偵測得到功能失常。

能失常來自程式撰寫，只是因為在程式撰寫之後緊接著發現功能失
常。實際上，長久以來功能失常一直潛藏在那裏，只是流程沒有能力
把它們揪出來。

　　以下是一些並非源自於程式撰寫的「程式撰寫缺陷」範例：

- 沒有需求的程式碼
- 錯誤設計的程式碼
- 錯誤需求的程式碼
- 因為程式撰寫員忘記需求而未撰寫的程式碼
- 因為資料結構設計欠佳而變得太長的程式碼
- 因為介面太複雜而造成錯誤的程式碼
- 因為兩個部分的設計有不同概念而造成錯誤的程式碼
- 因過度複雜又文件記載不足的設計而造成不一致的程式碼

393

大多數的缺陷是源自於需求與設計，然而在管理不善的組織中，流程

錯誤也相當顯著。流程錯誤，例如重複、摧毀、沒有更新和程式碼版本控制問題，通常都是開發流程所造成的。這些錯誤有很多可由改善後的流程加以處理，這肯定是管理階層的責任。

　　開發或維護資訊系統，當產生以下的效應時，增加花在設計上的心力可以減少花在寫程式的心力：

- 設計得更好的資料結構
- 模組化
- 更清楚的介面
- 更少switch指令與旗標
- 更少全域變數
- 更可測試的系統
- 結構的再利用

這類改善的直接影響是可以減少寫程式所花的心力（圖22-2）。

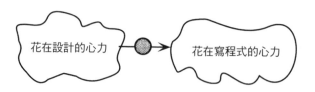

圖22-2　設計時要小心的一個主要理由是要減少寫程式所花的心力。

394　但是減少寫程式所花的心力，不是良好設計唯一的正面影響。良好設計的另一個重要理由是減少大規模錯誤的數量（圖22-3）。有一項研究顯示，在一家軟體公司中，一般的設計缺陷意指丟棄22行程式碼並重建16行程式碼，其成本大約10,000美元。另一方面，一般的程

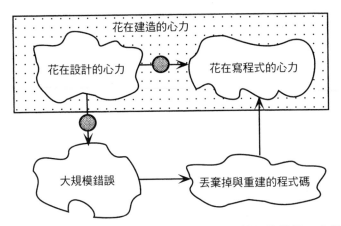

圖22-3　良好設計的另一個重要理由是減少大規模錯誤的數量。大規模錯誤
　　　　會導致很多遭丟棄與重建的程式碼，進而增加程式撰寫上的負擔。
　　　　雖然設計需要耗費時間和心力，但是若設計做得好，建造所需要的
　　　　總時間和心力也許更少。

式撰寫缺陷意指丟棄掉3行程式碼並重建1行程式碼，其成本大約是
1,200美元。

　　建造時間是由程式撰寫時間加上設計時間所組成。在這個組織
中，儘管耗費了「額外的」時間好好設計，但由於改善過的設計而減
少花在程式撰寫的心力，可導致整體建造時間縮減。這是對於「我們
沒那麼多時間專心致力於設計」這個反對意見的第一個回答。

　　引進明確的設計實務與設計審查後，這個組織發現建造時間也較
少變動，使管理階層更容易做估計與控制。設計流程的改善也減少待
修復之缺陷的總數量，進而減少耗費在測試的時間和心力（圖22-4）。
這是對於「我們沒那麼多時間專心致力於設計」的第二個回答。

　　要轉型至防範未然型（模式4）組織，某個程度上就是要將重點
從程式撰寫轉移到設計，如同以下的箴言所指出：

395

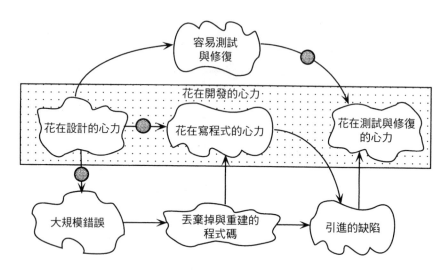

圖22-4　因為設計可減少程式撰寫數量，設計也可減少程式撰寫所引進的缺陷數量，進而減少花在測試與修復的心力。因此，設計使得測試與修復更容易，其影響是非線性的。

目標不是要證明程式正確，

而是要撰寫正確的程式。❷

雖然重點在於一開始就預防錯誤發生，然而，由於良好的設計能產生可理解的程式碼，因此可讓找出剩餘的少數錯誤更加容易。「考慮什麼因素可讓程式正確，比想出造成程式錯誤的所有原因要更容易。」❸在程式碼的整個使用期，可理解的程式碼更容易維護。因為這種程式碼使設計維護債務的累積放慢下來，因此也非線性地更容易維護，這是對「我們沒那麼多時間專心致力於設計」的第三個回答。

396　　　有些經理人告訴過我，匆匆忙忙設計不是他們的過錯。他們說：「設計師自己才是最迫不及待想見到他們的產品的人。」對於這些經理人，我提供來自一位偉大建築師的評論：

我經常告訴我在萊斯大學（Rice）最聰穎的學生說：「你們有一件事比不上其他學生。當你們成為建築師時，若沒有能力設計出可讓結構光環四射的美麗功能性建築物時，你們將會感到挫敗而變得極度不快樂。其他學生的作品在品質上可能不如你，但他們像雲雀一般快樂，並相信他們的建築物真的不錯。他們不知道差異所在，不幸地，你們知道。而且那會困擾你們到把你們身上的魔鬼都嚇跑的程度。你們將會發現，現在你們光有哲學（你們能談論建築），但是沒有創造建築風格的技能。不要推遲動手做。現在就犯錯……在那些便宜的黃色描圖紙上畫東西。若設計圖的結果不正確，並不會有任何損失，而且下一張草圖也許會更好。請手腦並用地思考。」❹

對於「沒有足夠時間」的第四個答案，簡單來說是只有差勁的設計師才會容許自己受到差勁的經理人所催促，反之亦然。

就算良好的設計是必要的，身為經理人的你能為它做些什麼？有件事相當清楚：你不打算自己成為設計師。若你想要那樣做，那就要脫離管理工作並回到戰壕去。但是只要一點點努力，至少你就能協助你的組織預防一些最糟糕的設計錯誤。

Thomas L. Magliozzi 與他的兄弟 Ray 在全國公共廣播電台（National Public Radio）共同主持 Car Talk 節目。他提供下列你可用來當作指南的「設計大錯分類法」：❺

1. 不是因為適當而是因為「它就在那裏」而使用一項技術。（他將這種現象稱作艾德蒙·希拉瑞學派〔Sir Edmund Hillary School〕，這是以第一位攀登埃佛勒斯峰〔Everest〕者來命名，「因為它就在那裏」。）

2. 不計任何代價就是要不一樣；盡可能重複發明；什麼都不複製，連好構想也不複製。（我將這種情形稱作法蘭克‧洛伊‧萊特症候群〔Frank Lloyd Wright Syndrome〕，他們不在乎做設計，而比較在乎創造歷史。）

3. 自以為聰明而搞得太複雜。（他將這種現象稱作泰德‧威廉斯理論〔Ted Williams Theory〕，這是源自泰德‧威廉斯的名言：「若你不要要求一定要做到完美，那就別想太多〔If you don't think too good, then don't think too much.〕」。）

4. 太多廚師（壞了一鍋粥）。

5. 哎呀！我們到底要把這鬼東西擺在何處？

397　你不需要成為設計師，才能避免這些大錯。你只需要成為神智清醒的最後一道防線。

22.3 艾德蒙‧希拉瑞學派

有在軟體工程組織待超過一個月的任何人，都會熟悉技術導向設計。為什麼要一個月？因為那是硬體銷售員安排進他們的記事簿的拜訪時間間隔。到第一個月結束時，你必定已聽過至少一位販售商主張某套新系統的設計，是以他們最新最棒的功能集為基礎。

　　無疑地，可能有某個新特色開啟了重要應用之門的那種情況，就像比以前可利用的設備更大或更便宜一個數量級的資料儲存設備。基於這個理由，審視一些新技術對組織來說相當重要，但是當顯然有用處的某種新東西真的出現時，這種東西絕對不應該成為跳過正常設計流程的許可證。

一定要堅持每個專案都要從問題陳述開始，並就商業需要來論述。

除非你先做需求確認工作，並至少向三位販售商提出請求，否則不要讓硬體或軟體廠商替你設計系統。在簽署任何文件之前，一定要取得每位販售商的開發、測試與專案管理流程方法。

一定要讓組織審視新技術。無論跑去看商展多麼有趣，不要自己做這項工作。不要以任何形式接受來自販售商的禮物。

一定要對涉及新技術的任何設計抱持懷疑態度。除非你確信，專案的設計師已完全考慮到經時間驗證過的乏味舊技術，而且實實在在評估過失敗的成本，否則不要容許任何專案採用最新最棒的技術。不要忘記當你第一次使用某樣東西時，不會比使用其他東西來得更快。

22.4 法蘭克・洛伊・萊特症候群

那些似乎無法採用前人曾經想過的東西的設計師，總是在自欺欺人。很久以前，歌德（Goethe）說：「諸事從前皆想過，難處在於對它進行再思考。」當你認為自己是原創者時，你通常只是不知道什麼想法在你之前已經出現過。

與軟體工程師之間廣為流傳的傳說相反，大多數程式不是原創設計的傑作，而且也不必是如此。一定要問：「我們是在設計古根漢博物館（Guggenheim Museum）還是鄉村別墅？」當只需要能幹的手藝時，不要屈服於「藉由資助傑出作品的設計而贏得不朽名聲」的誘惑。

一定要盡你所能鼓勵再利用。不要盲目地再利用。再利用是一個　398
很炫的字眼，但是要讓東西能再利用，而不是拒絕採用，光只是炫還不夠。

一定要養成習慣問設計師，是否有東西可重複利用，而不是一切從頭開始。一定要區別出至少三個層次的重複利用：

- 共用設計構想
- 共用原始碼副本，但修改這份副本（不維持與原始副本的關聯性）
- 共用目標碼

共用設計構想是最有生產力的共用類型。然而，照章行事型（模式2）經理人認為，程式碼重複利用最好，因為他們認為所有的價值都來自偵錯，這使得偵錯過的程式碼極具價值。然而，大多數真正的價值是來自設計。即使當經理人過去自己就是設計師，他們還是有很多人不了解設計的價值。

有可能共用到什麼程度？我的一位客戶宣稱，一套銀行系統中，有60%的功能由公用常式所支持。因為使用更高階語言會讓你認為公用程式碼的支援較少，這個數字取決於你替自己的觀察所做假設的程度。無論如何，這種程度的共用，不是光靠管理階層宣告設計與程式碼應該共用，就能夠達到。我們還需要付出額外的代價，才能使設計與程式碼值得共用。

一定要尋找共用的機會。不要假定現有的設計是高品質設計。一定要研究共用的組件若是不好的組件，會造成多少損害。

無論是編譯器、作業系統、次常式或物件類別，一定要小心審視（例如運用技術審查）公用元件的品質。一定要將設計與經證明過的現有設計相比較，並詢問為什麼不採用這些設計。一定要自行準備投資於將候選的設計與程式碼，提升至適合共用的品質水準。

22.5 泰德・威廉斯理論

你可能不認為自己愚蠢,但是夠複雜的系統可能讓任何人看起來愚蠢。壞設計會破壞可理解性,而會破壞可理解性的任何東西都會損害設計。

22.5.1 第一次就做對

匆匆忙忙做事會降低思考品質。例如,修正程式碼時引發錯誤的傾向,可用缺陷回饋率(fault feedback ratio, FFR)來衡量。❻ 更高的 FFR 意指設計完整性以更快速度遭到破壞,進而傾向於提高未來的 FFR,而產生崩潰的動態學。 399

　　這種崩潰的動態學暗示以下的原則:**不要強迫你的人員在修正的模式下思考。一定要讓壓力遠離,**那樣你的系統將存活得更久。這是為什麼不讓程式撰寫員做單元測試的一個理由。

22.5.2 不要貪婪

奧古斯丁(N.R. Augustine)的胃口永不滿足法則(Law of Insatiable Appetite)說:

> **最後10%的績效會產生三分之一的成本與三分之二的問題。❼**

最佳化的代價甚高,所以除非對於最佳化有確實的商業需求,不要在任何方面催促你的人員將系統最佳化(圖22-5)。

　　不要鼓勵微觀的效率,而要鼓勵對新需求的適應性。此外,微觀的效率最終會失去宏觀的機會,因為微觀最佳化的程式碼會破壞設計,而被破壞的設計會損害理解力。

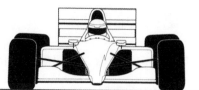

速度＝180英哩／小時
成本＝50,000美元

速度＝220英哩／小時
成本＝100,000美元

圖22-5 除非有確實的商業需求，否則不要在任何方面催促最佳化，因為最後幾個百分比的成本是不成比例地更高。

追求完美是一種最佳化。**不要**將錯誤視為是道德問題；錯誤只是報廢品。製造商不僅藉由預防，而且也藉由支付廢棄物處理費來處理浪費。**一定**要考慮為錯誤付一點代價，而不是嘗試完全消除錯誤。

錯誤是做生意的一部分成本。錯誤的價值是什麼？錯誤的成本是什麼？**一定**要去計算消除錯誤的成本與價值。一般來說，只要不具毒性，你就能與廢棄物共處。若廢棄物有毒，如果只有一些人受影響，則你可支付補償金。

的確要建立退還政策，例如「不問問題就全額退還」。

的確要付費給某些使用者以另一種方式從事工作。例如，有個組織只是為有特殊需求的三個人（在七百位使用者當中）以人工執行一個流程。他們的需求原本會毀壞掉系統設計。

22.5.3 創造餘裕

你在一家旅館中，聽到有人大叫失火。他跑去找滅火器，並拉警報呼叫消防隊。我們都跑出旅館。然而滅火沒有辦法讓旅館變得更好。

> 那無法讓品質提升。那只是把火撲滅而已。❽

關於滅火，戴明是正確的，但這對燃燒中旅館的負責人毫無幫助。旅館著火時，你無法夠清楚地思考如何改善旅館。一定要空出一些時間與其他資源不投入於救火。一定要將研究如何降低失火機率的流程改善當作第一要務。這樣的努力將會釋出更多資源用於進一步的流程改善。一定要在改善過程中至少再投資一部分這些節省下來的資源。

這個預防失火的流程是另一種形式的預留餘裕，它包括了專案中並非為了讓現有產品順利推出而存在的任何部分。如我們所見，在複雜系統中，總是需要有餘裕，才能去研究未知的未來。一定要在設計中容許餘裕存在。不要將設計逼迫到極限。不要急著拿出你的餘裕資源。餘裕就像「外卡」，可用來改善幾乎任何方面，但是一旦用掉就沒有了。

一定要在你的時程中允許餘裕，讓每個人都有時間思考。這種餘裕的形式可以是適用於所有資源的特定的整體應變因素。若你能想到有效的做法，一定要讓餘裕變成結構的一部分。例如，評量就是餘裕的一種運用，看看未來的結果是否如同你所規畫的。從專案觀點來看，大部分的訓練都是一種餘裕，雖然從改善整體組織能力的觀點來看並不是。任命一個研究小組，或鼓勵玩耍和實驗（當然不是在真實的產品中），是為未知的將來做好準備的一個好方法。

你可以藉由維持欲望少和餘裕充足，而維持欲望和認知之間有一定程度的落差。很多軟體公司的衰敗都是因為將各種功能放入他們的產品中所造成，這導致產品晚兩年推出，而且失去市場佔有率。

401　*22.5.4 保持簡單*

當其他條件大致相同的情況下，一定要偏愛簡單的設計甚於複雜的設計。然而，不要錯將過度簡化當作簡單。Teresa Home 在針對本系列第 1 卷做評論時，舉了一個好例子，說明簡單未必是一件簡單的事：

> 第 1 卷第 219 頁（中譯本第 346 頁）的圖說明，任一模組不可超過 100 行程式碼的嚴格規則，對非常大的系統來說可能不是最佳情形，因為花在整合上的心力會超過縮減模組大小所節省下的心力。
>
> 　　我曾經替一家結構化技術與逐步說明（walkthrough）方面規模相當大的菸草公司，進行一套模擬系統的設計。他們的規則是每個模組不超過兩頁的 PL／I 程式碼。結果我們有 205 個模組。程式撰寫相當快速，但是整合是個夢魘。每個模組需要的平均參數數量大於五個，而且大多數錯誤都出在傳遞參數的順序與格式。若我們有不只兩個人實作這項設計，整合的情形甚至會更糟糕。（順便一提，效能不佳是因為設計也不佳，工作吃重的模組位在巢狀 DO 迴圈深處底層。）❾

在此個案中，簡單牽涉到至少三個評量值的互動關係：模組大小、溝通的複雜度（傳遞的參數）與效能。Teresa 說她已經在潛意識學到如何做這些權衡取捨，但是要教導未曾有過這種經驗的其他人如何做權衡取捨，你必須將它提升到意識層次。一定要要求設計師解釋他們如何做權衡取捨，以及在複雜度方面他們付出了什麼代價。一定要記住簡單的線性規則永遠是錯誤的，包括這個個案也一樣。

　　不要對違反標準的行為放水，而使複雜度問題惡化。例如，為了

將對多重型態的支持降至最低，你必須用標準介面做設計，並將這些標準維持在控制之下。❿ 當貴公司在產業中具有主導力量時，這是較容易遵循的規則。但是當你在垂死掙扎時，為了多贏得一位顧客，人們就容易對標準介面有所妥協。

22.6 太多廚師

誰實際上在進行設計工作？建築師這個字來自希臘字：archi- 意指主要的或最頂尖的，而 tect 意指建築術或木工。換句話說，建築師是主要建造者。在軟體中也一樣，**不要**讓設計師離開建造過程。

　　一定要讓設計團隊持續參與建造。否則，設計師不會隨著時間提升自己。然而，**不要**讓設計團隊監督建造人員並批評他們的作品。**一定**要讓設計師參與程式碼的技術審查。

402

　　開發進度是待完成的工作量與可利用的資源之間的一場競賽。降低系統大小是方程式的一邊；發展人力資源是另一邊。然而，**不要**藉由增加人手到設計團隊，來嘗試加快速度。

　　最後，**一定**要有一個設計團隊。若你的組織太小而養不起全職的設計團隊，請盡可能（從組織內部或外部）請求、借用或竊取人手，以便盡可能獲得更多觀點。同時，在煮壞一鍋粥之前，**一定**要有一位能解決所有爭論的總設計師。

22.7 哎呀！

設計應該是事先考量；事後考量是設計過程失敗的一個徵兆。身為防範未然型（模式4）經理人，你可透過一些簡單政策來協助預防事後

考量。

一定要堅持將所有設計化為文字，而不是用手在空中比劃，這樣設計才能夠被審查。如同 Payson Hall 所評論：

> 不訴諸文字的這種不良觀念，可以說明我所見過的大多數妨礙讓第 N+1 次發表準時推出的直接錯誤。就我的經驗來說，**幾乎可以**處理資料完整性之複雜度的演算法、**幾乎可以**處理資料傳播的演算法、以及當意料之外的事情（像是停電或使用者按下 reset 這個白色大按鍵）發生時，**幾乎可以**避免掉關鍵性失敗的演算法，都是專案失敗的重大原因。而且懷著真心的聰明人能說服自己（還有你），他們已將所有難題擺平……若沒有書面規格可仔細考慮，你最後要使用手提鑽（jackhammer）去搗碎混凝土並重灌……非常昂貴、非常耗時、非常愚蠢。❶

一定要應用三的定律（The Rule of Three）：

> 如果你無法想出設計可能會失敗的三種情況，那表示你還沒有把這件事想得夠透徹。

不要接受被描述成「唯一的方法」的設計。總是會有其他方法，而且每種方法都有其優缺點。**一定要**要求提交幾種其他方法，使你能判斷設計師多麼小心地完成他們的工作。

的確要應用矛盾法則（The Paradox Rule）：

> 若沒有設計必須解決的矛盾，你就還沒有了解問題。

換句話說，總是會有權衡取捨，使得某個方向的最佳化，總是會對另一個方向造成傷害。對於沒有遭遇過問題中基本的權衡取捨，並讓你

可以選擇要如何做取捨的設計師，**不要接受他們的設計。**

　　每項設計都是在解決某種問題，但未必是你想解決的問題。沒有錯誤的設計，只有不同的設計。你一定要應用反向設計（reverse design），來了解設計實際上在處理什麼問題。反向設計是問「這是什麼問題的解決方案？」的過程。最重要的是，**一定要堅持合理性。**

22.8　心得與建議

1. 「首先，〔無菌室工程〕在正式規格的統計品質管制之下開發軟體。其次，無菌室工程將單元偵錯從開發人員身上移除，並以方塊式結構化設計與功能驗證取代。第三，驗證軟體品質之前，驗證者第一次測試軟體，並將發現的任何功能失常回報給開發人員進行修正。這三個步驟產生幾乎零瑕疵的軟體，而且生產力高於傳統的開發與測試。乍看之下，將單元偵錯從開發人員身上拿走可能看起來很奇怪，但是那樣做對設計與測試而言，是從程式設計轉移到工程的一大步。」❿

2. 視結構而定，可在各個部分之間安排時間。空間的話，可用附加的方式做配置。但是複雜度的配置比其他因素更取決於結構。那是各種結構化程式設計規則與設計原則開始起作用之處。否則，有可能某個部分會將複雜度推向另一個部分。這種推託會產生設計的政治問題。

22.9　摘要

✓　身為經理人，如果你把對於設計的熱情用於設計組織與流程，那

樣很好；但是你不應把它用在設計資訊系統。因為設計是資產，有個觀點要求經理人必須總是要從「設計是為了易於管理而設計」的觀點，而持續參與審查設計。當設計太過複雜時，經理人必須堅持簡單化。

✓ 當設計債務日漸變大時，管理將變得近乎不可能。設計債務的累積，可能確實起源於「逐漸增加的特色」，但是一般都從過度及／或匆忙修正缺陷所發展而來。

✓ 常見的謬誤是認為程式碼是大多數缺陷的來源，但是測試時所發現的大多數功能失常，並非來自程式撰寫時所產生的缺陷。功能失常只是緊接在程式撰寫之後被發現。

404 ✓ 有很多並非源自於程式撰寫的「程式撰寫缺陷」範例：

- 沒有需求的程式碼
- 錯誤設計的程式碼
- 錯誤需求的程式碼
- 因為我們忘記需求而未撰寫的程式碼
- 因為資料結構設計欠佳而變得太長的程式碼
- 因為介面太複雜而造成錯誤的程式碼
- 因為兩個部分的設計有不同概念而造成錯誤的程式碼
- 與過度複雜又文件記載不足的設計不一致的程式碼

✓ 大多數缺陷都源自於需求與設計，然而在管理不善的組織中，流程錯誤也相當顯著。流程錯誤，例如重複、摧毀和沒有更新，通常都是開發流程所造成。這些錯誤有很多可由改善後的流程設計加以處理，這肯定是管理階層的責任。

✓ 開發或維護資訊系統，當導致以下的影響時，增加花在設計上的

心力可減少花在寫程式的心力：

- 設計得更好的資料結構
- 模組化
- 更清楚的介面
- 更少 switch 指令與旗標
- 更少全域變數
- 更可測試的系統
- 結構的再利用

這類改善的直接影響是可以減少寫程式所花的心力。

✓ 減少寫程式所花的心力並不是良好設計唯一的正面影響。良好設計的其他重要理由是：

- 減少大規模錯誤的數量
- 讓建造時間較少變化，使管理階層更容易做估計與進行控制
- 減少待修復缺陷的總數量
- 減少測試時所耗費的時間與心力
- 使程式碼更可理解，因此更加容易維護

✓ 要轉型至防範未然型（模式 4）組織，某個程度上就是要將重點　405　從程式撰寫轉移到設計。只有差勁的設計師才容許自己受到差勁的經理人所催促，反之亦然。

✓ 身為經理人，你至少能協助你的組織預防某些最糟糕的設計錯誤，例如

- 不是因為適當而是因為「它就在那裏」而使用某種技術。

- 不計任何代價就是要不一樣；盡可能重複發明；什麼都不複製，連好構想也不複製。

- 自以為聰明而搞得太複雜。

- 太多廚師。

- 哎呀！我們到底要把這樣東西擺在何處？

你不需要成為設計師，才能預防這些大錯。你只需要成為神智清醒的最後一道防線。

✓ 進行一些新技術審視，對組織來說相當重要，但即使當某種顯然有用處的新東西出現時，這種東西絕對不應該成為跳過正常設計流程的許可證。

✓ 那些似乎無法採用前人曾經想過的東西的設計師，總是在自欺欺人。當你認為自己是原創者時，你通常只是不知道什麼想法在你之前出現過。大多數程式不是原創設計的傑作，而且也不必是如此。

✓ 盡可能留意並運用三個層次的重複利用：

- 共用設計構想，這是最有生產力的共用類型

- 共用原始碼副本，但修改這份副本（不維持與原始副本的關聯性）

- 共用目標碼

✓ 壞設計會破壞可理解性，而會破壞可理解性的任何東西都會破壞設計。匆匆忙忙做事會降低思考品質。

✓ 在複雜系統中，為了研究未知的未來，總是需要有餘裕，所以要在設計中容許餘裕存在，不要將設計逼迫到極限。

✓ 其他條件大致相同的情況下，要偏愛簡單的設計甚於複雜的設計。然而，不要錯將過度簡化當作簡單。

✓ 讓設計師持續參與建造過程是個好主意，其目的是要讓他學習，而不是去監督建造人員並批評他們的作品。　406

✓ 設計應該是事先考量；事後考量是設計過程失敗的一個徵兆。身為防範未然型（模式 4）經理人，你可透過一些簡單政策來協助預防事後考量：

- 堅持所有設計都要化為文字，使設計能夠被審查。
- 應用「三的定律」。
- 不要接受被描述成「唯一的方法」的設計。
- 應用「矛盾法則」。
- 對於沒有遭遇過問題中基本的權衡取捨，並讓你可以選擇要如何做取捨的設計師，不要接受他們的設計。
- 藉由應用反向設計，你可以了解設計實際上在處理什麼問題。

22.10 練習

1. 畫一張效應圖，說明由於修正產生的設計變質，最終導致崩壞的動態學。這張圖建議你能做什麼，以制止這種變質，並且在各個階段做制止？這張圖建議你能做什麼，可以在一開始就預防變質？

2. 畫一張效應圖，顯示「成立一個小組，找出一個可減少救火工作的流程並改善它，而且省下一些資源回饋給同一個小組」的過

程。

3. Sue Petersen評論說：「你能成為一個設計師或一個經理人，但不能同時成為兩者。」有任何例外嗎，例如在非常小的組織中？在什麼情況下是可行的？什麼是指出你可能已經誤判情況的警訊？

4. Payson Hall建議：使用一張效應圖，說明為什麼管理費用會隨著設計債務增加而非線性地增加。

23
引進技術

在我看來，將方法發展到盡善盡美，但將目標混淆，似乎是我們　407
這個時代的特色。

——愛因斯坦（Albert Einstein）

我們這些技術人士都有一種預設，認為為了改變文化，我們所需要做的只是購買一些新工具。那是為什麼我們如此輕易成為工具販售商獵物的原因。1992 年時，我算算有超過四百家公司提供超過八百項軟體工具，所有公司都列在 Zvegintzov and Jones 手冊中。❶顯然有人喜歡建造工具，但是更顯然的是有人喜歡購買這些工具。

可能這些買家認為，更換工具是改善技術文化最容易的方式。事實不然，但是在本章中，我想將軟體工具當作技術變革的象徵，這個象徵代表範圍大得多的整組技術。這組技術包括：

- 社會結構，例如正式與非正式的組織關係
- 社會實務，例如技術審查與規畫方法
- 標準，例如介面需求、設計與文件形式　　　　　　　　　　408

- 評量法，例如使用者滿意度調查與成本會計
- 技術基礎設施，例如網路、硬體和軟體工具

因為工具構成了大得多的這組技術的簡單子集合，你可運用工具來研究為了完成任何變革所需耗費的最起碼資源。為了變更工具用途，你需要變更文化的很多要素，因為文化是一種系統。要讓軟體工程組織的新文化模式逐步形成，需要很多人付出經協調過的有意識的努力。本章提供一些理論與實務指南，當你想提供新技術給你的組織，或擴大現有技術的用途時可以幫助你。

23.1 調查工具文化

我們使用工具是因為工具協助我們降低成本並提高品質。然而，使用工具之前我們必須學習使用它。學習帶領我們經歷薩提爾變革模型，也就是增加成本並讓我們暴露在嚴重錯誤之下，這會暫時增加成本並降低品質。藉由改善引進工具（與其他技術）的流程管理，我們可以再度降低成本並減少會削減品質的錯誤，雖然你不可能完全消除這些錯誤。技術的選擇與使用，永遠是現在與未來之間的一個平衡。

　　文化是保守的，除非我們在未來做些不同的事情，否則我們將只是持續做過去我們所做的同樣事情。為了成功引進任何新技術，我們必須研究過去的技術引進經驗以當作指南。有個做法是進行工具調查，以查明我們的組織使用已購買的工具做些什麼。（當然，我們可進行類似的調查，以查明任何其他文化實務的運用情形。）針對我的一些客戶的調查顯示：

- 在所調查的工具當中，除了可能最初有試過之外，組織所購

買的工具有70%從未使用過。（這可能是對他們試用過工具之品質的評論，或者他們無法在購買前先試用。）

- 每個組織內，有25%的工具僅由一個團隊或一個人使用。
- 有5%的工具廣為使用，但未使用到全部的功能。可能僅使用10%的功能。

這些事實沒有好壞之分，但是會影響到對工具生產力所做的估計。將這些結果一起放入一個簡單模型中，我們發現如果有一個組織有一百個團隊，它採購了合起來可能將生產力加倍的一組二十項工具，結果實際上會是：

- 其中十四項工具完全沒有人使用。
- 有五項工具各只有一個小組使用。假設每個小組的生產力提高5%，組織整體生產力只會增加0.25%。
- 其中一項工具，每個人可能以10%的效果在使用，可能增加整體生產力5%的10%，也就是0.5%。
- 因此，整體生產力增加0.75%，而不是若每個人都使用這些工具所承諾的增加100%。

難怪我們對於我們的工具有這麼強烈不滿足的感覺。我們需要的不是更多工具，也不是更多經理人認為工具就是銀彈，我們需要的是，從我們所取得的工具中得到更多利益的管理指導。只有在防範未然型（模式4）文化中，管理階層才會真正進一步承擔從組織所購買的工具與其他技術中得到利益的任務。

23.2 技術與文化

進行工具調查是確定組織文化模式最簡單的一種方法。每個組織使用（或不使用）其所擁有工具的方式，可以體現其組織文化流程，尤其是其組織管理風格的特性，這些特性決定了：

- 組織選擇什麼工具
- 組織如何獲得工具
- 組織如何將工具社會化（指散播工具讓更多人使用）
- 組織如何運用工具

請注意我沒有說到「組織花多少錢在工具上」。可能文化力量最清楚的指標是例如防範未然型（模式4）文化，它們在工具上以較少的錢獲得較大成效的做法。

　　把工具當作顯微鏡，可讓我們檢視那些也許渴望變成防範未然型的文化，它們引進新技術的特有方式，並討論你可能必須做什麼才能改變文化。

23.2.1 渾然不知型（模式0）

如同我們預期的，渾然不知型組織極少運用工具。典型的渾然不知型使用者只使用一兩種工具，而且使用工具時只觸及表面上的用途，部分是因為使用者甚至不知道所使用的東西是工具。因此，模式0組織從工具獲得非常少的利益。

　　這種模式如何獲得工具？實際上並沒有獲得。工具就這樣出現。模式0使用者如何將工具社會化？他們並沒有將工具社會化。大多數使用者渾然不知他們的鄰居使用什麼工具。

23.2.2 變化無常型（模式1）

令人驚訝地，變化無常型組織經常將工具運用得非常好，但一般以個人為基礎。每位開發人員合理地善加運用三、四種工具，但是因為工具散播給其他使用者的速度很慢，組織的利益並不太多。

模式1組織如何獲得工具？典型的模式是從個人獲悉某種很棒的工具開始。接著個人糾纏他們的主管，主管們心不甘情不願地花錢，以換取一些平靜與安寧。

模式1使用者如何將工具社會化？通常，個人獲得工具時，若工具有用處，他就會告訴朋友有這項工具。通常朋友會藉由非法複製工具副本，並在沒有使用手冊的情況下使用工具，以完全避開管理鏈。這種社會化過程有時候有效果，但是不太可靠、不合法或不道德，而且產生工具維護和型態管理問題。那正是為什麼變化無常型組織可能有很多工具，但是僅有少數工具被廣泛地使用。

換句話說，模式1將認知帶入了引介過程，雖然只是在個人層次。這個模式的成員依舊對工具的社會化過程渾然不知。

23.2.3 照章行事型（模式2）

照章行事型組織通常比變化無常型組織更廣泛運用工具，但可能沒有非常善於運用工具。若你看模式2組織開發人員個人電腦上的系統磁碟，可能會發現十到十五種工具。然而，若觀察開發人員的工作，你將見到這些工具的使用既粗淺又勉強。由於這種缺乏精通，模式2組織僅從對工具的投資獲得中等的利益，即使這些組織時常把工具投資的規模當作工具效果的指標（然而這是不正確的指標）。

模式2組織如何獲得工具？通常，由主管指派研究委員會替每個

人找出最佳工具。這個委員會接著會花幾個月或幾年時間爭辯何者為最佳工具，而無法達成共識，因為這幾乎是個不可能的任務。有時候，委員會能克服歧見，最後挑選出「最佳」工具。主管隨後替每個人購買一套。通常，他們所挑選的工具是一種妥協，而不是真正對每個人都最好。

411　　　然而，委員會仔細考慮得越久，某件事情就更可能發生。通常，當某個專案將要失敗時，會有販售商順道拜訪，向這位主管推銷工具，做為挽救專案的大魔法（Big Magic）。（事實上那是不可能的）。

　　模式2使用者如何將工具社會化？投資大量金錢購買工具拷貝後，主管告訴每個人都要使用該工具，這通常是在一場大型開工會議上，並有販售商代表坐在演講廳上像貓那樣露齒而笑。主管通常會發表一場演說，演說重點是：「看看我已經為你們做了多少事。現在我盼望你們給我一些回報。」

　　在某些模式2組織中，情況就是如此。接著工具被擱置在架子上生灰塵，而更聰明的主管再也沒有提到這項工具。較不聰明的主管開始尋找某個人或某件事來指責浪費金錢。他們指控很多人，但是因為從來沒有照過鏡子，他們絕對找不到罪犯。只有傻瓜才會指著他們的工具大罵。

　　在更複雜的照章行事型組織中，主管會付給販售商幾萬美元，並且所有員工都列隊參加工具課程（圖23-1）。（這個過程被「羊」嘲弄地稱作「以藥水浴羊」。）上完課後，人們一如往常地做事情。在特殊個案中，可能有些人真的會發現工具有某種用途。

　　有些照章行事型（模式2）組織成立受體小組（receptor group），這是軟體工程協會所提倡的一種觀念，以便找出技術機會並加以評估。受體小組會問：「我如何能接受技術，並將技術應用於我的工作

圖23-1　典型的照章行事型（模式2）組織的社會化方法是讓員工在大量的
　　　　課程中，像以藥水浴羊般逐一上課，而沒有後續行動。

中？」因為這些小組同時了解技術與他們的組織，他們能在一般性技
術與特定環境之間做搭配。

　　這是個重要觀念，但是在未達到把穩方向型文化之前，受體小組　　412
無法真正有效運作。首先，一項工具能適用於每個人的情形相當罕
見，雖然照章行事型文化相信那是有可能的。其次，在模式2組織中
沒有足夠的穩定性來量測「我如何做事」。即便如此，有強烈願望的
模式2組織經常成立受體小組，來「將我們非正式做的事情正式
化」。這些不成熟的小組一般會導致模式1任何殘存的非正式取得工
具之過程壽終正寢，而沒有得到任何有用的東西做為回報。

23.2.4 把穩方向型（模式3）

把穩方向型文化謹慎運用工具，但整體來說運用得相當好。典型的模
式3開發人員在四到八項工具方面接受過良好訓練，並可能針對特殊
情況，以簡單的方式使用五到十項的其他工具。因為這種善加運用與
滲透力，這種組織從工具獲得合理的利益。

　　把穩方向型組織如何獲得工具？通常是，個人得知聽起來有用處

的工具，然後向他們的主管證明工具的正當性。主管會花費一些工具預算。然而，這種相當不正式的程序，經常可以透過特殊受體小組的運用而加以改善。

模式3組織如何將工具社會化？因為工具由個人的倡議而獲得，獲得工具的個人更可能實際上運用這些工具。在這種文化中，團隊合作具有成效，所以若團隊的某位成員採用一項工具，可能其他人也會採用。付錢購買工具的主管會觀察工具的使用情形，若證明工具有用處，該主管會打算將工具社會化。挑選一些志願者接受訓練，然後將所學應用到工作上，並且依照工作上的經驗更新訓練與工具選擇。

23.2.5 防範未然型（模式4）

防範未然型文化會很有活力地運用工具，但總是會注意結果。典型的模式4開發人員在十到十五種工具方面接受過良好訓練，並可能針對特殊情況以簡單的方式使用十到十五種其他工具。因為這種傑出的運用與滲透力，組織從工具獲得顯著的利益。

模式4組織如何獲得工具？如同模式3的情形，通常是個人得知一種聽起來很有用的工具。然而，模式4組織總是有受過特殊訓練的受體小組，主動積極搜尋有用的工具，並也搜尋處理特定流程問題的工具。

防範未然型文化如何將工具社會化？因為工具由受過訓練的變革能手加以社會化，需要工具的個人可獲得工具並善加運用。如同在模式3中，良好的團隊合作會增加工具的效果。主管們較少直接參與工具的取得與社會化。相反地，為了保留並適應使工具流程如此有成效的文化，他們把心力花在確定文化的狀態，並運用技術移轉的十誠（參考23.5節）與定律。

23.3 技術移轉定律

圖23-2彙整了不同軟體組織將工具結合到文化中的模式。為了具體說明技術可能如何在防範未然型（模式4）組織中有效移轉，讓我們考慮「測試」這個一般未充分利用技術的領域，以及反抗成功變革的主要力量是什麼。這些力量可以歸納為兩條技術移轉定律。

模式	如何獲得工具	如何將工具社會化	運用工具的情況
渾然不知型	渾然不知	未進行社會化	非常少運用
變化無常型	在個人層次	渾然不知地社會化	十分大量運用、十分變化無常
照章行事型	由管理階層接管	由管理階層勒令	廣泛但膚淺地運用，整體來說輕度利用
把穩方向型	由管理階層與個人取得	由管理階層鼓勵團隊社會化	廣泛且相當深入運用，整體來說中度運用
防範未然型	由受體小組明確掃描內部與外部所有來源	由管理階層鼓勵變革能手所進行的明確活動	廣泛深入運用，整體來說一致地大量運用

圖23-2　軟體組織的文化充分反映在組織獲得、社會化與運用工具的方式上。同樣的模式也會出現在任何技術變革中。

23.3.1 技術移轉第一定律

為了快速找出缺陷，開發人員必須有工具讓他們能可靠且及時地取得他們所採用之系統的相關資訊。為了減少消除缺陷所需的時間，開發人員需要低費用負擔的工具，使他們能輕易進行有適當文件記載的修復。他們也必須能快速可靠地測試他們的修復，以便預防副作用，並在萬一副作用發生時，能輕易地復原修復。

414 　　當然，是有一些可用於測試型態管制與自動測試的優良軟體工具，所以主要的阻礙不是缺少工具。主要的問題是測試經常在危機模式下進行，若這些測試工具不是已準備就緒，那麼絕對不會有時間去建立這類系統。那正是為什麼需要防範未然型（模式4）組織才能擊敗技術移轉第一定律（The First Law of Technology Transfer）：

長期利益傾向於成為短期利益的犧牲品。

組織需要測試工具以協助擺脫品質危機，但是當陷於危機時，人們處在「混亂」狀態，並抱怨說：「因為我們忙著消除錯誤，所以沒有時間或資源引進可協助我們消除錯誤的工具。」這就是技術移轉的第一定律。

　　若人們不是處於危機的「混亂」階段，他們將毫無困難地看出作用中的第一定律，因為它的吶喊太令人熟悉：

- 我們沒時間把事情做對。
- 我們現在無法讓他騰出時間來。
- 我們將指派她八分之一的時間從事這項任務。
- 我們將在空閒時間做這件事。
- 危機一結束我們就立刻做這件事。

在危機驅動型的組織中，通常只會看到最原始的測試工具，像是十六進位記憶體傾印與追蹤，這種工具只會隨系統的成長而增加規模與困難度。他們因缺乏工具而造成危機，但是危機阻止他們引進有效的工具。這種惡性的回饋迴路將組織鎖在一種情況中，這種情況只有具高度技能的預先管理干預才能解開它。

23.3.2 氣質與技術移轉第二定律

解開這個迴路的明顯解決方案，可能是建造或購買新測試工具，然而這是個陷阱。在專案後期加入新工具，很像是加入新人那樣，而且適用布魯克斯定律。可是無論如何，很多程式設計師求助於新工具的建立或購買。

　　如同先前所看到，處於危機模式中的人傾向於不按照情況的邏輯做出反應，而是依照他們的氣質來反應。❷NT有遠見者（尤其是ENTP發明家）開始尋找完美的工具，因為他們的座右銘是

　　我寧願建造可建造軟體的軟體，而不願建造軟體。

這闡明技術移轉第二定律（The Second Law of Technology Transfer）：

　　短期可行性傾向於成為長期完美的犧牲品。

第二定律的吶喊也是眾所週知：　　　　　　　　　　　　　　　415

- 這不是計畫的一部分。
- 我們將成立特別小組。
- 這方式不優雅。
- 我們需要研究可能的影響。

當你聽到NT有遠見者在爭論解決你的問題的完美工具時，請介入並找出有用處又具體的事情讓他們去做。不要讓他們藉由不相關的工具建造來躲避危機。當危機結束時，他們可能變成你的最佳工具設計師。

　　你不會聽到SP解決問題者討論工具。他們只會在暗地裏建造適當的工具。事實上，他們可能一直在建造工具，這是快速救援的一個

可能來源。雖然因為工具尚未明確加以社會化，使多數人對這些工具一無所知，但我相信即使處於「混亂」中的組織，也擁有其成員需要的所有工具。

換句話說，首先考慮這個假設：你的工具問題不是製造的問題，而是散布的問題。你的一位NF促成者將會喜歡進行工具調查的工作——訪談每個人以查明什麼工具目前在使用中，以及這些工具適用於何處，做出一份詳細目錄。接著他或她可與你的一位SJ組織者共同合作，產生讓成功的工具更廣泛使用的方法。當然，運用一個問題解決團隊是最簡單、最便宜、最自然又最有效的方法，將好工具散播出去並濾除掉壞工具。

23.4 從危機到鎮靜的型態管制

為了說明技術移轉的若干一般性原則（甚至對於危機驅動型的組織也適用），讓我們更詳細一些地看一組工具：這組工具對這種組織的利益、進行測試以判斷需要什麼工具、以及成功導入一個工具集的個案研究。

23.4.1 利益

處於危機模式測試中的組織，一般不考慮引進型態管制工具。他們認為這類工具是針對例行性作業，而且不了解這種系統可替他們做很多事情，尤其是處於危機時刻：

- 型態管制可協助減少找到缺陷所需的時間。這有助於改善修復時間，因為若有人在修復某樣東西時產生缺陷，其他人就

能更快發現這個缺陷。

- 若他們真的在修復時犯了錯，型態管制能夠以可靠的方式協助他們取消該項修正。如果沒有型態管制，程式設計師在嘗試修正時將會太過小心，因此使得修復時間拖長。

- 「竄改程式」（hacking）──嘗試新東西、測試它們、並且再度更改──是由來已久的從事修復的方式，而且不僅適用於軟體。（若你不喜歡hacking這個術語，可以稱作「實驗性修復」〔experimental repair〕，意指有很多修復工作必須去做。你可以自由選擇使用。）有了良好的型態管制，處於危機中的組織就能有完全隔絕於任何生產系統的實驗性修復系統，使他們的程式竄改人員無法將系統竄改得支離破碎。

- 型態管制可以協助人們不會修正同樣的缺陷兩次或三次，或不讓人們修正同一個模組中不同的缺陷，因而解除掉先前所做過的修正。

- 型態管制系統保證人們知道他們所從事的是什麼版本。否則若看錯地方，他們將永遠找不到問題。

- 型態管制協助讓一處地方的修復，不影響另一處的工作，而且容許人們不互相干擾地並行作業。

- 整個型態管制系統也能控制以下事項：做為成功的軟體修復工作必要部分的測試案例、測試計畫與測試底稿，以及任何其他有價值的專案文件，包括所有版本的專案計畫。

- 理想的情形是：系統讓專案產生的設計文件、圖片、投影圖、簡報說明和所有其他資料，都保持在管制下。這樣一來，當專案結束，大家忙著要運送出產品時，就不會有人需要浪費寶貴時間尋找資料，或甚至更糟糕地遺漏掉資料。

416

若你的組織沒有得到這些利益，那麼留意一下你的型態管制系統，可能有助於緩和一場危機。

23.4.2　型態管制的一個簡單測試

請利用以下這個簡單測試，看看你現在的型態管制系統運作得如何。只要告訴開發人員或測試人員說：「這個模組中有個缺陷。請以書面或在螢幕上給我目前原始程式列表的一份副本。」

　　測量一下你得到此列表所需的時間。若時間少於 1 小時，而且結果正確又可重複產生，你或許能用現有的系統安然度過危機，尤其在你做過一些精確調整的情況下。但是若時間多於 1 小時，你可能會身陷困境。你可能無法忍受這套系統，但是沒有這套系統你如何能生存下去？

　　華倫（Warren）在一家軟體公司擔任開發經理，我曾經在那家公司做過一些變革能手訓練。當作他的訓練計畫的一部分，華倫對三位開發人員進行了這項找出原始程式碼的測試，結果是：

> 有一位在 20 分鐘之內找到一份列表，但那是該模組較早期的版本。另一位於 13 小時內在螢幕上得到一份列表，那是目前的版本，但是他說：「除了二進制的修補以外。」第三位程式設計師消失了。我已對她不抱希望，直到隔週她帶著最新的列表出現。實際上那是正確模組的正確版本。至此，我知道必須對他們的型態管制做些事情。

對於組織處在危機中的任何經理人來說，華倫接下來所做的事情是很有啟發性的引進工具的過程。

23.4.3　一個舊式的型態管制系統

華倫知道目前的型態管制系統行不通。事實上,有數千次的功能失常可以歸咎,一份正確的原始程式碼列表要花一週的時間取得,情況糟透了。他成立了有兩位變革能手的一個團隊,來安裝一套現代化系統,但是他也知道這個專案不能只是坐著等待團隊讓自動化系統動起來、開始運轉、並且普遍地使用。

　　為了擊敗技術移轉第一與第二定律,他使用一種雙軌方法(dual approach)。他建議建立一份書面原始程式碼,當作過渡時期的措施。每個人都說那是浪費時間,而且他們無法挪出時間來。當然,為了逃避負荷過重,這是人們對每項建議的標準反應,所以華倫忽略掉這個反應。他利用文職人員來建立程式庫。因為他沒有使用任何開發人員的時間,所以沒有人認真地阻止他。最初的程式庫在兩天之內建好,擺在一間未使用的廢棄物房,並使用四處搜括來的傢俱。

　　傢俱警衛告知華倫,搬傢俱人員要取得授權可以搬運傢俱,需要等三週的時間。❸ 他告訴影印人員,她現在負責維護此程式館,所以她幫忙把傢俱搬進去。人們注意到他們的計畫,後來有幾個人告訴他,對於這個垂死的組織,這項計畫很鼓舞人心。這項行動完成之前,幾位開發人員也帶來椅子、桌子、公文箱與書架。接著他說:

> 我發出電子郵件訊息,並張貼程式館現在在營運中的標誌。第一週之後,我隨意走進程式館,看看人們在那裏做些什麼,來開始進行實地檢查。我發現至少都有三位以上的程式設計師在程式館中使用資料。在一次造訪中,有十一個人在那裏,但只有五張椅子。我找到一些新椅子,而且自己將椅子搬進去。

418　兩個月後，團隊的「自動」型態管制系統處於可運作狀態，而且那時
危機已經安然度過。華倫讓文件程式館員（他的前任影印人員）負責
新系統，而且有好幾個月讓兩套系統平行運作。最後，自動系統已經
夠可靠了，他以技術書籍與手冊的圖書館逐漸取代文件原始程式碼。

23.5 技術移轉十誡

華倫是一位能幹的經理，藉由分開第一定律的水，並在第二定律的沙
漠存活下來，他成功挽救了他的人員。因為有以下的技術移轉十誡
（The Ten Commandments of Technology Transfer）幫助他。

- 應該要有帶領你走出荒野的計畫。
- 不可崇拜你的計畫。
- 應該要求沒有人白費力氣。
- 不可一週工作七天。
- 應該尊重使用者，並傾聽他們所說的話。
- 不可停止支持變革。
- 不可身兼其他工作。
- 不可從工作竊取資源。
- 不可做假見證而對你的計畫不利。
- 不可貪圖你鄰居的最佳技術。

23.5.1 應該要有帶領你走出荒野的計畫

若沒有計畫，技術移轉不是完全動不了，就是會受到販售商所驅使。
基本上，技術移轉會飄移不定。除非管理階層主動建立整個情況的結

構，否則第一定律的短期權宜之計將會主導技術移轉的努力。計畫是提供對抗第一定律所需結構的第一步。

華倫從一開始就有計畫。他確認了組織位於何處、知道他想讓組織位於何處、並且將過渡時期細分成一連串合理的步驟。

23.5.2 不可崇拜你的計畫

狹隘的計畫就像一條線，會在最脆弱之處斷裂。大規模的計畫（massive plan）就是一種狹隘的計畫，除了完全認真地將每個人轉換至新技術之外，並沒有逐步取得的進展。

大規模的計畫也缺乏彈性。缺乏彈性的計畫沒有在計畫中內置重新規畫流程，或者沒有來自進展的回饋，以推動重新規畫流程，或者兩者皆無。這類計畫要在完全可預測的世界中運作，然而技術移轉的世界既不完美又不可預測。

華倫的計畫雖然具體但是也有彈性。他有替代性的行動方針，而且若當初的計畫運作不順利，他也準備修改行動、資源與時程。

23.5.3 應該要求沒有人白費力氣

這條戒律說，每項任務你都必須有對的人。變革能手的首要條件是與別人合作的能力，而且時常要在衝突的情況下與人合作。然而常見的情形是，被指派要從事技術移轉的人，都是喜歡在洞穴中工作的傑出技術人員。若被迫要與其他人合作，他們只有在其他人也同樣傑出的情況下才會合作。否則，他們不會移轉技術，而只會移轉輕蔑。

你想要的變革能手是要充滿熱情、機智、能夠解決問題、堅持不懈但圓滑地與其他人相處、而且一般不是傑出技術人員的前幾名，或者根本不是技術人員。對他們而言，從事技術移轉是值得去做的一項

任務。然而，傑出的技術人員一旦見到事情能純粹由一般人完成時，就會失去興趣。

當華倫要挑選團隊去調查一項工具時，他挑選了曾經接受變革能手訓練的兩個人，並確定他能得到他們。而當他挑選影印人員擔任程式館員時，他也是依據這些變革能手特質來做出選擇，這讓他的一些經理同仁感到驚訝。他也運用吸引力原理（Principle of Attraction）聘用其他人從事任務。吸引力原理指出，人們看到其他人在做似乎值得做的事情時，就會自願提供幫忙。吸引力原理保證參與者會認為工作值得去做。

23.5.4 不可一週工作七天

每項變革都有成本對應於時間的一條曲線（圖23-3）。若你縮短時程，就會開始沿著陡峭的成本曲線往左上方走。（你也可畫出成功機率的反轉曲線。）當時間延長時，經理人也會害怕這條曲線的往右上的斜坡，也就是帕金森定律（Parkinson's Law）區域，在此區域中，工作會擴充到將分配的時間給填滿。為了避免進入這個區域，經理人往往會發布不可能辦到的假時程，辯稱「人們將會對這項挑戰有所回應」，因此符合他們隱藏住的真正時程。然而很快地，每個人都會玩起試圖猜測真正時程的遊戲。

即使經理人成功縮短時程，這是一場昂貴的遊戲。規畫一年完成但實際上要花兩年的專案，遠比先規畫兩年然後善加管理的專案要昂貴得多。

華倫沒有對型態管理團隊施加時程壓力。的確，他的書面原始程式碼房間策略讓他們免除了壓力。他是藉由說服他們工作的重要性來激勵他們。

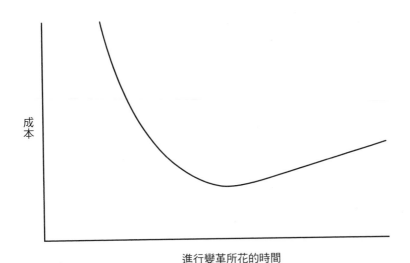

成本

進行變革所花的時間

圖 23-3　對於變革專案壓縮時程將非線性地增加成本。然而，花太長的時間
　　　　也會增加成本，只是沒有增加得那麼快。

23.5.5 應該尊重使用者，並傾聽他們所說的話

成為技術移轉的「犧牲者」或「標的」的人，總是會告訴你什麼事情
行不通，這些是你需要知道的事，以便調整你的計畫。他們也許不會
用太多話來告訴你，而且提供你這項資訊的行為本身，也容易被貼上
「抗拒」的標籤。對於抗拒，管理階層慣常的反應是爭論、指責與退
縮。然而因為現狀有巨大的慣性，這些戰術是沒有用的。

　　為了進行變革，人們有時候會以微妙的間接方式告訴你他們需要
什麼。一旦知道他們所需要的東西，你可以重新架構技術移轉過程，
使過程既符合他們的需要，也符合你的需要。

　　華倫聽到了他的開發人員正承受很多壓力，因此他不會做任何他
們認為會增加負擔的事情。藉著提供程式館室，他讓他們有機會以自

421

己的步調來接受它，並試驗看看更好的型態系統能否幫助解決他們當下的問題。

23.5.6 不可停止支持變革

當指派專家專職移轉技術時，極可能會有礙其他人參與。為了凝聚成功移轉所需的充分參與，人們必須能察覺到各式各樣可利用的機會。這樣一來，任何人只要燃起了熱情，就能來加入移轉過程。這並非意指他們能做他們想要做的任何事，而是意指移轉計畫必須有很多可能性，無論是多麼小的可能性。

華倫非常擅長於提供很多小機會。即使只是幫忙搬傢俱這樣的事，也可讓人們在早期就實質性與象徵性地接觸到專案。保持讓程式館室完全開放，將能夠逐漸獲得小小的、低風險的承諾，也不會用「為什麼你花這麼長的時間在這裏？」或「喔，我想你找東西時不需要任何協助吧」這樣的評論來嚇阻人們。

23.5.7 不可身兼其他工作

為了克服技術移轉第一定律，必須有人與變革專案維持忠誠的單配（monogamous）關係。這意指必須指派至少一個人（一般是兩個人）專職在專案上。否則，在其他職責的壓力下，兼職者將會讓專案脫節。有時候，移轉是由兼職人員來執行，但是他們一般是自願取得專案任務的人——通常不具備管理知識——而且是可以暫時把他們原先的工作先擱下的人。

雖然華倫的策略是盡可能運用更多自願者，他的專案核心是三位專職人員：兩位型態工具團隊成員與一位程式館管理員。他確定他們了解，他們不會去勸阻任何兼職人員的協助，但他們要全權負責讓專

案完成。

23.5.8 不可從工作竊取資源

必須要專職投入的資源不只是人員而已。當第一個「真正的」需求出現時，技術移轉的資源經常被視為是可抨擊的對象。負有日常責任的經理人將這類資源視為是無收益的餘裕，而且蒐集這些資源的方式，就像無家可歸的人蒐集購物手推車那樣。

　　華倫挑選了沒有人想要的一間房間，並以多餘的傢俱當作配備。即便如此，一旦這個房間變得有吸引力，其他人便開始垂涎這塊空間。華倫毫不遲疑地打消他們奪取程式館或館內任何東西的幻想。

23.5.9 不可做假見證而對你的計畫不利

若不在專案的事前與事後做評量，你將無從知道你是成功或失敗。甚至更糟糕的是，你將無法抵擋認為這個專案毫無效果的政治批評，也無法抵擋聲稱想要月亮的政治熱情。評量不需要花俏，❹但是沒有評量，那就不算是工程。

　　華倫運用「找出原始程式碼」的試驗，確認了型態管制目前的狀態，而且他監督程式館室的使用，以評量人們對過渡時期系統的反應。利用這間房間，任何人都可在不到二十分鐘的時間，找到目前的原始程式碼列表。當與線上工具相比較時，這不是非常棒的結果，但是與先前的方法比較，其成效極為驚人。

　　華倫為線上工具所訂定的一項重要要求是，它要能評量攸關採用之效果的幾項因素，例如涵蓋的完整性、變更活動、以及用法錯誤。

23.5.10 不可貪圖你鄰居的最佳技術

中國人說：「要求太高反難成功。」（The best is the enemy of the good.）
一個理由是要求技術委員會找出最佳技術，就像給一群鯊魚一大塊血
淋淋的肉。鯊魚群發怒般瘋狂進食；委員會激昂地陷入最佳化狂熱。

　　與技術販售商的說教相反，為了成功移轉技術，我們很少需要最
佳技術。最佳技術的欲望起源於完美主義者的渴望，這導致綜合性大
規模專案的構想。另一方面，成功的技術移轉一般都以小規模穩健遞
增的方式進行。理想的情形是每次遞增：

- 無論有多少，都會提供一些立即的利益給使用者
- 都準備好未來遞增的方式
- 都提供給管理階層某種可評量的東西

423　藉由建立這些條件，你可建立一個信任基礎，以及使下次遞增更容易
的一個環境。然而最常發生的情形是，第一個步驟如果太難的話，會
扼殺掉人們對任何其他事情的愛好。

　　華倫是個公然反對最佳化者，並且熟知技術移轉第二定律。藉著
挑選一間閒置的房間，並配置磨損的舊椅子、桌子與公文箱，他傳遞
訊息給組織其他人員，他需要一些可用的東西。他傳送同樣的訊息給
工具搜尋委員會，而且每當販售商開始對他們精緻的功能集感到得意
忘形時，他都會強化他的訊息。

23.6 第十一條戒律

雖然十誡的力量很強大，如果加入第十一條誡律，它們的力量將會增

大一百倍：

> 做試驗的時候，總是要記得對事情有幫助的模型。

對事情有幫助的模型（The Helpful Model）說：

> 不論表面上看起來如何，其實每個人都想成為對事情有幫助的
> 人。❺

若忘記這條戒律，你將會處處見到阻力。接著你開始反擊這個阻力，
這將會產生真正的阻力，不是針對技術，而是針對你反擊阻力的作
為。

若注意到這條戒律，你將能聽出所有阻力的真正資訊。接著你可
以利用這些資訊矯正你的錯誤，並得到每個人的參與。

23.7　心得與建議

1. 每個人都各不相同。這個簡單的事實可能危害到某些經理人的生
   存。當他們想去除掉產品的變異時，他們的第一個想法是將人去
   除掉，而進行自動化。但是自動化必須由人來實施，而且首先這
   些人就極可能引進比現有的變異還要更多的變異。

   不要去對抗這種變異，應該要用對你有利的方式運用變異。因
   為變異，工具調查將會浮現出很多有用但是被隱藏住的工具，以
   及運用工具的新方式。請蒐集這些東西，然後散播出去。

2. 扳鉗把手的長度是設計用來保護不受剝除掉的線所影響，但是很
   多人認為把手的目的是協助他們挑選正確大小的扳鉗。當然，那
   種看法也沒錯。對於一個好的工具，要確認出它的單一目的是很

424　困難的。不要為了工具的正確目的而憂心。一開始時，請利用人們對工具之任何用途的想像。日後，你可運用變革才能來擴大工具的用途。

3. 木村泉（Izumi Kimura）提到：「硬」工具是指每個人都必須使用，以得到工具之最大好處的那些工具，例如作業系統或型態管理工具。「軟」工具可在一處地方很有成效地使用，但在其他地方並未使用，因此不能用高壓手段來引進。例如，當引進一種新的軟工具時，不要允許每個人立刻使用它，而是要舉辦一場競賽，選出最有資格成為第一位使用者的團隊。無論如何，當新工具實際上是軟工具時，不要當成硬工具來管理。

4. 耐毒性（mithridatism）是一個有兩千年歷史的觀念，可在引進新的硬工具時採用。本都國王米特里達提斯六世（Mithridates VI, King of Pontus，西元前120～63年）擔心遭到下毒，所以他藉由刻意逐漸吃下更大量的毒藥，來得到對毒藥的耐受性。即使是硬工具，請想辦法小量引進，直到人們獲得耐受性為止。例如，你可能在一段時間內保有兩套型態管理系統在使用中，一開始時先加入經試驗過的公用元件到新系統中。人們將會使用新系統建立測試版本，但是還不必在自己的開發任務中使用它。當加入越來越多元件時，耐毒性將會發揮效果。

5. 選擇的謬誤（Selection Fallacy）警告我們，不要以第一批使用新工具的人所體驗到的容易或困難，來做出不正確的推測。❻問一問使用工具的第一個團隊：「剛開始時困難嗎？你們必須做任何特別的事情嗎？」若他們說：「不，沒什麼特別的。」他們的回答可能沒有給你任何資訊。若他們遭遇任何困難，或必須做任何特別的事情，他們可能已放棄嘗試採用此工具──所以他們不會

是第一批採用者。你必須發現的是對他們來說很平常，但可能對其他團隊並非平常的事情。

23.8 摘要

✓ 技術的選擇與使用，永遠是現在與未來之間的一個平衡。我們使用工具是因為工具協助我們降低成本並提高品質，但是在能使用工具之前，我們必須學習使用它。學習帶領我們經歷薩提爾變革模型，也就是增加成本並讓我們暴露在嚴重錯誤之下。藉由改善引進工具的流程管理，我們可降低成本並減少這些錯誤。

✓ 為了變更工具用途，我們需要改變文化，而不是反過來。開始變更工具用途的一個好辦法是進行工具調查，以查明人們使用現有的工具都在做些什麼。通常，調查顯示需要的不是更多工具，而是從我們獲得的工具上得到更多利益的管理指導。

425

✓ 組織中的人使用（或不使用）他們所擁有之工具的方式，可以體現其組織文化流程，尤其是其組織管理風格的特性，這些特性決定了：

- 他們選擇什麼工具
- 他們如何獲得工具
- 他們如何將工具社會化
- 他們如何運用工具

✓ 渾然不知型（模式0）組織極少利用工具。變化無常型（模式1）組織經常將工具運用得非常好，但一般以個人為基礎。照章行事型（模式2）組織通常比變化無常型組織更廣泛運用工具，但是

這些工具的使用既膚淺又勉強。

✓ 受體小組會確認與評估技術機會。他們問說：「我如何能接受技術，並將技術應用於我的工作中？」這些小組同時了解技術與他們的組織，所以他們能在一般性技術與特定環境之間做搭配。

✓ 雖然經常沒有整體性的計畫或協調，把穩方向型（模式3）組織謹慎運用工具，但整體來說運用得相當好。防範未然型（模式4）組織很有活力地運用工具，但總是留意結果。他們幾乎總是有受過特殊訓練的受體小組，主動積極搜尋有用的工具，並也蒐尋處理特定流程問題的工具。因為工具由受過訓練的變革能手加以社會化，需要工具的個人能獲得工具並善加運用工具。

✓ 技術移轉第一定律說，長期利益傾向於成為短期利益的犧牲品。第一定律的吶喊太令人熟悉：

- 我們沒時間把事情做對。
- 我們現在無法讓他騰出時間來。
- 我們將指派她八分之一的時間從事這項任務。
- 我們將在空閒時間做這件事。
- 危機一結束我們就立刻做這件事。

✓ 技術移轉第二定律說，短期可行性傾向於成為長期完美的犧牲品。第二定律的吶喊也是眾所週知：

426
- 這不是計畫的一部分。
- 我們將成立特別小組。
- 這方式不優雅。
- 我們需要研究可能的影響。

✓ 當你聽到NT有遠見者爭論解決你的問題的完美工具時，請介入並找出有用處又具體的事情讓他們去做。雖然當危機結束時，他們可能變成你的最佳工具設計師，但不要讓他們藉由不相關的工具建造來躲避危機。

✓ 雖然多數人對工具一無所知，但即使是處於「混亂」中的組織，也擁有它所需要的所有工具。你先要假設，你的工具問題不是製造的問題而是散布的問題。

✓ 使用雙軌策略來擊敗技術移轉的兩個定律：找到長期解決方案，同時運用短期解決方案來減輕壓力。

✓ 技術移轉十誡形成一份有用的輔助記憶指南，以避開技術移轉的罪惡：

- 應該要有帶領你走出荒野的計畫。
- 不可崇拜你的計畫。
- 應該要求沒有人白費力氣。
- 不可一週工作七天。
- 應該尊重使用者，並傾聽他們所說的話。
- 不可停止支持變革。
- 不可身兼其他工作。
- 不可從工作竊取資源。
- 不可做假見證而對你的計畫不利。
- 不可貪圖你鄰居的最佳技術。

✓ 若你記得對事情有幫助的模型，十誡的力量將會擴大：

不論表面上看起來如何，其實每個人都想成為對事情有幫助的人。

若忘記這條戒律，你將開始反擊所謂的阻力，這將會產生真正的
阻力，不是針對技術，而是針對你反抗阻力的作為。

✓　傾聽所有阻力的真正資訊，讓你能利用這些資訊矯正你的錯誤，
並在改變你的組織時得到每個人的參與。

427　23.9　練習

1.　反常地，一般來說將人們從一項工具轉移至更好的工具，比從完
全沒有工具進行轉移要更容易。華倫的型態管理房間是這種兩步
驟策略的一個例子。請針對你想引進的某項工具，列出可用來當
作墊腳石的一些功能較不強大的工具。

2.　請針對你的組織進行一項工具調查。不要調查整個組織，而是採
用樣本。若此樣本有意義，再調查組織其餘部分。

3.　當你將流程的一部分自動化，將會改變任務組合。工作的本質
會改變，而且人們必須學習以往較不重視的技能，也就是處理
工具無法處理之事的技能。例如，華盛頓資料處理管理協會
（Washington DPMA）研究小組的 Peg Ofstead 就曾經告訴我，成
功運用缺陷特性資料相關工具的影響。❼她觀察到，在成功的
ICASE 環境中，大多數程式撰寫缺陷與很多設計缺陷都能被消除
掉。雖然這項成功的工具使用減少了缺陷總數，但卻增加了需求
缺陷的比例。因為需求缺陷一般比程式撰寫缺陷更昂貴，對總成
本的影響和預期相差甚多。此外，該組織目前在人們覺得較無法
勝任的領域有更高百分比的缺陷，這可能很令人沮喪。明智的經
理人能預期到這種從成功到失敗的效應，並經由再訓練來做好準
備，或用其他方式變更工作人員的技能組合。

　　請考慮你正想引進的一項工具，並在成功引進的事前與事後繪製任務組合圖。人們需要什麼額外訓練，才能承擔起非自動化任務的更大負擔？

4. James Robertson問說：本章的啟示應用到個人建造的工具同樣適當嗎？相同點是什麼？不同點是什麼？

5. 創新帶有風險。你可經由提供保險，讓嘗試創新的人降低風險，如同印度農人種植新種子時所做的。即使農作物完全無收成，農人獲得保證至少可獲得去年在同一塊土地上所賺到的錢。考慮你想引進的一項工具。你能提供何種保險給冒險使用這項工具的第一個團隊？

第五部
結語

每個人都是以自己的方式決定其命運，其他人除了用寬容、慷慨 　429
與耐心，並沒有其他方法可提供幫助。

——亨利・米勒（*Henry Miller*）

自從本系列第一卷之後，我已建立一個慣例，就是利用一些能激
勵人心的內容，來做為每一卷的結尾。當我寫一本書時，我會
擴大觸角搜尋可能用得上的名言佳句。這次我發現了幾句名言佳句，
包括上面亨利・米勒所說的。這提醒我說，我的讀者將以他們自己的
方式決定他們的命運，況且我無法僅憑著一段結語，就能如同我想要
幫助的那樣去真正幫助讀者。

因為我無法決定哪一個名言佳句最適合每一位讀者，因此我決定
同時使用幾句話。在你開始追求你的小小世界的改變之前，我將這些
名言佳句製作成你可進行的自我測驗架構。

以下就從米勒的話開始：

第1題：（總分15分。回答「是」的每一部分得5分。）

過去這一個月，

    a.   你一直有自己想成為的那樣寬容嗎？

    b.   你一直有自己想成為的那樣慷慨嗎？

    c.   你一直有自己想成為的那樣有耐心嗎？

430   **第2題**：（若誠實回答就給自己25分。答不出來得零分。）

> 據說：「權力使人腐化。」但是權力吸引容易墮落的人，實際上更切合事實。神智清楚的人通常受權力以外的東西所吸引。當他們真的採取行動時，他們認為所做的事情是服務，那自然就有所節制。然而，暴君尋求控制的力量，為此他永不滿足又無情。❶
>
> ——大衛·布林（David Brin）

為什麼你會追求改變事情的權力？

第3題：（總分20分。回答「有」的部分各得5分。）

> 少恐懼，多懷著希望；
>
> 少吃，多咀嚼；
>
> 少抱怨，多呼吸；
>
> 少空談，多說正經事；
>
> 少憎恨，多懷著愛心；
>
> 那麼，所有的好事都會降臨在你身上。
>
> ——瑞典諺語

過去這一個月，

a.　你有適度地同時處理恐懼與希望嗎？

b.　你有照顧好自己的健康嗎？

c.　你有保持聚焦並自己承擔起責任嗎？

d.　嘗試協助其他人改變之前，你有一直傾聽與思考嗎？

第4題：（總分20分。回答「是」的每一部分得10分。）

> 我相信，功能失常（failure）的觀念……是了解工程的核心觀念，因為工程設計有其首要目的，也就是消除功能失常……了解工程是什麼以及工程師能做什麼，相當於了解功能失常如何發生，以及功能失常如何能比先進技術的成功做出更多貢獻。❷
>
> ——亨利・佩卓斯基（*Henry Petroski*）

過去這一個月，　　　　　　　　　　　　　　　　　　431

a.　發生功能失常時，你有原諒自己嗎？

b.　你有從功能失常學到教訓嗎？（請舉例。）

第5題：（總分20分。a部分回答「是」，b部分回答「不是」才得分。）

> 有些人去到任何地方都帶來快樂；有些人則是每當離開一個地方就帶來快樂。
>
> ——王爾德（*Oscar Wilde*）

你因為

a. 你的到來

b. 你的離去

而帶給別人快樂嗎？

加分題：（每個「是的」，都替你自己加10分。）

a. 你的憎恨更少嗎？

b. 你的愛心更多嗎？

答案應該涵蓋你在過去這一個月的活動，而且只要繼續擔任變革能手，你可以每個月再做一次這項測驗。你可以把你的分數畫在一張圖上貼在牆上，當作你的第一個變革能手評量表。

附錄 A
效應圖

把穩方向型（模式 3）的經理人具備的一項重要技能就是：有能力根 433 據非線性系統來做推論，而效應圖（diagram of effects）就是為達此目的最好用的工具之一。❶ 在圖 A-1 中，效應圖顯示管理階層對於解決軟體功能失常（亦即系統故障事件或簡稱為 STI），施加壓力所產生的效應。我們可以利用這個圖，做為主要標記慣例之範例。

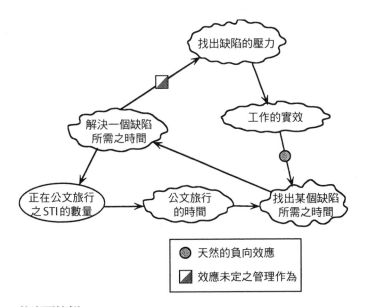

圖 A-1 效應圖範例

434　效應圖主要是由以箭號連結的節點所組成：

1. 每一個節點（node）即代表一個可量測的數量，比方說：公文旅行的時間、工作的實效、找出某個缺陷所在位置所需的時間、或是找出缺陷所在位置的壓力。我喜歡採用「雲狀圖」而不用圓形或長方形，為的是要提醒大家，每一個節點所代表的是一個量測值，而不是像在流程圖、資料流圖之類的圖形中，每一個節點所代表的是一件事物或是一個過程。

2. 這些雲狀節點所代表的可能是實際的量測值，也可能是概念性的量測值（這些事物雖可量測，但目前或許量測的成本太昂貴，或是不值得花費心力去量測，所以尚未加以量測）。不過重點是，這些事物都是可以量測的，也許僅能得到近似值——如果我們願意花點代價的話。

3. 有時我想表明所給的是一個實際的量測值，我會使用一個正橢圓的雲狀圖，如同圖 A-1 中「正在公文旅行之 STI 的數量」。然而，在大多數時刻，我是用效應圖來做概念性的分析——而非數學的分析，因此多數的雲狀圖會呈現適度的不規則性。

4. 從某一節點 A 指向另一個節點 B 的箭號，要表達的是數量 A 對於數量 B 具有某種效應。我們或許知道或推測出這項效應，導致我們從下列三種方式中擇一繪製箭號：

    a. 將這項效應的數學公式列為：

    　　找出某個缺陷所需的時間＝公文旅行的時間＋其他因素

    b. 從觀察中推論，例如：觀察到人們在管理階層施壓下出現緊張且效率不彰的現象。

c. 從以往的經驗推論，例如：觀察其他專案當解決缺陷所需時間改變時，來自管理階層的壓力有何改變。

5. 看看A與B之間的箭號上是否有一個大灰點出現，這個大灰點代表A對B作用效果的一般趨勢。

a. 沒有灰點出現，意指若A朝某個方向移動，則B也會朝相同的方向來移動。（例如：正在公文旅行的STI數量愈多，意指公文旅行的時間就愈多；正在公文旅行的STI數量愈少，意指公文旅行的時間就愈少。）

b. 箭號上若有灰點（天然的負向效應），意指若A朝某個方向移動，則B會朝相反的方向來移動。（例如：工作的實效愈高意指找出一項缺陷所需的時間愈少；實效愈低意指找出一項缺陷所需的時間愈多。）

6. 效應線上的方塊表示人為干預會決定效應之方向：

435

a. 白色方塊，代表人為干預會使得所影響之量測值，與引發變動之原因朝相同方向來移動（如同沒有灰點的箭號代表往相同方向來移動）。

b. 灰色方塊，代表人為干預會使得所影響之量測值，與引發變動之原因朝相反方向來移動（如同有灰點的箭號代表往相反方向來移動）。

c. 灰白相間的方塊（效應未定之管理作為），代表人為干預可能使得所影響之量測值與引發變動之原因，朝相同或相反的方向來移動，方向為何端視干預而定。以圖A-1的情況來說，對於解決缺陷所需時間的增加，管理階層可能會對找出缺陷所在位置一事增加壓力或減少壓力。灰白相間的方塊顯示這種動態學會依經理人選擇做何反應而異。

附錄 B
薩提爾人際互動模型

根據薩提爾人際互動模型❶，每個人的內在觀察流程有四大部分：接　436
收訊息、尋思原意、找出含意、做出反應，如圖B-1所示。在此為了
說明這個模型，就由我來扮演觀察者的角色。

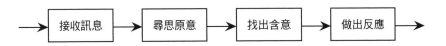

圖B-1　薩提爾人際互動模型的四個基本部分。

接收訊息（Intake）

在薩提爾人際互動模型的第一個部分，我從外界獲取資料。雖然有些
人可能認為我以被動參與者的身分碰巧接收訊息，但事實上我有許多
選擇可供運用。

尋思原意（Meaning）

接下來，我考慮感官接收的訊息並賦予其意義。這項意義並不存在於
資料中，在我提供意義之前，資料是沒有意義的。

找出含意（Significance）

資料可能暗示某些意義，但不會暗示其重點在哪裏。如果沒有這個步驟，我所感受的世界可能會是一個資料模式泛濫的世界。利用這個步驟，我可以讓一些模式具有優先權，並且把其他模式忽略掉。

做出反應（Response）

觀察很少是被動的，它會引發出反應。我不可以也不應該立即對每項觀察做出反應。我總是依據觀察被認定的重要性，對觀察進行嚴密調查並加以保存，做為日後行動的準則。

附錄 C
軟體工程文化模式

這本書大量使用「軟體文化模式」這個觀念。為便於參考，我在此將 437
這些模式的各種觀點做一摘要。

　　據我所知，克勞斯比是把文化模式的概念用於研究工業生產過程
的第一人。[1]他發現組成一門技術的各種生產過程並不僅是一種隨機
組合，而是由一套有先後關係的模式所組成。

　　在Radice等人的〈程式設計過程之研究〉[2]一文中，將克勞斯比
「依品質來分層」的方法應用到軟體開發工作上。軟體工程協會（SEI）
鼎鼎大名的軟體品質專家韓福瑞（Watts Humphrey）繼續發揚光大，
找出一個軟體機構成長之路上必經之「過程成熟度」的五個等級。[3]

　　其他軟體觀察者很快發現了韓福瑞的成熟度等級之妙用，例如：
後來在MCC公司任職的寇蒂斯（Bill Curtis）提出的軟體人力資源成
熟度模型（software human resource maturity model），也有五個等級。[4]

　　這些模型各自代表對同樣現象的觀點。克勞斯比依據在各個模式
中發現的管理階層之態度，做為命名其五項模式的主要依據。不過，
軟體工程協會所採用的命名跟在各個模式中發現的過程類型比較有
關，跟管理階層的態度比較無關。寇蒂斯則依據組織內之對待人員的
方式來進行分類。

依照我個人在組織方面的工作經驗，我最常使用克勞斯比把重點放在管理階層及其態度上的文化觀點❺，但我發現其實各種觀點可於不同時刻派上用場。以下就是我將各種觀點的資料加以結合所做的摘要：

438　模式0　渾然不知型（Oblivious）的文化

其他名稱：在克勞斯比、韓福瑞或寇蒂斯等人的模型中並未出現這個模式。

本身觀點：「我們都不知道我們正循著一個過程在做事。」

隱喻：步行：當我們想去某個地方時，就起身步行前往。

管理階層的了解與態度：管理階層沒有理解到品質是他們要解決的一項問題。

問題處理：問題因為大家保持沉默而蒙受損害。

品質立場摘要：「我們沒有品質問題。」

這項模式可成功運作的時刻：要讓這項模式成功運作，個人必須具備下列三項條件或信念：

✓ 「我正在解決我自己的問題。」
✓ 「那些問題不大，因為就我所知，技術上是可能解決的。」
✓ 「我比別人更清楚我自己要什麼。」

過程成效：成效完全取決於個人。在這種模式中，沒有保存任何紀

錄，所以評量也不存在。因為顧客就是軟體開發人員本身，所以交付
給顧客的軟體總是會被接受。

模式1　變化無常型（Variable）的文化　　439

其他名稱：在克勞斯比的模型中稱為：半信半疑階段（Uncertainty Stage）

　　　　　　在韓福瑞的模型中稱為：啟始（Initial）

　　　　　　在寇蒂斯的模型中稱為：加以聚集（Herded）

本身觀點：「我們全憑當時的感覺來做事。」

隱喻：騎馬：當我們想去某個地方時，我們就為馬套上馬鞍騎馬出發
……如果馬願意合作的話。

管理階層的了解與態度：管理階層並不了解品質是一項管理工具。

問題處理：因為問題定義不完備又缺乏解決之道而苦惱。

品質立場摘要：「我們不知道為什麼我們會有品質問題。」

這項模式可成功運作的時刻：要讓這項模式成功運作，個人必須具備
下列三項條件或信念：

✔　「我跟顧客關係融洽。」

✔　「我是一個能幹的專業人士。」

✔　「對我來說，顧客的問題並不大。」

過程成效：這部分的工作通常是顧客與開發人員之間一對一的工作。
在組織裏依據本身功能（如：「這樣做行得通」）來評量品質，在組

織外部則由現有關係來評量品質。情緒、個人關係和模糊的想法或空
論主導一切。設計沒有一致性，也沒有規畫撰寫有結構性的程式碼，
而且以隨便進行測試的方式去除錯。在這種模式中，有些工作做得很
好，有些工作卻做得很奇怪，一切全因個人而異。

440 模式2　照章行事型（Routine）的文化

其他名稱： 在克勞斯比的模型中稱為：覺醒階段（Awakening Stage）

在韓福瑞的模型中稱為：可重複（Repeatable）

在寇蒂斯的模型中稱為：加以管理（Managed）

本身觀點：「我們凡事皆依照工作慣例（除非我們陷入恐慌）。」

隱喻： 火車：當我們想去某個地方時，我們找到一輛火車，這輛火車
可以容納很多人，而且很有效率……如果我們要去的地方是火車行經
之處。火車出軌時，我們就無能為力了。

管理階層的了解與態度： 管理階層認同品質管理可能有價值，卻沒有
意願提供金錢或時間進行品質管理。

問題處理： 組成團隊處理重大問題，但是並未徵求長期解決方案。

品質立場摘要：「有品質問題是絕對必要嗎？如果我們不解決品質問
題，或許問題會自動消失。」

這項模式可成功運作的時刻： 要讓這項模式成功運作，個人必須具備
下列四項條件或信念：

✓　「我們明白問題大到不是一個小團隊就能處理。」

✓　「問題太大，我們無法處理。」

✓　「開發人員必須遵循我們的慣例流程。」

✓　「我們希望我們不會碰到太異常的事。」

過程成效：照章行事型的組織具備程序以協調為工作所付出的努力，組織成員只是遵循程序去做事。以往績效的統計資料並不用來進行改變，只是用來證明自己目前做的每一件事都是依照合理方式去做的。另外，在組織裏並未依據錯誤（bugs）的數目來評量品質。一般來說，這類組織使用由下而上的設計、部分結構化的程式碼，並且藉由測試和修正來去除錯誤。照章行事型的組織有許多成功事蹟，但是也有一些規模龐大的功能失常。

模式3　把穩方向型（Steering）的文化　　441

其他名稱：在克勞斯比的模型中稱為：啟蒙階段（Enlightenment Stage）

在韓福瑞的模型中稱為：加以定義（Defined）

在寇蒂斯的模型中稱為：加以調教（Tailored）

本身觀點：「我們會選擇結果較好的工作程序來行事。」

隱喻：小貨車：關於目的地在哪裏，我們有許多選擇，但是我們通常必須依據規畫路線前進，在路途中也必須把穩方向。

管理階層的了解與態度：管理階層理解到品質是一項管理工具：「透過我們的品質方案，我們對品質管理有更多的了解，也更支持並協助品質管理的進行。」

問題處理：公開面對問題並以井然有序的方式來解決問題。

品質立場摘要：「透過承諾與品質改善，我們正在確認並解決我們的問題。」

這項模式可成功運作的時刻：要讓這項模式成功運作，個人必須具備下列四項條件或信念：

✓ 「問題太大，我們知道光靠一個小程序是行不通的。」
✓ 「我們的經理人可以跟外界環境協商。」
✓ 「我們不接受武斷的預定時程和限制。」
✓ 「我們受到挑戰，但是程度在可接受範圍內。」

過程成效：把穩方向型的組織具備總是讓人可以理解的程序，但是這些程序在書面文件上未必有明確的定義，甚至在危機中組織成員還是遵循這些程序行事。在這類組織裏是依據使用者（顧客）的反應、而非依據系統化的方式來評量品質。有些評量完成了，但是大家卻為了哪些評量才有意義而爭論不休。通常，這類組織會利用由上而下的設計、結構化的程式碼，對設計和程式碼進行檢驗，並且採取漸進式發表軟體版本。在專心致力於進行某件事時，這類組織通常能穩坐成功的寶座。

442 模式4　防範未然型（Anticipating）的文化

其他名稱：在克勞斯比的模型中稱為：明智階段（Wisdom Stage）
　　　　　　在韓福瑞的模型中稱為：加以管理（Managed）
　　　　　　在寇蒂斯的模型中稱為：制度化（Institutionalized）

本身觀點：「我們會參照過往的經驗制定出一套工作範例。」

隱喻：飛機：當我們要去某個地方時，我們可以迅速可靠地搭機前往，而且有空地之處，我們都能搭機前往，不過要採取這種方式一開始需要大筆投資。

管理階層的了解與態度：管理階層了解到品質管理的絕對必要性，也認清個人在持續強調品質管理這方面，所要扮演的角色。

問題處理：問題早在開發過程時就確認出來。所有功能別部門都開誠布公，接受建議與改善。

品質立場摘要：「預防瑕疵是公司作業中的例行部分。」

這項模式可成功運作的時刻：要讓這項模式成功運作，個人必須具備下列三項條件或信念：

✓　「我們有可遵循的程序，而且我們設法改善程序。」
✓　「我們（在組織內部）依據有意義的統計資料來評量品質與成本。」
✓　「我們有明確的流程小組協助進行這個流程。」

過程成效：防範未然型的組織利用複雜的工具和技術，包括：功能理論設計（function-theoretical design）、數學證明及可靠度評量。這類組織即使進行規模龐大的專案也一樣能持續地獲致成功。

模式 5　全面關照型（Congruent）的文化 443

其他名稱：在克勞斯比的模型中稱為：確信階段（Certainty Stage）

在韓福瑞的模型中稱為：最佳化（Optimizing）

在寇蒂斯的模型中稱為：最佳化（Optimizing）

本身觀點：「人人時時刻刻都會參與所有事務的改善工作。」

隱喻：企業號星艦：當我們想去某個地方時，我們可以去以往沒有人去過之處，我們可以帶任何東西去，也可利用超光速飛行到任何地方，只不過目前這一切只出現在科幻小說中。

管理階層的了解與態度：品質被管理階層認為是企業體系中一個不可或缺的部分。

問題處理：除了極不尋常的情況外，已經事先把問題預防掉。

品質立場摘要：「我們知道我們為什麼沒有品質問題。」

這項模式可成功運作的時刻：要讓這項模式成功運作，個人必須具備下列三項條件或信念：

✓ 「我們具備持續改善的程序。」

✓ 「我們自動確認並評量所有關鍵的流程變數。」

✓ 「我們的目標是讓顧客滿意，一切以顧客滿意至上。」

過程成效：全面關照型的組織具備其他模式的所有優點，加上又有意願為達到更高品質的水準而投資。這類組織利用顧客滿意度和顧客遇到功能失常之平均時間（十年到一百年不等）來評量品質。顧客喜歡這類型組織提供的高品質，而且會完全信賴。就某方面來說，模式5就像模式0一樣全然地回應顧客，只不過模式5的組織在各方面都做得更好。

附錄D
控制模型

每一種軟體文化模式都有自己獨特的控制模式。對於軟體控制模式的研究，就從這個問題開始：「有需要控制什麼嗎？」在此，我針對這個問題的二個可能答案進行討論。 444

集成式的控制模型（Aggregate Control Model）指出，如果我們願意花足夠的時間和精力在備用的解決方案上，我們終將獲得我們想要的系統。有時候，這是最實際的做法，或者是我們能想到的唯一做法。

回饋控制的模型（Feedback Control Model）設法以一種更有效率的方式，獲得我們想要的系統。控制者依據系統目前在做什麼的相關資訊來控制系統。控制者將這項資訊與為系統所規畫的事項做比較，並且採取有計畫的行動，讓系統的表現更接近計畫。

工程管理的職責是在工程專案中扮演控制者的角色。利用回饋控制的模型，就可以解析工程管理為何遭遇失敗。舉例來說，照章行事型（模式2）的經理人通常缺乏這種理解，這也說明他們為什麼會經歷那麼多品質不佳或失敗的專案。

D.1 集成式的控制模型

想要射中移動的標靶，有一個可以普遍適用的做法，就是集成法（aggregation）的技巧。集成式的控制就像是用霰彈槍來射擊，或者說得更準確些，是用榴霰彈來射擊。如果我們只是想要在足夠隨機的方向裏讓更多的彈片飛過空中，這種方法可以增加我們打中標靶的機會，不管標靶的移動方式為何。

以集成法來解決軟體工程上的問題，大概的意思是，為確保可得到一個好的產品，必須先從大量的專案下手，並從中選出可生產出最好產品的那一個專案。單獨從一家軟體公司的眼光來看，集成法或許不失為在特別環境中，一條可確保成功的途徑。

445　　集成法最常被使用的時機，就是在軟體的採購上。從我們中意的幾個產品中，選出最能符合我們目的的那一個產品。比起只考慮單一的產品，只要我們的挑選程序尚稱合理，最後我們都能找到一個較佳的產品。

有時候，集成法的使用不全然是有意而為之。照章行事型（模式2）的機構經常會在無意間採用一連串的集成法。當第一次試圖建造一套軟體系統時，如果結果不甚令人滿意，就開始進行第二個專案。如果第二次嘗試也沒有好下場，該機構可能會退回第一次的結果，接受它品質不良的現實，當作是一堆爛蘋果中最好的一個。集成法是一種通用策略，不管哪一種軟體文化模式都會用到這項策略。不過，在把穩方向型（模式3）的組織裏，則是更有意識地運用集成法的明確操縱，來協助品質改善。

D.2 回饋控制（控制論）的模型

由於集成法猶如用霰彈槍來射擊，回饋控制法（feedback control）就猶如用步槍來射擊。控制論（cybernetics）這一門研究命中率的科學，是每一位軟體工程師都必須了解的一門學問。❶

D.2.1 受控制的系統：模式0與模式1的焦點

控制論模型是以一個系統應該受到控制的想法為出發點：它有輸入和輸出這兩個部分（圖D-1）。對一個以生產軟體為目的的系統而言，輸出的部分是軟體，再加上「其他輸出」，其中包括了不屬於該系統直接目的的各樣東西，像是：

- 發揮某一程式語言更大的功能
- 在製作想要的軟體時，同時開發出來的軟體工具
- 能力更強或更弱的開發團隊
- 壓力、懷孕、感冒、快樂
- 對管理階層的憤怒
- 對管理階層的尊敬
- 數以千計的功能失常報告（failure report）
- 個人的績效評核

輸入的部分則有三種主要的類型（三個R）：

- 需求（Requirements）
- 資源（Resources）
- 隨機事件（Randomness）

一個系統所表現出來的行為受到下面這個公式的支配：

行為是由狀態與輸入這兩大條件所決定。

446　因此，控制不只是取決於我們所輸入的東西（需求和資源）和以某些其他方式進入系統的東西（隨機事件），也取決於系統內部是如何在運作（狀態）。

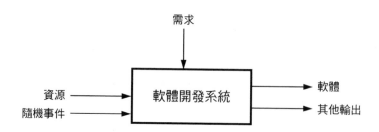

圖 D-1　一個受控制的軟體開發系統之控制論模型。

當模式1的機構了解圖 D-1 的涵義後，該圖即可用來代表軟體開發工作的完整模型。其實，該圖的意思是：

a.　「告訴我們你想要的是什麼（而且不要改變你的心意）。」

b.　「提供我們一些資源（而且只要我們開口，你就會一直不停地提供）。」

c.　「不要再來煩我們（也就是說，消除所有隨機事件發生的可能性）。」

這些就是模式1機構開發軟體的基本條件，而且只要聽到以上陳述，你就能很有把握地辨認出模式1的機構。

如果少掉了a項陳述（外在需求），你就會得到可辨認模式0的

陳述,模式0已然知道它想要的是什麼,不需要你的幫助,謝謝啦。因此,將圖D-1中需求的箭號消除,將外來直接的控制與系統隔絕開來,該圖即變成一個模式0的圖形。

D.2.2 控制者:模式2的焦點

當我們的軟體開發方式符合模式1的模型,為了達到更高的品質(或價值),我們就必須採取集成式的做法——亦即將更多的資源注入開發系統中。要做到這一點的一個途徑即是,同時啟動好幾個這樣的開發系統,並讓每一個系統都能盡其所能地發揮。然而,如果我們想要對每一個系統都有更多的控制,我們就必須將系統與某種形式的控制者連接起來(圖D-2)。控制者代表了我們想要讓軟體開發工作能夠朝正確的方向前進,所做的一切努力。它也是模式2為解決獲致高品質軟體的問題所添加的東西。

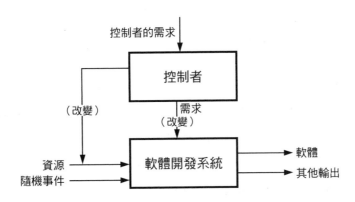

圖D-2 一個軟體開發系統(模式2)的控制者模型。

　　控制論在此一水準時,控制者還無法直接取得開發系統內部狀態的資訊。因此,為了能控制情況,控制者必須能夠經由輸入的部分

447　（由控制者出發進入系統的那幾條線），以間接的方式來改變系統內部的狀態。這類可以改變程式設計人員的例子包括：

- 提供訓練課程，讓他們變得更聰明
- 購買工具供他們使用，讓他們看起來更聰明
- 雇用哈佛的畢業生，讓他們變得更聰明（平均來說）
- 提供工作獎金，讓他們工作會更賣力
- 提供他們感興趣的工作，讓他們工作會更賣力
- 開除柏克萊的畢業生，讓其他的人工作會更賣力（平均來說）

對於系統中不受控制的輸入部分（即隨機事件），可加以控制的行動有兩種：改變需求的部分，或改變資源的部分。要注意的是，不論控制者對這些輸入的部分動了什麼手腳，仍然會有隨機的事件進入系統。這正代表了控制者無法完全控制的那些外來事物。某些模式2的經理人一想到這一點，就覺得非常的氣餒。

D.2.3　回饋控制法：模式3的焦點

縮小因感冒（不受控制的輸入部分）而造成損失的一個有效方法，即是一有輕微的感冒症狀出現，就把人趕回家去休養。然而，在圖D-2中的控制者卻無法這麼做，因為他完全不知道系統實際上是如何運作的。一個用途更廣也更有效的控制模型就是圖D-3中的回饋控制模型。在此模型中表現出模式3的控制觀念，控制者有能力對工作的績效（從系統出來並進入控制者的那幾條線）加以評量，並利用評量的結果來幫忙決定下一步的控制行動為何。

　　但是回饋的評量與控制的行動對於達到有效的控制仍有所不足。我們知道，行為取決於狀態與輸入條件這兩樣東西。為使控制的行動

有效，模式 3 的控制者必須擁有的模型，要能夠將狀態和輸入條件與　　448
行為連接起來，亦即該模型要能夠清楚界定「取決於」對此系統的意
義為何。

　　整體來說，為了使回饋控制法得以運作，控制系統必須具備：

- 預期狀態（desired state，簡稱為 D）的樣貌
- 觀察實際的狀態（actual state，簡稱為 A）的能力
- 比較狀態 A 與狀態 D 之間差異的能力
- 對系統採取行動使得 A 更趨近於 D 的能力

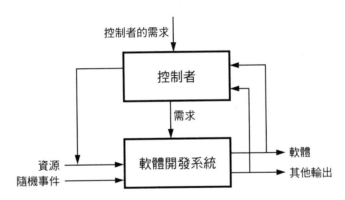

圖 D-3　一個軟體開發系統的回饋模型中，控制者需要有關系統表現的回饋資
　　　　訊，以便能將之與需求加以比較。有了這樣的模型，才能將模式 3 與
　　　　模式 0、1、2 區隔開來。模式 4 及 5 所用的也是這樣的模型。

模式 2 的一個典型錯誤就是把「控制者」與「經理人」劃上等號。在
模式 3 的模型中，管理工作基本上屬於控制者的責任。想要以回饋控
制的方式來管理工程類的專案，經理人必須：

- 為將會發生的事做好規畫

- 對實際正在發生的重大事件進行觀察

- 將觀察所得與原先的規畫相比較

- 採取必要的行動以促使實際的結果更接近原先的規畫

能夠完全做好這些事的經理人，就是我們所說的「把穩方向型」經理人。模式3、4、5都需要把穩方向型的管理。對大多數希望從模式0、1、2轉變為模式3、4、5的機構來說，這似乎是限制因素所在。這套書的前三卷就是要激勵組織轉型成為把穩方向型的管理。

附錄 E
觀察者的三種立場

即使在你做出言行一致（congruent）的反應時，你可能並未處在最佳 449
立場，以便能觀察要有效解決危機你必須做什麼。然而，若是你在危
機中能提供以不同觀點獲得的資訊，就是最有效的一種干預。每當身
為觀察者的你要採取行動時，你可以選擇要從哪一個「立場」進行你
的觀察：自我的立場、別人的立場、或是情境的立場。

自我（局內人）的立場

從你的內心，往外看或往內看。這個立場讓你能夠明白自己的利益為
何，你現在為什麼有這樣的行為舉止，也讓你明白你可能對這個情況
有何貢獻。若你未能從這種立場進行觀察，你通常會產生討好或超理
智（superreasonable）的行為。許多人因為忘記自己應該花時間從自
我的立場進行觀察，反而讓自己心力交瘁。

別人（移情作用）的立場

從另一個人的內心，從他（她）的觀點觀察。這個立場讓你有能力了
解人們為何做出那種反應。若你未能從這種立場進行觀察，你通常會
產生指責別人或超理智的行為。

情境（旁觀者）的立場

由外界，檢視我自己和其他人。這個立場讓你能夠在這種情境下理解事物並整頓事物。若你未能從這種立場進行觀察，你通常會產生打岔（irrelevant）的行為。

沒有人規定你必須採取任何特定的觀察者立場，或是採取任何立場。有時候，你在危機中已經驚慌失措，無法採取觀察者的任何立場。你忽略自己的感受，沒注意到別人正在發生什麼事，也沒有跟整體情勢產生關係。

450

在管理上，你必須懂得應變，視情況採取立場1或立場2或立場3，來進行觀察。如果你無法進入這些觀察者的立場，你可能會身陷困境而且言行不一（你可能出現指責、討好、超理智或打岔的行為）。這樣的話，你在自己最需要觀察力的時候，卻把自己的某些觀察力放棄掉了。

附錄 F
梅布二氏人格類型指標
與四種氣質

這裏摘錄《溫伯格的軟體管理學》第3卷當中提過的梅布二氏人格類
型指標（Myers-Briggs Type Indicator, MBTI），以及柯爾塞（David
Kiersey）和貝茲（Marilyn Bates）根據MBTI所提出的四種氣質類型。

F.1 梅布二氏人格類型指標

梅布二氏人格類型指標（MBTI）描述的是跟個人工作風格有關的四
種向度。這些向度說明了人們在取得能量、獲得資訊、做出決定和採
取行動等方面的偏好。經理人可以藉由這個模型更了解自己管理的部
屬與一起共事的同仁，而成為更優秀的經理人、部屬和團隊成員。

　　個人在各個向度的偏好分別用一個字母來代表。以我為例，說明
我的個人工作風格的四項要素就以INFP這四個字母縮寫代表。在梅
布二氏人格類型指標中，每個向度有二個字母可選擇：

- E（External，外向型）或I（Internal，內向型），依據我喜歡

如何取得能量。

- S（Sensing，感官型）或N（iNtuitive，直覺型），依據我喜歡如何獲得資訊。
- T（Thinking，思考型）或F（Feeling，感覺型），依據我喜歡如何做出決定。
- J（Judging，判斷型）或P（Perceiving，覺察型），依據我喜歡如何採取行動。

所以，我是INFP型，換句話說，我喜歡從內在（I）取得能量，喜歡憑直覺（N）獲得資訊，喜歡依據價值觀（F）做出決定，並且喜歡

452 為了保留可能性（P）而採取行動。相反的情況是，我喜歡從別人（E）取得能量，喜歡依據事實（S）取得資訊，喜歡利用邏輯做出決定（T），並且喜歡為了把事情解決掉而採取行動（J）。

請特別注意，雖然我是屬於INFP型的人格，但這並不表示我不能從外在取得能量，不能透過我的感官獲得資訊，不能依據邏輯思考做出決定，或不能採取縮小可能性的行動。INFP只是表示當簡單或無意識的偏好支配我的選擇時，我可能會做特定的事，不會做其他事。把這項提醒牢記在心，接下來我們來看看這四個向度。

第一個向度說明人們喜歡如何取得能量來做事情，或如何取得能量提振自己的精神。在組織中，你可以在會議中、尤其是在會議休息時，觀察到人們的內向型（I）／外向型（E）的偏好。外向型人士傾向於利用休息時間跟別人打交道，內向型人士則利用休息時間獨處休息一下。

第二個向度是說明人們喜歡怎樣獲得做事情所需的資訊。在組織裏，你會在會議中，尤其是簡報時，看到感官型（S）／直覺型（N）

人士。感官型人士想要事實依據，而且愈多愈好，然而直覺型人士卻想要全盤的看法。

MBTI的第三個向度說明人們喜歡如何做出決定：是運用邏輯（思考，T），或價值觀（感覺，F）。在組織裏，你可以在決策時發現思考型人士和感覺型人士所偏好的行動。這二種類型的人都想做出明智的決定，但是他們讓決策明智的屬性卻不同。思考型人士要的是客觀、邏輯和非個人性；然而感覺型人士要的卻是人性、價值觀和合作。在做出決定時，這二種類型的人並不反對考慮另一種屬性，只不過他們將那些屬性視為優先順序較低的因素來考慮。

第四個向度說明個人採取行動的偏好模式。判斷型（J）人士喜歡把事情解決掉，而覺察型（P）人士喜歡讓自己保有選擇的可能性，當有更多資訊的情況下，選擇也可能會改變。判斷並不表示有不客觀判定的傾向，而是有做決定的偏好（因此用判斷〔judging〕一詞）。而覺察並不表示跟感覺敏銳有關，而是有取得資訊的偏好（因此用覺察〔perceiving〕一詞）。以我的後見之明，我會以「尋求終結」（closure-seeking）一詞來取代「判斷」，以「尋求資訊」（information-seeking）一詞來取代「覺察」。

F.2　氣質

對於經理人來說，梅布二氏人格類型指標（MBTI）的四種向度確實很有用，但是將這四個向度加以組合如下，就會更有威力。柯爾塞（David Kiersey）和貝茲（Marilyn Bates）將MBTI的四種向度加以組合後，產生了十六種人格類型，這十六種類型又可分類為四種「氣質」（temperaments）：NT（有遠見者，Visionary）、NF（促成者，Catalyst）、

SJ（組織者，Organizer）、SP（解決問題者，Troubleshooter）。接下來，我們就依序檢視這四種氣質，並舉例說明每一種氣質面對失控的情況時會如何反應——也就是每一種氣質類型所對應的控制（智力的控制、實體環境的控制、緊急事件的控制、情緒的控制），以及你可以如何辨認出他們。

F2.1　NT 有遠見者

有遠見者（NT，也就是MBTI指標中的直覺思考者〔Intuitive Thinker〕）喜歡依著構想來工作，他們對設計最感興趣，對實際執行比較不感興趣。用這句話就能說明他們的優點：「成熟的構想最危險不過。」對於既定規則來說，NT有遠見者相當危險，因為他們帶領大家脫離小世界，邁向美麗新世界。沒有他們，我們還困在洞穴裏發抖，等著別人發明如何生火。

　　用「掌握本質」（capture the essence）這句話就能讓NT有遠見者落入陷阱，因為他們很容易將複雜的細節過度簡化為一致的理論。換句話說，「當你只有構想而別無他物時，就最危險不過。」

F2.2　NF 促成者

促成者（NF，也就是直覺感覺者〔Intuitive Feeler〕）喜歡與人共事，協助人們成長，但他們關切的是不讓人受苦。當艱困時期需要大家同心協力，在情緒波動時需要互相扶持，這時候就很需要NF促成者。

　　你可以用這句話讓NF促成者落入陷阱：「務必確定每個人都同意，」因為NF促成者重視和諧勝過一切。我聽過幾位NF促成者這麼問：「有誰反對我們休息一下、上洗手間？」

　　這個問題充分表達出最常見也最具破壞性的NF管理者過失。如

果有人不想休息一下、上洗手間，難道大家就只好忍受折磨繼續坐著？NF促成者滿腔熱忱要照顧每個人，通常卻因為過度專注於拯救某個人，而傷害到大多數人。

F2.3　SJ組織者

組織者（SJ，也就是感官判斷者〔Sensory Judge〕）喜歡井然有序和制度。對於SJ組織者來說，重要的不只是做事，還有把事情做對。大多數SJ組織者非常認同這句口號：「值得做的事就值得把它做對。」

　　你可以用以下的說法讓SJ組織者落入陷阱：是要「把事情做對」還是要「準時完成」？因為他們重視順序勝過一切。他們很難理解另一句話：「不值得去做的事，就不值得把它做對。」在許多情況下，事情不必井然有序，但是SJ組織者卻常常不了解這一點。

454

F2.4　SP解決問題者

解決問題者（SP，也就是感官覺察者〔Sensory Perceiver〕）喜歡把事情完成和迅速解決問題，不喜歡精心推敲計畫。他們會這樣說：「如果東西沒壞，就不要修理它。」他們也會這樣說：「如果連我都不會修理，東西就沒壞。」

　　辨認SP解決問題者的方法就是要求取得急就章的解決方案，因為SP解決問題者重視結果勝於一切。在某些情況下，SP解決問題者的急就章解決方案雖然快，品質卻糟透了，後續必須花時間善後。說到軟體，SP解決問題者最偏好的字眼似乎是「清空部分內容或全部內容」（zap），而且他們通常將型態管理系統視為邪惡的發明。

F.3 利用這些人格模型來促進了解

梅布二氏人格類型指標模型（MBTI）以及柯爾塞與貝茲的氣質模型，可以讓經理人更覺察到當他們跟別人互動時，是如何做出決定的。我相信這樣的認知可以幫助我們變成更棒的經理人。

相對於許多其他模型是為了要找出人們是哪裏出了問題，MBTI模型的設計宗旨卻是發現每個人都很特別，只是天賦各有不同。不過，這個模型雖然立意良善，卻可能淪為心胸狹隘者或無知者濫用的工具。

我無法保護自己不受心胸狹隘者所危害，但是無知卻是可以矯正的。在此要特別提醒大家的是，這裏的討論僅是對MBTI模型做了簡介，並從十六種人格類型中的一種類型（我是INFP型）的觀點來做介紹。我那些屬於思考型的同事們就很反對我用這種方式介紹這項主題，他們當然有權反對。要探索自己的人格，必須自己親力為之。

對我而言，我為了發現自己的人格類型並了解其意涵，做了許多研究和實驗。當我剛開始接觸MBTI這套方法時，我以為自己是ENTP型人格（外向、直覺、思考、覺察類型者）。經過一年左右的研究和練習，我明白我是ENFP型人格，但是後來再更深入的了解後，我相信我其實是INFP型人格。這幾年來，我一直都認為我屬於這種人格類型。但是誰知道，搞不好日後的自我發現最後讓我明白我是哪一種人格類型。如果我對自己的人格類型都可能出錯，你就知道要濫用MBTI有多麼容易。如果你認為這項工具很不錯，請花心思進行更深入的研究。以下是INFP人格類型的人會做的事：

- 先拿自己做練習，而不是拿別人做練習。

- 當你準備好找別人練習時，找一位跟你有一個或二個不同向
度的夥伴來做練習。

455

- 跟夥伴一起探討彼此之間的差異時，也一併探討彼此的共同
點。

- 把你自己的天賦跟夥伴分享，也讓夥伴教導你那些你比較不
熟悉的天賦。

- 用更多的幽默進行這項練習，而不是以判斷的眼光進行練
習。

最後，我運用我的同事 Dan Starr 提出的一些建議，將氣質方面的討論
摘要如下。以 Dan 的話來說，任何「人格類型」體系的主要價值觀
（不光是這裏提到的兩個模型而已）都可以摘要如下：

- 提醒我每個人都不一樣——在許多方面都有所不同。

- 提供我一些模型，讓我知道人是不一樣的。

- 鼓勵我問問自己到底喜歡什麼——並讓我更了解自己的偏
好。

- 當我無法理解別人時，它可以提醒我，或許是因為我們偏好
以不同的觀點看這個世界，所以無法了解彼此。

- 提供我一些看世界的模型，讓我可以解決溝通的問題。

- 提醒我，我還可以利用其他方式來處理眼前的問題。

Dan 以這句話做為結論：「我設法以氣質類型這個模型，做為了解自
己並影響自己的工具，而不是用這個模型將別人分類。」如果我們都
以 Dan 為榜樣，相信我們都會很成功。

註解

致謝   457

❶ N. Karten, *Managing Expectations* (New York: Dorset House Publishing, 1994).

❷ J. Robertson and S. Robertson, *Complete Systems Analysis* (New York: Dorset House Publishing, 1994).

前言

❶ J. Herbsleb, A. Carleton, J. Rozum, J. Siegel, and D. Zubrow, "Benefits of CMM-Based Software Process Improvement: Initial Results," CMU/SEI-94-TR-13 (Pittsburgh: Software Engineering Institute, 1994).

❷ 為了在閱讀過程中協助你，本書附有與第1、2與3卷內容有關的幾個附錄。

❸ 海軍上將H.G. Rickover, quoted in T. Rockwell, *The Rickover Effect: How One Man Made a Difference* (Washington, D.C.: Naval Institute Press, 1992).

❹ C. Jones, "Risks of Software System Failure or Disaster," *American Programmer*, Vol. 8, No. 3 (1995), pp. 2-9.

第1章

❶ 有關軟體工程文化模式的摘要，請參閱附錄C。

❷ 額外的迴力棒效應範例，請參閱本系列第1卷：*Systems Thinking*。中譯

本《溫伯格的軟體管理學：系統化思考（第1卷）》經濟新潮社出版。

❸ 有關效應圖的解釋，請參閱附錄A。

第2章

❶ 例如，請參閱 V. Satir, J. Banmen, J. Gerber, and M. Gomori, *The Satir Model: Family Therapy and Beyond* (Palo Alto, Calif.: Science and Behavior Books, 1991). 中譯本《薩提爾的家族治療模式》張老師文化出版。

❷ 關於控制者行為的更多資訊，請參閱本系列第1卷 *Systems Thinking*。中譯本《溫伯格的軟體管理學：系統化思考（第1卷）》經濟新潮社出版。

❸ 關於各種軟體工程的文化模式的摘要，包括照章行事型（模式2）文化，請參閱附錄C。

458　第3章

❶ L. Hellman, *The Autumn Garden* (New York: Little, Brown & Co., 1951).

❷ Virginia Satir 與溫伯格的私人通信。

❸ Lynda McLyman 與溫伯格的私人通信，1990。

❹ 關於公開的專案進度海報 (PPPP) 的更多資訊，請特別參閱這套書的第2卷 *First-Order Measurement*, pp. 272-83. 中譯本《溫伯格的軟體管理學：第一級評量（第2卷）》經濟新潮社出版，第424-440頁。

❺ 有關軟體工程的文化模式的簡短描述，請參閱附錄C。

❻ J. Stevens, "Shugyo," *Aikido Today* (December 1994), pp. 13-14.

❼ 有關梅布二氏人格類型指標，請參閱附錄F，或《溫伯格的軟體管理學》第3卷的第七章。

第二部

❶ F. Peavey, M. Levy, and C. Varon, *Heart Politics* (Philadelphia: New Society Publishers, 1986).

第4章

❶ "A Master Class in Radical Change," *Fortune* (December 13, 1993), pp. 82-90.

❷ D. Keirsey and M. Bates, *Please Understand Me II: Temperament, character, Intelligence* (Del Mar, Calif.: Prometheus Nemesis Book Co., 1998). 氣質這個主題在這套書的第3卷中有廣泛探討（中譯本《溫伯格的軟體管理學：關照全局的管理作為（第3卷）》經濟新潮社出版），在本書附錄F中也有概略說明。

❸ T. DeMarco and T. Lister, *Peopleware: Productive Projects and Teams* (New York: Dorset House Publishing, 1987). 中譯本《Peopleware：腦力密集產業的人才管理之道》經濟新潮社出版。

❹ 除了 Weinberg & Weinberg 顧問公司所舉辦的 Problem Solving Leadership Workshop 與 Congruent Leadership Change Shop，對於有志成為變革能手的人，我也推薦以下的研討會：Tom Crum's Magic of Conflict; Barry and Karen Oshry's Power and Systems Laboratory; and NTL's Human Interaction Lab.

❺ 請參閱 G.M. Weinberg, *Becoming a Technical Leader* (New York: Dorset House Publishing, 1986). 中譯本《領導者，該想什麼？：成為一個真正解決問題的領導者》經濟新潮社出版。

❻ 除了本卷之外，請參閱 V. Satir, J. Banmen, J. Gerber, and M. Gomori, *The Satir Model: Family Therapy and Beyond* (Palo Alto, Calif.: Science and Behavior Books, 1991). 中譯本《薩提爾的家族治療模式》張老師文化出版。

❼ 請參閱 G.M. Weinberg, *An Introduction to General Systems Thinking* (New York: Dorset House Publishing, 2001). 也請參閱這套書的第1卷《溫伯格的軟體管理學：系統化思考》經濟新潮社出版。

❽ 請參閱 Satir 等人，同上。也請參閱 C.N. Seashore, E.W. Seashore, and G.M. Weinberg, *What Did You Say? The Art of Giving and Receiving Feedback* (Columbia Md.: Bingham House Books, 1991)，以及這套書的第2卷《溫伯

格的軟體管理學：第一級評量》經濟新潮社出版。

459　❾　See Keirsey and Bates, op. cit.; O. Kroeger and J.M. Thuesen, *Type Talk at Work* (New York: Delacorte Press, 1992); and I.B. Myers, *Gifts Differing* (Palo Alto, Calif.: Consulting Psychologists Press, 1980).

❿　G.M. Weinberg and D. Weinberg, *General Principles of Systems Design* (New York: Dorset House Publishing, 1988).

⓫　T.F. Crum, *The Magic of Conflict* (New York: Touchstone/Simon & Schuster, 1987).

⓬　E. Cross, J.H. Katz, F.A. Miller, and E.W. Seashore, eds., *The Promise of Diversity* (Burr Ridge, Ill.: Irwin Professional Publishing, 1994).

⓭　Lee Copeland與溫伯格的私人通信，1994。

⓮　M. Knowles, *The Adult Learner: A Neglected Species* (New York: Gulf Publishing Co., 1973), pp. 89-91.

⓯　請參閱*Fortune*，同上。

第5章

❶　C.I. Barnard, *The Functions of the Executive* (Cambridge: Harvard University Press, 1938), pp. 4-5.

❷　W.E. Deming, in the foreword to M. Walton's *The Deming Management Method* (New York: Dodd, Mead & Co., 1986). 中譯本《戴明的管理方法》天下文化出版。

❸　See W.B. Cannon, *The Way of an Investigator* (New York: W.W. Norton & Co., 1941), p. 113. Cannon用homeostasis（自我平衡）與the wisdom of the body（身體的智慧）等語，來描述維持活體生物的精巧系統。

❹　Dan Starr與溫伯格的私人通信。

❺　有關控制者模型，請參閱附錄D。也請參閱這套書第1卷《溫伯格的軟體管理學：系統化思考》經濟新潮社出版。

❻ Rich Cohen 與溫伯格的私人通信，1994。

❼ C. Argyris, *Knowledge for Action: A Guide to Overcoming Barriers to Organizational Change* (San Francisco: Jossey-Bass, 1993).

❽ 關於觀察非言語反應的更多資訊，請參閱本套書第2卷《溫伯格的軟體管理學：第一級評量》經濟新潮社出版。

❾ See G.M. Weinberg and D. Weinberg, *General Principles of Systems Design* (New York: Dorset House Publishing, 1988).

❿ I. Wendel, *Software Maintenance News*, Vol. 9 (1991), pp. 24-25.

⓫ 很感謝Peter de Jager賦予我這一節的靈感。

⓬ 請參閱G.M. Weinberg, *Becoming a Technical Leader* (New York: Dorset House Publishing, 1986). 中譯本《領導者，該想什麼？：成為一個真正解決問題的領導者》經濟新潮社出版。

⓭ 請參閱Walton，同上。

⓮ 關於指責行為的廣泛討論，請參閱本套書第3卷《溫伯格的軟體管理學：關照全局的管理作為》經濟新潮社出版。

第6章

460

❶ R. Fulghum, *It Was on Fire When I Lay Down on It* (New York: Villard Books, 1989), p. 6.

❷ 摘錄自 V. Satir, *The New Peoplemaking* (Palo Alto, Calif.: science and Behavior Books, 1988), p. 71. 中譯本《新家庭如何塑造人》張老師文化出版。

第三部

❶ W.E. Deming, in the foreword to M. Walton's *The Deming Management Method* (New York: Dodd, Mead & Co., 1986). 中譯本《戴明的管理方法》天下文化出版。

❷ 請參閱附錄C。請注意，我所說的文化模式類似於軟體工程協會（SEI）所提出的成熟度等級（Maturity Levels），這並不是巧合，因為兩者都是以克勞斯比（Crosby）的著作為基礎。然而，文化模式強調管理階層的角色，這個角色在SEI模型中或多或少被排除掉。

❸ P.B. Crosby, *Quality Is Free* (New York: McGraw-Hill, 1979). 中譯本《熱愛品質》華人戴明學院出版。

第7章

❶ 關於取得顧客資訊及衡量顧客滿意度，例如，請參閱D.C. Gause and G.M. Weinberg, *Exploring Requirements: Quality Before Design* (New York: Dorset House Publishing, 1989). 中譯本《從需求到設計：如何設計出客戶想要的產品》經濟新潮社出版。也請參閱W.J. Pardee, *To Satisfy & Delight Your Customer: How to Manage for Customer Value* (New York: Dorset House Publishing, 1996).

❷ 請參閱C. Jones, *Applied Software Measurement: Assuring Productivity and Quality* (New York: McGraw-Hill, 1991). 也請參閱本套書第2卷《溫伯格的軟體管理學：第一級評量》。

❸ M. Paulk, C.V. Weber, B. Curtis, and M.B. Chrissis, eds., *The Capability Maturity Model: Guidelines for Improving the Software Process* (Reading, Mass.: Addison-Wesley, 1995).

❹ W.E. Deming, *Out of the Crisis* (Cambridge, Mass.: MIT Center for Advanced Engineering Study, 1986). 中譯本《轉危為安》天下文化出版。

❺ 請參閱本套書第2卷《溫伯格的軟體管理學：第一級評量》。

❻ 請參閱本套書第1卷《溫伯格的軟體管理學：系統化思考》。

❼ 請參閱本套書第2卷《溫伯格的軟體管理學：第一級評量》。

❽ 限制因素法則大約是在1905年由一位英國植物生理學家Blackman所訂出。

❾ M. Doyle and D. Strauss, *How to Make Meetings Work: The New Interaction*

Method (Chicago: Playboy Press, 1977).

❿ L.J. Spencer, *Winning Through Participation* (Dubuque, Iowa: Kendall/Hunt Publishing, 1989).

⓫ W. Peña, *Problem Seeking: Architectural Programming Primer*, 3rd ed. (Washington, D.C.: AIA Press, 1987).

⓬ Gause and Weinberg，同上。

⓭ G. Laborde, *Influencing with Integrity: Management Skills for Communication and Negotiation* (Palo Alto, Calif.: Syntony Publishing, 1984). 461

⓮ C.L. Karrass, *Give and Take: The Complete Guide to Negotiating Strategies and Tactics* (New York: Thomas Y. Crowell Company, 1974).

⓯ R. Fisher and W. Ury, *Getting to Yes: Negotiating Agreement Without Giving In* (New York: Penguin Books, 1981).

第8章

❶ 請參考D.C. Gause and G.M. Weinberg, *Are Your Lights On? How to Figure Out What the Problem Really Is* (New York: Dorset House Publishing, 1990). 中譯本《真正的問題是什麼？你想通了嗎？》經濟新潮社出版。

❷ 效應圖的簡短描述，請參閱附錄A，或參閱本套書第1卷《溫伯格的軟體管理學：系統化思考》。

❸ J.P. Scott, "Critical Periods in Behavioral Development," *Science*, Vol. 138, No. 3544 (November 30, 1962), pp. 949-57.

❹ See W.S. Humphrey, *Managing the Software Process* (Reading, Mass.: Addison-Wesley, 1989).

❺ 關於處理言行不一致的更多資訊，請參閱本套書第3卷《溫伯格的軟體管理學：關照全局的管理作為》，特別是第10章。

❻ See V. Satir, J. Barmen, J. Gerber, and M. Gomori, *The Satir Model: Family Therapy and Beyond* (Palo Alto, Calif.: Science and Behavior Books, 1991).

中譯本《薩提爾的家族治療模式》張老師文化出版。

❼ 關於規則轉化的更多資訊，請參閱同上出處。也請參閱G.M. Weinberg, *Becoming a Technical Leader* (New York: Dorset House Publishing, 1986). 中譯本《領導者，該想什麼？：成為一個真正解決問題的領導者》經濟新潮社出版。

第9章

❶ J. Jacobs, *Cities and the Wealth of Nations* (New York: Random House, 1982), p. 221, as quoted in J. Fallows, *More Like Us: Putting America's Native Strengths and Traditional Values to Work to Overcome the Asian Challenge* (Boston: Houghton Mifflin, 1989), p. 55.

❷ 本章改編自 Weinberg, McLendon & Weinberg研討會 Congruent Organizational Change Shop中所講授的資料。

❸ B.W. Boehm, "A Spiral Model of Software Development," *Computer* (May 1988), pp. 61-72.

❹ 有關言行一致行為的更多資訊，請參閱本套書第3卷《溫伯格的軟體管理學：關照全局的管理作為》。

❺ 有關如何確認顧客以及其他受影響者，請參閱D.C. Gause and G.M. Weinberg, *Exploring Requirements: Quality Before Design* (New York: Dorset House Publishing, 1989) 中譯本《從需求到設計：如何設計出客戶想要的產品》經濟新潮社出版，以及W.J. Pardee, *To Satisfy & Delight Your Customer: How to Manage for Customer Value* (New York: Dorset House Publishing, 1996)。

❻ 有關如何定義應該保留環境的哪些部分，請參閱Gause and Weinberg，同上。

❼ 請參閱如上《從需求到設計》第4章「直接詢問法的侷限」。

❽ 有關如何改變反饋迴路的更多資訊，請參閱本套書第1卷《溫伯格的軟

體管理學：系統化思考》。有關本章圖9-10的特定範例，請參閱第1卷的第八章。

❾ 有關如何獲得情緒資訊的更多資訊，請參閱本套書第2卷《溫伯格的軟　　462
體管理學：第一級評量》。

❿ Boehm，同上。

第10章

❶ M. DePree, *Leadership jazz* (New York: Doubleday, 1992), pp. 27-29. 中譯本《爵士領導》洪建全教育文化基金會出版。

❷ 請特別參閱本套書第3卷《溫伯格的軟體管理學：關照全局的管理作為》第2章〈挑選管理階層〉。

❸ 有關這個定義，請參閱 *The American Heritage Dictionary of the English Language*, ed. W. Morris (Boston: Houghton Mifflin, 1970).

❹ 有關這套書先前各卷所提到的「回饋控制模型」的討論，不熟悉的讀者請參閱附錄D的摘要。

❺ W.E. Deming, 引自 M. Walton's *The Deming Management Method* (New York: Dodd, Mead & Co., 1986), p. 77. 中譯本《戴明的管理方法》天下文化出版。

❻ S.R. Covey, *The 7 Habits of Highly Effective People: Restoring the Character Ethic* (New York: Fireside/Simon & Schuster, 1989), p. 39. 中譯本《與成功有約》天下文化出版。

❼ D.A. Norman, *The Psychology of Everyday Things* (New York: Basic Books, 1989). p. 112. 中譯本《設計&日常生活》遠流出版。

❽ K. Tohei, *Ki in Daily Life* (Tokyo: Ki No Kenkyukai H.Q., 1978), p. 110.

❾ P.B. Crosby, *Quality Is Free* (New York: McGraw-Hill, 1979). 此書已有新版，中譯本《熱愛品質》華人戴明學院出版。

第11章

❶ S. Beer, *Cybernetics and Management* (New York: John Wiley & Sons, 1959), p. 89.

❷ *Datalink* (August 11, 1986).

❸ R.R. Whyte, ed., *Engineering Progress Through Trouble* (London: The Institution of Mechanical Engineers, 1975).

❹ V. Bignell, G. Peters, and C. Pym, *Catastrophic Failures* (Milton Keynes, England: The Open University Press, 1977).

❺ J.E. Eyers and E.G. Nisbett, "Boilers," *Engineering Progress Through Trouble*, ed. R.R. Whyte (London: The Institution of Mechanical Engineers, 1975), pp. 109-15.

❻ 湯姆‧狄馬克以此為主題寫過一本書。想要找出和我的答案相當不同的答案，請參閱T. DeMarco, *Why Does Software Cost So Much? And Other Puzzles of the Information Age* (New York: Dorset House Publishing, 1995).

❼ B.W. Boehm, *Software Engineering Economics* (Englewood Cliffs, N.J.: Prentice- Hall, 1981).

❽ 同上，p.486.

❾ 來自電話業內部來源的機密通信，1994。

❿ 請參閱F.P. Brooks, Jr., "No Silver Bullet: Essence and Accidents of Software Engineering," *Information Processing '86* (North Holland: Elsevier Science Publishers B.V., 1986). Reprinted in *Computer*, Vol. 20, No. 4 (April 1987), pp. 10-19. Also reprinted in T. DeMarco and T. Lister, eds., *Software State-of-the-Art: Selected Papers* (New York: Dorset House Publishing, 1990), pp. 14-29.

⓫ 例如，請參閱D.C. Gause and G.M. Weinberg, *Exploring Requirements: Quality Before Design* (New York: Dorset House Publishing, 1989) 中譯本《從需求到設計：如何設計出客戶想要的產品》經濟新潮社出版；以及D.J. Hatley and I.A. Pirbhai, *Strategies for Real-Time System Specification*

463

(New York: Dorset House Publishing, 1987).

⑫ 有關測試這個主題，舉例來說，請參閱 W. Hetzel, *The Complete Guide to Software Testing* (Wellesley, Mass.: QED Information Sciences, 1984)，或 B. Beizer, *Software Testing Techniques*, 2nd ed. (New York: Van Nostrand Reinhold, 1992)。有關技術審查，舉例來說，請參閱 D.P. Freedman and G.M. Weinberg, *Handbook of Walkthroughs, Inspections, and Technical Reviews*, 3rd ed. (New York: Dorset House Publishing, 1990)，或 T. Gilb and D. Graham, *Software Inspection* (Reading, Mass.: Addison-Wesley, 1993)。

⑬ 有關分析與設計文件的討論，請參閱 J. Robertson and S. Robertson, *Complete Systems Analysis* (New York: Dorset House Publishing, 1994).

⑭ 有關型態管制的主題，請參閱 W.A. Babich, *Software Configuration Management* (Reading, Mass.: Addison-Wesley, 1986).

⑮ 有關分析與設計這個主題，舉例來說，請參閱 B. Cox, *Object Oriented Programming: An Evolutionary Approach* (Reading, Mass.: Addison-Wesley, 1986); R.C. Linger, H.D. Mills, and B.I. Witt, *Structured Programming: Theory and Practice* (Reading, Mass.: Addison-Wesley, 1979); H. Mills, R. Linger, and A. Hevner, *Information Systems Analysis and Design* (Trov, Mo.: Academic Press, 1986); Gerald M. Weinberg, *Rethinking Systems Analysis and Design* (New York: Dorset House Publishing, 1988); M. Page-Jones, *The Practical Guide to Structured Systems Design*, 2nd ed. (Englewood Cliffs, N.J.: Prentice-Hall, 1988); M. Page-Jones, *What Every Programmer Should Know About Object-Oriented Design* (New York: Dorset House Publishing, 1995); S. McConnell, *Code Complete* (Redmond, Wash.: Microsoft Press, 1993); or J. Robertson and S. Robertson, *Complete Systems Analysis* (New York: Dorset House Publishing, 1994).

⑯ 有關言行一致與關照全局的管理作為的完整討論，請參閱本套書第 3 卷《溫伯格的軟體管理學：關照全局的管理作為》。

⓱ I.D. Yalom, *The Theory and Practice of Group Psychotherapy* (New York: Basic Books, 1975), pp. 128-29.

第12章

❶ R.E. Canning, "Issues in Programming Management," *EDP Analyzer,* Vol. 12, No. 4 (1974), p. 13.

❷ 有關缺陷回饋率的定義與討論，請參閱本套書第2卷《溫伯格的軟體管理學：第一級評量》。

❸ 參見H.D. Mills, M. Dyer, and R.C. Linger, "Cleanroom Software Engineering," *IEEE Software* (September 1987).

❹ 請見D.P. Freedman and G.M. Weinberg, *Handbook of Walkthroughs, Inspections, and Technical Reviews*, 3rd ed. (New York: Dorset House Publishing, 1990).

❺ 例如，請參考S. Robertson, "Quality Time," *IEEE Software*, Vol. 12, No. 3 (July 1995), p. 95.

❻ 請參閱本套書第2卷《溫伯格的軟體管理學：第一級評量》。

❼ 有關軟體工程文化模式的提示，請參閱附錄C。

❽ P. Koester, "The Use of Metrics in Optimizing a Software Engineering Process," *CrossTalk*, Vol. 7, No. 11 (1994), pp. 5-8.

第13章

❶ J. Fallows, *More Like Us: Putting America's Native Strengths and Traditional Values to Work to Overcome the Asian Challenge* (Boston: Houghton Mifflin, 1989), p. 13.

❷ 依據1993年8月的一則新聞，這個小說化的版本傳達一個令人悲傷的典型事件。

❸ H.D. Leeds and G.M. Weinberg, *Computer Programming Fundamentals* (New

464

York: McGraw-Hill, 1961).

❹ B.W. Kernighan and P.J. Plauger, *The Elements of Programming Style* (New York: McGraw-Hill, 1974).

❺ 有關軟體工程文化模式的簡短描述,請參閱附錄C。

❻ 這段情節在S.M. Scott, "A Glimpse of IS Heaven," *American Programmer*, Vol. 6, No. 12 (1993), pp. 3-9這篇文章中,有更詳細的闡述。

❼ 請參考M. Paulk, C.V. Weber, B. Curtis, and M.B. Chrissis, eds., *The Capability Maturity Model: Guidelines for Improving the Software Process* (Reading Mass.: Addison-Wesley, 1995) 的第六章。

❽ H. Petroski, *To Engineer Is Human* (New York: St. Martin's Press, 1985), p. 26.

❾ 有關顧客人數與文化之間關係的其他範例,請參閱本套書第1卷《溫伯格的軟體管理學:系統化思考》。

❿ Payson Hall與溫伯格的私人通信,1995。

⓫ Stuart Scott與溫伯格的私人通信,1994。

⓬ J.A. Conger, *Learning to Lead* (San Francisco: Jossey-Bass, 1992), pp. 189-90.

⓭ M. DePree, *Leadership Jazz* (New York: Doubleday, 1992), pp. 44-45.

⓮ 若你的答案是「否」,那麼你應該閱讀F.P. Brooks, Jr., *The Mythical Man-Month* (Reading, Mass.: Addison-Wesley, 1995). 中譯本《人月神話:軟體專案管理之道》經濟新潮社出版。

⓯ DePree,同上,pp. 218-19.

第14章

❶ John F. Horne, III與溫伯格的私人通信,1995。

❷ B. Purchia, "Transforming the Software Environment at Applicon," unpublished report, 1993.

❸ Barbara Purchia與溫伯格的私人通信,1995。

❹ Purchia,同上。

❺ E.A. Cohen and J. Gooch, *Military Misfortunes* (New York: Free Press, 1990), p. 235.

第15章

❶ W. Rybczynski, *The Most Beautiful House in the World* (New York: Penguin Books, 1989), p. 64.

465 **❷** R.W. Selby, V.R. Basili, and F.T. Baker, "Cleanroom Software Development: An Empirical Evaluation," *IEEE Transactions on Software Engineering*, Vol. SE-13, No. 9 (September 1987), pp. 18-23. Reprinted in T. DeMarco and T. Lister, eds., *Software State-of-the-Art: Selected Papers* (New York: Dorset House Publishing, 1990, pp. 256-76), p. 258.

❸ D.L. Parnas and P.C. Clements, "A Rational Design Process: How and Why to Fake It," *IEEE Transactions on Software Engineering*, Vol. SE-12, No. 2 (February 1986), pp. 251-57. Reprinted in T. DeMarco and T. Lister, eds., *Software State-of-the-Art: Selected Papers* (New York: Dorset House Publishing, 1990, pp. 346-57), p. 356.

❹ 有關這些不同形式的進一步討論，請參閱本套書第2卷《溫伯格的軟體管理學：第一級評量》。

❺ Parnas and Clements，同上。

❻ Brian Richter於1994年在CompuServe管理論壇提出的意見。

第16章

❶ 女國會議員Pat Schroeder對於政府官員無能力做出決定來刪減成本的評語。

❷ 有關成本與效益估計的技巧，請參閱本套書第2卷《溫伯格的軟體管理學：第一級評量》。

❸ D.L. Parnas and P.C. Clements, "A Rational Design Process: How and Why to

Fake It," *IEEE Transactions on Software Engineering*, Vol. 5E-12, No. 2 (February 1986), pp. 251-57. Reprinted in T. DeMarco and T. Lister, eds., *Software State-of-the-Art: Selected Papers* (New York: Dorset House Publishing, 1990, pp. 346-57), p. 356.

❹ 有關將需求與真正的商業需要相連結的更多資訊，請參閱D.C. Gause and G.M. Weinberg, *Exploring Requirements: Quality Before Design* (New York: Dorset House Publishing, 1989). 中譯本《從需求到設計：如何設計出客戶想要的產品》經濟新潮社出版。

❺ Tom Watson 與溫伯格的私人通信，1994。

❻ Gause and Weinberg，同上。

第17章

❶ N.R. Augustine, *Augustine's Laws* (New York: Viking/Penguin, 1986), pp. 65-66.

❷ 有關計算專案利益的幾種方法，請參閱本套書第2卷《溫伯格的軟體管理學：第一級評量》。

❸ 我所偏愛的一種風險分析系統是B.W. Boehm's *Tutorial: Software Risk Management* (Washington, D.C.: IEEE Computer Society Press, 1989).

❹ S.R. Covey, *The 7 Habits of Highly Effective People: Restoring the Character Ethic* (New York: Fireside/Simon & Schuster, 1989), p. 223. 中譯本《與成功有約》天下文化出版。

❺ J. Mogilensky, "Key Process Area Spotlight: Requirements Management," *π Strategies*, Vol. 1, No. 1 (1993), pp. 9-13.

❻ 例如，請參閱*American Programmer*, Vol. 8, No. 7 (July 1995) 特刊 "Software Failures"。

❼ 整本書中所提供的參考文獻，都是為了提供給讀者這類指導方針的一些來源。　466

❽ 關於工作中被打擾，以及情境轉換的結果，請參閱T. DeMarco and T.

Lister, *Peopleware: Productive Projects and Teams* (New York: Dorset House Publishing. 1987). 中譯本《Peopleware：腦力密集產業的人才管理之道》經濟新潮社出版。

❾ 有關管理審查最佳做法的闡述，以及一些陷阱，請參閱 M. Page-Jones, *Practical Project Management* (New York: Dorset House Publishing, 1985).

❿ R. Thomsett, "Project Pathology: A Study of Project Failures," *American Programmer*, Vol. 8, No. 7 (July 1995), pp. 8-16.

⓫ Rich Cohen 與溫伯格的私人通信，1994。

⓬ 請參閱本套書第 2 卷《溫伯格的軟體管理學：第一級評量》。

⓭ R. Fulghum, *Uh-Oh* (New York: Villard Books, 1991), p. 25.

⓮ 請見 *Technology Review* (August/September 1993), p. 62 的報導。

⓯ T. Parker, *Rules of Thumb* (Boston: Houghton Mifflin, 1983), p. 22.

⓰ Parker, 同上，p. 109.

⓱ Mark Manduke 與溫伯格的私人通信，1994。

第18章

❶ C.E. Walston and C.P. Felix, "A Method of Programming Measurement and Estimation," *IBM Systems Journal*, Vol. 16, No. 1 (1977), pp. 54-73.

❷ 請參考 A. Hevner, S.A. Becker, and L.B. Pedowitz, "Integrated CASE for Cleanroom Development," *IEEE Software*, Vol. 9, No. 2 (March 1992), pp. 69-76.

❸ 請參考 B.W. Boehm and P.N. Papaccio, "Understanding and Controlling Software Costs," *IEEE Transactions on Software Engineering*, Vol. 4, No. 10 (October 1988). pp. 1462-77. Reprinted in T. DeMarco and T. Lister, eds., *Software State-of-the-Art: Selected Papers* (New York: Dorset House Publishing, 1990, pp. 31-60), p. 40.

❹ V.R. Basili and A.J. Turner, "Iterative Enhancement: A Practical Technique for

Software Development," *IEEE Transactions on Software Engineering*, Vol. SE-1, No. 12 (December 1975), pp. 390-96.

❺ 有關這種規畫過程的更多資訊，請參閱本套書第2卷《溫伯格的軟體管理學：第一級評量》。

❻ Bent Adsersen與溫伯格的私人通信，1992。

❼ 關於當其他人透過他們的濾鏡看你時，你如何看待你自己，請參閱C.N. Seashore, E.W. Seashore, and G.M. Weinberg, *What Did You Say? The Art of Giving and Receiving Feedback* (Columbia, Md.: Bingham House Books, 1991).

第19章

❶ L.R. Graham, *The Ghost of the Executed Engineer: Technology and the Fall of the Soviet Union* (Cambridge: Harvard University Press, 1993), excerpted in "Red Elephants," a sidebar to L.R. Graham, "Palchinsky's Travels," *MIT's Technology Review* (November/December 1993), pp. 26-27.

❷ 這個圖是取自本套書第2卷《溫伯格的軟體管理學：第一級評量》的圖 5-8，中文版第140頁。

467

❸ 標準工作單元在本套書第2卷《溫伯格的軟體管理學：第一級評量》中有介紹，請特別參閱圖17-1，中文版第425頁。

❹ 請參考例如，P. Koester and T. Peterson, "Fault Estimation and Removal from the Space Shuttle Software," *American Programmer*, Vol. 7, No. 4 (1994), pp. 13-21.

❺ Capers Jones與溫伯格的私人通信，1994。

❻ N.R. Augustine, *Augustine's Laws* (New York: Viking/Penguin, 1986), p. 239.

❼ 例如，請參考J. Johnson, "Creating Chaos," *American Programmer*, Vol. 8, No. 7 (1995), pp. 3-7.

❽ 「對事情有幫助的模型」（Helpful Model）說：「不論表面上看起來如何，

其實每個人都想成為對事情有幫助的人。」關於這個模型與觀念的更多資訊，請參閱本套書第3卷《溫伯格的軟體管理學：關照全局的管理作為》中譯本第326頁。

❾ 有關個人生命線的更詳細描述，請參閱中G.M. Weinberg, *Becoming a Technical Leader* (New York: Dorset House Publishing, 1986). 中譯本《領導者，該想什麼？：成為一個真正解決問題的領導者》經濟新潮社出版。

第20章

❶ 可參考本套書第1卷《溫伯格的軟體管理學：系統化思考》中譯本第9章〈為什麼掌握方向那麼難？〉。

❷ R. Thomsett, "Project Pathology: A Study of Project Failures," *American Programmer*, Vol. 8, No. 7 (1995), p. 13.

❸ 有關「特色功能失常」的更多資訊，請參閱G.M. Weinberg, *The Secrets of Consulting* (New York: Dorset House Publishing, 1985). 中譯本《顧問成功的祕密》經濟新潮社出版。

❹ 有關這個主題的很多資訊，請參閱N. Karten, *Managing Expectations* (New York: Dorset House Publishing, 1994).

❺ J.G. Gavin, Jr., "Fly Me to the Moon," *Technology Review* (July 1994), pp. 61-68.

❻ P. Rassow, "Some Social and Cultural Consequences of the Surge of Population in the Nineteenth Century," *Population Movements in Modern European History*, ed. H. Moller (New York: Macmillan, 1964), p. 63.

第21章

❶ 一位不具名客戶與溫伯格的私人通信，大約於1988年。

❷ W.A. Babich, *Software Configuration Management: Coordination for Team Productivity* (Reading, Mass.: Addison-Wesley, 1986), p. 94.

❸ V. Mosley et al., "Software Configuration Management Tools: Getting Bigger,

Better, and Bolder," *CrossTalk*, Vol. 9, No. 1 (1996), pp. 6-10.

④ James Robertson 與溫伯格的私人通信，1995。

⑤ D.L. Parnas, "On the Criteria to Be Used in Decomposing Systems into Modules," *Communications of the ACM*, Vol. 15, No. 12 (1972).

⑥ C. Billings, J. Clifton, B. Kolkhorst, E. Lee, and W.B. Wingert, "Journey to a Mature Software Process," *IBM Systems Journal*, Vol. 33, No. 1 (1994), pp. 46-61.

⑦ 請參閱本套書第2卷《溫伯格的軟體管理學：第一級評量》。

⑧ 前三個例子是來自同上Babich p. 94的引述。

⑨ J.E. Gordon, *Structures: or, Why Things Don't Fall Down* (New York: Da Capo Press, 1981), p. 93.

⑩ D. Eddy, "The Secrets of Software Maintenance," *American Programmer*, Vol. 7, No. 3 (1994), pp. 7-11.

468

第22章

❶ W. Rybczynski, *The Most Beautiful House in the World* (New York: Penguin Books, 1989), pp. 38-39.

❷ Harlan Mills 與溫伯格的私人通信，1992。

❸ 同上。

❹ W.W. Caudill, *Architecture by Team* (New York: Van Nostrand Reinhold, 1971), p. 167.

❺ T.L. Magliozzi, "If It Ain't Broke, Don't Break It," *MIT's Technology Review*, October 1992, pp. 72-73.

❻ 請參閱本套書第2卷《溫伯格的軟體管理學：第一級評量》。

❼ N.R. Augustine, *Augustine's Laws* (New York: Viking/Penguin, 1986), p. 138.

❽ W.E. Deming, *Out of the Crisis* (Cambridge, Mass.: MIT Center for Advanced Engineering Study, 1986). 中譯本《轉危為安》天下文化出版。

❾ Teresa Home 與溫伯格的私人通信，1993。

❿ 有關型態複雜度這個主題的更多資訊，請特別參閱本套書第1卷《溫伯格的軟體管理學：系統化思考》第11.4節。

⓫ Payson Hall 與溫伯格的私人通信，1994。

⓬ H. Mills，如同在 *The Dorset House Quarterly*, Vol. II, No. 2 (April 1992), p. 7的訪談中所引述的。

第23章

❶ N. Zvegintzov and J. Jones, eds., *Software Maintenance Technology*, Release 3.1 (Los Altos, Calif.: Software Maintenance News, 1992).

❷ 有關Keirsey-Bates氣質模型的更多資訊，請參閱附錄F。

❸ 有關傢俱警衛觀念的更多資訊，請參閱 T. DeMarco and T. Lister, *Peopleware: Productive Projects and Teams* (New York: Dorset House Publishing, 1987), pp. 37-41. 中譯本《Peopleware：腦力密集產業的人才管理之道》經濟新潮社出版。

❹ 有關簡單測量的很多概念，請參閱本套書第2卷《溫伯格的軟體管理學：第一級評量》。

❺ 請參閱本套書第1卷《溫伯格的軟體管理學：系統化思考》pp. 154-55，中譯本第250-251頁。

❻ 同上，pp. 192ff。中譯本第305頁。

❼ Peg Ofstead 與溫伯格的私人通信，1994。

第五部：結語

❶ D. Brin, *The Postman* (New York: Bantam Books, 1985), p. 267.

❷ H. Petroski, *To Engineer Is Human* (New York: St. Martin's Press, 1985), p. xiii.

附錄A

❶ 有關更詳盡的描述，請參閱本套書第1卷《溫伯格的軟體管理學：系統化思考》經濟新潮社出版。

附錄B

❶ V. Satir et al., *The Satir Model: Family Therapy and Beyond* (Palo Alto, Calif.: Science and Behavior Books, 1991). 中譯本《薩提爾的家族治療模式》張老師文化出版。

附錄C

❶ P.B. Crosby, *Quality Is Free* (New York: McGraw-Hill, 1979), p. 43. 中譯本《熱愛品質》華人戴明學院出版。

❷ R.A. Radice, P.E. Harding, and R.W. Phillips, "A Programming Process Study," *IBM Systems Journal*, Vol. 24, No. 2 (1985), pp. 91-101.

❸ W.S. Humphrey, *Managing the Software Process* (Reading, Mass.: Addison-Wesley, 1989).

❹ B. Curtis, "The Human Element in Software Quality," *Proceedings of the Monterey Conference on Software Quality* (Cambridge, Mass.: Software Productivity Research, 1990).

❺ 請參閱本套書第1卷《溫伯格的軟體管理學：系統化思考》經濟新潮社出版。

附錄D

❶ N. Wiener, *Cybernetics, or Control and Communication in the Animal and the Machine*, 2nd ed. (Cambridge, Mass.: MIT Press, 1961).

附錄 F

❶ 若你想完全了解為什麼選出這四種組合，請查閱D. Keirsey and M. Bates, *Please Understand Me: Character & Temperament Types,* 4th ed. (Del Mar, Calif.: Prometheus Nemesis Book Co., 1984), p. 70. 修訂版 *Please Understand Me II* 已於1998年出版。

法則、定律、與原理一覽表

（各詞條所附為原文頁碼，請見內文兩側）

要成為變革能手的給予肯定挑戰：每一天你都要給那些做出好行為的　470
人一個肯定。（p. 99）

固定需求的假設：開始任何專案之前，開發人員假設需求應該固定不
變。（p. 262）

奧古斯丁的胃口永不滿足法則：最後10%的績效會產生三分之一的成
本與三分之二的問題。（p. 399）

奧古斯丁的測試失敗比率：……測試失敗的發生率，與「人群規模乘
以資深管理階層位階」的平方成正比。（p. 346）

控制論管理的基本原則：動作要早、動作要小、運用或多或少連續的
回饋。（p. 307）

布魯克斯法則：增加X%的人員一般不會讓時程加速X%。（p. 302）

坎能的結構與功能原理：「結構與功能密不可分地相關。」（p. 71）

柯普蘭的不連續法則：不連續是停止做舊事情並開始做新事情的一個
機會。（p. 66）

文化／流程原則：凡是能安心在文化中做假設的事情，你都不必在流程描述中明確說明。（p. 230）

戴明的第五項致命疾病：「光用看得到的數字經營公司。」（p. 117）

技術移轉的第十一條誡律：做試驗的時候，總是要記得對事情有幫助的模型。（p. 423）

管理階層錯誤的5千萬美元規則：如果那是個5千萬美元的錯誤，則可以做5千萬美元決策的那個管理階層必須負責。（p. 189）

技術移轉第一定律：長期利益傾向於成為短期利益的犧牲品。（p. 414）

對事情有幫助的模型：不論表面上看起來如何，其實每個人都想成為對事情有幫助的人。（p. 368, p. 423）

471 瓊斯法則：你的問題有90%是來自於未經歷整個開發過程的那些部分。（p. 302）

限制因素法則：當某些條件是流程的必要條件時，流程進行的速度由這些條件當中最不利的條件所控制。（p. 120）

計畫的迴路規則：絕對不要在計畫中使用迴路。（p. 344）

流程描述的迴路規則：絕對不在流程描述中使用迴路。（p. 343）

可評量性原則：你不做評量的東西，將不受你的控制。（p. 221）

米勒的設計原則：目標不是要證明程式正確，而是要撰寫正確的程式。（p. 395）

米勒的可理解程式碼原則：考慮什麼因素可讓程式正確，比想出造成程式錯誤的所有原因要更容易。（p. 395）

邁諾特定律擴大應用到組織的成長：管理階層藉由妥善地組織以提高品質的努力，可能會成功一陣子，但也可能產生更複雜的組織，使得更進一步的改善更加困難。因此，目前的變革最終會變成未來變革的成長率限制之結構。（p. 132）

MOI 模型：評估實施一項計畫所需要的動機（Motivation）、組織（Organization）與資訊（Information）。（p. 167）

牛頓模型應用於人員管理的啟示：當你在一個方向施加推力，人們可能朝相反方向移動。當你更用力推，人們可能更不容易移動。當你在一個方向施加推力，人們可能朝完全未預料到的方向移動。當你施加較少的推力，人們可能更容易移動。當你推得太快，他們可能會粉身碎骨，就像玻璃受到撞擊而不是受到推力的情形。（p. 12）

牛頓模型原理：你想改變的系統越大，就必須更費力地去推動。你想改變的速度越快，就必須更費力地去推動。為了朝某個方向做改變，你必須朝那個方向施力。推力會在兩個方向上產生作用。（p. 10）

矛盾法則：若沒有設計必須解決的矛盾，你就還沒有了解問題。（p. 402）

PLASTIC 模型：完成專案的過程中，規畫至可接受的可靠人才水準。（p. 165）

吸引力原理：當人們見到別人在做似乎值得做的事情時，他們會自願

提供幫忙。（p. 419）

應用於成長中組織的相似性原理：當組織成長時，組織與外部的關係會隨著組織為了維持其內部的生存能力而變得緊張。（p. 135）

流程改善啟示：流程改善必須牽涉到組織所有的層級。（p. 252）個人問題通常是最棘手的狀況。文化變革牽涉到高階經理人。你可以先變更邏輯流程，但是要將這項變更當成一項測試，看看問題是否完全合乎邏輯。為了處理情緒問題，你必須探究層層資訊表面下真正的問題，這些問題受到「控制什麼問題不能談論」的文化規則所保護。請小心不要以指責的方式做變革。不指責的政策，並非意指討好的政策。（p. 253）

產品原則：產品可能是程式，但是程式不是產品。（p. 224）

真實性原則：通過獨立審查之前，沒有一樣東西是真實的。（p. 220）

正確產品原則：不值得做的任何事情，就不值得將那件事情做對。（p. 272）

472　混亂階段的決策原則：混亂階段當然不是做長期決策的時機。（p. 24）

三的定律：如果你無法想出設計可能會失敗的三種情況，那表示你還沒有把這件事想得夠透徹。（p. 402）

薩提爾談對於外來成分的抗拒：熟悉總是比舒適更有力量。（p. 22）

技術移轉第二定律：短期可行性傾向於成為長期完美的犧牲品。（p. 414）

變革才能之管理的簡單規則：請勿責備。要提供與接收資訊。請勿討好。不要接受你不信任的工作。刪去超理性的標語和告誡。不耍花招，手段就是目的。信任別人，也值得別人的信任。絕不停止在變革技能方面的自我訓練。絕不停止尋求就在你周遭的改善。請記住，就像其他每一個人，你出生時無足輕重。即使你有個頭銜，你也還是「人」。想要別人怎樣做，請先成為別人學習的榜樣。（p. 81）

軟體的兩倍規則：在估計你的軟體工作所需人工時，做出你的最佳猜測，並將猜測的值乘以2。（p. 310）

計算的平方定律：時程增加X%將無法提供X%的功能增加。（p. 302）

穩定性原則：流程的每一部分都必須是個受控制的系統。（p. 216）

分派控制責任的瑞士式經驗法則：a）將每項決策往下推到有資訊與工具的最低層去做那項決策；b）將所有工具與資訊推到能夠使用這些工具與資訊的最低層。（p. 186）

系統行為原理：行為是由狀態與輸入這兩大條件所決定。（p. 445）

技術移轉十誡：應該要有帶領你走出荒野的計畫。不可崇拜你的計畫。應該要求沒有人白費力氣。不可一週工作七天。應該尊重使用者，並傾聽他們所說的話。不可停止支持變革。不可身兼其他工作。不可從工作竊取資源。不可做假見證而不利於你的計畫。不可貪圖你鄰居的最佳技術。（p. 418）

發展的關鍵時期理論：早期和組織相關的小決策，對於組織最終的成功可能有重大影響。（p. 133）

明顯性原則：專案中的每樣東西都必須總是明顯可見。（p. 219）

瀑布模型原則：當瀑布模型適用時，總是使用瀑布模型。（p. 316）

第零法則的推論：你越不必完全滿足需求，而且你的需求越接近固定需求的假設，則你會更加容易管理。（p. 264）

品質第零法則：如果你不在乎品質，那麼無論需求是什麼你都能符合。（p. 264）

軟體第零法則：如果軟體不需實際派上用場，那麼無論需求是什麼你都能符合。（p. 264）

軟體工程（管理）第零法則：如果你不必滿足需求，管理就毫無問題。（p. 223, p. 264）

人名索引 （頁碼為原文頁碼，請見內文兩側之頁碼）

Adsersen, B.,／329-30, 466

Argyris, C.,／74, 459

Augustine, N.R.,／297, 346, 399, 465, 467, 468

Babich, W.A.,／463, 467

Bailey, W.,／vii, 14, 97, 144, 174, 178, 188, 325, 334

Banmen, J.,／457, 458, 461

Barnard, C.I.,／70, 459

Basili, V.R.,／465, 466

Bates, M., 貝慈／60, 452, 458, 459, 469

Beer, S.,／195, 462

Boehm, B.W., 波姆／197ff., 210, 298, 461, 462, 465, 466

Brin, D.,／430, 468

Brooks, F.P., Jr., 布魯克斯／349, 462, 464

Canning, R.E.,／213, 463

Cannon, W.B.,／71, 459

Carleton, A.,／457

Caudill, W.W.,／468

Chrissis, M.B.,／460, 464

Clements, P.C.,／262, 268, 465

Cohen, E.A.,／464

Cohen, R.,／vii, 72, 257, 308, 459, 466

Conger, J.A.,／464

Covey, S.R., 柯維／187-88, 300, 462, 465

Crosby, P., 克勞斯比／105, 437ff., 460, 462, 469

Crum, T.F.,／458, 459

Curtis, B.,／437ff., 460, 464, 469

Dedolph, M.,／vii, 15, 35, 66, 69, 85, 122, 125, 126, 139, 149, 174

DeMarco, T., 狄馬克／8, 61, 458, 462, 465, 466, 468

Deming, W.E., 戴明／70, 79, 81, 105, 117, 131-32, 174, 185, 220, 400, 459, 460, 462, 468

DePree, M., 帝普雷／175, 239, 243-44, 462, 464

Dijkstra, E.,／338, 339

Doyle, M.,／121, 460

Eddy, D.,／386, 468

Emery, D.,／vii, 31

Fallows, J.S.,／229, 461, 464

Fuhrer, P.,／vii, 18, 113, 122, 125, 149, 174, 191, 192, 211-12, 240, 244, 275, 314, 372

Fulgum, R.,／88, 460, 466

Gause, D.C., 高斯／121, 460, 461, 463, 465

679

Gavin, J.G., Jr.,／368, 467

Gerber, J.,／457, 458, 461

Gomori, M.,／457, 458, 461

Gooch, J.,／464

Graham, L.R.,／335, 466

Hall, P.,／vii-viii, 32, 69, 126, 210, 235, 273, 275, 286, 293, 310, 334, 350, 369, 381, 382, 402, 406, 464, 468

Hellman, L.,／37, 458

Herbsleb, J.,／xxi, 457

Hevner, A.,／463, 466

Highsmith, J., 海史密斯／viii, 35, 50, 85, 145-46, 171, 210, 328, 389

Home, J.F.,／III, viii, 245, 464

Humphrey, W.S.,／437ff., 461, 469

Jacobs, J., 雅各／150, 152, 461

Jones, C.,／xxiii, 344, 407, 457, 460, 467

Karrass, C.L.,／122, 461

Karten, N.,／viii, 8, 49, 54, 76, 112, 145, 149, 228, 240, 241, 457, 467

Keirsey, D., 柯爾塞／60, 452, 458, 459, 469

Kerth, N.,／viii, 17, 29, 34, 53, 68, 113

Koester, P.,／464, 467

Laborde, G.,／122, 461

Laurentine, F.,／viii, 29-30, 31, 49

Leeds, H.D.,／229, 464

Levy, M.,／458

Lister, T., 李斯特／61, 458, 462, 465, 466, 468

Magliozzi, T.L.,／396, 468

Manduke, M.,／311, 466

McLyman, L.,／42, 458

Medal, L.,／viii, 350, 354

Mills, H.D.,／463, 468

Mogilensky, J.,／300, 465

Mosley, V.,／467

Neumann, P.,／196-97

Nix, L.,／viii, 30, 35, 54, 113, 122, 126, 171

Norman, D.A.,／189, 462

Ofstead, P.,／427, 468

Page-Jones, M.,／463, 466

Pardee, W.J.,／460, 461

Parnas, D.L.,／262, 268, 465, 467

Paulk, M.,／460, 464

Peavey, F.,／55, 458

Pedowitz, L.B.,／466

Pefla, W.,／121, 460

Petersen, S.,／viii-ix, 14, 31-32, 53, 82, 145, 146, 174, 225, 241, 244, 406

Petroski, H., 佩卓斯基／234, 430, 464, 468

Purchia, B.,／ix, 211, 253-55, 334, 464

Radice, R.A.,／437ff., 469

Rassow, P.,／467

Richter, B.,／270, 465

Rickover, H.G.,／xxii, 457

Robertson, J.,／ix, 149, 174, 180, 219, 354, 377, 427, 457, 463, 467

Robertson, S.,／219, 457, 463

Robinson, D.,／ix, 237-38

Rybczynski, W., 黎辛斯基／261, 464, 468

Satir, V., 薩提爾／37, 57, 457, 458, 460, 461, 469

Scott, J.P.,／461

Scott, S.M.,／231, 232, 237-38, 464

Seashore, C.N.,／458, 466

Seashore, E.W.,／458, 459, 466

Siegel, J.,／457

Spencer, L.J.,／121, 460

Starr, D.,／ix, 71, 389, 455, 459

Stevens, J.,／50, 458

Strauss, D.,／121, 460

Strider, E.,／ix, 18, 310, 329, 330, 350

Thomsett, R.,／466, 467

Tohei, K., 藤平光一／189, 462

Varon, C.,／458

Walton, M.,／459, 460, 462

Watson, T.,／292, 465

Weber, C.V.,／460, 464

Weinberg, D., 丹妮・溫伯格／ix, 55, 163, 459

Weinberg, G.M., 傑拉爾德・溫伯格／8, 121, 458,
　459, 460, 461, 463, 465, 466, 467

Wendel, I.,／75, 459

Whitehead, A.N.,／3, 17

Wormington, J.,／ix, 17, 54, 126, 149, 173, 174,
　243, 372

Zimmerman, G.,／ix, 17, 30, 36

Zubrow, D.,／457

Zvegintzov, N.,／407, 468

名詞索引 （頁碼為原文頁碼，請見內文兩側之頁碼）

A

Addition, principle of 加法原理／98-100

Aggregate Control Model 集成式的控制模型／
444-45, 446

Anticipating (Pattern 4) culture 防範未然型（模
式4）文化／48-49, 55, 58, 74, 139, 175, 193,
225, 231, 238, 316, 327, 348, 361, 374, 442

  change and 變革與／xxii-xxiii, 48-49, 105, 143,
192, 231

  design and 設計與／395, 402

  documentation and 文件製作與／382

  management of 的管理／186, 192, 316, 327,
374

  requirements process of 的需求流程／258-59,
261ff., 271, 361

  Satir Change Model and 薩提爾變革模型與／
30, 48-49

  testing in 防範未然型文化中的測試／336, 349,
414

  tool use 工具使用／409, 412-13

Anticipation 防範未然／48, 195-96, 316, 348, 359

B

Blaming behavior 指責的行為／81, 82, 113, 139,
215, 253, 254, 255, 307-8, 356, 449, 450

Brooks's Law 布魯克斯法則／243, 302, 303, 356,
414

C

Capability Maturity Model (CMM) 能力成熟度模
型／116, 227, 232, 300

Cascade Model 級聯模型／317-19, 326, 339-40

Change 變革、改變、變更／7ff., 20ff., 42-45,
59-60, 64, 65-66, 70ff., 90-91, 141ff., 195, 246,
419-20, 421

  control 控制／266, 303, 385

  cost of 的成本／77, 180, 419-20

  failure of 的失敗／3, 49, 430-31

  foreign element and 外來成分與／22-24, 37ff.,
47

  meta-change 統合變革／20, 47-48

  power and 權力與／193, 430

  processes 流程／5, 64, 111, 193, 246

  in relationships 改變關係／91-93

  responses to 對變革的回應／17, 19, 37-54,
58-61, 144, 273, 420-21, 423

  temperament and 氣質與／60-61

  timing of 的時機／42-45

Change artistry 變革才能／55, 57-69, 78-80, 81,
86-104, 107

challenges for 的挑戰／55ff., 86-104

debt 債務／78-80, 82

MOI Model of 的MOI模型／78-79, 93-94

planning and 規畫與／107ff., 150-74

principles 原理／65, 81

Change artists 變革能手／xxii, 55, 57ff., 66, 86-104, 141, 419, 431

communication skills for 的溝通技能／95-97

emotional information and 情緒資訊與／58, 153, 158, 169

quiz for 的測驗／429-31

Change models 變革模型／1, 3-18, 19-36, 48, 65-66, 149

Cleanroom engineering 無菌室工程／207, 262, 316, 403

Code, control of 對程式碼的控制／374, 376, 382-85, 392ff.

See also Information assets 也請參考資訊資產

Configuration control 型態管制／95, 103, 139, 207, 288, 289, 303, 368, 383-84, 415-18, 424

benefits of 的利益／415-16

black box game and 黑箱遊戲與／379

code library and 程式碼館與／417-18

design and 設計與／379-80

project negotiations and 專案協商與／303

requirements process and 需求流程與／287, 303

standards and 標準與／379

test of 的測試／385-86, 416-17

testing and 測試與／381-82

violation of 違反／374-75

Congruence 言行一致、全面關照／158-59, 188, 240, 283, 299, 311

Congruent (Pattern 5) culture 全面關照型（模式

5）文化／144, 175, 238, 443

Consultants 顧問／8, 102, 117, 128, 202, 232, 251

Control models 控制模型／444-48

Cost drivers 成本動因／197-200

Culture 文化／73, 105, 139, 175, 180, 193, 229-44, 246, 320, 437-43

See also Blaming behavior; Patterns of culture 也請參考指責的行為；文化模式

change and 變革與／105, 143-44, 205, 246, 253-55, 407ff.

creation of 的產生／237-38, 239

culture-picture test of 的文化圖片測試／232, 241, 244

fault location and 缺陷位置與／234-35, 320

Five Freedoms of 的五種自由／139-40

improvement 改善／214, 229, 233, 237-38, 239

management and 管理與／71-72, 186-87, 205, 209, 214, 233-34, 237-38, 239, 253, 254, 301

risk and 風險與／137ff.

subcultures of 的次文化／238

technology and 技術與／139, 408, 409-13

theory-in-use and 使用中的理論與／74-75

Culture/Process Principle 文化／流程原則／230-31, 234-35

Curve of best practice 最佳實務曲線／136, 178, 277

Customers 顧客

See also Negotiation 也請參考協商

communication with 與顧客溝通／61-62, 241, 361

design and 設計與／234-35, 237

in planning process 規畫流程中的／112ff., 160

quality and 品質與／438, 439, 443

satisfaction 滿意度／61-62, 113, 129-30, 159, 160, 235, 301, 323, 438, 443

Cybernetic Control Model 控制論的控制模型／184, 195-96, 216, 236, 444, 445-46

Cybenetics 控制論／195ff., 445

D

Design 設計／208, 390-406

as asset 當成資產／374, 379-80, 390

benefits of 的利益／393ff.

change plan as 變革計畫當作／151

complexity 複雜性／203-4, 208, 380, 391, 398-401, 403

configuration management and 型態管理與／379-80

customer impact on 顧客對設計的影響／234-35, 237

debt 債務／76, 129-30, 204, 391-92

enhancement of 的強化／319-20

failure 失敗／380, 392, 402, 430

integrity 完整性／202, 203-4, 208, 380, 381, 398

maintenance debt 維護債務／76-78, 115, 395

management 管理／390-406

quality 品質／379-80

requirements and 需求與／265, 293, 301, 319-20

reuse 再利用／398

slack within 設計中的餘裕／400

teamwork 團隊合作／401-2

technology 技術／396, 397

time allowance for 的時間餘裕／394ff.

visibility 明顯性／218-20

Data dictionaries 資料字典／74, 376-78, 386

Diagram of effects 效應圖／4, 65, 129-30, 163ff., 176, 433-35

Diffusion Model 擴散模型／3, 4-5, 6ff., 35

Downfall Model 垮台模型／340-41

E

Engineering, *see* Software engineering 工程，請參考軟體工程

Error-prone modules 容易出錯的模組／359-60, 368

F

Fault feedback ratio (FFR) 缺陷回饋率／215, 398-99

Faults 缺陷／189, 234-35, 278, 338, 356ff., 366, 392ff., 413-14

configuration control and 型態管制與／414, 415

customers and 顧客與／234-35, 342, 361-62

design and 設計與／392ff.

in error-prone modules 容易出錯的模組中／359-60, 368

estimates of 的估計／342-43

priority order of 的優先順序／361-62, 368

ship-and-fix 運送後再修復／235

system size and 系統規模與／356-58, 366

Feedback 回饋／45-47, 131-32, 169-71, 356

control 控制／184-85, 187

Control Model 控制模型／184, 202, 444, 445-48

process control with 有回饋的流程管制／195-96

product structure and 產品結構與／205

stabilizing 穩定化／164, 169, 176, 216

Force field analysis 力場分析／11-12, 14, 17

Foreign elements 外來成分／22ff., 37ff., 47, 59, 64, 277, 382, 355 feedback mechanisms and 回饋機制與／45ff.

rejection of 拒絕／38-39, 62, 82

Zone Theory and 時區理論與／42ff.

H

Hacking 竄改（程式）／171, 322, 328, 339-41, 348, 416

Helpful Model 對事情有幫助的模型／368, 423, 467

Hole-in-the-Floor Model 地板有洞模型／3, 5-9, 15, 28, 35

Hudson's Bay Start 哈德遜灣起點／309

I

Information 資訊／107-26

assets 資產／373-89

change artists and 變革能手與／58, 78-79

emotional 情緒的／38, 45, 153, 169, 253

failures 失敗／202ff., 211

gathering 蒐集／110, 112-21, 153

hiding 隱藏／379

meta-planning and 統合規畫與／107-26

MOI Model and MOI 模型與／78-79, 94

quality of 的品質／112ff., 115, 117-18, 122-23

variance estimates 變動範圍的估計／119

vendor-supplied 銷售商提供的／115

Interaction Model 人際互動模型／65-66, 436

Intervention models 插入模型／151

L

Learning Curve Model 學習曲線模型／3, 13-14, 15, 19, 28, 35, 48-49

M

Maintenance 維護／75-78, 225, 279-80, 329, 381-82, 393ff.

Management 管理、管理階層／v, xxiff., 61ff., 75, 80, 117, 128-31, 175, 182-88, 201-2, 210, 233-34, 264, 345ff., 373, 384, 386

action, failures of 管理行動的失敗／22, 201, 202, 208-9

as cost driver 做為成本動因／199-200

culture and 文化與／71-72, 186-87, 205, 209, 214, 233-34, 237-38, 239, 253, 254, 301

of design 設計的／390-406

evaluation of self 自我管理的評估／330-31

of foreign elements 外來成分的／24, 38ff., 64

of human resources 人力資源的／303-4, 421, 423

levels of 的層次／184, 185-88, 235ff.

measurement and 評量與／72, 73, 115, 118, 202, 221-23

motivation and 動機與／9ff., 17, 291, 347-48, 363

power and 權力與／71-72, 187-88, 193, 209, 233

of process 流程的／203, 205, 235-39, 243, 251-52, 290-92, 320

prototyping and 原型設計與／324

quality, attitude toward 對管理之品質的態度／437ff.

requirements and 需求與／223, 264, 283, 290-92, 324, 359

reviews 審查／307-9

status reports 狀態報告／141, 164

strategic planning and 策略規畫與／114, 116-17

training 訓練／116, 123, 141

trust and 信賴與／81, 140-41, 220, 221, 222, 311-12

Managers 經理人／1, 70, 74, 175, 191-92, 239, 345, 448
  abusiveness 辱罵／251-52, 253, 302
  negotiation skills of 的協商技巧／121-22, 310
  rules for 的規則／81, 144
Measurement 評量、測量／73, 131, 161, 203, 217-18, 345, 422
  of customer satisfaction 顧客滿意度的／113-14
  of effort 花費的心力／329-30
  libraries 資料庫／375
  of lines of code (LOC) 程式碼行數的／223, 255-56
  management and 管理與／72, 73, 115, 118, 202, 221-23
  process improvement and 流程改善與／217-18, 255-57, 342
  at process level 在流程層次／246
  system stability and 系統穩定性與／117-18, 202, 203, 207
  time accounting 時間結算／329-30
Meta-change 統合變革／20, 47-48
Meta-planning 統合規畫／107-26, 127-49
Millionaire Test 百萬富翁測驗／214-15
MOI Model 動機、組織與資訊模型／65, 78-79, 93-94, 167-68
Motivational Model, *see* Newtonian Model 激勵模型，請參考牛頓模型
Myers-Briggs Type Indicator (MBTI) 梅布二氏人格類型指標／66, 68, 451-52, 454-55

N
Negotiation 協商、談判／64, 299-301, 307, 310
  of requirements 需求的／237, 280, 282-85, 296, 299-301, 361, 366-68, 369
  skills of 技能／121-22, 310
  win/win 雙贏／299-300
Newtonian Model 牛頓模型／3, 9-12, 15, 28, 35
NF Catalyst NF促成者／60, 122, 415, 452, 453
NT Visionary NT有遠見者／60, 61, 122, 414-15, 452, 453

O
Object orientation 物件導向／38ff., 323, 379
Oblivious (Pattern 0) culture 渾然不知型（模式0）文化／143, 265, 267, 409-10, 413, 438
Observer positions 觀察者的立場／158-59, 299, 449-50
Organization 組織／79-80, 82, 131ff., 140-41, 189
  change artist distribution 變革能手的分布／61, 78-79, 141
  complexity 複雜度／132-34, 191
  failure orientation 功能失常導向／72-73
  growth 成長／131-36, 144-45
  MOI Model and MOI模型與／78-79, 94
  planning and 規畫與／105ff., 114, 134
  size 大小／131ff., 134, 369
  trust and 信賴與／127, 140-41

P
Patterns of culture 文化模式／105, 139, 175, 231, 437-43
  change and 變革與／105, 143-44, 265, 273
  measurement and 評量與／73
  technology and 技術與／409-13
Planning 規畫／105ff., 114, 116, 122, 134, 136-40, 150-74, 299, 315, 346

See also Meta-planning; Strategic planning; Tactical planning 也請參考統合規畫；策略規畫；戰術規畫

Backward 倒推式／153-55

customer involvement in 有顧客參與的／112ff.

feedback and 回饋與／169-71

goals 目標／150, 152, 155-58, 159-63

loops and 迴路與／344

methodologies and 方法論與／315-16

models for 的模型／154, 165-69

open-ended 開放式的／150, 152-53, 156, 159, 169ff.

prioritizing process for 的優先順序排列過程／120

requirements and 需求與／286, 326

revisions 修訂／155ff., 169-71, 324-28

sessions 會議／115, 118, 121-22, 128, 150

slack and 餘裕與／326-27

software engineers and 軟體工程師與／175-92

tests for 的測試／154-55, 160-63, 170-71

tools for 的工具／134-35, 169

vendor involvement in 有銷售商參與的／120-21, 142

PLASTIC Model PLASTIC模型／165-67, 293

Process 流程

See also Requirements process 也請參考需求流程

actual 實際的／246, 247-48

culture and 文化與／193, 229-44, 246

deterioration 變質／75

documentation 文件記載／247-48, 271

history 歷史／101-2, 375

for idea generation 產生構想的／64

introduction of 導入／142-43

loops 迴路／339ff.

management of 的管理／203, 235-39, 243

principles 原則／213-28, 230, 286

random 隨機／214-15

resistance to 對流程的反抗／209-10

for reuse 再利用的／320

standard task unit of 的標準工作單元／316, 324

testing 測試／207, 336ff.

variation reduction in 減少流程的變異／249-50

visions 願景／108ff., 235-37, 246, 247, 319

Process improvement 流程改善／214-15, 233, 245-60

chicken-wire factor 細鐵絲網因素／246, 247

cost of 的成本／255-57

lessons of 的啟示／252-55

productivity and 生產力與／255-56

test of 的測試／215, 250

Process models 流程模型／206, 213-14, 237, 243-44, 246, 316-19, 326, 340, 344, 348

Cascade Model 級聯模型／317-319, 326, 339-40

vs. processes 對應於流程／237, 246, 247

of requirements 需求的／265-68

towel example 毛巾的故事／243-44

Product development 產品開發／107ff., 202, 359ff.

visibility 明顯性／203, 207

Product Principle 產品原則／223-25

Productivity 生產力／161, 188-89, 255-56, 291, 304, 363, 408-9

Project 專案／10, 97-98, 247ff., 256-57, 279, 297-314, 315-34, 346, 349

See also Planning; Reviews; Schedules 也請參考規畫；審查；時程

accountability 責任歸屬／305-7

estimation 估計／310-11, 341-42

failure 失敗／202-4, 297, 307, 344-48, 359

guidelines 指導方針／302-3

Hudson's Bay Start for 的哈德遜灣起點／309

management 管理／335, 346-47, 359

meetings 會議／48-49, 363

negotiation 協商／64, 297, 299-300, 307, 310

prerequisites 先決條件／297-300

rebirthing 使專案重生／348-49

resources for 的資源／134, 165-68, 303-4

size 規模、大小／355-72

slippage 延後／335-36, 364-65

termination 終止／335-54

time reports 定期報告／305-7, 329-30

visibility 明顯性／219-21, 256

Prototyping 原型設計／171, 269, 322-24, 326,
334, 361

Public Project Progress Poster (PPPP) 公開的專案
進度海報／46, 103, 118, 382, 458

Q

Quality 品質／131-32, 161, 256, 358

cost of 的成本／178, 189, 256

culture and 文化與／232-33, 438ff.

as goal statement 當作目標陳述／161

management attitude toward 管理階層對品質的
態度／438ff.

measurement 評量／440, 441, 442, 443

obstacles to 的障礙／79-80, 276

requirements process and 需求流程與／263,
264, 276

schedule and 時程與／343, 346, 348

trade-off with economy 與節省的權衡取捨／
176, 177, 189, 277

QUEST Team QUEST 團隊／63-64, 139

R

Requirements 需求／223, 261-84, 286-92, 368,
374

See also Requirements process 也請參考需求
流程

classification of 的分類／290-91

control of 控制／276, 280-85, 286, 288-92

cost of 的成本／264, 265, 276, 277-80, 289,
293, 366, 367

customers and 顧客與／237, 261, 264, 265,
267, 270, 272, 278-79, 283, 291, 358-59, 361

enhancement of 的強化／319-20, 326

fixed, assumption of 固定需求的假設／261-65,
301

ideas 構想／283-84, 287-88

late-arriving 遲來的／365-68

leaks 漏洞／280ff., 287-88, 289

maintenance and 維護與／279-80

management of 的管理／223, 264, 271-72,
283-84, 286, 288, 290-92, 327, 359, 365-68

negotiation of 的協商／237, 280, 282-85, 296,
299-301, 361, 366-68, 369

principles 原則／261-75

prototyping and 原型設計與／269, 290, 301,
322-24, 326

risk and 風險與／293, 327-28

scope of 的範圍／281, 358-59

stability of 的穩定性／286, 287-88

standard task unit and 標準工作單元與／337

for test plan 測試計畫的／265

tools for 的工具／286, 289, 290

visibility of 明顯性／218-20, 270-71, 286-87

Requirements process 需求流程／205-6, 261-75, 276-96

control of 的控制／276ff., 283-85

management attitude toward 管理階層對需求流程的態度／237, 271-72

models of 的模型／265-68, 272

product process and 產品流程與／268-69

Reuse 再利用／320-22, 328-29, 398

Reviews 審查／75, 207, 215, 217, 220, 254, 338, 379, 398, 407

as education 當作教育機會／308-9

by management 由管理階層進行／307-9

in standard task unit 標準工作單元中的／337

Risk 風險／61, 136-40, 163ff., 298, 299

abatement planning 風險降低規畫／165

analysis 分析／298, 299

assessment 評估／163, 165

Cascade Model and 級聯模型與／318

change initiation and 變革開始與／61, 64, 78, 142-43, 427

management and 管理階層與／64, 145-46, 165, 169, 298, 319, 327

MOI Model and MOI模型與／78-79, 168

planning and 規畫與／136-40, 299, 327-28

PLASTIC Model and PLASTIC模型與／165-67

punishment and 懲罰與／138-39, 299

requirements and 需求與／293, 327-28

software changes and 軟體變更與／373-74, 376

Spiral Model and 螺旋模型與／319

Routine (Pattern 2) culture 照章行事型（模式2）

文化／4, 30, 105, 111, 138-39, 143-44, 238, 336, 410-12, 413, 440, 445, 446-47

configuration management and 型態管理與／374

management hierarchy in 照章行事型文化中的管理階層架構／191-92

requirements process in 照章行事型文化中的需求流程／266-67, 268

reuse and 再利用與／398

S

Satir Change Model 薩提爾變革模型／15, 19-36, 37ff., 45-47, 48-49, 57ff., 65, 144, 152-53, 303, 408

See also Foreign elements 也請參考外來成分

change artists and 變革能手與／58ff., 65

Chaos stage 混亂階段／20, 24-26, 39ff., 46, 59, 152, 355

feedback mechanisms and 回饋機制與／45-47

Integration and Practice stage 整合與實踐階段／20, 26-28, 39ff., 46

Status Quo stages 現狀階段／20, 21-24, 28-29, 39ff., 45, 46-47, 59, 164,

Satir Interaction Model 薩提爾人際互動模型／65-66, 436

Schedule, project 專案時程／256-57, 345

change cost curve and 變革成本曲線與／419-20

estimation 估計／341-42, 367

extension 延長／64, 180, 364-65, 366

guidelines 指導方針／302-3

hacking and 竄改與／328

interruptions and 打斷與／347

overtime and 超時工作與／311, 347

slack and 餘裕與／326-28, 400

slippage 落後／335-36, 364-65, 366

speed and 速度與／176, 302, 355ff.

system size and 系統大小與／364

SJ Organizer SJ組織者／61, 122, 415, 452, 453-54

Software 軟體／218

    See also Design 也請參考設計

    as asset 當作資產／218, 373ff.

    cost of 的成本／197-98

    defects 瑕疵／196-97, 374

    deterioration 變質／75ff., 376

    development speed 開發速度／355ff.

    enhancement, iterative 疊代強化／319-20, 326

    failures 功能失常／196-97, 201ff., 208

    off-the-shelf method 買來不修改就用的方法／321-22

    patching 修補／63-64, 77, 374

    process models 流程模型／206, 316ff.

    quality 品質／264-65

    reuse 再利用／320-22, 328-29, 398

    risk factors 風險因素／298, 374

    visibility 明顯性／203, 207, 218-21

    zapping 清除／376, 384

Software engineer 軟體工程師／6ff., 175ff., 183

    requirements and 需求與／270, 291

Software engineering 軟體工程／v, xxiff., 5ff., 114, 129, 130, 176-82, 195-212, 223, 261, 264, 375

    culture 文化／105, 214, 229-44, 437-43

    failure 失敗／348-49, 430

    feedback loops 回饋迴路／356

    management 管理／78, 176-82, 183-84, 214

    stability of 的穩定性／195-212

Software Engineering Institute (SEI) 軟體工程協會／xxi, 15, 116, 227, 232, 437

Spiral Model 螺旋模型／318-19, 213

SP Troubleshooter SP解決問題者／61, 122, 415, 452, 454

Standard task unit 標準工作單元／154, 316, 324, 336, 337

Standards 標準／374, 378-79

Strategic planning 策略規畫／107-26, 127-49

    See also Meta-planning; Planning; Tactical change planning 也請參考統合規畫；規畫；戰術性變革規畫

    information and 資訊與／110, 112, 115, 131, 211

    risk trade-offs and 對風險的權衡取捨與／136ff.

    sessions 會議／115, 118, 121-22, 128, 150

    tactical planning vs. 戰術性規畫對應於／150ff.

    vendor involvement in 策略規畫中的銷售商參與／115, 120-21

Steering (Pattern 3) culture 把穩方向型（模式3）文化／30, 58, 105, 139, 143-44, 271, 412, 413, 433, 441, 445, 447-48

System 系統／43-44, 77, 82, 181, 216-18, 299, 445-46

    as asset 當作資產／374

    complexity 複雜度／132ff., 208

    cost and 成本與／77, 198-99, 200, 399

    cybernetic model of 的控制論模型／445-46

    faults 缺陷／359-62, 368

    growth 成長／131-36, 377, 378

    size 規模／131-36, 198-99, 200, 355ff., 363, 364, 365, 366

    stability 穩定性／70ff., 140, 185, 207

Systems thinking 系統思考／14, 118, 127-49

T

Tactical change planning 戰術性變革規畫／19ff., 105, 107, 127, 150-74

force field analysis 力場分析／11-12, 14, 17

open-ended 開放式的／152-53, 156

Satir Change Model and 薩提爾變革模型與／152-53

software project planning vs. 軟體專案規畫對應於／151, 175ff., 196-97

Technology 技術／73, 115, 138, 184, 407-8, 414-15, 422-23

choices about 的相關選擇／115, 120, 180ff., 396, 408

configuration control 型態管制／95, 386, 415-18

culture and 文化與／407-8, 409-13

definition of 的定義／184, 407-8

design and 設計與／396, 397

introduction of 引進／142-43, 180-82, 183, 407-28

levels of 的層次／180-82, 184ff.

tools 工具／115, 408-9, 423-24

in trade-off curve 在權衡取捨曲線中／180-82

transfer 移轉／8ff., 11, 413ff.

Temperaments, Keirsey-Bates 柯爾塞與貝慈的氣質類型／68, 122, 414-15, 451, 452-55

See also Myers-Briggs Type Indicator 也請參考梅布二氏人格類型指標

Testing 測試／216-18, 336-41, 346, 349, 380-82

Downfall Model and 垮台模型與／339-41

error-prone modules and 容易出錯的模組與／381-82

hacking vs. 竄改程式對應於／339-41

histories 歷史／374, 380-82

kinds of 的種類／337, 349, 353-54

schedule and 時程與／345, 414

in standard task unit 在標準工作單元中／336, 337

Trade-off curves 取捨曲線／177ff., 189

family of 一系列的／179-80, 182

multiple variables in 取捨曲線中的多個變數／178-80

Trustable units 可信賴的單元／140, 165, 217, 218

V

Variable (Pattern 1) culture 變化無常型（模式1）文化／111, 138-39, 143, 238, 374, 410, 413, 439, 446

management power in 變化無常型文化中的管理階層權力／71-72

requirements process and 需求流程與／265-66, 267

W

Waterfall Model 瀑布模型／213, 278, 289, 316-17, 326, 340, 344

Z

Zone Theory 時區理論／42-47, 49ff., 65, 78, 258

書　號	書　　　　　名	作　者	定價
QC1001	全球經濟常識100	日本經濟新聞社編	260
QC1002	個性理財方程式：量身訂做你的投資計畫	彼得‧塔諾斯	280
QC1003X	資本的祕密：為什麼資本主義在西方成功，在其他地方失敗	赫南多‧德‧索托	300
QC1004X	愛上經濟：一個談經濟學的愛情故事	羅素‧羅伯茲	280
QC1007	現代經濟史的基礎：資本主義的生成、發展與危機	後藤靖等	300
QC1009	當企業購併國家：全球資本主義與民主之死	諾瑞娜‧赫茲	320
QC1010	中國經濟的危機：了解中國經濟發展9大關鍵	小林熙直等	350
QC1011	經略中國，布局大亞洲	木村福成、丸屋豐二郎、石川幸一	380
QC1014C	一課經濟學（50週年紀念版）	亨利‧赫茲利特	300
QC1015	葛林斯班的騙局	拉斐‧巴特拉	420
QC1016	致命的均衡：哈佛經濟學家推理系列	馬歇爾‧傑逢斯	280
QC1017	經濟大師談市場	詹姆斯‧多蒂、德威特‧李	600
QC1018	人口減少經濟時代	松谷明彥	320
QC1019	邊際謀殺：哈佛經濟學家推理系列	馬歇爾‧傑逢斯	280
QC1020	奪命曲線：哈佛經濟學家推理系列	馬歇爾‧傑逢斯	280
QC1022	快樂經濟學：一門新興科學的誕生	理查‧萊亞德	320
QC1023	投資銀行青春白皮書	保田隆明	280
QC1026C	選擇的自由	米爾頓‧傅利曼	500
QC1027	洗錢	橘玲	380
QC1028	避險	幸田真音	280
QC1029	銀行駭客	幸田真音	330
QC1030	欲望上海	幸田真音	350
QC1031	百辯經濟學（修訂完整版）	瓦特‧布拉克	350
QC1032	發現你的經濟天才	泰勒‧科文	330
QC1033	貿易的故事：自由貿易與保護主義的抉擇	羅素‧羅伯茲	300
QC1034	通膨、美元、貨幣的一課經濟學	亨利‧赫茲利特	280
QC1035	伊斯蘭金融大商機	門倉貴史	300
QC1036C	1929年大崩盤	約翰‧高伯瑞	350

書　號	書　　　　名	作　　者	定價
QC1037	傷一銀行崩壞	幸田真音	380
QC1038	無情銀行	江上剛	350
QC1039	贏家的詛咒：不理性的行為，如何影響決策	理查·塞勒	450
QC1040	價格的祕密	羅素·羅伯茲	320
QC1041	一生做對一次投資：散戶也能賺大錢	尼可拉斯·達華斯	300
QC1042	達蜜經濟學：.me.me.me…在網路上，我們用 自己的故事，正在改變未來	泰勒·科文	340
QC1043	大到不能倒：金融海嘯內幕真相始末	安德魯·羅斯·索爾 金	650
QC1044	你的錢，為什麼變薄了？：通貨膨脹的真相	莫瑞·羅斯巴德	300
QC1045	預測未來：教你應用賽局理論，預見未來，做 出最佳決策	布魯斯·布恩諾· 德·梅斯奎塔	390
QC1046	常識經濟學： 　人人都該知道的經濟常識（全新增訂版）	詹姆斯·格瓦特尼、 理查·史托普、德威 特·李、陶尼·費拉 瑞尼	350
QC1047	公平與效率：你必須有所取捨	亞瑟·歐肯	280
QC1048	搶救亞當斯密：一場財富與道德的思辯之旅	強納森·懷特	360
QC1049	了解總體經濟的第一本書： 　想要看懂全球經濟變化，你必須懂這些	大衛·莫斯	320
QC1050	為什麼我少了一顆鈕釦？： 　社會科學的寓言故事	山口一男	320
QC1051	公平賽局：經濟學家與女兒互談經濟學、 　價值，以及人生意義	史帝文·藍思博	320

書　號	書　　　名	作　　者	定價
QB1008	殺手級品牌戰略：高科技公司如何克敵致勝	保羅・泰伯勒等	280
QB1010	高科技就業聖經： 　　不是理工科的你，也可以做到！	威廉・夏佛	300
QB1011	為什麼我討厭搭飛機：管理大師笑談管理	亨利・明茲柏格	240
QB1015	六標準差設計：打造完美的產品與流程	舒伯・喬賀瑞	280
QB1016	我懂了！六標準差2：產品和流程設計一次OK！	舒伯・喬賀瑞	200
QB1017X	企業文化獲利報告： 　　什麼樣的企業文化最有競爭力	大衛・麥斯特	320
QB1018	創造客戶價值的10堂課	彼得・杜雀西	280
QB1020	我懂了！專案管理	詹姆斯・路易斯	280
QB1021	最後期限：專案管理101個成功法則	Tom DeMarco	350
QB1022	困難的事，我來做！： 　　以小搏大的技術力、成功學	岡野雅行	260
QB1023	人月神話：軟體專案管理之道（20週年紀念版）	Frederick P. Brooks, Jr.	480
QB1024	精實革命：消除浪費、創造獲利的有效方法	詹姆斯・沃馬克、 丹尼爾・瓊斯	480
QB1026	與熊共舞：軟體專案的風險管理	Tom DeMarco & Timothy Lister	380
QB1027	顧問成功的祕密： 　　有效建議、促成改變的工作智慧	Gerald M. Weinberg	380
QB1028	豐田智慧：充分發揮人的力量	若松義人、近藤哲夫	280
QB1031	我要唸MBA！：MBA學位完全攻略指南	羅伯・米勒、 凱瑟琳・柯格勒	320
QB1032	品牌，原來如此！	黃文博	280
QB1033	別為數字抓狂：會計，一學就上手	傑佛瑞・哈柏	260
QB1034	人本教練模式：激發你的潛能與領導力	黃榮華、梁立邦	280
QB1035	專案管理，現在就做：4大步驟， 　　7大成功要素，要你成為專案管理高手！	寶拉・馬丁、 凱倫・泰特	350
QB1036	A級人生：打破成規、發揮潛能的12堂課	羅莎姆・史東・山德 爾・班傑明・山德爾	280
QB1037	公關行銷聖經	Rich Jernstedt等十一 位執行長	299
QB1039	委外革命：全世界都是你的生產力！	麥可・考貝特	350

經濟新潮社　　　　　　　〈經營管理系列〉

書　號	書　　　　名	作　　者	定價
QB1041	要理財，先理債： 　　快速擺脫財務困境、重建信用紀錄最佳指南	霍華德‧德佛金	280
QB1042	溫伯格的軟體管理學：系統化思考（第1卷）	傑拉爾德‧溫伯格	650
QB1044	邏輯思考的技術： 　　寫作、簡報、解決問題的有效方法	照屋華子、岡田惠子	300
QB1045	豐田成功學：從工作中培育一流人才！	若松義人	300
QB1046	你想要什麼？（教練的智慧系列1）	黃俊華著、 曹國軒繪圖	220
QB1047	精實服務：生產、服務、消費端全面消除浪 　　費，創造獲利	詹姆斯‧沃馬克、 丹尼爾‧瓊斯	380
QB1049	改變才有救！（教練的智慧系列2）	黃俊華著、 曹國軒繪圖	220
QB1050	教練，幫助你成功！（教練的智慧系列3）	黃俊華著、 曹國軒繪圖	220
QB1051	從需求到設計：如何設計出客戶想要的產品	唐納‧高斯、 傑拉爾德‧溫伯格	550
QB1052C	金字塔原理： 　　思考、寫作、解決問題的邏輯方法	芭芭拉‧明托	480
QB1053	圖解豐田生產方式	豐田生產方式研究會	280
QB1054	Peopleware：腦力密集產業的人才管理之道	Tom DeMarco、 Timothy Lister	380
QB1055X	感動力	平野秀典	250
QB1056	寫出銷售力：業務、行銷、廣告文案撰寫人之 　　必備銷售寫作指南	安迪‧麥斯蘭	280
QB1057	領導的藝術：人人都受用的領導經營學	麥克斯‧帝普雷	260
QB1058	溫伯格的軟體管理學：第一級評量（第2卷）	傑拉爾德‧溫伯格	800
QB1059C	金字塔原理 II： 　　培養思考、寫作能力之自主訓練寶典	芭芭拉‧明托	450
QB1060X	豐田創意學： 　　看豐田如何年化百萬創意為千萬獲利	馬修‧梅	360
QB1061	定價思考術	拉斐‧穆罕默德	320
QB1062C	發現問題的思考術	齋藤嘉則	450
QB1063	溫伯格的軟體管理學： 　　關照全局的管理作為（第3卷）	傑拉爾德‧溫伯格	650

經濟新潮社　　〈經營管理系列〉

書　號	書　　　名	作　　者	定價
QB1064	問對問題，錢就流進來	保羅・雀瑞	280
QB1065C	創意的生成	楊傑美	240
QB1066	履歷王：教你立刻找到好工作	史考特・班寧	240
QB1067	從資料中挖金礦：找到你的獲利處方籤	岡嶋裕史	280
QB1068	高績效教練： 　有效帶人、激發潛能的教練原理與實務	約翰・惠特默爵士	380
QB1069	領導者，該想什麼？： 　成為一個真正解決問題的領導者	傑拉爾德・溫伯格	380
QB1070	真正的問題是什麼？你想通了嗎？： 　解決問題之前，你該思考的6件事	唐納德・高斯、 傑拉爾德・溫伯格	260
QB1071C	假說思考法：以結論為起點的思考方式，讓你 　3倍速解決問題！	內田和成	360
QB1072	業務員，你就是自己的老闆！： 　16個業務升級祕訣大公開	克里斯・萊托	300
QB1073C	策略思考的技術	齋藤嘉則	450
QB1074	敢說又能說：產生激勵、獲得認同、發揮影響 　的3i說話術	克里斯多佛・威特	280
QB1075	這樣圖解就對了！：培養理解力、企畫力、傳 　達力的20堂圖解課	久恆啟一	350
QB1076	鍛鍊你的策略腦： 　想要出奇制勝，你需要的其實是insight	御立尚資	350
QB1077	顧客只有24小時	艾德里安・奧特	350
QB1078	讓顧客主動推薦你： 　從陌生到狂推的社群行銷7步驟	約翰・詹區	350
QB1079	超級業務員特訓班：2200家企業都在用的「業 　務可視化」大公開！	長尾一洋	300
QB1080	從負責到當責： 　我還能做些什麼，把事情做對、做好？	羅傑・康納斯、 湯姆・史密斯	380
QB1081	兔子，我要你更優秀！： 　如何溝通、對話、讓他變得自信又成功	伊藤守	280
QB1082	論點思考：先找對問題，再解決問題	內田和成	360
QB1083	給設計以靈魂：當現代設計遇見傳統工藝	喜多俊之	350
QB1084	關懷的力量	米爾頓・梅洛夫	250
QB1085	上下管理，讓你更成功！： 　懂部屬想什麼、老闆要什麼，勝出！	蘿貝塔・勤斯基・瑪 圖森	350

經濟新潮社　　　〈經營管理系列〉

書　號	書　　　名	作　者	定價
QB1086	服務可以很不一樣： 　讓顧客見到你就開心，服務正是一種修練	羅珊・德西羅	320
QB1087	為什麼你不再問「為什麼？」： 　問「WHY？」讓問題更清楚、答案更明白	細谷 功	300
QB1088	成功人生的焦點法則： 　抓對重點，你就能贏回工作和人生！	布萊恩・崔西	300
QB1089	做生意，要快狠準：讓你秒殺成交的完美提案	馬克・喬那	280
QB1090	獵殺巨人：十個競爭策略，打倒產業老大！	史蒂芬・丹尼	380
QB1091	溫伯格的軟體管理學：擁抱變革（第4卷）	傑拉爾德・溫伯格	980
QB1092	改造會議的技術	宇井克己	280

國家圖書館出版品預行編目資料

溫伯格的軟體管理學：擁抱變革（第4卷）／傑拉爾
德‧溫伯格（Gerald M. Weinberg）著；何霖譯. ——
初版. —— 臺北市：經濟新潮社出版：家庭傳媒城
邦分公司發行, 2012.05
　　面；　公分. ——（經營管理；91）
含索引
譯自：Quality Software Management, Volume 4:
Anticipating Change
　ISBN 978-986-6031-13-7（平裝）

1. 軟體研發　2. 品質管理

312.2　　　　　　　　　　　　　　　　101007777

- -

請沿虛線折下裝訂，謝謝！

經濟新潮社

經營管理・經濟趨勢・投資理財・經濟學譯叢

編號：QB1091　　書名：溫伯格的軟體管理學：擁抱變革（第4卷）

cité城邦 讀者回函卡

謝謝您購買我們出版的書。請將讀者回函卡填好寄回，我們將不定期寄上城邦集團最新的出版資訊。

姓名：＿＿＿＿＿＿＿＿＿＿＿　電子信箱：＿＿＿＿＿＿＿＿＿＿＿

聯絡地址：□□□＿＿＿＿＿＿＿＿＿＿＿＿＿＿＿＿＿＿＿＿＿＿

＿＿＿＿＿＿＿＿＿＿＿＿＿＿＿＿＿＿＿＿＿＿＿＿＿＿＿＿＿

電話：（公）＿＿＿＿＿＿＿＿＿＿　（宅）＿＿＿＿＿＿＿＿＿＿

身分證字號：＿＿＿＿＿＿＿＿＿＿（此即您的讀者編號）

生日：＿＿年＿＿月＿＿日　性別：□男　□女

職業：□軍警　□公教　□學生　□傳播業　□製造業　□金融業　□資訊業
　　　□銷售業　□其他＿＿＿＿＿＿＿＿＿＿＿＿＿＿＿＿＿＿＿

教育程度：□碩士及以上　□大學　□專科　□高中　□國中及以下

購買方式：□書店　□郵購　□其他＿＿＿＿＿＿＿＿＿＿＿＿＿＿

喜歡閱讀的種類：＿＿＿＿＿＿＿＿＿＿＿＿＿＿＿＿＿＿＿＿＿

□文學　□商業　□軍事　□歷史　□旅遊　□藝術　□科學　□推理

□傳記□生活、勵志　□教育、心理　□其他＿＿＿＿＿＿＿＿＿＿

您從何處得知本書的消息？（可複選）

□書店　□報章雜誌　□廣播　□電視　□書訊　□親友　□其他＿＿＿＿

本書優點：（可複選）□內容符合期待　□文筆流暢　□具實用性
　　　　　　　　　　□版面、圖片、字體安排適當　□其他＿＿＿＿＿

本書缺點：（可複選）□內容不符合期待　□文筆欠佳　□內容保守
　　　　　　　　　　□版面、圖片、字體安排不易閱讀　□價格偏高　□其他

您對我們的建議：＿＿＿＿＿＿＿＿＿＿＿＿＿＿＿＿＿＿＿＿＿

＿＿＿＿＿＿＿＿＿＿＿＿＿＿＿＿＿＿＿＿＿＿＿＿＿＿＿＿＿

＿＿＿＿＿＿＿＿＿＿＿＿＿＿＿＿＿＿＿＿＿＿＿＿＿＿＿＿＿

＿＿＿＿＿＿＿＿＿＿＿＿＿＿＿＿＿＿＿＿＿＿＿＿＿＿＿＿＿